わかりやすい放射線物理学

改訂3版

多田 順一郎・中島 宏・
早野 龍五・小林 仁・浅野 芳裕
共著

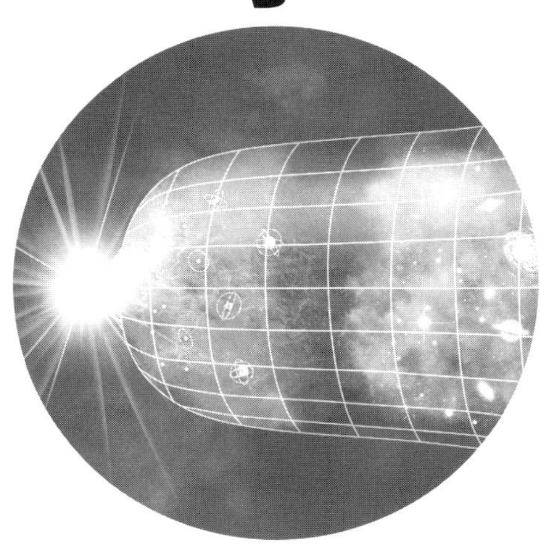

序　文

本書の初版が世に出てから20年もの歳月が流れましたが，10年目の改版を経て，本書が今なお診療放射線技師学校のテキストに使われるだけでなく，想いもよらぬ分野の方々にまで利用されていることに，筆者は，嬉しい驚きとともに，テキストを執筆したことの重さを感じております．

改訂3版は，改訂2版と基本的に同じ構成を踏襲しています．そして，改訂2版に引き続き，“高校の物理と放射線物理をつなぐ”というコンセプトの下に，定性的な説明を主体に，できるだけ平易な解説を心がけました．ただし，改訂3版では，放射線物理学に関連した応用技術や工学上の具体的な問題を積極的に取り扱わない，というこれまでの方針を若干変更することにしました．

その理由の一つは，改訂2版を刊行してから数年後に起きた，福島第一原子力発電所の事故です．この大災害を機に，わが国では放射線や放射能が日常の会話にまで入り込むようになり，小中学校で「放射線教育」もはじまりました．ただし，人々の主な関心は，放射線や放射能に関する基礎的な理解よりも，本書があまり取り扱ってこなかった，放射線防護や原子力に関することでした．

放射線防護で用いる線量は物理量でないことから，本書ではこれまで参考程度にしか触れてきませんでした．事故を機に，放射線防護で用いる線量が社会生活に影響を与えるようになりましたが，世の中にはあまり適切な解説が見当たりません．そこで改訂3版では，放射線防護で用いる線量を第12章のAppendixで取り上げることにしました．そして，その理解を助けるため，放射線防護の考え方や歴史的背景も記述しました．

また，本書では，これまで原子炉について概略的な説明しかしていませんでしたが，事故を機に原子炉に関する科学的な理解の必要性が大きくなりました．そこで，改版に際して，核分裂に関する物理とともに，原子炉と原子力に関する工学的な説明も充実させることにしました．

原子炉とともに人工の放射線源である粒子加速器には，本書も従来から一つの章を割いてきました．加速器の利用は，研究，医療，産業の各方面にますます拡大していますので，粒子の加速や制御に関する説明を拡充し，粒子加速器に対するより深い理解が得られるよう配慮しました．

また，加速器を利用して発生させる放射光とレーザー電子光は，より強力な

X 線とより高エネルギーの X 線ビームの発生源として，研究だけでなく産業分野にも利用が拡大しています．そこで今回の改版では，それらの新しい光を理解するための説明を追加しました．

過去 30 年以上も理科教育が放置してきた放射線や放射能を，学校で教えるようになったのは喜ばしいことです．筆者は，生徒たちが，放射線を光や熱や電気と同じ自然の一部として学び，放射能を屈折率や比熱や電気伝導度と同じ物質の性質の一つとして学んで欲しいと願っております．しかし，「放射線教育」では，必ずしも放射線や放射能を理科の対象として客観的に扱っていないように思われます．そこで，本書の冒頭に，自然の一部として放射線を展望する序章を置くことにしました．

このように，本書の扱うテーマが拡大したため，頼もしい仲間の協力を得て，五人で改訂 3 版を共著にすることにしました．そして，本来は放射線物理のテーマではない放射線防護に関する記述を加えるため，放射線影響研究所の丹羽太貫先生からさまざまなご教示を戴きましたことを，末筆ながら感謝とともに申し添えます．

本書が，放射線物理の入門書として多く方々に役立ちますよう願ってやみません．

戊戌孟春

執筆者代表　多田順一郎

目　　次

序章　宇宙・元素・放射線

第1章　放射線物理とは何か

第2章　なぜ $E_0=m\cdot c^2$ か？―特殊相対性理論入門―

第3章　波か粒子か？―量子論入門―

第4章 原子の構造

第5章 X 線

第6章 原子核の構造

第7章　放射能

第8章　荷電粒子線と物質の相互作用

第9章　X線・γ 線と物質の相互作用

第10章　中性子と物質の相互作用・原子核反応

第11章　加速器

第12章　放射線量

序章　宇宙・元素・放射線

序・1　ビッグバンから誕生した宇宙

この宇宙がどのように生まれ，物質がどのようにつくられたかは，太古の昔から人類を魅了してきた謎です．相対性理論で有名なアインシュタイン（Albert Einstein, 1879～1955）は，宇宙の姿は永遠に不変であると考えていましたが，前世

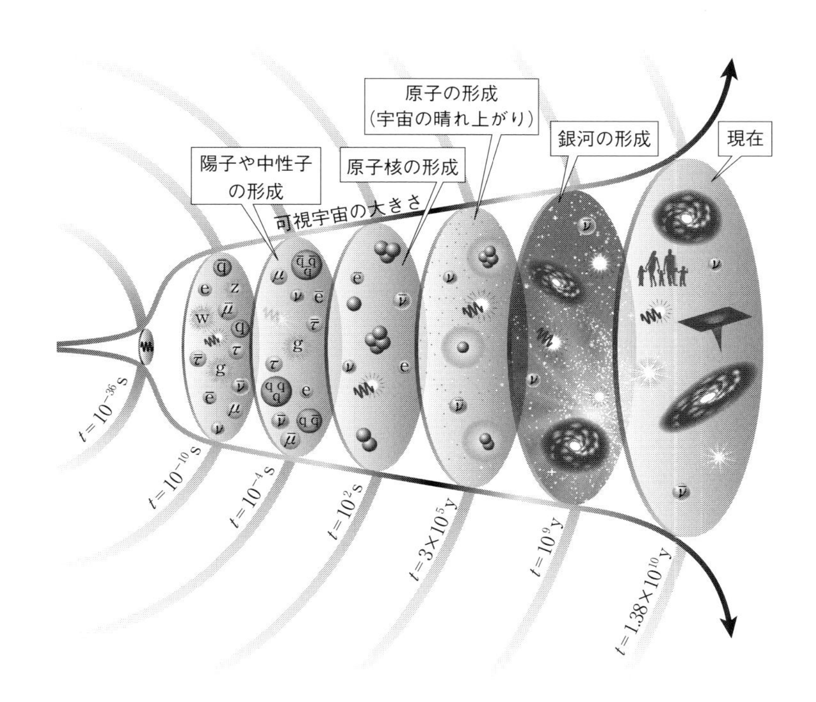

図序･1　宇宙の歴史

□宇宙は138億年前に大爆発（ビッグバン）で誕生した．横軸に宇宙年齢をとり，縦軸に宇宙の膨張のイメージを表示してある．また，宇宙年齢ごとに，宇宙の主要構成要素をアイコンで示した．
［出典］Particle Data Group at Lawrence Berkeley National Lab. を基に作図

紀から今世紀にかけて行われた多くの観測と，理論的な研究によって，私たちの宇宙が，今から約138億年前にビッグバンという大爆発（高温の火の玉）から誕生したことが明らかになりました（図序・1）．

宇宙の過去を知るということは，遠方の宇宙を観測することにほかなりません．138億光年遠方に，ビッグバンの証拠となる火の玉があるとは，どういうことでしょう．遠い宇宙を見ると，高温の壁が光っているように見えるのでしょうか？

よく知られているように，物質を高温に熱すると，光を発します．その波長分布（スペクトル）は温度のみで決っており，黒体輻射と呼ばれます．たとえば，太陽表面からは，温度約6 000 Kの黒体輻射が発せられています．こんな高温になると，物質は電離してプラズマになり，光子は電子で散乱され，自由に進めなくなります．私たちが太陽の内部を光学的に観察できないのはそのためです．

宇宙の場合，ビッグバンで誕生した宇宙の温度が約3 000 Kまで下がったときに，プラズマ中の電子と陽子が結合して，中性の水素原子ができ，光子が宇宙を自由に進めるようになりました．宇宙誕生約30万年後のことです（図序・1の$t=3\times10^5$yのところ）．これを「宇宙の晴れ上がり」と呼びます．仮に，この直後に宇宙を見たら，3 000 Kの黒体輻射を発する赤い壁が，全天を取り囲んでいたことでしょう．

しかし，現在，138億年先の宇宙を見ても，赤い壁は見えません．その理由は，宇宙の膨張にあります．膨張といっても，気体が熱膨張する場合とは全く異なり，空間そのものの「スケール」が広がるのです．スケールが2倍になると，銀河と銀河の間の距離が2倍になるばかりでなく，空間を伝搬している光も「引き伸ばされ」て，波長が2倍になるのです！

宇宙の晴れ上がりから現在までに，宇宙は約1 000倍に膨張し，それとともに，当時の3 000 Kの黒体輻射の波長は，約1 000倍になりました．これにより，138億年先の宇宙を見ると，全天が（赤い壁ではなくて）温度2.7 Kの黒体輻射（波長2 mmぐらいのマイクロ波）で光っているのです．1964年に，ペンジアス（Arno Penzias, 1933～）とウィルソン（Robert Wilscn, 1936～）は，全天から飛来するマイクロ波を偶然発見しましたが，後に，これがビッグバンの証拠である「宇宙マイクロ波背景輻射」であることがわかり，1978年のノーベル物理学賞を受賞しました．その後も，宇宙マイクロ波背景輻射は，衛星などを用いて詳細に調べられ，宇宙初期が高温であったこと，宇宙が膨張したことの確かな証拠となっています．

序・2　2.7 K の壁の向こう側—ビッグバン原子核合成—

私たちは太陽の内部を光学的に見ることができませんが，その内部がどうなっているかは，プラズマ物理学，原子核物理学，素粒子物理学など，実験室内で確かめられている種々の知見に基づいて，詳しく理解できるようになり，また，太陽ニュートリノの観測などによって，それが確認できるようになりました．

これと同様に，直接観測できない宇宙の「2.7 K の壁」の向こう側についても[1]，前世紀末から今世紀にかけて，大幅に理解が進みました．ここでは，そのうち，元素の起源に関係する部分について述べることにします．

ビッグバン直後の宇宙はきわめて高温で，陽子も中性子も存在せず，レプトンやクォークといった物質を構成する基本粒子（フェルミオン），光子やグルーオンといった相互作用を媒介する粒子（ボソン）が飛び交っていました．

表序･1 が，フェルミオンの一覧です．左の列をレプトンと呼び，右の列をクォークと呼びます．レプトンは；

$$\begin{pmatrix}\nu_e\\ e\end{pmatrix}, \begin{pmatrix}\nu_\mu\\ \mu\end{pmatrix}, \begin{pmatrix}\nu_\tau\\ \tau\end{pmatrix},$$

クォークは；

$$\begin{pmatrix}\mathrm{u}\\ \mathrm{d}\end{pmatrix}, \begin{pmatrix}\mathrm{c}\\ \mathrm{s}\end{pmatrix}, \begin{pmatrix}\mathrm{t}\\ \mathrm{b}\end{pmatrix},$$

と，どちらも二つずつの組が，「3 世代」繰り返されています[2]．

表序･2 が，ボソンの一覧です．γ は電磁相互作用を媒介する光子，$W^{\pm}$ と Z^0 は β 崩壊などの弱い相互作用を媒介するボソン，g は強い相互作用を媒介するグルーオン（グルー：glue＝糊）です．最後に出てくる H は，光子以外の粒子に質量を与えているヒッグス粒子です．

ビッグバン直後，これらの粒子は熱平衡にありましたが（図序･1 で $t=10^{-10}$ s 以前），宇宙が膨張して温度が下がるにつれて，質量が 1 GeV/c^2 [3]を超えるような粒子は熱平衡から外れて崩壊し，温度が 10^{12}K に達したころ（図序･1 で $t=10^{-4}$ s のあたり），クォークとグルーオンのプラズマ状態（クォーク・グルー

1）将来，重力波の観測が，2.7 K の壁の向う側の観測を可能にすると期待されている．

2）4 世代目が存在しないことは，実験で明らかになっているが，なぜ 3 世代存するのかは，解明されていない．

3）アインシュタインの関係式(2･1)より $m=E/c^2$．

表序·1　フェルミオン（半期数のスピンをもつ物質を構成する粒子）

レプトン	スピン＝1/2		クォーク	スピン＝1/2	
フレーバー	質量〔GeV/c^2〕	電荷〔e〕	フレーバー	質量〔GeV/c^2〕	電荷〔e〕
ν_e 電子ニュートリノ	$(0\sim2)\times10^{-9}$	0	u アップクォーク	0.002	2/3
e　電子	0.000511	−1	d ダウンクォーク	0.005	−1/3
ν_μ ミューニュートリノ	$(0.009\sim2)\times10^{-9}$	0	c チャームクォーク	1.3	2/3
μ μ粒子（ミュー粒子，ミューオン）	0.106	−1	s ストレンジクォーク	0.1	−1/3
ν_τ タウニュートリノ	$(0.05\sim2)\times10^{-9}$	0	t トップクオーク	173	2/3
τ τ粒子（タウ粒子，タウオン）	1.77	−1	b ボトムクォーク	4.2	−1/3

□「素粒子の標準模型」に登場する粒子のうち，フェルミオンは，スピンが半整数の粒子で，物質を構成する基本粒子であり，左には電子の仲間であるレプトンが，右には陽子など強い相互作用をする粒子を構成するクォークが，各々「3世代」並んでいる．

表序·2　ボソン（整数のスピンをもつ力を媒介する粒子）

電磁相互作用と弱い相互作用	スピン＝1	
名称	質量〔GeV/c^2〕	電荷〔e〕
γ　光子	0	0
W^-　Wボソン	80.39	−1
W^+　Wボソン	80.39	−1
Z^0　Zボソン	91.188	0

強い相互作用	スピン＝1	
名称	質量〔GeV/c^2〕	電荷〔e〕
g　グルーオン	0	0
ヒッグスボソン	スピン＝0	
名称	質量〔GeV/c^2〕	電荷〔e〕
H　ヒッグス粒子	126	0

□「素粒子の標準模型」に登場する粒子のうち，ボソンはスピンが整数の粒子で，相互作用を媒介する基本粒子である．左に並んでいるのが，電弱相互作用を媒介する粒子（γ，$W^{\pm}$，Z^0），右上は，強い相互作用を媒介する粒子（g），そして右下は，質量に質量を与える粒子（H）である．

オン・プラズマ）から，陽子・中性子（核子）への転移が起き，クォークは核子に閉じ込められました[4)]．

その頃の宇宙は，陽子・中性子・電子・陽電子・ニュートリノ・反ニュートリノ・光子が；

4）陽子の主成分は（u；u；d），中性子は（u；d；d）である．

$\nu_e + \mathrm{n} \leftrightarrow e^- + \mathrm{p}$,

$\bar{\nu}_e + \mathrm{p} \leftrightarrow e^+ + \mathrm{n}$,

$\nu_e + \bar{\nu}_e \leftrightarrow e^+ + e^-$,

$e^+ + e^- \leftrightarrow \gamma + \gamma$,

などの反応によって熱平衡にありましたが，温度が 10^{10} K まで下がったころ（宇宙年齢 1 s）には上記の反応率が宇宙膨張率を下回って平衡が保たれなくなり，中性子数の陽子数に対する比率が約 1/6 に固定されました[5]．

宇宙で最初に合成された原子核は重陽子（^{2}D）です．結合エネルギーが 2.2 MeV と小さいため，宇宙が高温のうちは；

$\mathrm{p} + \mathrm{n} \leftrightarrow {}^2\mathrm{D} + \gamma$,

により，生成されても，たちまち光分解されてしまいますが，温度が 10^9 K に下がった頃（図序・1 で $t = 10^2$ s 付近）には，光分解率が十分に下がり，重陽子の生成が急速に進みます[6]．

重陽子ができると，その後；

${}^2\mathrm{D} + {}^2\mathrm{D} \rightarrow \mathrm{n} + {}^3\mathrm{He}$,

${}^2\mathrm{D} + {}^3\mathrm{He} \rightarrow \mathrm{p} + {}^4\mathrm{He}$,

${}^2\mathrm{D} + {}^2\mathrm{D} \rightarrow \mathrm{p} + {}^3\mathrm{H}$,

${}^2\mathrm{D} + {}^3\mathrm{H} \rightarrow \mathrm{n} + {}^4\mathrm{He}$,

が急速に進み，より安定なヘリウム 4 原子核が生成されました．これらは，電荷をもった原子核同士がクーロン力に逆らって融合する反応ですから，宇宙温度が下がり，衝突する原子核の運動エネルギーが低下すると起きなくなります．これにより，ビッグバン原子核合成反応は，宇宙年齢 20 分の頃に停止しました．

ビッグバン原子核合成で生成されたヘリウム 4 は宇宙の物質重量の 1/4，残りの 3/4 が水素と見積もられます[7]．これが実際の観測値にきわめて近いことが，ビッグバン原子核合成のシナリオの正しさを裏付けています[8]．

5）この比率は中性子と陽子の質量差 $\Delta M \sim 1.3\ \mathrm{MeV}/c^2$ と，宇宙温度から計算される．

6）それまでに，中性子は崩壊（寿命約 880 s）によって減っているので，ビッグバン原子核合成開始時の中性子数の陽子数に対する比率は 1/7 であったと見積もられている．

7）元素合成開始時の中性子と陽子の個数比≈重量比は 1/7．たとえば，この時点で中性子が 2 個，陽子が 14 個あったとすると，最終的に生成されるのはヘリウム 4 が 1 個，陽子が 12 個，したがって，ヘリウム 4 が物質に占める重量割合は 1/4 である．

8）ヘリウム 4 以外にも，${}^3\mathrm{H} + {}^4\mathrm{He} \rightarrow {}^7\mathrm{Li} + \gamma$ などにより，微量な ^{7}Li がつくられる．その分量についても，ビッグバン原子核合成の予想と，観測とは良い一致を示している．

序・3　星の中での元素合成

宇宙温度が下がり，ビッグバン原子核合成が止まった後に，再び元素合成が可能な高温がつくられた場所が，星の中です．

星間ガスの密度が高い部分[9]が重力で周囲の物質を集積し，重力ポテンシャルエネルギーが物質の運動エネルギーに転換されて温度が高まります．そして，原子核同士の衝突エネルギーがクーロン障壁に打ち勝てるようになると，核融合が始まり，星が輝きはじめます．最初に起きるのが，水素 4 個から ^{4}He（＋陽電子 2 個＋ニュートリノ 2 個＋光子 2 個）をつくる陽子・陽子連鎖反応で，太陽の主なエネルギー源がこの反応です．

2 個の ^{4}He が融合すると，^{8}Be になりますが，^{8}Be はきわめて不安定で，たちまち ^{4}He に戻ってしまい，質量数 8 より重たい元素の合成になかなか進みませ

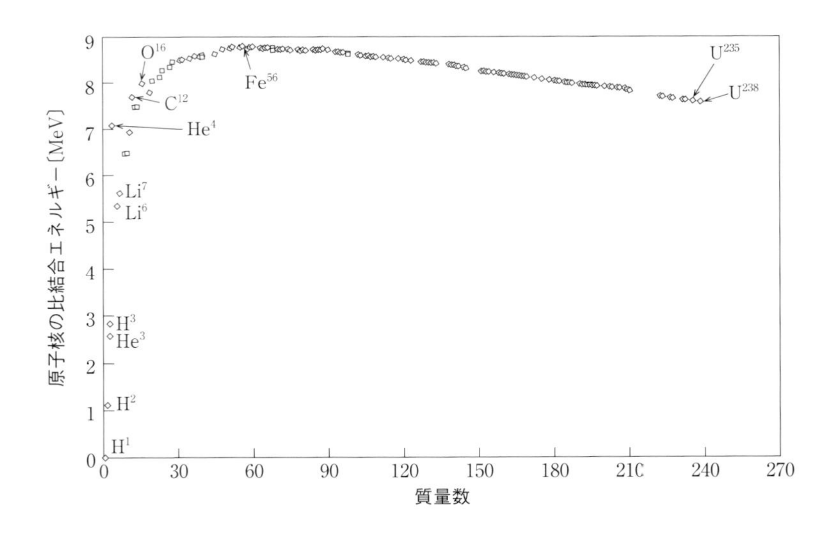

図序・2　原子核の核子数（横軸）と比結合エネルギー（縦軸）

□ 原子核の核子数（横軸）と，核子 1 個当たりの結合エネルギー（縦軸）．結合エネルギーが最大になる ^{56}Fe よりも左側（核子数が少ない原子核）では，星の中で核融合によってエネルギーの生産が可能である．

9）衛星を用いた詳細な観測によって，宇宙背景マイクロ波放射は完全に一様ではなく，温度（したがって密度）に若干のゆらぎがあることがわかった．このゆらぎが成長して，星や銀河が誕生したと考えられている．

ん．しかし，星の質量が大きく，内部の圧力・温度が高まると，^{8}Be の崩壊前にもう一個の ^{8}Be が融合して，安定な ^{12}C が合成され，さらに ^{12}C と ^{4}He の融合で ^{16}O の合成が進むようになります．

さらに星の質量が大きい場合，$^{16}O + ^{16}O \rightarrow ^{28}Si + ^{4}He$ などによって，重たい元素がつくられますが，最終的に ^{56}Fe が生成された時点で，核融合はそれ以上進まなくなります．

その理由が，原子核の結合エネルギーです．^{56}Fe は，図序・2 に示すように，核子 1 個当たりの結合エネルギーが最大（最も安定）であり，^{56}Fe より重い原子核は，星の中の核融合でつくれないのです．なお，^{56}Fe まで核融合が進むのは，太陽の 8 倍以上の質量の星です．

序・4　超新星元素合成

それでは，鉄より多くの核子を含む元素，Ag，Au，Pb，U などは，どのようにして合成されたのでしょう？

重元素の合成には，超新星爆発や中性子星の合体が関わっていると考えられています．その詳細を解明することは，現在も研究の最前線のテーマですが，概略は以下のように考えられています．

星は，核融合で生成したエネルギーが重力による収縮を押しとどめて形を保っていますが，元素合成が終了すると重力を支えきれなくなり，一気に重力崩壊します．特に，太陽の 8 倍以上の質量の星は，重力崩壊後に，超新星爆発と呼ばれる大爆発を起こします．

重力崩壊では，膨大な重力エネルギーが開放され，大量，かつ高エネルギーの光子，ニュートリノ[10]，中性子を生成します．このときに発生する中性子が，原子核に一気に多数捕獲され（これを r 過程と呼びます）．中性子が過剰な不安定な重い原子核（原子量にしておよそ 250 近辺まで）をつくります．中性子が過剰な原子核は，崩壊して安定同位体になりつつ，宇宙空間に爆発的に放出されます．一方，超新星爆発で圧縮された星の中心核は，中性子を主成分とし，太陽程度の質量をもち，半径が 10 km 程度の高密度な天体，中性子星になります．中性子星が，他の中性子星と合体するときにも重元素が合成されることが，重力波

10）1987 年に大マゼラン星雲で見つかった超新星 SN1987a から飛来したニュートリノを，カミオカンデ測定器で検出した小柴昌俊（1926〜）は，2002 年のノーベル物理学賞を受賞した．

観測と組み合わせた最近の研究で明らかにされました．

このようにして放出された重元素が，他の星間物質とともに，ふたたび重力で集められ，次に誕生する恒星系に取り込まれます．私たちの地球は，そのような歴史をたどって，約46億年前に誕生しました．地球や，私たちの体内にある重元素は，「星のかけら」なのです．

序・5　天然の放射性元素

自然界に存在する元素は，

(1) ビッグバン，

(2) 星の中での核融合，

(3) 超新星爆発や中性子星合体，

でつくられました．超新星爆発や中性子星合体でつくられた中性子過剰の放射性

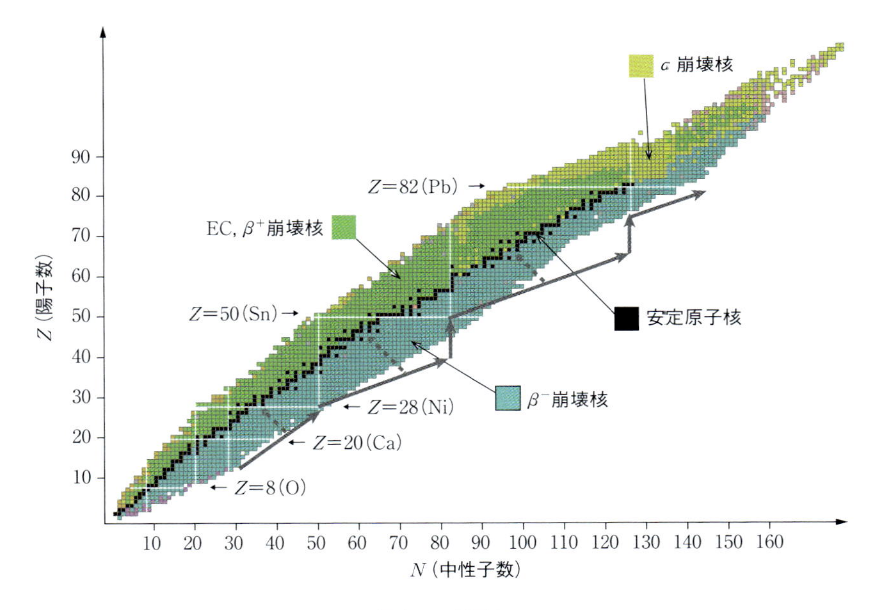

図序・3　核図表

□横軸に中性子数，縦軸に陽子数をとって，これまでに知られている原子核を表示した「核図表」．黒は安定同位体，ピンクは β 崩壊核，青は β^+ 崩壊核，黄色は α 崩壊核である．図の下のほうにある矢印は，超新星爆発で重い原子核ができるr過程で中性子数が急激に増えると考えられている経路を，また，そこから左上に破線矢印で示したのは，r過程で生じた中性子過剰同位体が，β 崩壊を繰り返して安定同位体に至る経路を示している．
［出典］https://www-nds.iaea.org/relnsd/vcharthtml/VChartHTML.html

同位体は，崩壊を繰り返してエネルギー的に安定な状態に移行し．現在では，そのほとんどすべてが安定な原子核（安定同位体）になっています．

原子核の中性子数（N）を横軸に，陽子数（Z）を縦軸にとって，原子核が存在する範囲を示したものを核図表（図序・3）と呼びます．図に■で示したのが，安定同位体で，253個存在します[11]．

地殻には，微量ですが，^{238}U（半減期44.7億年でα壊変），^{232}Th（半減期140.5億年でα壊変），^{40}K（半減期12.5億年でβ^-壊変または軌道電子捕獲）など，太陽系が生まれたときから存在している放射性同位体が含まれています．

また，^{3}H（半減期12.3年でβ^-壊変），^{14}C（半減期5 730年でβ^-壊変）のように，大気中で宇宙線によって常につくり続けられている放射性同位体もあります[12]．

序・6　宇宙線

1911年，ヘス（Victor Hess, 1883〜1964）は，放射線検出器を搭載した気球で放射線量を測定し，高度とともに線量が上昇すること，その原因が宇宙から飛来する粒子にあることを見出し，1936年のノーベル物理学賞を受賞しました．図序・4に示すように，宇宙線のもとは，地球外から飛来する一次宇宙線，主として陽子です，これが大気上空で窒素などの原子核と衝突し，原子核を破砕して陽子や中性子を発生させるとともに，π中間子（パイ中間子，パイオン）[13]も生成します．

π中間子のうち，荷電π中間子は，弱い相互作用によって；

$$\pi^+ \rightarrow \mu^+ + \nu_\mu,$$

$$\pi^- \rightarrow \mu^- + \bar{\nu}_\mu,$$

のように比較的短時間で，$\mu^\pm$粒子とミューオン・ニュートリノ$\nu_\mu, \bar{\nu}_\mu$に壊変します．また，中性π中間子は，電磁相互作用によって即座に；

$$\pi^0 \rightarrow \gamma + \gamma,$$

11）ごく最近まで，^{209}Biは安定原子核とされてきたが，21世紀になってから，半減期1.9×10^{19}年でα壊変することが発見された．

12）日本人は，天然放射性同位体の崩壊による外部被ばくが年に平均で0.33 mSv，天然放射性同位体を食品や呼吸で体内に取り込むことによる内部被ばくが年に平均で1.47 mSvある．

13）湯川秀樹（1907〜1981）が核力を担う粒子として予言し，電子と陽子の中間的な質量をもつところから中間子（meson）と名付けられた．現在では，π中間子は素粒子ではなく，クォークと反クォークを含む（たとえばπ^+中間子は$u\bar{d}$）複合粒子であることがわかっている．

図序・4 宇宙線

□一次宇宙線と二次宇宙線．地球外から飛来した一次宇宙線は，大気上空で原子核と衝突して，π中間子などの二次宇宙線を発生させる．π中間子はμ粒子に崩壊し，その一部は地上に至る．
［出典］CERNのサイト

のように崩壊し，このときに生じる高エネルギーの光子は，e^+とe^-を対生成し，それらがさらに高エネルギーの光子を発生することによって，e^+とe^-が急速に増え「電磁シャワー」の源となります（図序・4参照）．

$\pi^\pm$中間子は短寿命なので地上まで到達しませんが，$\mu^\pm$粒子は（途中で$\mu^+ \to e^+ + \mu_e + \bar{\nu}_\mu$のように崩壊しつつも[14]）地上まで到達します．地上で観測される宇宙線の主成分は$\mu^\pm$粒子です．水平に広げた手のひら程度の面積を，およそ毎秒1個の宇宙線が貫いています[15]．

14）大気中でπ中間子とμ粒子の崩壊で生じるニュートリノ（大気ニュートリノ）では，電子ニュートリノν_eとミューオン・ニュートリノμ_μが，およそ1：2の比率で生じると予想される．これは，$\pi^+ \to \mu^+ + \nu_\mu$; $\mu^+ \to e^+ + \nu_e + \bar{\nu}_\mu$の右辺のニュートリノを数えることで，直感的に理解できる．ところが，実際にはν_μが予想よりはるかに少ないことが，スーパーカミオカンデ測定器を用いた研究で明らかになり，その原因が「ニュートリノ振動」にあることを突き止めた梶田隆章（1959～）が，2015年のノーベル物理学賞を受賞した．

ヘスが発見した，地上に降り注ぐ宇宙線（二次宇宙線）の源は，宇宙から地球に飛来する高エネルギーの一次宇宙線です.

ビッグバンから138億年を経過し，宇宙が冷えた現在では，初期宇宙で誕生し，現在も宇宙を自由に飛び交っている粒子は，宇宙マイクロ波背景輻射の光子と，（未検出ですが）宇宙ニュートリノ背景輻射のみになりました，どちらも非常に低エネルギーの粒子です.

太陽からは，~eV領域の光子と，≲10 MeVのニュートリノ，そして太陽風と呼ばれるプラズマ粒子（≲100 eV）が飛来しますが，これらはどれも一次宇宙線の源ではありません[16].

しかし，地球には，これらよりも個数は少ないながら，高いエネルギー（10^9 eV ~ 10^{20} eV）の陽子や原子核，光子，（そしてニュートリノ）が一次宇宙線として飛来しています．主成分は陽子です．それらは，超新星やブラックホールなどで加速されたと考えられていますが，依然としてその加速のメカニズムは完全には解明されておらず，現在も世界中で種々の観測と，理論的な研究が行われています.

序・7　宇宙・元素・放射線

以上，本章では，宇宙誕生と元素生成の歴史を概観しました.

物質の生成には，種々の高エネルギー粒子（放射線）が関わってきました．自然界に存在する放射性同位体は，いわばその歴史の名残とも言えます．そして，宇宙線は，現在も宇宙で生成され続けている高エネルギー粒子です.

このように，放射線は，元素と不可分のものとして，宇宙を構成しているのです.

15）宇宙線による，日本人の年間の平均外部被ばく線量は約0.3 mSvである．天然放射性同位体による被ばくと合わせ，日本人の年間平均被ばく線量は約2.1 mSvである.

16）オーロラは，地磁気に巻きついて極地に飛来する太陽風の中の電子が，大気分子を電離することでつくられる.

第1章　放射線物理とは何か

1・1　放射線とは何か

放射線は，序章で説明しているように，物質とともに宇宙を構成し，物質間のエネルギーの伝播に関わるものの総称です．その放射線という言葉を，私たちは，日常かなりあいまいに使用していますが，普通，「放射線」といえば，電離性放射線（ionising radiation）を意味する，と考えてよいでしょう[1)]．本書が主題として取り上げる放射線も，その電離性放射線にほかなりません．ところが，電離性放射線という対象を厳密に定義するのは，決して容易ではありません．なぜならば，電離という現象が物質の種類と状態に依存するため，同じ放射線でも，物質によって電離を起こしたり，起こさなかったりするからです．

本書では，対象の範囲をできるだけ明確にするため；**直接または間接に，荷電粒子のクーロン力を介して，物質を電離する能力をもつ，電磁波または粒子線，**と定義します[2)]．このような定義を採用する理由は，放射線による電離の過程を限定し，金属表面から光電子を放出させられる紫外線や可視光線を，電離性放射線から除外するためです[3)]．

1）たとえば，Oxford English Dictionary は，放射線（radiation）を，“電磁波や運動している原子より小さい粒子（subatomic particles），特に電離を引き起こす高エネルギーの粒子，としてのエネルギーの放出”，と定義している．

2）国際放射線単位・測定委員会（ICRU : International Commission on Radiation Units, and Measurements）は，電離性放射線を，“媒質に電離をつくり出すか，原子核反応や素粒子反応を引き起こして電離や電離性放射線をつくり出す，荷電粒子（たとえば電子や陽子）または非荷電粒子（たとえば光子や中性子）”，と定義している（ICRU : “Fundamental Quantities and Units for Ionizing Radiation,” Report 85a（2011），ISSN : 1473-6691）．

3）気体状態の中性原子を電離させて，1価の正イオンにするために要する最小のエネルギー（第一イオン化ポテンシャル：first ionisation potential）は，可視光のエネルギーより大きいが，金属表面から電子を放出させるのに要するエネルギー（金属の仕事関数：work function）は，金属の第一イオン化ポテンシャルより小さく，可視光線でも光電子を放出させられるものがある（*Cf., e.g.,* D. R. Lide *ed.* : “CRC Handbook of Chemistry and Physics, 97th *ed.,*” CRC Press（2016），ISBN : 9781498754286）．ただし，可視光や紫外線が放出させた光電子には，物質を電離させる能力がない．ICRU は，放射線による電離の過程を，“粒子が原子や分子に衝突し，1個ないし数個の電子を解放する現象”，と定義している（ICRU, *ibid.*）ので，“衝突”をクーロン力による散乱に限定すれば，紫外線や可視光線を電離性放射線から除外できる．

電離とは，物質（原子や分子）が正電荷をもつイオンと負電荷をもつ電子とに分かれる現象です[4]．一方，放射線から衝突で受け渡されるエネルギーが電離を起こすために不十分な場合でも，原子や分子をエネルギーの高い状態に**励起**することが起こります．原子や分子が電離してイオンになったり励起状態になったりすると，化学反応を起こしやすくなります．そのため，電離が写真の乳剤中で起これば，銀イオンが還元され潜像を生じます[5]．また，電離や励起が細胞の中で起こると，DNAという分子の形で記録されている遺伝情報を，直接・間接に損なう可能性があります．遺伝情報に異常をきたした細胞は，たいがいは正常に代謝し分裂再生することができなくなり，死滅してしまいます．放射線によるがんの治療は，こうした放射線の作用を積極的に利用し，がん細胞を殺そうとするものです．また，がんの誘発などの放射線が身体に及ぼす有害な影響も，放射線による電離などをきっかけとして，細胞の遺伝情報が損なわれることから引き起こされる，と考えられています[6]．

それでは，電離性放射線には，具体的にどんなものがあるでしょうか．表1·1には，現在，医療に利用されているさまざまな種類の放射線を示しました．ただし表には，参考のため，電離性放射線には分類されない放射線も，併せて示してあります．

物質の第一イオン化ポテンシャルより大きな運動エネルギーをもつ荷電粒子線（電子や陽子などの素粒子，重陽子やα粒子などの複合粒子，および種々原子核やそのイオンからなる粒子線）と中性子線などからなる**粒子線**は[7]，すべて電離性放射線に分類されると考えてよいでしょう．これに対して，**電磁放射線**（電磁波）に属する放射線には，電離性放射線に分類されるものと，そうでないものとがあります．両者の間には，たとえば「波長何nm以下の電磁波は，電離性放射

4）概念的には，有限の距離に束縛されていた軌道電子とイオンが，自由に遠方まで離れ得る状態に変化することを意味するが，放射線の作用する物質が凝縮体（condensed matter：液体および固体），ことに媒質中を自由に動くことができる伝導電子（conduction electron）をもつ金属や半導体などには，同じ概念を適用できない．なお，中性原子が電子を捕捉し負のイオンを形成する過程も，電離から除外する．

5）*Cf., e.g.,* R. H. Herz：“Photographic Action of Ionizing Radiation,” Wiley Interscience（1969），ISBN：047137430X

6）*Cf.,*（1）ICRP：“The 2007 Recommendations of the International Commission on radiological Protection,” Publication **103**, Annex A；Annals of the ICRP, **37**（2007），ISBN：9780702030482（邦訳：“国際放射線防護委員会の2007年勧告” 日本アイソトープ協会（2009），ISBN：9784890732029）
（2）ICRP：“Stem Cell Biology with Respect to Carcinogenesis Aspects of Radiological Protection,” Publication **131**；Annals of the ICRP, **44**（2015），ISBN：9781473952065

表1·1 医療で用いられる放射線の分類と主な応用

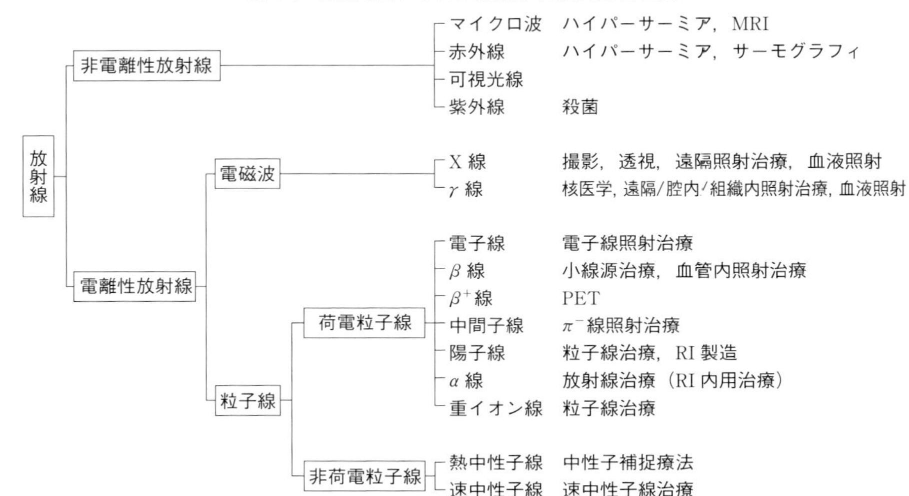

□ 人類は，電離性放射線の存在に気づいた翌年（1986 年）から，それを医学に利用しはじめた．今日では，さまざまな種類の放射線が診断や治療に利用されている．この表には，参考のため，電離性をもたない放射線も示している．

線に分類する」などと明確な境界があるわけではありませんが，物質の第一イオン化ポテンシャルより大きな運動エネルギーをもつ二次電子[8]を生成し得るという観点から，波長が数十 nm 程度の真空紫外線が，およその境目であると考えてよいでしょう[9]．

7）荷電粒子の運動エネルギーが原子の電離に必要なエネルギーより小さくなると，クーロン力を介した軌道電子との散乱による物質の電離は起こり得ない．しかし，たとえば，運動エネルギーを失った負のパイオン π^- は，原子核に捕捉されると核反応（蒸発）を起こし，その結果生成する高速荷電粒子がクーロン力を介して物質を電離する．また，電荷をもたない中性子は，運動エネルギーが熱運動の運動エネルギー程度まで低くなると，むしろ捕獲反応を起こしやすくなり，複合核の緩和過程や捕獲核分裂で放出される高速荷電粒子や γ 線の相互作用を介して間接的に物質を電離できる（*Cf.*，第 10 章）．このように，厳密な意味では，粒子の運動エネルギーの大小のみで電離性を規定できるわけではない．なお，ニュートリノは，きわめて反応性の弱い素粒子だが，物質と相互作用すれば荷電粒子線を発生するので（*Cf.*，第 7 章），電離性放射線に含めねばならない．

8）放射線の作用により生成する高速電子のこと．X 線や γ 線による物質の電離や励起は，主に二次電子の作用によって起こる．*Cf.*，第 9 章

9）ICRU は，放射線生物学の場合，エネルギー 10 eV 以下を非電離放射線とみなすのが適当だとしている（ICRU, *ibid.*）．また，国際非電離放射線防護委員会（International commission on Non-Ionizing Radiation Protection : ICNIRP）は，波長 100 nm（約 12 eV 相当）を非電離放射線の最短波長にしている．なお，ICNIRP は静磁場や静電場を防護の対象に含めているが，それらを非電離性放射線だと定義しているとは考えられない．

“放射線の性質”という言葉は，普通，電磁放射線や粒子線という放射線そのものの性質ではなく，電離性放射線を物質に作用させたときに起こる**相互作用の性質**，という意味に使われることが多いようです．この相互作用は，電離性放射線の種類（光子を含む放射線粒子の種類）とその運動エネルギーばかりでなく，放射線の作用を受ける物質の種類や状態によっても異なります．したがって，放射線の性質を理解するためには，物質の構造に関する知識が必要です．逆に，放射線と物質との相互作用に関する知識が十分であれば，未知の物質に放射線を作用させることにより，その物質の組成や構造を探ることもできるわけです．

1・2　物理とは何か

物理学は，自然（事象）を**検証可能な論理**によって理解するための学問で，その考え方は，分析と統合とから構成されています．分析とは，事象に寄与する構成要素を明らかにする作業であり，統合とは，それらの構成要素がいかなる法則で組み合わさり，その事象を具現しているかを明らかにする作業です．物理学は，こうした作業を通じて，自然現象を客観的で論理的に理解しようとしてきました．

物理学における数学の役割は，極言すれば，それらの過程や結果を正確かつ簡便に記述し，理解を助けるための手段です．したがって，もし，客観的で論理的な記述が可能ならば，物理学の記述は，必ずしも数学に頼らなくてよく，たとえば，ガリレイ（Galileo Galilei, 1564～1642）の時代には，むしろ，そうした弁証法的な記述のほうが一般的でした[10]．試みに一例として，そのような方法で“てこの原理”を説明してみましょう（図1·1）．

太さも材質も一様で真直ぐな棒を1本のひもで吊し，水平に釣合いを保つためには，ひもはちょうど棒の中央に結ばねばなりません．この経験に基づく“法則”から，全体の出発点となる命題**“中央で吊した一様均質な棒は，水平に釣合いを保つ”**が生まれます．この命題が真であることは，もし，“中央で吊した一様均質な棒は右側に傾く”と仮定すると，この棒を反対側からみている人には，“中央で吊した一様均質な棒が左側に傾いた”という矛盾を生じることから明らかです．

10) *Cf.*, G. Galilei（青木靖三 訳）：“天文対話”，岩波文庫 #33-906-1, 2（1997）, ISBN : 400339061X/4003390628

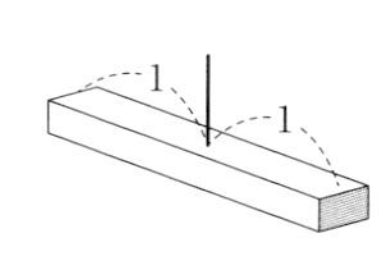

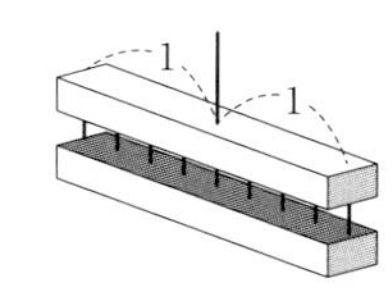

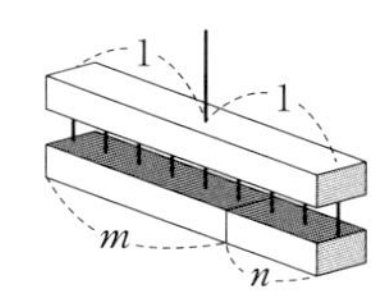

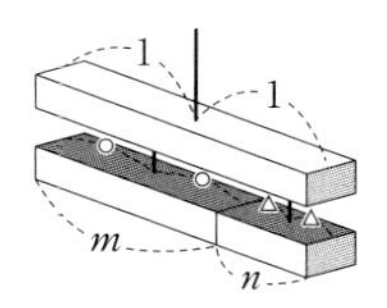

図1·1 てこの原理の弁証法的な説明

□現象は観測する方向に依存しないので，中央で吊した一様均質な棒は水平を保つ．次に，第二の一様均質な棒を第一の棒の真下に吊り下げても，棒の釣り合いは保たれる．さらに，第二の棒を任意の場所で分割したときも，それぞれの部分の中央で吊り下げていれば，全体の釣り合いは保たれる．このとき，第一の棒に加わる第二の棒の重量とその作用点の位置から，てこの原理が導かれる．

次に，同じ長さの一様な棒を，重さの無視できる多数のひもを用いて，最初の棒から平行に吊します．第二の棒が第一の棒のちょうど真下に吊されたとき，2本の棒からなる系は全体の中央で吊されていますから，上の命題により，全体は水平に釣り合いを保ち続けます．この釣り合いは，第二の棒が長さ $m:n$ の2本からなっていたとしても崩れません．次に，2本の棒を多数のひもで吊す代わりに，それぞれの中央にひもを結び，第一の棒から吊すことにします．前述の命題により，それぞれの棒は水平に釣り合いを保ち続けますから，この操作により全体の釣り合いも損なわれません．

いまや，第一の棒には，ただ二つの点，すなわち，その中央から $n:m$ の距離にある点のみに，2本の棒の重さが加わっています．言うまでもなく，その重さの比は2本の棒の長さの比 $m:n$ です．これで，回転のモーメントなどと公式（？）を振り回すこともなく，てこの原理を導くことができました．

なお，こうした弁証法的な解析手段は，思考実験（Gedankenexperiment）と呼ばれ，近代物理学の発展に大きく貢献してきたことを付け加えておきましょう．もちろん，物理学には，弁証法的な記述だけで簡単に表現し切れない複雑な問題も少なくありません．そうした場合でも，多少あいまいな記述になることを我慢すれば，なるべく数式に頼らずに物事の性質を議論することができるはずです．本書では，できる限りそうした方針で，それぞれの項目の全体像を説明していくつもりです．そして，先に説明したように，物理学が自然現象に対する論理的な理解の体系であることから，複雑な数式を用いた厳密な記述よりも，そうした定性的な全体像の説明のほうが，ものごとの本質をより明確に把握させてくれるだろうと思います．

1・3　放射線物理とは何か

したがって，放射線物理の目的は，放射線に関連した種々の自然現象について，その“要素”となる事象の性質と，それぞれの要素がどのように組み合わさって複雑多様な結果を生じているかを理解し，さらに，起こり得る未知の現象をも予測することにあります．したがって，本書では，放射線そのものの性質と，放射線の作用を受ける物質の性質，そして，両者の組合せである放射線と物質との相互作用の性質を取り扱います．

放射線物理を学ぶうえで重要なことは，個々の情報の羅列を覚えるのではなく，個々の現象がどんな**理由**によって起こり，それらの現象の間に，どんな共通の（あるいは相違した）法則が働いているのかを**理解しよう**と努めることです．こうした物事の原理を考えていくうえでの必要から，特殊相対論や量子論などに関しても，ほんの概略的な説明を付け加えることにしました．本書を通じて，単に放射線物理という科学の一分野を学ぶだけでなく，物事に対する**物理学的な見方**を，身につけていただければ幸です．

1・4　放射線物理の要となる五つの定数

どんな学問分野でも，最小限記憶していなければならない事柄があります．放射線物理には，さまざまな量の関係を評価するとき，鍵となる定数が五つあります．もちろん，もっと多くの定数を記憶していれば，さらに便利かも知れませんが，表1·2に示した五つの定数さえ記憶しておけば，他のほとんどの定数は容易に導くことができます．なお，特に必要がない限り，本書では，有効数字を2桁で議論することにします．

表中の（1）真空中の光速度は，単に光（電磁波）が真空中を伝播する速さを

表1·2　放射線物理学で要となる五つの定数の値

(1) 真空中の光速度	c	3.0×10^{8} 〔$\mathrm{m\cdot s^{-1}}$〕
(2) プランク定数	h	6.6×10^{-34} 〔J·s〕
(3) 素電化量	e	1.6×10^{-19} 〔C〕
(4) アボガドロ数	N_A	6.0×10^{23} 〔$\mathrm{mol^{-1}}$〕
(5) 電子の静止エネルギー	m_ec^2	5.1×10^{5} 〔eV〕（0.51 MeV）

□放射線物理に登場するさまざまな定数のほとんどは，この表に示した五つの定数から導くことができる．

表すだけでなく，電磁相互作用の強さを特徴づける量でもあり，また，質量とエネルギーとを関係づける係数でもあります[11]．(2) プランク定数は，ミクロの世界の（量子論的な）現象を特徴づける量であり[12]，(3) 素電荷量は，素粒子のもつ電荷量の単位を表し，(4) アボガドロ数は，ミクロな量とマクロな量とを結びつける役割を果たしています．表の最後に (5) 電子の静止エネルギー[11]を加えた理由は，物質が放射線に照射されたとき，最も多く起こる相互作用が，放射線と物質中の**電子**との相互作用であるからです[13]．いわば，**電子の静止エネルギーは，放射線物理を特徴づける量である**，と言ってもよいでしょう．

1・5　eV（電子ボルト）の話

表1·2で，**電子の静止エネルギー**は，SI単位のJ（ジュール）ではなく，eV（electron volt：電子ボルト）という単位で表されています．これは，一つには，素粒子の世界で起こる事象をSI単位で表すと，あらゆる量が著しく小さな数値となり，表記が大変煩わしくなるからです．さらに本質的な理由は，eVという単位が，素電荷量に等しい電荷をもつ粒子が電場から受ける相互作用を直接表現しているため，電子に作用するクーロン力を主とする放射線と物質との相互作用を表すのに適しているからです．

1 eVという量は，電子を真空中で1 Vの電位差を用いて加速したときに，電子が最終的に獲得する運動エネルギーに等しい大きさのエネルギーを意味し，1 V電位の低い場所（電子の電荷は負なので）にある電子がもつ静電場（クーロン場）のポテンシャルエネルギーに一致します．また，同じことですが，電子を1 V電位の低い場所へ移すために必要な仕事にも一致します[14]．

二つのエネルギー単位Jと eVの数値的な関係は，仕事率の単位W（$=\mathrm{J \cdot s^{-1}}$）を電力として表せば$\mathrm{V \cdot A}$であることから求められます．Aは$\mathrm{C \cdot s^{-1}}$ですから，Jを電磁気の単位で書き直すと，$\mathrm{V \cdot C}$になります．つまり，1 Jは，1 V電位の高いところに置かれた1 Cの電荷のポテンシャルエネルギーに等しいことがわかります．したがって；

---

11) *Cf.*，第2章

12) マクロな世界の現象では，プランク定数の値を0とみなせる．*Cf.*，第3章

13) 原子の中の軌道電子は，原子核にくらべはるかに広い範囲に分布しているし数も多い．また，原子核は素電荷の原子番号倍の正電荷をもつが，その電場は軌道電子の負電荷に遮蔽される．

14) いうまでもなく，これらの表現は，素電荷量に等しい電荷をもつ任意の粒子に対して，電荷の符号の相違による運動（移動）の向きの違いを除きすべて当てはまる．

$$1\,\mathrm{eV} = e\,\mathrm{J} \sim 1.6 \times 10^{-19}\,\mathrm{J}.$$

それでは，1 eV という量のエネルギーは，具体的にはどのくらいの大きさなのでしょうか．まず，原子の第1イオン化ポテンシャルは，金属元素で数 eV，非金属元素で十数 eV，最も大きなヘリウムで約 24 eV です[15]．また，真空中の光速度の 95% に相当する速さをもつ電子の運動エネルギーは，約百万 eV（MeV）です[16]．

ここに示した例は，放射線物理を学ぶ人が常識的なセンスとして身につけていて欲しい目安ですが，これらの例を通して 1 eV という大きさのエネルギーを，日常的な感覚で理解するのは，難しいかも知れません．そこで最後に，物理学者のガモフ（George Gamow, 1904〜1968）が考えた少し漫画的な説明を紹介しておきましょう．

ノミの平均体重は，約 1 mg（10^{-6} kg）です．このノミが，地球上で 1 cm の高さから飛び降りたときに獲得する運動エネルギーは，約 10^{-7} J です．したがって，1 eV というエネルギーは，1 cm の高さから飛び降りたノミが獲得する運動エネルギーの，約 1 兆分の 1 にあたると表現することができます．

これは，ノミからみると，問題にもならない小さなエネルギーです．ところが，電子の体重（質量）は約 10^{-30} kg ですから，ノミの体重の，約 1 兆分の 1 の，そのまた 1 兆分の 1 ほどに過ぎません．このことから，1 eV という量のエネルギーが，電子にとってはきわめて大きなものであると理解できます．言い換えるならば，電子に対する 1 eV というエネルギーは，ノミに対しては，荷を満載したダンプカーが 1 m の高さから落ちたときに獲得する運動エネルギーに匹敵する，約 10^5 J というエネルギーに相当することになります．もし，ノミに 10^5 J もの運動エネルギーが与えられれば，ノミの獲得する速度はおよそ 400 km·s^{-1}（音速の 1 000 倍以上）にもなり，ノミはたちまち空気中で燃え尽きてしまうでしょう．

章末問題

［1］“アルキメデスの原理”を，数式を用いずに弁証法的に説明せよ．

ヒント☞ 水は，水中で，浮きも沈みもしない．

15) *Cf., e.g.*，本章脚註 3）の文献
16) *Cf.*，第 2 章の章末問題［5］および［6］

［2］ 波長 30 nm（3×10^{-8} m）の紫外線の振動数はいくらか．

ヒント☞ 真空中の光速度は $3.0\times10^{8}\ \mathrm{m\cdot s^{-1}}$ **である．**

［3］ 陽子を 1 V の電位差で加速したとき，運動エネルギーは何 ϵV になるか．また，α 粒子の場合には，何 eV になるか．

ヒント☞ 陽子は $+e$，α **粒子は** $+2\,e$ **の電荷をもつ．**

［4］ 熱エネルギーに換算すると，1 eV はどのくらいの温度に相当するか．ただし，ボルツマン（Ludwig Boltzmann, 1844～1906）定数は，約 $1.4\times10^{-23}\ \mathrm{J\cdot K^{-1}}$ であるとする．

ヒント☞ ボルツマン定数は，絶対温度と熱エネルギーとの換算係数である．しかし，ボルツマン定数の意味を知らなくても，次元に着目すれば，どのような計算をすればよいかは明らかである．

第2章　なぜ $E_0 = m \cdot c^2$ か？ ―特殊相対性理論入門―

2・1　なぜ静止エネルギーが必要か

私たちが，原子核や放射線の物理を学ぼうとすると，質量とエネルギーの等価性を表す**アインシュタインの関係式**に出会います．

$$E_0 = m \cdot c^2. \tag{2・1}$$

物体の質量 m に真空中の光速度 c の2乗を掛けた量が**静止エネルギー**であることを表すこの簡単な式は，今日では物理学にあまり興味のない人たちにまでよく知られています[1)]．しかし，この式が何を表現し何を主張しているのか，あるいは，なぜ静止エネルギーなる量を考える必要が生じたか，という事情は，この関係式そのものほどは知られていません．また，「静止エネルギーが，なぜこの式で表されるのか？」という問いに，即座に答えられる人は，さらに少ないのではないでしょうか．

物理学では，対象とする系の特徴を記述するため，さまざまな**保存法則**に注目します．そして，運動量とエネルギーの保存法則は，その最も基本的なものであると考えられてきました．物理学はその歴史を通じて，エネルギー保存法則の概念を，力学的エネルギーの保存[2)]から，熱エネルギーや電磁場のエネルギーを含むものへ，徐々に拡大してきました．しかし，そこで取り扱われた現象に関与するエネルギーは，静止エネルギーにくらべて著しく小さかったので（章末問題

1）しかし，さまざまな書物の中に見出される“アインシュタインの関係式”には，4種類の表記（$E = m \cdot c^2$，$E_0 = m \cdot c^2$，$E = m_0 \cdot c^2$，$E_0 = m_0 \cdot c^2$）があり，それぞれが異なった意味を表しているが，物理学的に正しいのは式(2・1)である．*Cf.*, L. B. Okun : “The concept of mass,” Physics Today, **42(6)**, pp. 31-36（1989）

2）粒子（質点）の運動状態に関係する諸量は，すべて粒子の座標と運動量の関数として表すことができる．エネルギーは“仕事に換算し得る量”の総称で，粒子の力学的エネルギーのうち，粒子の座標の関数として表せるものを**ポテンシャルエネルギー**，粒子の運動量の関数として表せるものを**運動エネルギー**といい，粒子の質量のみに依存して座標や運動量に依存しないものを**静止エネルギー**という．外界との相互作用によるエネルギーの散逸や供給がない限り，粒子の運動エネルギーとポテンシャルエネルギーおよび静止エネルギーの総和（全力学的エネルギー）は，一定の値を保つ．運動量と力学的なエネルギーの保存法則は，時空の一様性を反映したものである．*Cf.*, L. D. Landau and E. M. Lifshitz : “Mechanics（3rd *ed.*），” Elsevia（1976）ISBN : 0750628960

[1])，**静止エネルギーの放出や吸収**があらわに観測されることはありませんでした．

これに対して，原子核や素粒子の反応では，反応のエネルギーが粒子の静止エネルギーに匹敵する大きさとなり，反応に伴って，静止エネルギーが運動エネルギー[3)]に，あるいは逆に，運動エネルギーが静止エネルギーに変わる現象が可能になりました．そこで，これらの反応の際のエネルギー保存法則を表すために，静止エネルギーをも考慮せざるを得なくなったのです．この説明は，静止エネルギーの発見に関する歴史とは順序が異なりますが，最初の疑問に対する簡単な解答になっているでしょう．

第二の疑問に対する答えは，エネルギーが［質量］$\cdot$［長さ］$^2 \cdot$［時間］$^{-2}$ という次元をもつことを思い出せば，定性的に理解することができます．外界からいかなる作用も受けていない粒子のエネルギーが，粒子の質量 m に比例することは，その次元から明らかです．また，その比例定数が，速度の２乗に相当する次元をもたなくてはならないことも，同様に明らかでしょう．

そこで，もし，物体の速度に依存しないエネルギーというものを考えるならば，その比例係数は，**自然界唯一の普遍的速度**である真空中の光速度の２乗に比例する量（$k \cdot c^2$，ただし k は無次元の定数）でなくてはなりません．したがって，静止エネルギー，すなわち，外界からいかなる作用も受けていない粒子が，速度の大きさがゼロの状態でもち得るエネルギーは，物体の質量と真空中の光速度の２乗との積に比例することがわかります．しかし，この比例定数 k の値が１であるという説明は，どうしても少し長くなってしまいます．

2・2 特殊相対性理論の登場

1687年，ニュートン（Isaac Newton, 1642〜1726）はその著書『自然哲学の数学的諸原理（ラテン語の書名を略してプリンキピアと呼ばれる）』の中に，運動の法則を記しました．

第一法則：慣性の法則，

第二法則：ニュートンの運動方程式，

第三法則：作用・反作用の法則．

“外力の作用を受けない物体は，等速度運動を持続する”という第一法則は，

3）光子のエネルギーは，光子の運動エネルギーと解釈される．*Cf.*，第３章

ニュートン力学で，物体の運動を記述する第二法則が成立する条件（座標系）を規定しています．これは，一様で等方的な空間（座標系）で観測したとき，物体の運動が最も簡単に記述できるという直感（経験）的な認識を，法則として表したものにほかなりません．第二法則は，外力と物体の加速度が比例し，それらがベクトル量であることを主張しています．そして，第三法則は，外力を受けない物体の運動量が一定であることを表し，運動量の保存法則は，この第三法則を一般化したものにあたります．なお，ニュートンは，質量を外力と加速度との比例係数として規定しましたが，この定義が第二法則そのものであることに注意する必要があります．

慣性の法則が成立する座標系を**慣性系**といいますが，ある慣性系に対して等速度運動をしている座標系は，定義によって，やはり慣性系になります．『プリンキピア』には特に説明がありませんが，ニュートンの確立した力学の体系は，すべての慣性系が唯一つの**共通な時刻**をもつことを，暗黙の前提としていました．その結果，ニュートン力学では，たとえば，ある慣性系の座標（x, t）と，この慣性系に対して x 軸正方向へ速度 v で等速度運動をしている別の慣性系の座標（x', t'）とは，次のような関係式で結ばれることになります．

$$\begin{cases} x' = x - vt, \\ t' = t. \end{cases}$$

この関係式を，ガリレイ変換と呼びます．変換式にニュートンではなくガリレイの名前が冠せられているのは，著書[4]の中で二つの慣性系の力学的同等性を最初に議論したのが，ガリレイであったためです．ニュートンの第一法則を別な言葉で言い換えるならば，“ニュートン力学（ニュートンの運動方程式）は，ガリレイ変換に対して不変（invariant）な数学的構造をもっている”ということになります．

19 世紀になると，マクスウェル（James Maxwell, 1831～1897）が，電磁気的な現象は四つ一組の基礎方程式に集約されることを導きました．ところが，このマクスウェルの方程式は，ガリレイ変換に対して不変ではありませんでした[5]．したがって，もし慣性系の間にガリレイ変換が成立しているとすれば，マクスウェルの方程式は，ある特定の慣性系でしか成立しないことになります．その特

4）*Cf.*，第 1 章脚注 10）の文献
5）*Cf.*, *e.g.*,（1）砂川重信：“理論電磁気学第 3 版，” 紀国屋書店（1999）ISBN : 4314008547,（2）J. D. Jackson : “Classical Electrodynamics（2nd *ed.*），” Academic Press（1975）ISBN : 047143132X

別の慣性系は絶対静止系と呼ばれ，電磁波は絶対静止系に対して静止している仮想的な媒質（エーテル）を伝播する，という仮説が立てられました．この仮説を検証するためには，実験的に絶対静止系を発見する，すなわち，エーテルの存在を確認する必要があります．そこで，光速度を精密に測定する数多くの実験が試みられました[6]．しかし，絶対静止系の存在は，遂に証明できませんでした．

こうして物理学は，深刻な矛盾を抱え込むことになりました．特別の慣性系が存在しないならば，すべての慣性系で物理法則は同じ（同じ関数形）でなくてはなりません．特に，真空中の光速度cは，すべての慣性系で同じ値でなくてはなりません．そのためには，感覚的にきわめて自然に受け入れられるガリレイ変換を捨て去り，マクスウェルの方程式がすべての慣性系で不変となるような変換を，二つの慣性系を結ぶ関係式として採用しなくてはなりません．そして，ガリレイ変換は，物体の速さが真空中の光速度にくらべて十分小さい場合の，近似的な関係式という地位に甘んじることになります．これが，アインシュタインの特殊相対性理論の出発点でした．

このように書いていくと，アインシュタインの発想は，きわめて必然的であったようにも思われます．しかし，マクスウェルの方程式を不変にする座標変換（ローレンツ変換）には，二つの慣性系の間で時間の尺度が共通ではあり得ない，という日常の経験と異質な部分があり，それを受け入れるために大きな意識革命が必要であったと推察されます．

このような“常識”に反する結果の一例として，日常的には何の疑問の余地もない“同時”という概念を考えてみましょう．いま，慣性系xの原点oで，原点から等距離にある2点aとbで点灯したランプの光を観測します（図2·1）．もし，aとb双方の光源からの光が，oで時間差なく観測されたならば，二つのランプは，同時に点灯したものと判断できます．ところが，ランプが点灯したときoと同じ場所に原点があり，慣性系xに対して速度vでx軸正方向へ等速度運動している慣性系x'の原点o′から同じ光を観察すると，光は慣性系x'でも同じ速度cで伝わりますが，aはo′から遠ざかり，bはo′に近づきますので，b点からの光のほうが先に観測され，慣性系xでは同時であった現象が，慣性系x'では異なった時刻に発生した現象になることがわかります．

6）光速度の微妙な変化を観測する手段として，光の干渉が利用された．マイケルソンとモーリーの実験は，その中でも特に有名なものである．（Appendix 2-A）

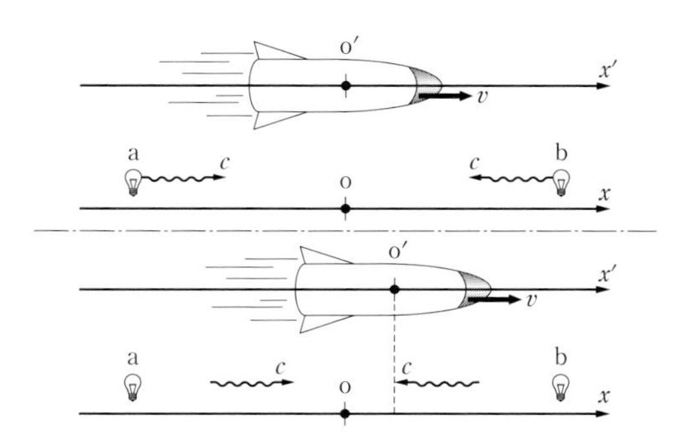

図 2·1　同時という概念は普遍的ではない

2 点 a，b の中点で a，b 両点から発した光を同時に観測したとき，光は a，b 両点から同時に発したと判断できる．しかし，慣性系 x に対して速度 v で b 点のほうに動いている別の慣性系 x' で同じ現象を観察すると，明らかに b 点からの光が先に届き，二つの光源から光が発したのは同時ではなかったことになる．

ただし，ここで注意しておきたいことは，同時性は相対論的に絶対普遍の概念でないものの，同一の点で起きるものごとの時間的な前後関係は，どの慣性系でも共通した概念だということです．また，異なった点で起こるものごとでも，ある慣性系で，C という原因から R という結果を生じることが観測されたとすると，他のいかなる慣性系でも，結果 R を原因 C より先に観測することはできません．なぜならば，光速度よりも早く原因 C の発生が伝わることがないからです．

2・3　ローレンツ変換

ローレンツ（Hendrik Lorentz, 1853～1928）変換は，はじめ電磁気学で導かれた関係式ですが[5]，ここでは**真空中の光速度がすべての慣性系で同じである**という条件から出発して，これを導いてみましょう．上の例と同じように，慣性系 x' は，慣性系 x に対して，x 軸正方向へ速度 v で等速度運動をしているとします．慣性系 x で，時刻 t_a に点 a（座標 x_a）から発した光を，時刻 t_b（$>t_a$）に点 b（座標 x_b）で観測したとしましょう．慣性系 x での点 a と点 b の距離 l は；

$$l=|x_b-x_a|,$$

と両者の x 座標の差を用いて表せるほか，光が一定の速度 c で伝播することから；

$$l=c|t_b-t_a|,$$

と表すこともできます．したがって，慣性系 x では，点 a から点 b への光の伝播に関して；

$$(x_b-x_a)^2=c^2(t_b-t_a)^2,$$

という関係が成り立ちます．同じ現象を慣性系x'で観測した場合も，時刻t'_aに点a（座標x'_a）を発した光が，速度cで伝播し，時刻t'_bに点b（座標x'_b）で観測されるので；

$$(x'_b-x'_a)^2=c^2(t'_b-t'_a)^2,$$

という関係が成り立たねばなりません．ここで，次の式で定義される二つの量，sとs'を考えます．

$$\begin{cases} s^2 \equiv (x_b-x_a)^2-c^2(t_b-t_a)^2 & (\text{慣性系 } x), \\ s'^2 \equiv (x'_b-x'_a)^2-c^2(t'_b-t'_a)^2 & (\text{慣性系 } x'). \end{cases} \tag{a}$$

点aと点bの座標とそれらに対応する時刻とが，点aを発した光をちょうど点bで観測する組合せである場合（あるいは，点bからの光をちょうど点aで観測できる場合），s^2とs'^2とは同時に0となります．しかも，この二つの量は，同じ2次の関数ですから，s^2とs'^2とは比例（$s^2=ks'^2$）しなくてはなりません．

この比例定数kは，任意の座標と時刻で二つの慣性系の関係を特徴づける量なので，座標や時刻に依存せず両者の相対速度の大きさ$|v|$のみに依存します．ところが上の議論は，慣性系の相対速度を$-v$と書き換えれば，二つの慣性系の役割が完全に入れ替わりますから（$s'^2=ks^2$），この比例定数kの値が，1であることは明らかです．つまり，点aと点bの座標とそれらに対応する時刻とが何であろうと，(t_a, x_a)と(t'_a, x'_a)，および(t_b, x_b)と(t'_b, x'_b)が，ともに同じ事象をそれぞれの慣性系で表した時刻と座標との組合せである限り，常に$s^2=s'^2$が成り立つわけです．

ここで，iを虚数単位として；

$$\begin{cases} \tau \equiv ict & (\text{慣性系 } x), \\ \tau' \equiv ict' & (\text{慣性系 } x'), \end{cases}$$

という変数を導入して$s^2=s'^2$という関係を書き換えると；

$$\Delta x^2+\Delta\tau^2=\Delta x'^2+\Delta\tau'^2, \tag{b}$$

と表せます（ただし，$\Delta x\equiv x_b-x_a$などと略記）．式(b)の両辺は，それぞれ(τ, x)平面[7)]と(τ', x')平面の，2点間の距離の2乗に相当する量です．したがって，式(b)の関係は，**任意の慣性系の間では，時空座標の距離が不変であることを表していることになります．**

7）時間軸が純虚数である時空座標系には，metric tensor の取り方に応じて二通りの表し方（$\tau=ict$または$\tau=-ict$）があり，テキストによって異なるので注意がいる．いずれにせよ，この時空座標では時間軸が長さの次元をもつことに注意．

一般に，二つの直行座標系（τ, x）と（τ', x'）の間の座標変換で距離を不変にするものには，座標の平行移動と回転移動の２種類があります．しかし，座標の平行移動は，時空座標の原点が異なる（しかし，互いに静止している）二つの慣性系間の座標変換を意味しますから，現在の問題には関係ありません．したがって，慣性系 x の時空座標とこれに対して速度 v で動いている慣性系 x' の時空座標とは，次の関係で結ばれることがわかります（図 2･2）．

$$\begin{cases} x' = \quad x\cdot\cos\theta + \tau\cdot\sin\theta, \\ \tau' = -x\cdot\sin\theta + \tau\cdot\cos\theta. \end{cases} \tag{c}$$

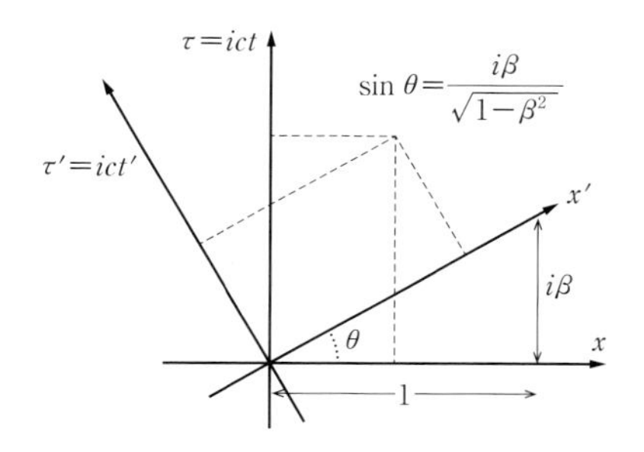

図 2･2　ローレンツ変換

□真空中の光速度がすべての慣性系で同じ値をもつためには，すべての慣性系で時空の距離が等しくなければならない．そのような座標変換は，平行移動と回転移動しかなく，ローレンツ変換は時空の回転移動に相当する．

座標系の回転角度 θ は，慣性系 x' の原点（$x'=0$）を慣性系 x から観測することによって決まります．つまり，式(c)に $x'=0$ を代入して得られる関係；

$$0 = x\cdot\cos\theta + \tau\cdot\sin\theta = x\cdot\cos\theta + ict\cdot\sin\theta,$$

で，右辺に現れる座標 x と時刻 t は，慣性系 x から観測した慣性系 x' の原点の座標と時刻です．慣性系 x' は慣性系 x に対して x 軸正方向に速度 v で動いていますから，時刻 $t=0$ に両者の原点が一致するよう慣性系 x の原点を定めれば，$x=vt$ という関係が成り立ちます．したがって，座標系の回転角 θ は；

$$\tan\theta = \frac{iv}{c} \equiv i\beta, \tag{d}$$

であることがわかります．なお，相対速度 v は真空中の光速度 c を越えませんから，時空座標の回転角度 θ は，$0 \leq \theta < \pi/4$（ただし $0 \leq v$）の範囲になります．この結果を用いて，式(c)の係数に現れる三角関数の値を具体的に書き直せば，以下のようになります．

$$\begin{cases} x' = \dfrac{x - vt}{\sqrt{1-\beta^2}}, \\ t' = \dfrac{t - vx/c^2}{\sqrt{1-\beta^2}}. \end{cases} \quad (\text{ただし}\ \beta = v/c) \qquad (2\cdot2)$$

式(2·2)で表される時空座標の変換を，ローレンツ変換と呼びます．運動量や加速度やエネルギーなど，空間座標と時間座標との関数である量の，異なる慣性系間の関係は，いずれもローレンツ変換で与えられます．言い換えるならば，それらの量は，異なった慣性系では異なった値をもつことになります．これに反して，**電荷や質量など座標や時刻の関数ではない量は，ローレンツ変換に対して不変であり，すべての慣性系で同じ値をもつ**ことになります．また，ローレンツ変換が，時空の距離 s を不変に保つ座標変換であることから，時空座標，すなわち (τ, x) 平面のベクトル（およびその関数）で記述される量は[8]，どの慣性系でも同じ関数形になります．

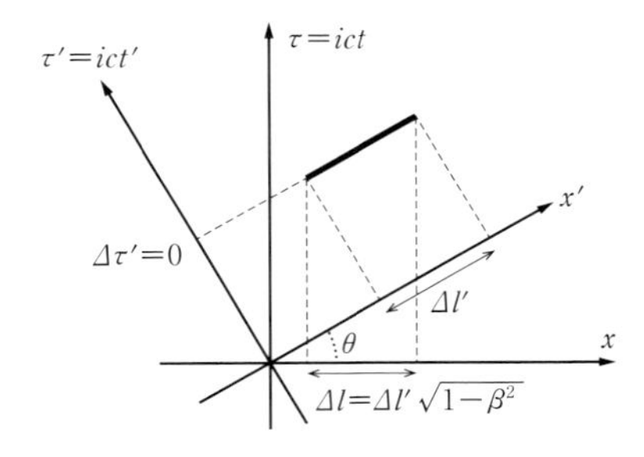

図2·3　ローレンツ収縮

□ 速度 v で移動する物体の長さは，その物体と同じ速度で動く慣性系 x' からは（同じ時刻 τ_0' に）本来の長さ $\Delta l'$ に見えるが，止まっている慣性系 x で同じ時刻に見える長さは，Δl にローレンツ収縮して見える．

それでは，相対速度 v で運動している二つの慣性系で，距離の関係は，どうなっているでしょうか．慣性系 x に対して速度 v で運動している慣性系 x' の“純粋に空間的”な距離 $\Delta l'$（つまり，慣性系 x' で同じ時刻 t_0' における二つの点 a，b の空間座標の差：$|x_a' - x_b'|$）は，慣性系 x では，もはや純粋に空間的な距離ではありません．そして，$\Delta l'$ の慣性系 x での空間的な距離（つまり，慣性系 x で同じ時刻 t_0 に二つの点 a，b が観測される空間座標の差：$|x_a - x_b|$）に対応する部分 Δl は，図2·3に示すように，慣性系 x' における長さの $\sqrt{1-\beta^2}$ 倍（<1）になります．これをローレンツ収縮と呼び，一時期は，運動する物体の長さは進行

8）一般には，4次元空間 (τ, x, y, z) のベクトルおよびその関数．

方向に短くなってみえる，と誤解されていましたが[9]，実は Appendix 2-B で説明するように，運動する物体がその進行方向に垂直な軸の周りに回転して見えることに対応しているものです．

2・4　運動量とエネルギー

次に，質量 m の粒子の運動量について考えましょう．ニュートン力学では，運動量は質量と速度の積；

$$p = m \cdot v = m \cdot \frac{\mathrm{d}x}{\mathrm{d}t}, \tag{e}$$

として定義されていました．しかし，相対論の世界では，式(e)の関係をそのまま利用することができません．なぜならば，式(e)で表されるニュートン力学的な運動量は，分子 $\mathrm{d}x$ も分母 $\mathrm{d}t$ も，ともにローレンツ変換を受ける（τ, x）平面のベクトルなので，“粒子の運動量がローレンツ変換に対して空間座標 x と同じ変換関係を満足する”という要請を満たさなくなるからです．この困難を避けるためには，特定の慣性系における時刻の増分 $\mathrm{d}t$ を分母に用いる代わりに，速度 v で運動している粒子にとっては純粋に時間的で，しかも，ローレンツ変換に対して不変であるような量（固有な時間の増分）を用いねばなりません．それを $\mathrm{d}t_p$ と表すことにします．

別の言い方をするならば，ニュートン力学では，座標 x を“すべての慣性系に共通な時刻 t”の関数 $x = x(t)$ として表すことができましたが，相対論的力学では，時刻 t はもはやすべての慣性系に共通ではなくなるため，すべての慣性系に共通となる**観測している現象に固有の時刻** t_p を媒介変数とする関数，すなわち，$x = x(t_p), t = t(t_p)$ として表さねばならないということです．ローレンツ変換は，時空の距離 s がすべての慣性系で等しい値をもつような座標変換です．したがって，時空の距離のうち速度 v で運動する粒子（慣性系）にとって純粋に時間成分しかもたないもの，すなわち粒子とともに運動している慣性系（τ', x'）の時間軸に平行な時空間隔 $\mathrm{d}\tau' = \mathrm{d}(ict_p)$ に相当する固有な時刻の増分（図 2・4）を，式(e)の分母に選べばよいことがわかります．

粒子とともに運動する慣性系では，空間座標の変化がありません（$\mathrm{d}x' = 0$）か

9）*e.g.*, G. Gamow（伏見浩治訳）：“不思議の国のトムキンス”，ガモフ全集 I，白揚社（1977），ISBN：4826910019

ら；

$$(\mathrm{d}s)^2=(\mathrm{d}x)^2+(\mathrm{d}\tau)^2=(\mathrm{d}\tau')^2=\{\mathrm{d}(ict_p)\}^2,$$

であることを用いて，粒子に固有な時刻の間隔 $\mathrm{d}t_p$ を次のように表すことができます．

$$\mathrm{d}t_p=\frac{\mathrm{d}s}{ic}=\sqrt{(\mathrm{d}t)^2-(\mathrm{d}x/c)^2}=\mathrm{d}t\sqrt{1-\beta^2}.$$

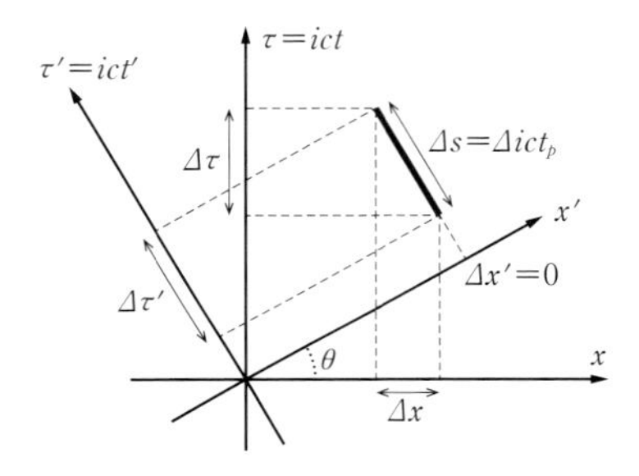

図2·4 固有時間

□高速で運動する粒子の運動量は，粒子の質量と速度の積では表せない．なぜなら，粒子とともに動く慣性系での時間経過は，観測者にとって純粋な時間間隔ではないので，時間的な変化の成分と空間的な変化の成分の双方を考慮しなければならないからである．

この結果は，速度 v で動いている慣性系では，静止している慣性系にくらべて，時刻の進み方が $1/\sqrt{1-\beta^2}$ 倍ゆっくりしていることを意味します．実際，高速で運動している素粒子の寿命は，静止状態で観測される寿命にくらべて $1/\sqrt{1-\beta^2}\equiv\gamma$ 倍長く観察されます（章末問題［8］）．

相対論的な運動量は，この固有な時刻の増分を用いて，次のように表されます．

$$p=m\cdot\frac{\mathrm{d}x}{\mathrm{d}t_p}=m\cdot\frac{v}{\sqrt{1-\beta^2}}\equiv m\cdot\gamma v. \qquad (2\cdot3)$$

式(2·3)に関して注意すべきことは，これが，速度とともに質量が増大すること（すなわち，$p=\gamma m\cdot v\equiv m'\cdot v$）を表すもの**ではない**という点です．一般に，運動質量とか相対論的質量とかの名称を用いて，あたかも質量が速度に依存するかのような説明（たとえば，「物体の質量は速度とともに増大し，光速度に近づくと無限に大きくなる．」など）をしばしば見かけますが，これは誤解に基づく俗説で，質量は物体の速度とは無関係な定数です[10]．なぜならば，2·3節で述べ

10) もし γm が，“速度 v における粒子の質量”を表すものとすると，光子の運動量に関するド・ブロイの関係式（*Cf.*，第3章3·2節）から，光子が $\gamma m=p/c=h\nu/c^2$ なる質量をもつという矛盾を生じる．*Cf.*，章末問題［1］および脚注1）の文献．

たように，ローレンツ変換は時空座標の回転移動であり，時空座標の関数ではない質量が，この変換によって値を変えることはあり得ないからです．上に述べたような誤解が生じたのは，相対論的な運動では運動量が速度に比例せず，物体の速度が大きくなるほど加速に必要な力積が大きくなるため，（実は，相対論的な運動には適用できない）ニュートンの第二法則に基づく直観的な判断から，質量が増加したと錯覚したためであると思われます．

ところで，ローレンツ変換に対して運動量が空間座標 x と同じ変換を受けるということは，時空座標の時間軸に対応する運動量の成分が存在して，これがローレンツ変換に対して時間座標 τ（$\equiv ict$）と同じ変換を受けることを意味します．言い換えるならば，運動量の次元をもつ純虚数の量 π（$\equiv iE/c$：E はエネルギーの次元をもつ量）を導入し，相対論的な時空座標 (τ, x) に対応する"相対論的な時空の運動量 (π, p)"を考えることができるわけです．相対論的な運動量の時間軸に対応する成分は，式(2・3)を時間成分に拡張して；

$$\pi = \frac{iE}{c} = m \cdot \frac{\mathrm{d}\tau}{\mathrm{d}t_p} = m \cdot \frac{\mathrm{d}(ict)}{\sqrt{1-\beta^2}\,\mathrm{d}t} = im \cdot \gamma c,$$

と表すことができます．したがって，E は，ローレンツ変換に対して不変なエネルギーの次元をもつ変数となります．

$$E = m \cdot \gamma c^2.$$

このようにして求められた相対論的な運動量の時間成分が，質量 m の粒子が速度 v でもつ相対論的なエネルギーに対応することは，これを粒子の速度が真空中の光速度にくらべて十分小さく，ニュートン力学が近似的に成り立つ場合（$\beta \ll 1$）について調べてみれば，明らかになります．

$$E = m \cdot \left(1 + \frac{1}{2}\beta^2 + \frac{3}{8}\beta^4 + \cdots\right)c^2 = mc^2 + \frac{1}{2}mv^2 + o(\beta^4).$$

右辺の展開の第2項は，ニュートン力学における粒子の運動エネルギー T に一致します．しかし，展開の第1項は，ニュートン力学の中に対応する概念を見出すことができません．この項 mc^2 は，外力を受けていない粒子のもつ全エネルギー E のうち，粒子が静止しているときにも存在する部分，すなわち，静止エネルギー E_0 にほかなりません．そして，ニュートン力学に静止エネルギーに対応する概念がない理由は，エネルギーの原点の相違に帰着します．

$$E = mc^2 + T(\equiv E_0 + T) = m \cdot \gamma c^2. \tag{2・4}$$

なお，物体の速度 v の代わりに運動量 p を用いると，全エネルギーを次のように表すことができます[11]．

$$\begin{cases} p \ = \dfrac{vE}{c^2}, & (2\cdot3') \\ E^2 = c^2(p^2 + c^2m^2). & (2\cdot4') \end{cases}$$

章末問題

［1］ 光子には質量がないことを，また，質量のない物体は常に光速度をもつことを証明せよ．

ヒント☞ 与えられた条件で，式(2·3′)と式(2·4′)を連立方程式として解く．

［2］ 水の生成エネルギーは，約 70 kcal·mol^{-1} である．

$$H_2 + \frac{1}{2}O_2 \rightarrow H_2O + 70\ \mathrm{kcal\cdot mol^{-1}}.$$

水の生成エネルギーと水 1 mol の静止エネルギーを比較せよ．

ヒント☞ 1 cal＝4.2 J **である．**

［3］ 出力百万キロワットの原子力発電所では，1時間にどれだけの質量をエネルギーに変えているか．なお，原子力発電所の発電効率（発生した熱エネルギーのうち電力のエネルギーとして取り出せる割合）は，30% であるとする．

ヒント☞ 1 **時間当たりの熱出力は，** 1.2×10^{13} J **である．**

［4］ 電子の質量を計算せよ．

ヒント☞ 電子の静止エネルギーは 0.51 MeV **である．**

［5］ 0.51 MeV の運動エネルギーをもつ電子の速度を求めよ．

ヒント☞ 電子の静止エネルギーをエネルギーの単位として計算する．

［6］ 真空中で電子を光速度の 90% まで加速するのに必要な加速電圧を求めよ．

ヒント☞ $\beta=0.9$ **の条件で，式**(2·4)**から算出する．**

［7］ 式(2·3)および式(2·4)から，式(2·3′)および式(2·4′)を導け．

［8］ 運動量の大きさが p〔GeV/c〕であるミューオンの真空中の飛程が，約 $6\times10^3\cdot p$〔m〕であることを示せ．なお，ミューオンの静止エネルギーを約 110 MeV，静止状態でのミューオンの寿命を約 2.2×10^{-6} s として計算せよ．

ヒント☞ 運動するミューオンの寿命は，静止状態のものの γ 倍に観測される．

11） 粒子の散乱問題のように，エネルギーと運動量の保存関係を調べる場合には，粒子の速度が現れない式(2·4′)を用いるほうが，また，相対論的運動をしている粒子の速度を求める場合などには，式(2·4)を用いるほうが便利である．*Cf.*，章末問題［4］および第9章9·3節など．

Appendix 2-A マイケルソンとモーリーの実験

当時もいまも，光の干渉を利用する方法は，時間や距離の変化を精密測定する有力な手段です．マイケルソン（Albert Michelson, 1852〜1931）とモーリー（Edward Morley, 1838〜1923）は，図 2·A·1 のような装置で実験しました．光源 S を出た光は，光路に対して 45° の角度に置かれた半透鏡 H で二つに分けられ，それぞれの光路上に垂直に設置された鏡 A，B によって反射され，再び H 上で合成されます．

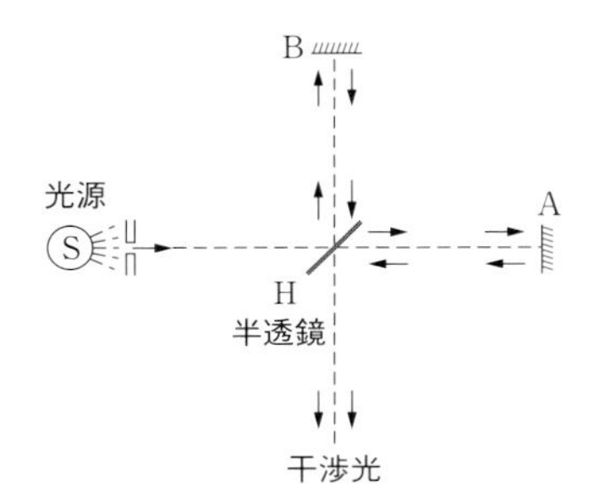

図 2·A·1　エーテルの流れを測る

□マイケルソンとモーリーは，互いに直角方向の光路を通った光を干渉させる方法で，装置の“エーテル”に対する運動を測ろうとした．しかし，装置を 90° 回転させても，干渉縞の有意な変化は観測されなかった．

この装置が絶対静止系に対して静止していれば，二つに分けられた光の光路差は，装置をどの方向に向けても変わらず，生じる干渉縞は一定です．これに対して，装置が絶対静止系に対してある速度で等速直線運動をしていると，（光は絶対静止系に対して速度の大きさ c をもつという仮定が成り立てば）装置に対する光の見掛けの速度は方向によって異なることになり，干渉縞も装置の方向を変えると変化するはずです．

実験は，地球の公転運動が，偶然に絶対静止系と一致していた場合をも考慮し，6 か月の期間をおいて行われましたが，絶対静止系の存在を示す干渉縞の変化は観測されませんでした．なお，2015 年 9 月 14 日に世界で初めて重力波を観測したレーザー干渉計重力波観測所（Laser Interferometer Gravitational-Wave Observatory : LIGO）も，基本的にはマイケルソンとモーリーの実験と同じ原理の装置で，仮想的なエーテルの流れではなく，重力波による光路長の変化を観測したものでした．

Appendix 2-B ローレンツ収縮は観測できるか？

ローレンツ収縮が導かれたとき，誰もが“運動する物体は縮んでみえる”に違いないと考えました（図 2·B·1 左上）．そのことに疑問をもち，そうはみえないことを説明してみせたのが一人の学生だったという歴史は，一つの教訓を含んでいるように思われます．

目やその他の観測装置は，同時に入射した光を同じ時刻の信号として観測します．しかし，同時に観測された光の信号は，必ずしも同時に光源から発せられたものとは限りません．有限の大きさをもつ物体を観測する場合には，同時に観測された光のうち遠方にある点から到達した光のほうが，より早い時刻に発せられたものです．このことを頭において，一辺の長さがlである立方体が，観測者の前を速度vで横切ったとき，これが図2·B·1左上のようにローレンツ収縮で前後方向に偏平にみえるか否かを検討します．

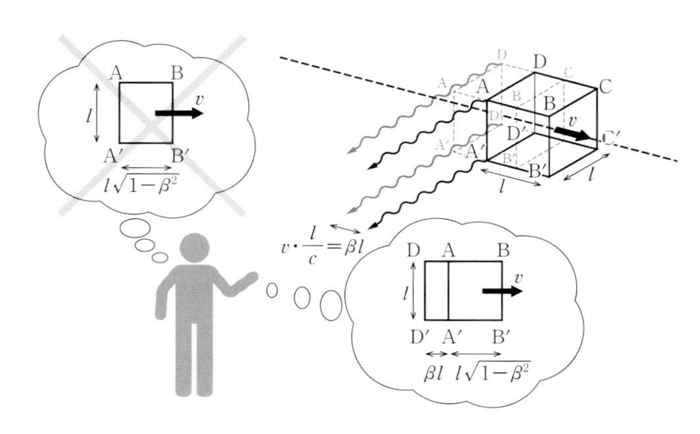

図2·B·1 ローレンツ収縮のみえ方

□ローレンツ収縮の結果，運動する物体が，収縮に対応する分だけ進行方向から回転してみえることを指摘したのは，一人の大学院生だった．

立方体が観測者のちょうど正面にきたときの光を観測すると，頂点A，Bからくる光にくらべて頂点Cからくる光は，立方体の一辺の長さを通過する分（$\Delta t=l/c$）だけ余分に時間がかかりますので，頂点A，Bからくる光と同時に観測された頂点Cの光は，l/cだけ早い時刻に発せられたことになります．そのときの頂点Cの位置は，立方体が観測者のちょうど正面にきたときよりも，$\Delta x=v\cdot\Delta t=l\beta$だけ手前の位置になります．ローレンツ収縮により，頂点A，B間の距離は$\sqrt{1-\beta^2}$倍に縮まって観測されます．これは，$\tan\theta$の値がちょうどβに相当する角度θだけ，立方体が（真上からみたときに）反時計回りに回転した投影像を真横からみた結果にほかなりません（図2·B·1右下）[12]．

これに対して，運動する荷電粒子の周りに形成される電場の形状は，静止している慣性系から観測すると，ローレンツ収縮により粒子の進行方向に垂直な平面

12） *Cf.*, V. F. Weisskopf: "The visual appearance of rapidly moving objects.", Physics Today, **13(9)**, pp. 24-27 (1960)

に向かって集中しています（図 2·B·2）．この違いは，立方体の各頂点が（運動する慣性系で）同時に存在していたのに対して，電場は中心の点電荷から光速度で伝播して形成されるという事情に起因しています．

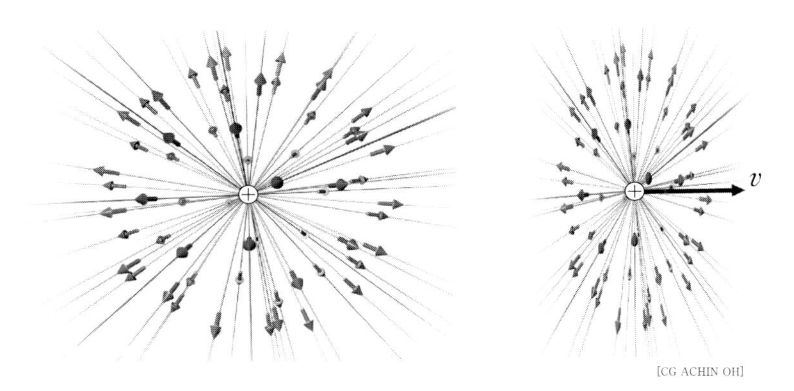

図 2·B·2　点電荷の周りの電場

□点電荷の周りの電場は，電荷が静止しているときは等方的だが，粒子の速度が光速度に近づくと，ローレンツ収縮によって，進行方向に垂直な平面への集中が顕著になる．

第3章　波か粒子か？—量子論入門—

3・1　光電効果（光の粒子性）

ニュートンとホイヘンス（Christiaan Huygens, 1629～1695）が，光の粒子説と波動説を論争したのは，17 世紀のことでした．しかし，マクスウェルが電磁気学を集大成し，光も電磁波の一種であることを明らかにすると，やがて光の粒子説が形を変えて再登場しようとは，誰一人想像できなかったかも知れません．19 世紀から 20 世紀にかけて，科学者の目が物質の究極の構造に向けられた結果，物理学に二つの革新的な分野が生まれました．その一つは，第 2 章で触れた相対性理論であり，もう一つは，本章で取り上げる量子論です．前者が対象とするエネルギーの増大に伴う視野の拡大であったのに対し，後者は対象とする世界の縮小に対応した視野の変化であった，と位置づけてもよいでしょう．

量子論の詳細な内容（たとえば，水素原子のエネルギー状態など）を理解するためには，かなり複雑な数学の知識が必要になります．しかし，本書の方針として，そうした詳細な議論は専門書に譲り[1]，量子論の概念を，本書が必要とする範囲で，できるだけ簡単に概観してみようと思います．

金属内には，個々の金属原子に束縛されず自由に動き回れる伝導電子があり，それが金属に高い電気伝導性や熱伝導性を与えています．しかし，通常の状態では，伝導電子が自由に動き回れるのは金属の内部に限られます．これは，金属内の伝導電子は，金属外の自由電子にくらべて低いエネルギー状態にあるためで[2]，伝導電子が両者のエネルギー差（金属の**仕事関数**）以上のエネルギーを獲得しなければ，金属外へ飛び出せません．伝導電子に仕事関数以上のエネルギー

1）*Cf., e.g.,* L. I. Schiff : “Quantum Mechanics, 3rd *ed.,*” McGraw-Hill（1968）, ISBN : 0070552878（シッフ〔井上　健 訳〕: “量子力学,” 吉岡書店（1970）, ISBN : 4842701471/4842701587）

2）結晶では，隣接する原子の外殻電子軌道が重なり合い，バンドと呼ばれる連続的なエネルギー状態を形成する．金属結晶では，外殻電子数がバンドの状態数にくらべて少ないので，電子はバンドの空席を伝い結晶中を移動することができる．これが，金属の伝導電子であるが，バンド（伝導電子の状態）は，軌道電子のエネルギー状態（束縛状態）の重ね合わせなので，自由電子よりも低いエネルギー状態にある．*Cf., e.g.,* C. Kittel : “Introduction to Solid State Physics, 4th *ed.,*” John Wiley & Sons（1971）, ISBN : 0471490210

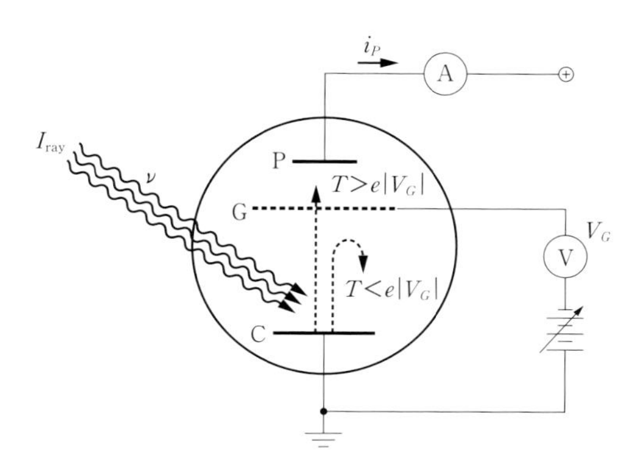

図 3・1　光電効果の実験（概念図）

光電効果の性質を調べるための実験の概念図である．真空中に置いた金属の表面をさまざまな強さと振動数の光で照射し，金属表面（陰極 C）から放出される電子の電流を観測する．金属と陽極 P の間に挿入したグリッド G の電位を変えることによって，放出される電子のエネルギーを測ることができる．

を供給する手段の一つに，光を用いる方法があります．

図 3・1 は，光に照射された金属から放出される光電子を観測する実験の概念図です．光の強度 I_{ray} と振動数 ν を変化させて，真空中に置かれた金属表面を照射し，陽極電流（光電子電流）i_P を観測します．記号 G で示されたグリッドを陰極（金属）に対して負の電位 $V_G(<0)$ に設定すると，負の電荷 $-e$ をもつ電子はグリッドから斥力を受けるため，金属から飛び出した瞬間の運動エネルギーが $e|V_G|$〔eV〕以下である光電子は，陽極 P に到達できなくなります．そこで，グリッドの電位を調節することにより，金属から放出された電子のうち初期運動エネルギーが $e|V_G|$ 以上のものだけを，陽極に集めることができます．この装置による実験の結果は，次のようにまとめられます（図 3・2）．

(1) 陽極電流 i_P が観測されるか否かは，照射する光の強度 I_{ray} とは無関係で，どれほど弱い光でも，振動数 ν が実験に用いた金属の種類に固有な値 ν_0 以上であれば，陽極電流 i_P は必ず観測され，それ以下の振動数になると，どんなに強い光を用いても，陽極電流は観測できない．また，光の振動数が ν_0 以上であれば，陽極電流 i_P は光の強度 I_{ray} に比例する．

(2) 振動数が ν_0 以上の光を照射するとき，陽極電流が観測される最大のグリッド-陰極間電位差 $|V_{G_0}|$ は，その光の振動数と ν_0 の差に比例する．

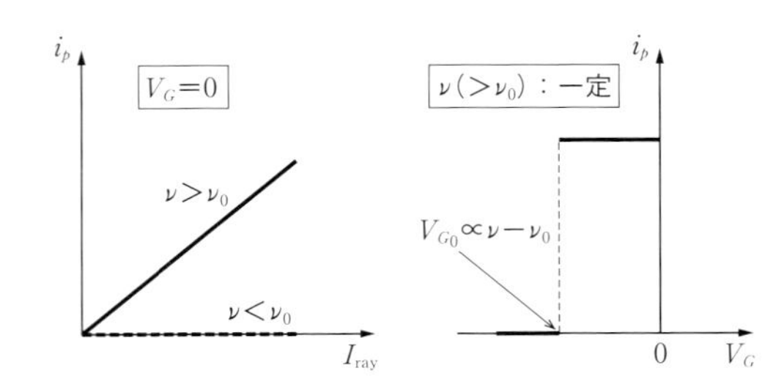

図3·2　光電効果の実験結果

図3·1の実験の結果．(1) グリッドに電位をかけずすべての光電子を陽極に集めると，光の振動数が金属の種類によって決まるある値 ν_0 以上であれば，陽極電流は光の強さ I_{ray} に比例する．(2) 振動数が ν_0 以上の光を照射してグリッド電圧を変化させると，陽極電流はグリッドの電位 V_G が照射した光の振動数 ν と ν_0 との差に比例する値 $V_{G0}(<0)$ 以上のときだけ流れる．

一般に進行波は，振幅の2乗に比例する密度でエネルギーを伝播します[3]．したがって，光が電磁波という波であると考える限り，強い光は，より大きな振幅をもち，より大きなエネルギーをもたらすことになります．しかし，(1)の結果は，光から電子が受け取るエネルギーが，光の振幅（強さ）とは無関係であることを示し，(2)の結果は，電子に受け渡すエネルギーが，光の振動数に比例することを示しています．

この現象は，光が振動数に比例するエネルギーをもつ粒子から構成されている，と考えるとうまく説明できます．その考え方では，振幅の大きな（強い）光は，光の粒子（光子）の数が多いと解釈されます．アインシュタインは，光子のエネルギー ε と振動数 ν との比例定数が，プランク（Max Planck, 1858～1947）が空洞輻射の理論[4]で導いた定数（**プランク定数** h）に等しいことを示しました（**アインシュタインの関係式**）．

$$\varepsilon = h\cdot\nu. \tag{3・1}$$

3・2　光子の運動量

第2章で導いた特殊相対性理論の結論の一つに，相対論的運動におけるエネルギーと運動量の関係式(2·3′)がありました．光子の場合，速度 v は真空中の光速度 c に等しいので，エネルギー ε をもつ光子の運動量の大きさ $p=|\vec{p}|$ は，次のように表せます．

$$p=\frac{\varepsilon}{c}.$$

3）*Cf., e.g.*，第2章脚注5）の文献
4）*Cf., e.g.*，朝永振一郎：“量子力学Ｉ，第2版，”みすず書房（1969），ISBN : 4622025515

この関係は，もちろん，真空中のマクスウェルの方程式から導かれる輻射のエネルギー密度と運動量密度（輻射圧）との関係[3]，と一致しています．この関係をアインシュタインの関係式(3·1)を用いて書き直すと，光子の運動量と振動数 ν（波長 λ または波数 k）との関係が得られます．これを，**ド・ブローイ**（Louis de Broglie, 1892～1987）**の関係式**をいいます．

$$p=\frac{h\nu}{c}=\frac{h}{\lambda}=\frac{h}{2\pi}k\equiv\hbar k. \tag{3・2}$$

このようにみていくと，光は電磁波という波であると同時にアインシュタインの関係式で表される運動エネルギーと，ド・ブローイの関係式で表される運動量をもつ，粒子でもあることになります(表3·1)．

光電効果のほか，光の粒子としての性質が際立って現れるもう一つの現象に，コンプトン（Arthur Compton, 1892～1962）散乱[5]があります．コンプトン散乱は，光子が電子と弾性散乱をする現象で，散乱で運動量の減少した散乱光は，ド・ブローイの関係式が示すように波長が長くなります．

表3·1 光の波動性と粒子性

波動性	粒子性
$\omega(=2\pi\cdot\nu)$	$\varepsilon(=h\cdot\nu)$
$k(=2\pi/\lambda)$	$p(=h/\lambda)$
干渉	光電効果
回折	コンプトン散乱

ダヴィソン（Clinton Davisson, 1881～1958）とジャーマー（Lester Germer, 1896～1971）は，電子線を結晶で散乱させる（章末問題［5］参照）ことにより，X線（光子）がつくるラウエ（Max von Laue, 1879～1967）斑と同様の回折像を得ました．そのパターンは，電子がド・ブローイの関係式で与えられる波長をもつ波（物質波）であるとした場合の，**ブラッグ**（William Henry Bragg, 1862～1942 & William Lawrence Bragg, 1890～1971）**の条件**[6]に一致しました．この実験は，質量をもたない光子ばかりでなく，電子のような質量のある粒子に

5）光電効果（9·2節）とともに，詳細は9·3節を参照．
6）結晶によるX線の反射が，干渉で強め合う角度を表す条件．Appendix 3-A

も，粒子性と波動性の両面の性質があり，アインシュタインの関係式とド・ブローイの関係式が，二つの性質を結びつけていることを示しています．

3・3 コペンハーゲン解釈—確率の波—

物質波がどのような物理的意味をもつか，電子線回折の実験を例に考えてみましょう．ダヴィソンとジャーマーは，電子線が結晶によって回折し，ラウエ斑を生じることを示しましたが，思考実験として，これを電子が一度に１個ずつしかやってこないような非常に弱い電子線で実施したとしましょう．すると，短時間の観測では，検出器に不規則な信号を生じるだけですが，測定時間を長くするにつれて，不規則な信号が密に現れる場所とそうでない場所が生じてきます．そして，測定に十分長い時間をかけると，強い電子線を用いた実験と全く同じラウエ斑のパターンが得られるはずです（図 3･3）．

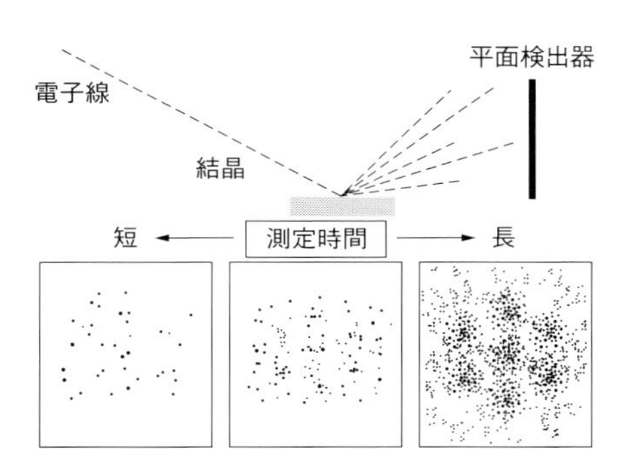

図 3･3 弱い電子線のつくる干渉像

物質波の波長が 0.1 nm 程度の電子線を塩の結晶で回折させると，X 線の場合と同様の干渉像が得られる（右）．電子の数が少ないうちは，回折像は不規則な模様であるが（左），電子の数が増すにつれて，濃淡の差がはっきりしてくる（中央）．つまり，回折像の濃淡は，電子がその位置に到達する確率に比例している．

この実験結果は，強い電子線を用いて得られた回折像の濃度が，検出器の各点に電子が回折されてくる確率に比例することを意味しています．回折像の濃度の信号強度は，その方向に回折される電子の物質波の振幅の２乗に比例していますので，**物質波は，対応する粒子がその点に見出される確率を反映している**と解釈できます．

粒子を見出す確率を表す物質波は，一般には時刻と座標とに関する複素数の関数になり，波動関数と呼ばれます．ある粒子の（その粒子を時刻 t に x 座標のどこかに見出す確率が１であるように）規格化された波動関数 $\psi(x, t)$ の具体的な関数形が明らかになれば，その粒子に関するさまざまな物理量 $A(x, t)$ の時刻 t における**期待値** $\langle A(t) \rangle$ を，次のように求めることができます．

$$\langle A(t)\rangle = \int_{-\infty}^{\infty} \mathrm{d}x \{\psi^*(x,t)\cdot A(x,t)\cdot \psi(x,t)\}.$$

ここで，$\psi^*(x,t)$ は，波動関数 $\psi(x,t)$ の共役複素な関数を表しています．

また，二つの異なった状態の波動関数を相互作用のエネルギーに乗ずれば，その相互作用により一方の状態から他方の状態に遷移する確率が求まります．

3・4　波束と不確定性

物質波には，前節のような確率論的解釈を与えることはできますが，波という本質的に空間的な広がりをもつ概念と，粒子という空間的に局在した概念とを，一つの実体の中に両立させて思い描くことは容易でありません．これらの相反する概念を統合するためには，空間的に局在した波である“波束”の性質を考えるのが便利でしょう．

まず，x 軸の原点付近に局在する波を考えましょう．簡単のために，この波は原点を中心に幅 Δ の区間だけに存在し，しかも，その区間の中では，図 3･4 のように一定の振幅 $1/\sqrt{\Delta}$ をもつ矩形波とします．なお，この振幅の大きさは，$\psi^2(x)$ が座標 x に粒子を見出す確率を正しく表すように，粒子がどこかの x 座標に見出される確率を 1 に規格化する条件；

$$1 = \int_{-\infty}^{\infty} \mathrm{d}x \psi^2(x),$$

から決まりました．

$$\psi(x) = \begin{cases} 1/\sqrt{\Delta} & |x| \leq \Delta/2, \\ 0 & \text{otherwise.} \end{cases}$$

この関数をフーリエ変換すると，次のような結果が得られます[7]（章末問題［6］）．

$$\varphi(k) = \int_{-\infty}^{\infty} \mathrm{d}x\, e^{-ikx} \psi(x) = \sqrt{\Delta} \cdot \frac{\sin(k\cdot\Delta/2)}{k\cdot\Delta/2}.$$

二つの関数 $\psi(x)$ と $\varphi(k)$ の概形を図 3･4 に示しました．図からわかるように，座標空間（x 空間）では幅が Δ であった波束は，波数空間（k 空間）では，幅がほぼ $1/\Delta$ の波束となります．そこで，粒子としての性質が際立っている極限 $(\Delta \to 0)$，つまり，粒子が座標の原点に存在していることが何のあいまいさもなく確定している場合には，その波束は，非常に多数の波数成分を含むことにな

7）$e^{i\theta} = \cos\theta + i\sin\theta$（オイラーの公式）

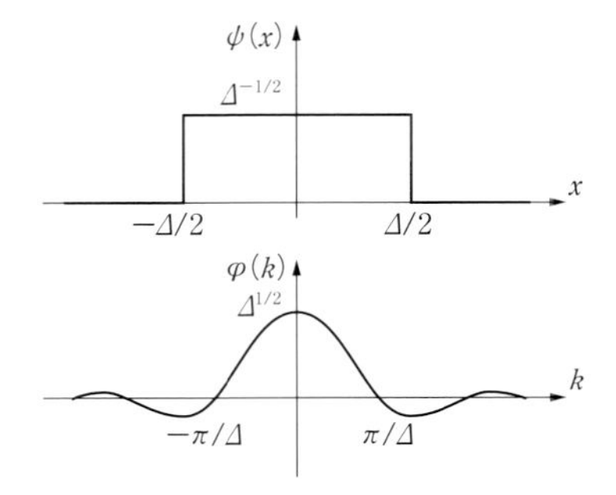

図3·4　実空間と波数空間の波束

□実空間の波束と波数空間の波束では，波束の幅がほぼ逆数の関係にあるため，空間的な位置が確定する $(\Delta\to0)$ と波数空間の位置が確定しなくなり，波数空間の位置が確定すると $(1/\Delta\to0)$ と空間的な位置が確定しなくなる．

り，ある特定の波数（波長）の波としての特徴を完全に失ってしまいます．一方，波の性質が際立っている逆の極限 $(1/\Delta\to0)$，つまり，その粒子の物質波の波数（波長）がほとんど確定している場合には，その粒子の存在する位置座標が完全にあいまいになってしまいます．

一般に，粒子の位置座標のあいまいさ Δx と，波数（波の性質）のあいまいさ Δk_x の積は，1よりも大きな値になることが証明されています．

$$\Delta x\cdot\Delta k_x\geq1.$$

ところで波数 $\vec{k}$ は，ド・ブローイの関係式によって粒子の運動量 $\vec{p}$ と関係づけられていますので，この関係は，粒子の座標のあいまいさと粒子の運動量のあいまいさとの関係（不確定性関係）を与えることになります．

$$\Delta x\cdot\Delta p_x\geq\frac{h}{2\pi}=\hbar. \qquad (3\cdot3)$$

座標と運動量とを，同時に正確に決定することができないという結論は，量子論の世界（プランク定数 h の値を0とみなせない現象の世界）を端的に特徴づける関係です[8]．

3・5　自由粒子の波動方程式

ここでは，静止エネルギーにくらべて十分小さな運動エネルギー ε と運動量 $\vec{p}$ とをもち[9]，x 軸正方向へ運動している質量 m の自由粒子に対応する波動関数を

8）なぜならば，ニュートン力学では，座標と運動量（速度）の両方の初期条件を与えることが，運動を決定するために必須であった．

9）後に議論をポテンシャルエネルギーをも含む形に拡張することを考慮して，ここでは運動エネルギーに T ではなく ε という記号を用いている．

考えてみましょう．

この例では，正確な運動量が与えられていますので，不確定性の関係から，粒子の座標は全くわからなくなります．したがって，そのような波は，全空間にわたって一様に存在する波でなくてはなりません．しかも，粒子の運動エネルギーがちょうどεであることから，アインシュタインの関係式によって，物質波の角振動数は，$\omega=2\pi\nu=\varepsilon/\hbar$であり，また，粒子の運動量がちょうど$\vec{p}=(p_x,0,0)$であることから，ド・ブローイの関係式によって，物質波の波数は，$\vec{k}=(p_x/\hbar,0,0)$であることがわかります．こうした条件を満足する波は，ただ一種類しか存在しません．

$$\begin{aligned}\psi(x,t)&=A\cdot e^{i(k_x x-\omega t)},\\&=A\cdot e^{i(p_x x-\varepsilon t)\hbar}.\quad (A\text{ は定数})\end{aligned}$$

それでは，この波動関数は，どのような方程式（波動方程式）に従うのでしょうか．波動関数が粒子の状態確率を与えることから，その方程式は，少なくとも次の二つの条件を満足する必要があります．

(1) その方程式は，ψに関して一次式（線形）でなくてはならない．なぜならば，二つの波動関数ψ_1とψ_2がともに波動方程式の解であるとき，二つの状態の重ね合わせの状態を表す両者の一次結合$a_1\psi_1+a_2\psi_2$（ただしa_1,a_2は定数）も，同じ波動方程式の解でなければならないからである．

(2) その方程式は，プランク定数h，素電荷e，粒子の質量mなど，粒子の運動の状態によらない定数をあらわに含むことはできるが，粒子のエネルギーεや運動量$\vec{p}$などを直接含むことはできない．なぜならば，遷移現象などを記述する場合には，異なった運動の状態（たとえば異なったエネルギー状態）にある粒子の間にも干渉を考える必要があり，波動方程式が特定のエネルギーや運動量に依存できないからである．

時間と空間とに関してともに2階微分である通常の波動方程式[10)]；

$$\frac{\partial^2\psi}{\partial x^2}-\frac{p^2}{\varepsilon^2}\cdot\frac{\partial^2\psi}{\partial t^2}=0,$$

が，条件(2)を満足しないことは明らかです．結局，上の二つの条件をともに満足する最も簡単な（次数の低い）微分方程式は，次に示すものであることがわかります．

10) 電磁波や音波の伝播は，この波動方程式で表される．Appendix 3-B

$$i\hbar\frac{\partial\psi}{\partial t} = -\frac{1}{2m}\cdot\hbar^2\frac{\partial^2\psi}{\partial x^2}.$$

この微分方程式と，運動エネルギー ε，運動量 $\vec{p}=(p_x, 0, 0)$ をもつ質量 m の粒子の非相対論的運動を表す（ニュートン力学の）運動方程式；

$$\varepsilon = \frac{1}{2m}\cdot p^2,$$

とを比較すると，エネルギーは波動関数の時間に関する微分演算子に対応し，運動量は波動関数の位置座標に関する微分演算子に対応していることがわかります．

$$\begin{cases} \varepsilon & \Leftrightarrow \quad i\hbar\dfrac{\partial}{\partial t}, \\ p_x & \Leftrightarrow \quad -i\hbar\dfrac{\partial}{\partial x}. \end{cases}$$

このように，量子論の世界では，運動量はもはやただの数ではなく，座標に関する微分演算子となっています．そのため，ニュートン力学では当然0になるはずの期待値が，次の例に示すように0でない値をもつことがあります．

$$\begin{aligned} \langle xp_x - p_x x\rangle &= \int \mathrm{d}x\,\psi^*(x)\cdot(xp_x - p_x x)\cdot\psi(x), \\ &= \int \mathrm{d}x\left[\psi^*(x)\cdot\left\{x\left(-i\hbar\frac{\partial}{\partial x}\right)-\left(-i\hbar\frac{\partial}{\partial x}\right)x\right\}\cdot\psi(x)\right], \\ &= \int \mathrm{d}x\{\psi^*(x)\cdot i\hbar\cdot\psi(x)\} = i\hbar. \end{aligned}$$

もちろん，このように座標と運動量との積に**交換法則**が成り立たないのは，座標と運動量（ベクトル）の同じ成分との間だけに起こる話です．したがって，たとえば粒子の x 座標とその運動量の z 成分 p_z の積に関しては，量子力学の世界でも交換法則が成立しています．

上に示した例は，右辺の値を0と近似できなければ，量子力学の特徴が現れることを示していますから，プランク定数 h が，量子論の世界を特徴づける量であることを，象徴的に示したものであると言えます．言い換えるならば，さまざまな量の値を確率的にしか決めることのできない量子論の世界とは，プランク定数程度の大きさの量が問題となる現象の世界であることになります．

章末問題

［1］　光の波動性と粒子性とを表す現象をそれぞれ二つずつあげ，粒子性と波動性がど

のように現れているかを説明せよ．

［2］ 波長 100 nm の光子のエネルギーは，何 eV か．

ヒント☞ 真空中の光速度を用いて，この光子の振動数が算出できる．

［3］ 1 eV の運動エネルギーをもつ電子および陽子の物質波の波長を求めよ．

ヒント☞ 運動は，非相対論的である．陽子の質量は，水素原子 1 mol の質量が 1 g であることから見積もれる．

［4］ 1 mg の金属球がある．この球の“波動的”性質を観測することは可能か．

ヒント☞ 波動性を観測するには，波長と同程度の大きさの器具（スリットなど）を用いて干渉させる必要がある．

［5］ 結晶による電子線の回折実験をしたい．使用する結晶の格子間隔から考えて，電子の物質波の波長を 0.2 nm 程度にしたい．電子線の加速電圧を求めよ．

ヒント☞ この実験での電子の運動は非相対論的である．

［6］ 3·4 節のフーリエ変換を実行せよ．

ヒント☞ オイラーの公式により，$e^{i\theta}-e^{-i\theta}=2i\cdot\sin\theta$ であることを用いる．

Appendix 3-A ブラッグの条件

結晶面の鉛直線に対して θ の角度で入射した光子が，間隔 l で隣接した二つの結晶面で反射されるとき，光路差は $2l\cdot\cos\theta$ です（図 3·A·1）．この光路差が光の波長 λ のちょうど整数倍であれば光は強め合い，半奇数倍であれば光は弱め合います．その結果，結晶からの反射光は，次の条件が満たされる方向に反射されます．

$$2l\cdot\cos\theta=n\lambda.\qquad (n\ は整数)$$

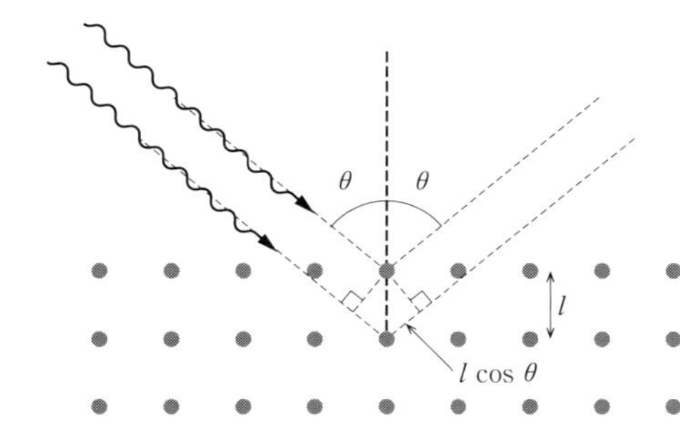

図 3·A·1 ブラッグの条件

□結晶の隣り合う面で反射される X 線は，散乱角の余弦に比例する光路差ができる．この光路差が X 線の波長の整数倍であれば X 線の波は強め合い，半波長ずれていれば打ち消し合う．

Appendix 3-B 通常の波動方程式の性質

時間と空間とに関してともに 2 階微分である通常の波動方程式；

$$\frac{\partial^2\psi}{\partial x^2}-\frac{p^2}{\varepsilon^2}\cdot\frac{\partial^2\psi}{\partial t^2}=0,$$

の性質を調べます．まず，左辺を因数分解すると；

$$\left(\frac{\partial}{\partial x}+\frac{p}{\varepsilon}\cdot\frac{\partial}{\partial t}\right)\cdot\left(\frac{\partial}{\partial x}-\frac{p}{\varepsilon}\cdot\frac{\partial}{\partial t}\right)\psi=0,$$

となり，第一の括弧に対応する微分方程式；

$$\left(\frac{\partial}{\partial x}+\frac{p}{\varepsilon}\cdot\frac{\partial}{\partial t}\right)\psi=0,$$

は，x 軸正方向へ一定の速さ $\varepsilon/p\equiv c_w$ で進行する波 $\psi_-(x,t)=\psi_-(x-c_wt)$ を，また，第二の括弧に対応する微分方程式は，x 軸負方向へ進行する波 $\psi_+(x,t)=\psi_+(x+c_wt)$ を表します．ここで，波の（位相）速度 c_w の代わりに，その波長 λ と振動数 ν（または波数 k と角振動数 ω）を用いれば，上記の波動方程式の解は；

$$\psi_-(x,t)=\psi_-\left\{2\pi\left(\frac{x}{\lambda}-\nu t\right)\right\}=\psi_-(kx-\omega t),$$

$$\psi_+(x,t)=\psi_+\left\{2\pi\left(\frac{x}{\lambda}+\nu t\right)\right\}=\psi_+(kx+\omega t),$$

と表せます．正弦波と余弦波とが，この方程式の解であることは容易に確認できますので，方程式が線形の微分方程式であることに注意すれば，この波動方程式の一般解は，それらの重ね合わせにより表現することができます．

$$\psi(x,t)=\iint \mathrm{d}k\,\mathrm{d}\omega\{\varphi_-(k,\omega)e^{i(kx-\omega t)}+\varphi_+(k,\omega)e^{i(kx+\omega t)}\}.$$

第4章　原子の構造

4・1　ボーアの原子模型に至る道

“物質は，不可分な粒子から成り立つ”とする原子論の起源は，紀元前3世紀頃のギリシアに遡ります．デモクリトス（Democritus, 460頃〜370頃 BCE）は，気体の圧縮性に関する哲学的考察から，原子論を導いたと伝えられています．しかし，当時の自然観は，物質を“地・水・風・火”四元素から構成された連続的なものと考える，アリストテレス（Aristotle, 384〜322 BCE）の四元論が主流でした．そして，19世紀に入ってドルトン（John Dalton, 1766〜1844）とアボガドロ（Amedeo Avogadro, 1776〜1856）が近代原子論として復活させるまで，原子論は長い間忘れ去られてしまいました．

余談ではありますが，古代の中国やインドなど東洋の世界には，原子論のような唯物論的世界観は，あまりなじまなかったようです．たとえば古代中国では，物質（世界）の成り立ちをアリストテレスの四元論に類似した“陰陽五行説”[1]に基づいて捉えました．東洋には，物事を実験で確認するという手法が育たなかったため，観念論的な陰陽五行説は，近世に至るまで，中国文明の“科学”の基礎となっていました．東洋医学には，今日でも，陰陽五行説の強い影響が認められます[2]．

いったんは忘れ去られてしまった原子論を，近代原子論として復活させる礎をつくったのは，イスラーム科学の流れを汲む中世ヨーロッパの錬金術師達でした[3]．安価な鉛を金に変えようというささか世俗的な目的は失敗に帰しましたが，その過程で蓄積された化学反応に関する経験と知識とが，**元素**という概念を産み，18世紀に入ってメンデレーフ（Dmitri Mendeleev, 1834〜1907）による周

1）*Cf., e.g.*，蕭吉：“五行大義，”（中村璋八：解説），中国古典新書，明徳出版（1973），ISBN：4896192680

2）*Cf., e.g.*，高橋晄正：“漢方の認識，”NHKブックス，No. **100**（1969），ISBN：4140011003

3）*Cf., e.g.*, W. R. Newman：“Atoms and Alchemy,” The University of Chicago Press（2006），ISBN：0226576973

期律の発見へとつながりました．また，ガルバーニ（Luigi Galvani, 1737～1798）とヴォルタ（Alessandro Volta, 1745～1827）に始まる電気化学の発展により，**電離**や**イオン**などの概念が確立していきました．

1900年頃には，J. J. トムソン（Joseph John Tomson, 1856～1940）が，真空放電の実験によって電子の存在を実証しました[4]．次いでミリカン（Robert Millikan, 1868～1953）が，X線を照射して帯電させた油滴を上下2枚の電極間に導き，油滴の落下速度と電極間の電圧の関係から，電子の電荷（素電荷 e）を測定することに成功しました[5]（図4·1）．

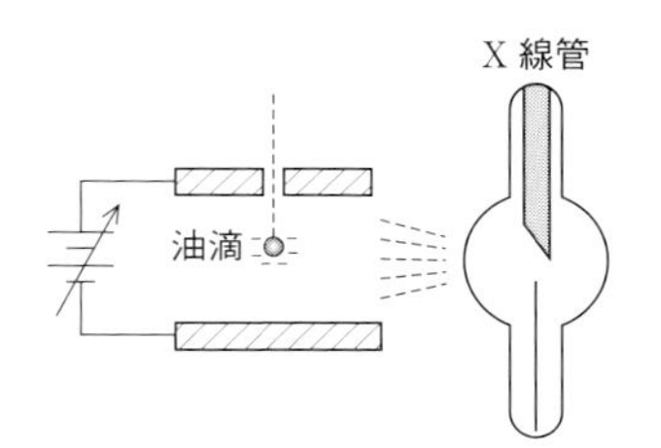

図4·1　ミリカンの実験（概念図）

X線を照射して油滴に電荷を帯びさせ，電場から受ける力と重力と油滴が空気から受ける粘性抵抗のバランスに基づいて，油滴の帯びる電荷（素電荷の整数倍）を測定した．

19世紀の終り頃には，ガス放電や炎色反応などにみられる原子固有の発光が，幾つかの線スペクトルの組合せからなり，おのおのの波長の間に規則性（系列）があることも発見されました(図4·2)．この現象を説明するために，それまでは物質の最小単位であると考えられてきた原子も，なんらかの内部構造をもつ複合体だと考えざるを得なくなりました．

電離という現象から，電子が原子の構成部品であることは容易に想像できました．原子全体の構造は，この電子の負電荷を中和するとともに，観測された原子スペクトルの発生機構を説明できるものでなければなりません．しかし，同じ系列に属する原子スペクトルの波長にみられる規則性は，通常の波動現象に期待される“高調波（harmonics）”の関係とは異なっていますので，当時知られていた力学や電磁気学の知識の範囲ですべての現象を説明できる原子の構造を考え出

4）J. J. Thomson : “Carriers of negative electricity,” Nobel lecture（1906）
http://nobelprize.org/nobel_prizes/physics/laureates/1906/thomson-lecture.pdf

5）R. A. Millikan : “The electron and the light-quant from the experimental point of view,” Nobel lecture（1924）
http://nobelprize.org/nobel_prizes/physics/laureates/1923/millikan-lecture.pdf

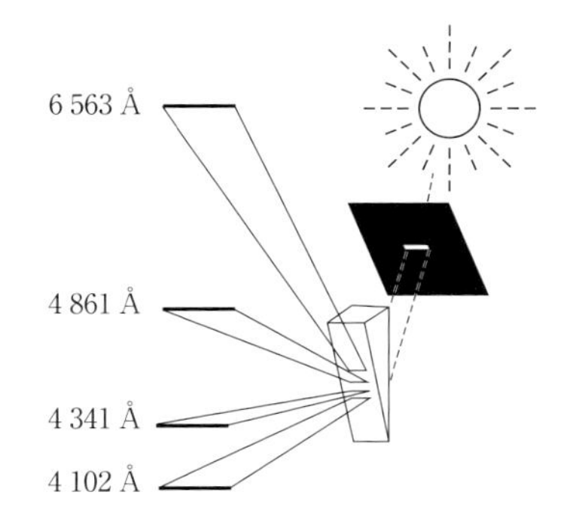

図 4·2　バルマー系列

☐ 可視光から近紫外線領域の範囲にある水素の原子スペクトルは，振動数が $\nu_n \approx 0.83(1-4/n^2)PHz(n \geq 3)$ という規則性をもち，その発見者に因んでバルマー系列と呼ばれる.

すのは困難でした.

ラザフォード（Ernest Rutherford, 1871～1937）の指導の下，ガイガー（Hans Geiger, 1882～1945）とマースデン（Ernest Marsden, 1889～1970）は，厚さ 0.4 μm の金箔にラジウムの α 線を照射し，約 0.005% の α 線が 90° 近くの大きな角度で散乱されるという結果を得ました．薄い金箔の中で，小さな角度の散乱が多数繰り返されて大きな散乱角になった可能性はありませんので，1 回の散乱で α 粒子の進行方向を大きく曲げるほど強い電場をもつほとんど不動の散乱中心が必要である，とラザフォードは考えました．そこで，ラザフォードは，正電荷を帯びた重くて非常に小さな原子核の周囲を，負の電荷を帯びた小さな電子が周回している，という原子模型を提案しました[6)]．しかし，彼の原子模型は，α 線散乱実験の結果はうまく説明できるものの，観測された原子スペクトルの規則性はもちろん，それが線スペクトルであることすら説明できませんでした．さらに，原子核を周回している電子は，加速度運動に伴う（連続スペクトルをもつ）制動輻射[7)]を放出してエネルギーを失い，きわめて短い時間のうちに原子核に落ち込んでしまうので，ラザフォードの提案した原子は安定に存在し得ない，という致命的な矛盾を含んでいました.

6）点電荷による α 粒子の散乱は，電荷の正負によらず同様に起きるが，電子は軽く，クーロン力で反発し合う多数の電子を 1 か所に集めることもできないので，重い散乱中心には正電荷があると考えざるを得なかった.

7）*Cf., e.g.*，第 2 章脚注 5）の文献

4・2 ボーアの原子模型

まず，ラザフォードの原子模型が破綻する原因を調べてみましょう．そのために，非常に単純化した原子のイメージとして，図 4·3 の左上に示したように負電荷 $-e$ を帯び質量 m_e をもつ 1 個の電子が，正電荷を帯びた原子核の周りを，円軌道を描いて回っている状態を考えます．この原子の原子番号を $Z(Z=1, 2, \cdots)$ とすれば，原子核のつくる電場の中の電子は，原子核からの距離 r に反比例するポテンシャルエネルギー $U(r)$ をもちます．

$$U(r) = -\frac{Ze^2}{4\pi\varepsilon_0 r}.$$

ただし，ε_0 は真空の誘電率を表します（$4\pi\varepsilon_0 = 10^7 c^{-2}$）．この電子を原子核につ

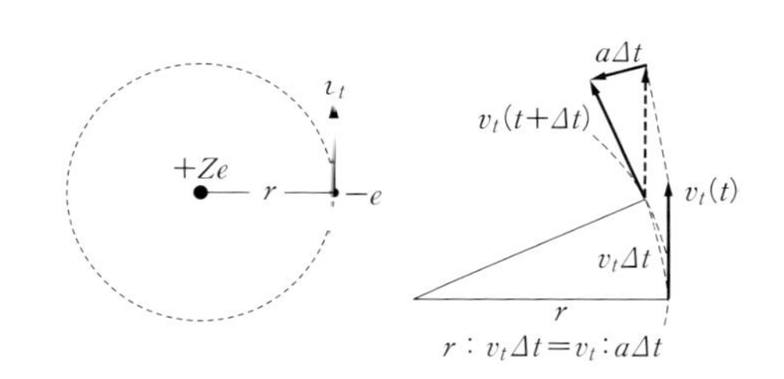

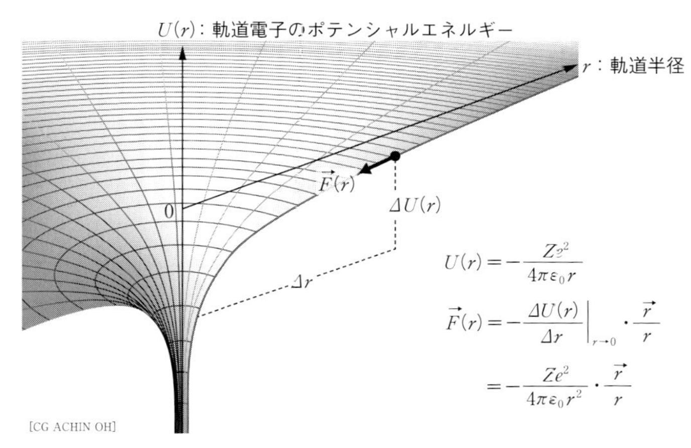

図 4·3 原子核の周囲を円運動する電子

□ 原子核の正電荷（$+Ze$ の点電荷）のつくる静電場の中の，負電荷（$-e$）をもつ軌道電子のポテンシャルエネルギー $U(r)$ を模式的に示している．正負の点電荷の間に働く力 $\vec{F}(r)$ は，このポテンシャルエネルギーを表す曲面の下り勾配の大きさとして表される．

なぎとめるエネルギー（＝電子を電離させるのに要するエネルギー）は，電子の静止エネルギーにくらべて十分小さいので[8)]，軌道上の電子の運動を非相対論的に扱うことにします．

円軌道を回る電子の接線速度を v_t とすれば，電子の運動エネルギー T とポテンシャルエネルギー U との和である電子の全エネルギー E は，次のように表せます．

$$E = T + U = \frac{1}{2}m_e v_t^2 - \frac{Ze^2}{4\pi\varepsilon_0 r}. \tag{a}$$

一方，電子が原子核の周りを等速円運動するためには，電子と原子核との間に働くクーロン力（引力）が，ちょうど等速円運動の向心力を与えている，という条件が成り立たねばなりません．

$$\frac{m_e v_t^2}{r} = \frac{Ze^2}{4\pi\varepsilon_0 r^2}. \tag{b}$$

ラザフォードの原子模型は，ニュートン力学（等速円運動）と古典電磁気学（クーロン力）とを結合させたものですから，系の状態を規定する条件は，式(a)と式(b)の二つしかありません．それに対して，これらの条件式には，三つの独立変数（系の全エネルギー E，電子の軌道半径 r，および円軌道を周回する電子の接線速度 v_t）が含まれています．三つの独立変数に対して二つの条件式しかありませんから，それらの変数の値を定めることは原理的に不可能です．したがって，ラザフォードの原子模型では，電子が制動輻射を放出してそのニネルギーを失いながら軌道半径を減少させ，遂には原子核に落ち込んでしまうことを防ぐ手立てがなかったのです．この事情は，仮にニュートン力学の代わりに相対論的な力学を用いたとしても，全く変わりません．つまり，ラザフォードの原子模型の欠陥を補うためには，古典論（ニュートン力学または相対論的力学と，古典電磁気学）以外の分野から，第三の条件式を探さねばならなかったのです．

ボーア（Niels Bohr, 1885～1962）は，その条件式を量子論に求めました[9)]．ボーアは，観測されている原子スペクトルが，例外なく線スペクトルである事実

8）*Cf.*，第２章の章末問題［１］

9）ボーアが量子論に解答を求めた動機は，次元解析によっても理解できる．ラザフォードの原子模型は，電子の質量と素電荷の２種類の定数しか含まないが，これらの定数と，電磁相互作用に関する普遍定数である真空中の光速度とをいかに組み合わせても，“長さ”（原子の大きさ）の次元を構成することはできない．しかし，もう一つの普遍定数であるプランク定数 h を加えると，$h^2 \cdot (e^2/4\pi\varepsilon_0)^{-1} \cdot m_e^{-1} \sim 2.1 \times 10^9$〔m〕という長さの次元をもつ量を構成することが可能である．

に基づき，原子核を周回する電子の軌道は安定でなければならないという前提から出発しました．そして，電子の軌道運動を表す関係(a)，(b)は正しいけれど，安定な軌道を周回する電子がエネルギー E の異なる別の安定な軌道に遷移する現象は，古典電磁気学では記述できず，アインシュタインの関係式(3·1)で表される振動数に比例したエネルギーの塊が，光子として放出されたり吸収されたりする現象であると仮定し，最も安定な（エネルギーの低い）電子の軌道や，バルマー（Johann Balmer, 1825～1898）らが見出した水素原子スペクトルの規則性を導きました．

ボーアの原子模型の考え方は，それから 11 年後に発表されたド・ブローイの関係式(3·2)を用いればより明快に理解できます．ド・ブローイの関係式は，運動する物体には，その運動量に反比例する波長をもつ波（物質波）が伴うことを表しています．この関係を，円軌道上の電子にあてはめてみましょう．電子の運動量の接線方向成分の大きさを p_t とすると，この運動に伴う物質波の波長 λ_t は，次のように表せます．

$$\lambda_t = \frac{h}{p_t} = \frac{h}{m_e v_t}.$$

ところが，電子は円運動をしていますから，この物質波はちょうど $2\pi r$ だけ（円周に沿って）進行すると，元の点に戻ってきます．コペンハーゲン解釈によれば，電子の物質波の振幅（の２乗）は，その点に電子が見出される確率を表していますが，電子がある点に見出される確率は，一定の条件の下では一通りに定まらねばなりません．つまり，軌道を１周して戻ってきた物質波は，１周前と同じ振幅と位相をもたねばならないことになります．このことは，円軌道の長さ $2\pi r$ が，電子の円周方向の運動に対応する物質波の波長 λ_t の自然数倍でなくてはならないことを意味し，**ボーア＝ゾンマーフェルト**（Arnold Zommerfeld,

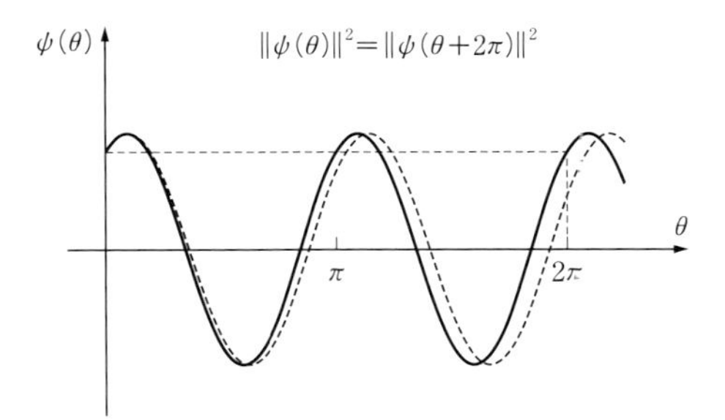

図 4·4　ボーア＝ゾンマーフェルトの量子化条件

□位相が 2π 異なる波動関数が異なった値をもつと，同じ位相に軌道電子を見出す確率が一通りに定まらなくなるという矛盾を生じる．

1868〜1951）**の量子化条件**と呼ばれます（図 4・4）．

$$2\pi r = n \cdot \lambda_t = n \cdot \frac{h}{m_e v_t}. \qquad (n = 1, 2, \cdots) \tag{c}$$

三つの関係式(a)，(b)，(c)から電子の接線速度 v_t を消去すると，1 周が n 波長の物質波に対応する電子の円軌道の半径 r_n と，その運動状態に対応する電子の全エネルギー E_n が，次のように定まります．

$$\begin{cases} r_n = \dfrac{4\pi\varepsilon_0 h^2 n^2}{(2\pi)^2 m_e Z e^2} \propto n^2, \\ E_n = -\dfrac{2\pi^2 m_e Z^2 e^4}{(4\pi\varepsilon_0)^2 n^2 h^2} \propto \dfrac{1}{n^2}. \end{cases} \qquad (n = 1, 2, \cdots)$$

ボーア＝ゾンマーフェルトの量子化条件により，原子核を回る電子は，もはや勝手な半径の円軌道を運動することが許されず，特別な半径 r_n の軌道だけを回ります．原子核を周回する電子のとり得る軌道（およびエネルギー）が離散的であるために，軌道電子が制動輻射を放出して**連続的に**エネルギーを失うことも許されません．電子が異なった軌道に移動（遷移）するためには，ボーアが仮定したように，移動の前後の軌道に対応するエネルギーの差（$\Delta E = |E_{\mathrm{init.}} - E_{\mathrm{final}}|$）に等しいエネルギーが一挙に放出（または吸収）されます．そして，原子が放出する光は，アインシュタインの関係式(3・1)から；

$$\nu = \frac{\Delta E}{h},$$

なる振動数をもつ線スペクトルになります．そして，放出される光の振動数が，二つの自然数 m，n の逆 2 乗の差（$1/m^2 - 1/n^2$）に比例するという結果は，バルマーらが見出した原子スペクトルの規則性と一致します．

図 4・5 は，ボーアの原子模型における電子の軌道半径と全エネルギーの関係を，模式的に表したものです．電子の全エネルギーが正の値をもつ状態は，電子が原子核のクーロン力の束縛から逃れた状態，すなわち，軌道電子が電離して自由電子になった状態に対応しています．自由電子は，任意の大きさの運動エネルギーをもち得ますから，そのエネルギー状態は連続的です．図の断面部分で，正のエネルギー状態に対応する部分が薄い色調で塗りつぶされているのは，このような事情に対応するものです．

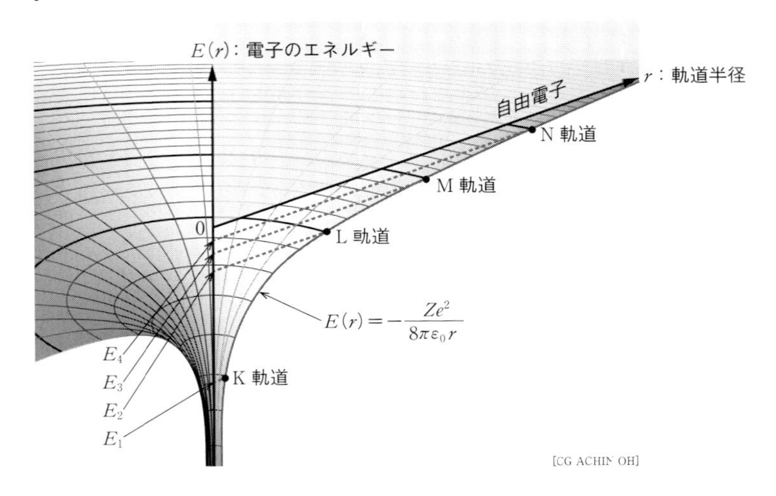

図4·5 ボーアの原子模型

□円運動をする電子のエネルギー状態を，横軸に軌道半径，縦軸にエネルギーをとって示している．実線は，ニュートン力学から計算される円運動する電子のエネルギーである．ボーア＝ゾンマーフェルトの量子化条件のため，軌道電子は，この実線上の特別の位置しかとることができない．エネルギーが正の値をもつ電子は，原子核の束縛を逃れた自由電子に対応する．

4・3 ボーアの原子模型の一般化

ただ1個の電子が原子核を回っている特別の場合には，ボーアの原子模型は，軌道電子のエネルギー状態を正確に記述できます．原子核の周りを複数の電子が回っている場合は，より内殻軌道の電子の負電荷が原子核の正電荷を一部覆い隠すために，外側の軌道にいる電子が感じるクーロン力は，ボーアの原子模型の場合より弱くなります．その結果，水素原子以外の原子では，軌道電子のエネルギーは，ボーアの模型から計算される値とは少し異なってきます．しかしながら，ボーアの原子模型は，水素以外の原子の構造に対しても，定性的には正しい原子のイメージを提供してくれます．

ところで，先にボーアの原子模型を考えたとき，電子の軌道は円軌道であるとして，円周方向に伝わる物質波が1価の周期関数になるという量子化の条件を導入し，**主量子数** n で区別される離散的な状態を導きました．なお，主量子数 n の値が，1，2，3，…である軌道を，内側から順に，K軌道，L軌道，M軌道，…と呼びます．しかし，原子核の周りの電子の（ニュートン力学から考えられる）軌道は，円運動だけとは限りません．クーロン力と同様，力の強さが距離の2乗に反比例する重力に支配された惑星の運動にみられるように，楕円運動のほうがむしろ一般的な運動であると言えます．

楕円運動をしている粒子の運動量ベクトルは，接線方向の成分と半径方向の成分とに分解できます．いずれの運動量成分も同じ周期の**周期運動**をしていますから，それぞれの成分に対応する物質波が，ともに1価の関数になる，という量子化条件が必要になります．ボーアの原子模型の量子数（主量子数）n は，軌道電子の全運動量に対応した量子化条件から導かれたものですから，楕円軌道に対応する主量子数は，円周方向の周期運動に対応する量子数と，半径方向の周期運動に対応する量子数（**方位量子数**：l）との和として表されることになります．円周方向の運動に対応する量子数は0になり得ませんから，方位量子数 l は，0と $(n-1)$ の間の整数値をとることがわかります．

$$l = 0, \cdots, n-1.$$

方位量子数 l の値が0である場合には，電子の軌道に特定の方向が存在しません．この場合，電子の波動関数は，原子核を中心に球対称な形になりますから，この状態をs状態（spherical）と呼びます．これに対して，方位量子数 l の値が0ではない軌道には，特定の方向があります．この特定の方向は，原子の磁気モーメント[10]と密接に関係しています．そのため，原子に外部磁場が働くと，軌道の方向と磁場の方向との角度の違いに応じ，原子のエネルギー状態が異なってきます．しかし，そのような角度は勝手にとれるのではなく，ちょうど $2l+1$ 個の量子化された状態しかとることができません．逆に言うならば，方位量子数 l をもつ電子の軌道には，エネルギーが等しく方向の異なる $2l+1$ 種類の軌道，すなわち，$2l+1$ 個の異なった**磁気量子数**に対応する状態が，存在することになります．

具体的な例を示すと，方位量子数1の状態（p軌道）には，$2 \times 1 + 1 = 3$ 種類の軌道があります．原子に外部から何の作用もない場合には，これらの軌道は同じエネルギー状態に対応し，全く区別することができません（縮退）．しかし，外部磁場の作用を受けると，外部磁場と磁気モーメントのなす角度の違いに応じて，異なったエネルギー状態として区別できる（縮退が解けるという）ようにな

10）電子の軌道に特定の方位があるということは，電子が特定の回転軸の周りを周回していることを意味する．荷電粒子である電子が特定の軸の周りを周回すれば円電流が発生し，原子がその軸に添った磁気モーメント（磁石の性質）をもつことがわかる．

ります．光源を強い磁場の中に置いて原子スペクトルを観測すると，磁場のない場合には1本に観測されるスペクトル線が，磁場の強度に比例する間隔で，数本の等間隔なスペクトル線に分裂する**ゼーマン**（Pieter Zeeman, 1865～1943）**効果**がみられます（図4·6）．これは，磁気量子数に関する縮退が，外部磁場の作用で解けることによって起こる現象です．

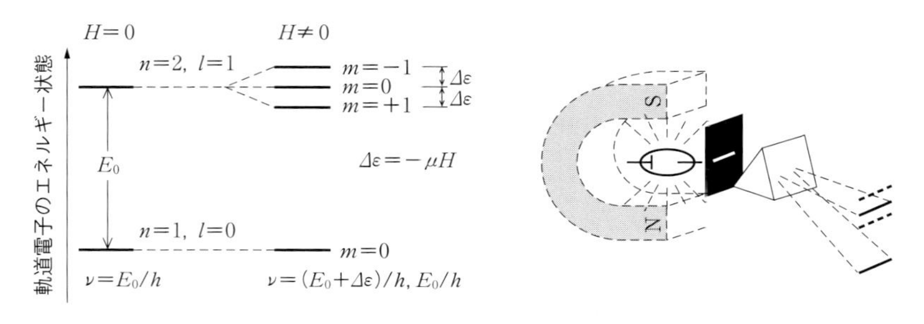

図4·6 ゼーマン効果

□光源を磁場の中に置くと，磁場と電子の磁気モーメントとの相互作用により磁気量子数に関する縮退が解け，それまで1本であったスペクトル線が複数に分裂する．

外部から磁場が作用しなくても，方位量子数が0でない場合には，電子の軌道運動に伴う円電流が存在し，これに伴う磁場が発生しています．一方，電子自身は，スピンに伴う磁気モーメントをもっています．スピンというのは，あまり厳密なことを言わなければ，電子の自転のようなものだ，と考えてよいでしょう．その結果，方位量子数が0でない場合には，電子の軌道運動に伴う磁場の方向と，電子のスピンの向きとの組合せにより，電子のエネルギー状態が異なってくることになります．たとえば，主量子数が2のL軌道は，方位量子数が0（s状態）のL_{I}軌道と，方位量子数が1（p状態）のL_{II}およびL_{III}軌道という，少しずつエネルギーの異なった軌道に分かれています[11]．

一つの軌道に何個の電子が入り得るかという議論はかなり複雑なので[12]，結果を示すだけにとどめます．結論は**パウリ**（Wolfgang Pauli, 1900～1958）**の原理**（排他律）と呼ばれるもので，一つの軌道には互いに逆向きのスピンをもった2個の電子が入り得ることが示されています．

11）*Cf., e.g.,* G. Hertzberg : "Atomic spectra and atomic structure," Dover（1945）ISBN : 0486601153

12）*Cf.,* von W. Pauli : "Über den Zusammenhang des Abschlusses der Elektronengruppen im Atom mit der Komplexstruktur der Spektren," Zeitschrift für Physik, **31**, pp. 765-783（1925）

表 4・1　量子数と電子軌道

軌道	主量子数 n	方位量子数 l	状態	軌道数	入り得る電子数
K	1	0	1s	1	2
L	2	0	2s	1	2
		1	2p	3	6
M	3	0	3s	1	2
		1	3p	3	6
		2	3d	5	10

以上をまとめて，主量子数 n の値が 1，2，3 の場合を表 4・1 に示します．

ここで注意しておきたいことは，これまでの議論で用いた“円軌道”や“楕円軌道”という記述は，便宜的な表現に過ぎないということです[13]．実際の電子の“軌道”は，電子がその場所に見出される確率に対応した境界不明瞭な構造をしています．コペンハーゲン解釈に従えば，その場所に電子が見出される確率は，その点の波動関数の振幅の 2 乗に比例します．この確率を視覚的に表現するために，波動関数の振幅の 2 乗に比例する値を色調の濃淡で表したものを**電子雲**と呼びます(図 4・7)．

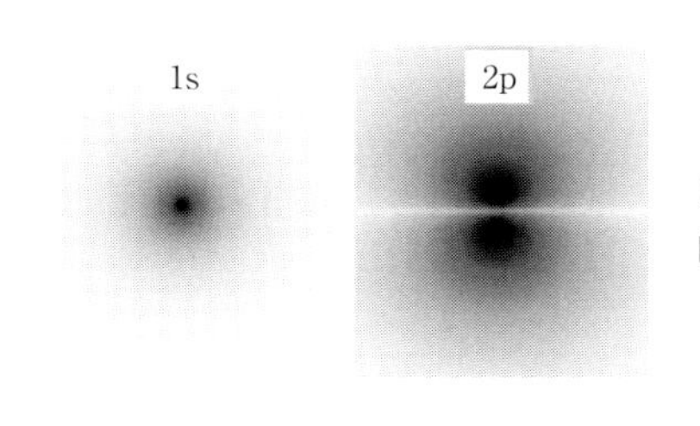

図 4・7　電子雲

水素原子の 1s 状態と 2p 状態の電子雲．図の濃淡は，電子がその場所に見出される確率に比例し，その状態での電子の原子核の周りの「広がり方」を表している．

この電子雲に関しては，しばしば次のような**誤解**がみられます．

> 電子の軌道は，実際には厳密な円や楕円の軌道であるが，不確定性原理によって電子の運動を厳密に把握できないので，そのあいまいさを表すために，幾何学的な線で描かれる軌道の代わりに，電子がその点に見出される確率を濃淡で

13) それゆえ本書では，多くの書物にみられる電子軌道を同心円状に描く図を用いない．そうした図は，s 状態が球対称で特定の方向をもたないことを的確に表現できないという点でも誤解を与える恐れがある．

表したのが電子雲である．

上のような解釈が誤りであるのは，二重スリット（あるいは結晶）による電子線の干渉実験[14]を考えてみれば明らかです(図 4·8)．二重スリットの代わりに，単一のスリットを，二重スリットのそれぞれの位置に順次移動させて，電子線を照射して得られる回折像には，二重スリットによって得られるような干渉縞が生じません．これは，二重スリットの片方を通過した電子が，もう一方のスリットから影響を受けていた，と考えなければ説明できないことです．言い換えるならば，電子は片方のスリットを通過しながら，波としての性質による空間的な広がりをもっていた結果，同時にもう一方のスリットをも通過していた，と考えざるを得ないわけです．つまり，電子は，本質的に空間的に広がりをもった存在なのです．この意味で，電子雲は，原子核の周りにいる電子の広がりそのものを表現している，と考えてよいでしょう[15]．

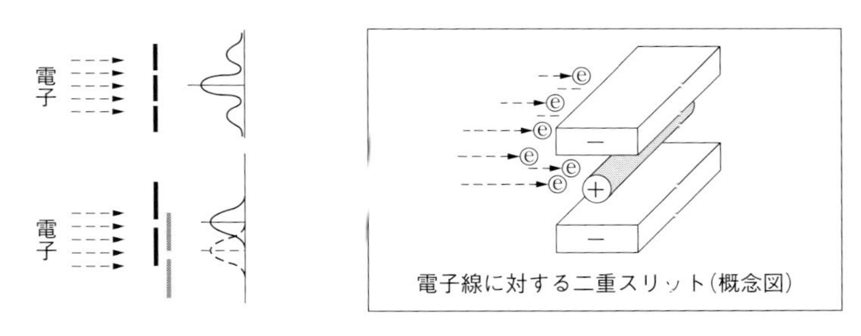

図 4·3　電子線の干渉実験

□二重スリットを用いて得られる干渉像は，単スリットを移動させ重ね合わせて得られる回折像と明らかに異なったものになる．なお，電子線に対する“二重スリット”は，枠内に示す模式図のような電極の組合せで実現することができる．

章末問題

［1］　ボーアの原子模型に基づいて，水素原子の電離エネルギーを計算せよ．

ヒント☞ 負のエネルギー状態にある軌道電子は，エネルギーを獲得して正のエネル

14) *Cf.*, G. Möllenstedt und H. Düker : “Beobachtungen und Messungen an Biprisma-Interferenzen mit Elektronenwellen,” Zeitschrift für Physik, **145**, pp. 377-397（1956）．なお，結晶による干渉の場合には，以下の説明で“スリット”を“結晶の層”，“スリット通過”を“結晶の層で反射”と読み変えればよい．

15) *Cf.*，朝永振一郎：“量子力学的世界像，”弘文堂（1965），ISBN : 4335750013 より“光子の裁判”

ギー状態にならなければ，原子核の束縛を逃れられない．

［2］ ボーアの原子模型における水素原子の基底状態（一番エネルギーの低い状態）に対応する電子の軌道半径は，ボーア半径と呼ばれ，記号 a_0 で表す習慣になっている．ボーア半径は，原子の大きさの目安を与える量である．ボーア半径を計算せよ．

ヒント☞ 基底状態は，主量子数の値が 1 の状態である．

［3］ 電子の代わりに負のミューオン（μ^-：$m_\mu c^2 \sim 110\,\mathrm{MeV}$）が三重水素 $^3\mathrm{H}$ 原子核の周りを回っている場合，その平均軌道半径の大きさはどのくらいか．

ヒント☞ ミューオンと電子の質量比 m_μ/m_e は，およそ 2.1×10^2 である．

［4］ 軌道半径 r で円運動する電子の角運動量 $\vec{J}=\vec{r}\times\vec{p}=m_e(\vec{r}\times\vec{v_t})$ の大きさは，（円運動であるから）常に $\vec{r}\perp\vec{v_t}$ が成り立つので，$|\vec{J}|=m_e r v_t$ である．基底状態の電子の軌道角運動量の大きさは，$\hbar=h/2\pi$ に等しいことを導け．

ヒント☞ 基底状態におけるボーア＝ゾンマーフェルトの量子化条件を考える．

第5章　X線

5・1　X線とは何か

X線は，電離性放射線に分類される電磁放射線（電磁波）です．電離性放射線に分類される電磁放射線には，X線のほかにγ線があります．X線とγ線の相違点はその発生過程にあり，よく誤解されるように，光子のエネルギー（あるいは波長や透過力）で区別されるものではありません[1]．γ線が，原子核反応や素粒子反応（原子核や素粒子の内部状態の変化も含む）に伴って，光子の形で放出された余剰の静止エネルギーであるのに対して，X線は，（原子核の外で）荷電粒子の運動状態や束縛状態が変化する際，光子の形で放出された余剰のポテンシャルエネルギーまたは運動エネルギーです．X線は，原理的にはどんな荷電粒子からも放出されますが，私たちが日常観測するX線は，すべて電子（または陽電子）のエネルギー状態の変化に伴って放出されたものです．

ところで，ボーアの原子模型に関する説明で触れたように，電子のエネルギー状態は，軌道電子として原子核に束縛された状態と，自由電子の状態とに大別されます[2]．X線のうち，軌道電子の束縛状態が変化するときに放出されるものを**特性X線**（または蛍光X線）といい，自由電子の運動状態の変化に伴って放出されるものを**制動X線**といいます．特性X線は，軌道電子のとり得るエネルギー状態が離散的であるため，特定の波長の光子のみから構成される線スペクトルを示します．特性X線を放出する前後の軌道電子のエネルギーを，それぞれ$E_{\mathrm{init.}}$およびE_{final}とすれば，特性X線の振動数νは，アインシュタインの関係式(3･1)を用いて；

1）このような誤解が広くみられるのは，放射性物質から放出される放射線を，α線，β線，およびγ線と命名したラザフォードが，「γ線は非常に透過性の強いレントゲン線で…」と述べていたことに原因があるかも知れない（*Cf.*, E. Rutherford : "Nature of the γ rays from radium," Nature, **69**, pp. 436–437 (1904)）．ただし，高エネルギー物理学などでは，X線とγ線を区別せず"γ線"と呼ぶ習慣があり，原子核や素粒子の反応を記述するとき，光子を記号"γ"で表す習慣があることも影響している可能性がある（*Cf.*，9･5節）．

2）金属の伝導電子は，自由に金属内を移動できるが，束縛状態にある電子の範疇に含まれる．*Cf.*, 第3章脚注2)

$$h\nu = \Delta E = E_{\mathrm{init.}} - E_{\mathrm{final}}, \tag{5・1}$$

と表されます．これに対して制動X線は，自由電子が任意の大きさの運動エネルギーをもち得ることから，連続スペクトルになります．

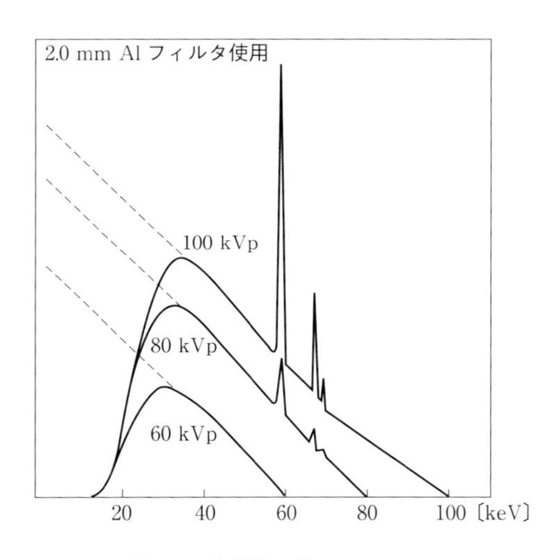

図5·1 診断用X線のスペクトル

□典型的な診断用X線のスペクトル．管電圧60 kVp以上では，タングステンターゲットからの特性X線が現れる．図の点線は，診断用X線装置に装着されているフィルタがない場合のスペクトルを示す．

診断用のX線管から発生するX線スペクトルの例を，3種類の管電圧[3]について図5·1に示します．図の横軸は光子のエネルギーを，縦軸はそのエネルギー成分のX線の照射線量[4]を表しています．管電圧が100 kVpおよび80 kVpのスペクトルに現れた数本のピークは，X線管のターゲット物質であるタングステンから放出される特性X線[5]に対応します．特性X線のエネルギーは，図のよ

3）診断用のX線管の管電圧は，整流回路の出力に脈動があるためピーク電圧で表し，kVp（kilo volt peak）の単位記号が用いられる．

4）図の縦軸は，単位量の管電流と照射時間の積（mAs値）当たりの焦点から一定の距離における照射線量である（*Cf.*，12·4節）．診断用X線のスペクトルについては，数値計算や実測に基づく資料が提供されている．*Cf.*, *e.g.*, R. Birch and M. Marshall : "Computation of bremsstrahlung X-ray spectra and comparison with spectra measured with a Ge（Li）detector," Physics in Medicine and Biology, **24**, pp. 505–517（1979）

5）この観測のエネルギー分解能では，図5·2と異なって，$K_{\alpha1}$-X線と$K_{\alpha2}$-X線は分離されず，重なって観測されている．*Cf.*，表5·1

うに管電圧を変化させても一定していますが，管電圧があまり低くなると観測されなくなります．これに対して，制動X線を表す連続スペクトルの部分は，管電圧とともに形を変えます．ターゲットから発生する制動X線のスペクトルは，**ほぼ光子のエネルギーに比例して減少する分布**（破線）をもちます[6)]．しかし，管電圧が60 kVp以上の医療用X線管には，皮膚に傷害を与えやすい低エネルギーのX線成分を取り除くため，厚さ2.5 mm以上のアルミニウムに相当するフィルタが付加されており[7)]，図の制動X線スペクトルが一様に低エネルギー側で弱まっているのは，このフィルタによる吸収・減弱の結果です．

5・2 特性X線とオージェ電子

特性X線は軌道電子の遷移に伴って放出されますから，特性X線が発生するためには，あらかじめ内殻軌道に空位が生じていなければなりません．内殻に空軌道を生じる原因には，(1) 内殻軌道電子による光電効果やコンプトン散乱（*Cf.*，第9章），(2) 軌道電子捕獲や内部転換電子の放出（*Cf.*，第7章），(3) 荷電粒子線による内殻軌道電子の散乱などさまざまなものがあります．X線管から放出される特性X線の発生原因は，主に制動X線がターゲット内で光電効果を起こすことによる(1)の場合に当たります．

X線から発生する特性X線のエネルギーは，ターゲットに撃ち込まれる電子の運動エネルギー（あるいは管電圧）とは無関係で，ターゲット物質の種類（原子番号）のみに依存します．ただし，管電圧が低く，式(5·2)で表される制動X線の最大エネルギーが内殻軌道電子の電離エネルギーより小さくなると，光電効果によって空軌道をつくることができなくなります．図5·1で管電圧が60 kVpのスペクトルに特性X線が現れないのは，そのためです．

ターゲット物質の原子番号Zと特性X線のエネルギーとの間には，図5·2に示すように，何種類かの明白な系列関係が見出されます．いずれの系列も，特性X線のエネルギー$h\nu$は，ターゲット物質の原子番号の2次式で表されます．これを，**モーズレー**（Henry Moseley, 1887～1915）**の法則**といいます（章末問題［2］）．

6）X線管から放出されるX線のスペクトルは，管電圧の値やターゲット物質の種類だけでなく，ターゲットの幾何学的形状や付加フィルタにも依存する．なお，ここの議論は，“厚いターゲット”に関するものである．*Cf.*, Appendix 5-A

7）医療法施行規則第30条第1項第(2)号の規定による．

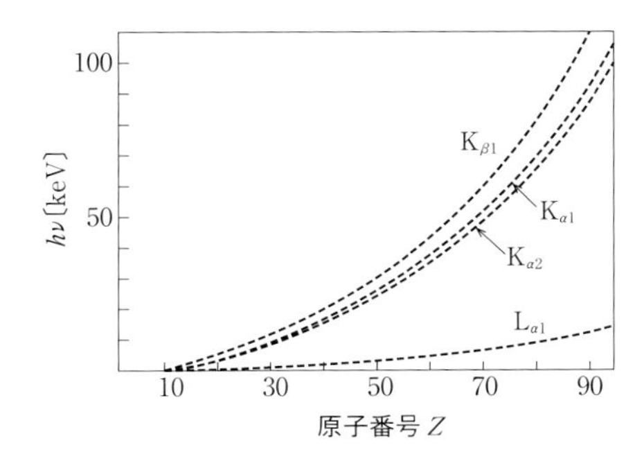

図5・2　特性X線のエネルギーの原子番号依存性

□特性X線のエネルギーは，物質の原子番号に対して2次の依存性をもつ[9]．

$$h\nu = a\cdot(Z-b)^2. \qquad (a, b \text{ は系列を特徴づける定数})$$

特性X線のうち，電子がK軌道に遷移するときに放出されるものをK–X線，L軌道に遷移するときに放出されるものをL–X線，…と呼びます．また，電子が，近い軌道から遷移した順に，$\alpha, \beta, \cdots$ という添え字をつけます．たとえば，L軌道の電子がK軌道に遷移したときに放出される特性X線を K_α–X線と呼び，M軌道の電子がK軌道に遷移したときに放出される特性X線を K_β–X線と呼びます．

$$K_\alpha\text{–X 線} \quad h\nu = E_L - E_K,$$
$$K_\beta\text{–X 線} \quad h\nu = E_M - E_K,$$
$$L_\alpha\text{–X 線} \quad h\nu = E_M - E_L,$$
$$\cdots \qquad \cdots \qquad .$$

図5・2をよく見ると，K_α–X線のスペクトルが，二つの系列に別れていることがわかります．少し大雑把な説明になりますが，これは光子の放出（吸収）を伴って軌道電子がエネルギー状態を変える際に，角運動量を保存するため，方位量子数が必ず1増減すること（選択則）に起因しています．L軌道の電子には，方位量子数が0の2s状態と方位量子数が1の2p状態とがありますが，K軌道の電子には，方位量子数が0の1s状態しかありません（*Cf.*，表4・1）．したがって，K_α–X線は，2p状態にある（L軌道の）電子が1s状態（K軌道）に遷移する過程で放出されることになります．

ところが2p状態には，スピン–軌道角運動量相互作用のため，二つの異なったエネルギー状態（L_{II} 軌道と L_{III} 軌道）が存在します[8]．その結果，K_α–X線には，L_{III} 軌道からK軌道への遷移に対応する $K_{\alpha1}$–X線と，L_{II} 軌道からK軌道へ

8）*Cf.*，4・3節

の遷移に対応する $K_{\alpha 2}$-X 線があることになります．L_{III} 軌道は L_{II} 軌道よりも高いエネルギー状態にありますので，$K_{\alpha 1}$-X 線は $K_{\alpha 2}$-X 線よりも大きな振動数をもちます．このような特性 X 線の微細構造は，K_{α}-X 線以外の特性 X 線にも見出すことができます．

表5·1には，一般の診断（撮影・透視）用 X 線装置のターゲットとして用いられるタングステンと，マンモグラフィ用 X 線装置のターゲットに用いられるモリブデンの，主な特性 X 線のエネルギーを示しました．

表5·1 タングステンとモリブデンの主な特性 X 線[9]

タングステン（$Z=74$）			モリブデン（$Z=42$）		
種類	エネルギー〔keV〕	放出率*1	種類	エネルギー〔keV〕	放出率*1
$K_{\alpha 1}$	59.32		$K_{\alpha 1}$	17.48	
$K_{\alpha 2}$	57.98	0.6	$K_{\alpha 2}$	17.37	0.5
$K_{\beta 1}$	67.24	0.2	$K_{\beta 1}$	19.61	0.2
$K_{\beta 2}$	69.07	0.1			
$K_{\beta 3}$	66.95				
電離エネルギー*2	69.52		電離エネルギー*2	20.00	

*1 $K_{\alpha 1}$-X 線の放出率に対する割合
*2 K 軌道電子の電離エネルギー

特性 X 線の波長は，元素ごとに固有の値をもちますから[9]，放出される特性 X 線の波長を調べれば，その物質がどのような元素を含むかを知ることができます．このような分析方法を**蛍光 X 線分析**と呼びます．Ge 半導体検出器などエネルギー分解能の良い測定器でスペクトル測定すれば，特性 X 線は鋭いピークとなって観測され，容易に識別できますから，非破壊的に微量な元素の存在を検出できます．さらに，比較の基準として標準濃度試料を用い試料内での自己吸収を補正すると，試料に含まれる特定の元素の濃度や試料の組成比を定量することもできます．

物質から特性 X 線を放出させるには，あらかじめなんらかの方法で内殻軌道に空軌道をつくり，エネルギーの高い軌道から電子が遷移してこられるようにし

9）各元素の特性 X 線のエネルギーは，データとしてまとめられている．*Cf., e.g.,* 第1章脚注3）の文献．

ておかねばなりません．空軌道をつくるには，通常，X 線や γ 線による光電効果[10]を利用しますが，近年では S/N (signal to noise ratio) の低下をもたらす散乱 X 線を避けるために，粒子加速器[11]で発生させた低エネルギー（～数 MeV）の陽子ビームを利用して空軌道をつくる方法（PIXE 法[12]：particle induced X-ray emission 法）も，広く利用されるようになっています．PIXE 法では，試料に入射した陽子が軌道電子を散乱することにより，空軌道をつくります[13]．

ところで，軌道電子の遷移に伴い，余分のエネルギーを光子（特性 X 線）として放出する代わりに，別の軌道電子がこのエネルギーの担い手となって原子の外に飛び出すことがあります(図 5・3)．これを**オージェ**（Pierre Auger, 1899～1993）**効果**といい，飛び出した電子を**オージェ電子**といいます．

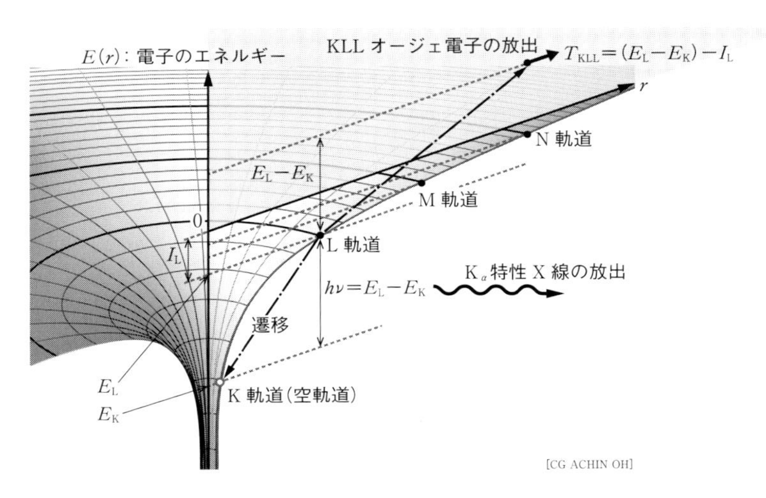

図 5・3 特性 X 線とオージェ電子

□オージェ電子は，最初空位であった軌道より外側の軌道電子が，他の軌道電子の遷移エネルギーを受け取って放出される現象である．

10) 光電効果では，内殻電子が放出されやすい．*Cf.*，9・2 節

11) *Cf.*，11 章

12) *Cf.*, S. A. E. Johansson, (*ed.*)：“Proceedings of the international conference on particle induced X-ray emission and its analytical applications,” Nuclear Instruments and Methods in Physics Research, **142** (1977)

13) 正の電荷をもつ陽子は，物質の軌道電子にクーロン力を及ぼし，その運動エネルギーの一部を軌道電子に与えて電離する．*Cf.*，8・2 節

オージェ電子の運動エネルギーは，対応する特性X線のエネルギーよりも，飛び出した軌道電子を電離するのに要するエネルギーIだけ小さくなります．たとえば，K_α-X線の代わりにL軌道の電子が放出された場合（KLL-オージェ電子），その放出直後の運動エネルギーは次のように計算されます[14)]．

$$T_{KLL} = h\nu_K - I_K = (E_L - E_K) - |E_L| = |E_K| - 2|E_L|.$$

特性X線は線スペクトルをもち，オージェ電子として放出される軌道電子の電離エネルギーも軌道ごとに決まった値をもちますから，オージェ電子の初期運動エネルギーも線スペクトルになります．オージェ電子も特性X線と同様に元素分析に利用できますが，エネルギーが低いオージェ電子は透過性が弱いため，オージェ電子分光は，物質のごく表面だけを調べるのに適しています．

特性X線の放出とオージェ電子の放出とは互いに競合する過程ですから，ある軌道電子の遷移に伴って，特性X線が放出される確率とオージェ電子が放出される確率の和は，常に1になります．図5･4は，K-X線が放出される割合（蛍光収量）と物質の原子番号との関係を示しています[15)]．原子番号の高い物質ほど蛍光収量が大きくなる，つまり，オージェ電子が放出されにくくなるのは，

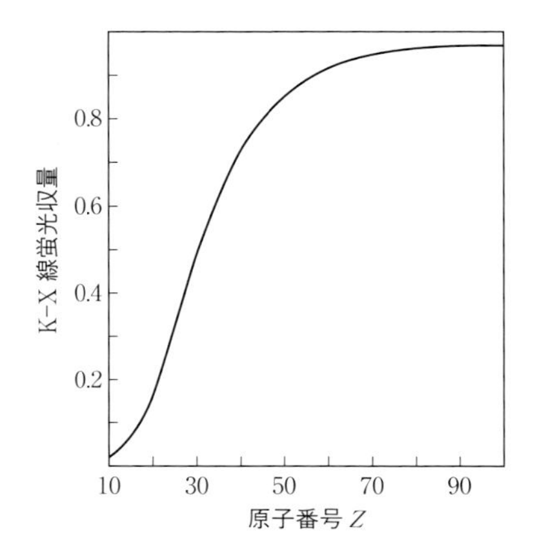

図5･4 特性X線として放出される割合

□K-X線の蛍光収量（K軌道に電子が遷移する際のエネルギーが，K-X線として放出される割合）は，原子番号とともに急速に増加し，中位の原子番号でほぼプラトーに達する．

14) なお，軌道電子の遷移が主量子数の同じ軌道間（たとえば，L_{III}軌道からL_{II}軌道へ）で生じたときにオージェ電子として放出される外殻軌道（たとえばM軌道）電子を（LLM）コスタ＝クローニッヒ電子と呼ぶ．

15) *Cf.*, W. Bambynek, : "X-ray fluorescence yields, Auger, and Coster-Kronig transition probabilities," Reviews of Modern Physics, **44**, pp. 716–813 (1972)

原子番号の大きな原子ほど，オージェ電子として放出される軌道電子の電離エネルギー（たとえばL軌道電子の電離エネルギー I_L）が大きくなるためです．

オージェ効果について，注意すべき点が二つあります．第一点は，オージェ電子とし放出される軌道電子は，空軌道へ遷移する電子のエネルギーを直接受け取るのであって，遷移に伴って放出された特性X線を再吸収することによる光電効果で放出されるのではないということです．このような直接のエネルギーの授受は，エネルギー状態を変える電子の電子雲と，オージェ電子として放出される電子の電子雲とが，一部重なり合っているために起こると考えてよいでしょう．また，第二の注意点は，内部転換電子の放出[16]というオージェ効果と一見類似した現象と区別する必要があるという点です．

5・3 制動X線

電磁気学の一般的な結論によれば，加速度運動をする電荷は，その加速度の大きさの2乗に比例した強度の電磁波（制動輻射：Bremsstrahlung）を放出します[17]．量子論的な表現をすれば，制動輻射は，荷電粒子がクーロン場と相互作用することにより，その運動エネルギーと運動量の一部を光子の形で放出する現象（図5・5）です．

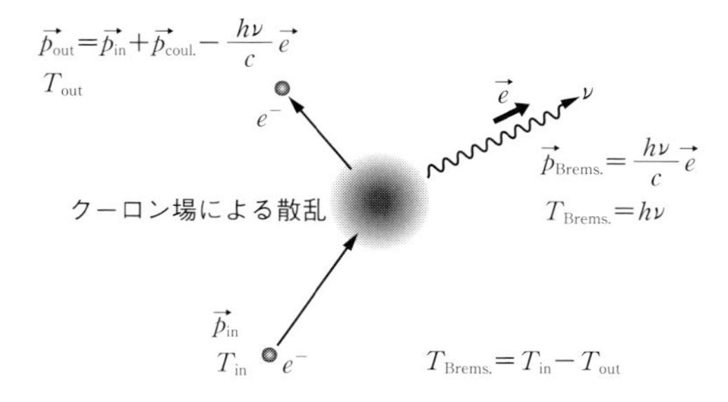

図5・5 制動輻射

□電子は，原子核のクーロン場から運動量 $\vec{p}_{coul.}$ を受けることをきっかけとして，光子（制動輻射）を放出する．

この相互作用では質量の増減がありませんから，エネルギー保存法則により，荷電粒子がもっていた運動エネルギーよりエネルギーの大きな光子を放出することはできません．そして，荷電粒子のもっていた運動エネルギーが十分大きくな

16) オージェ電子の放出も内部転換電子の放出も，ともに軌道電子が線スペクトルをもって放出される現象であるが，エネルギーの供給源が異なる．*Cf.*，7・7節

17) *Cf., e.g.*，第2章脚注5）の文献

ると，放出される光子のエネルギーは，およそ10 eV以上のX線の領域に達します．これが制動X線です．入射した荷電粒子の運動エネルギーが，どのような割合で光子（制動輻射）と散乱された荷電粒子とに分配されるかは，エネルギーが保存すること以外，何の制限もありませんから，制動X線のスペクトルは連続スペクトルになります．

これをX線管から放出される制動X線の発生に当てはめてみましょう．管電圧がVである場合，この電位差で加速した電子が獲得する運動エネルギーはT_eは$e\cdot V$ですから，この電子から制動輻射として放出される光子のエネルギー$h\nu$と加速電圧Vの間には，次の不等式が成り立ちます．

$$h\nu \leq T_e = e\cdot V. \qquad (5\cdot 2)$$

この関係式は，管電圧がVのX線管から発生するX線の最大振動数を定めるもので，**デュエン＝ハント**（William Duane, 1872～1935, Franklin Hunt）の法則と呼ばれます[18]．

次に，X線管の"X線出力"，すなわち，X線管が単位時間に制動X線として放出するエネルギーを考えてみましょう．電子が，原子核のクーロン場で散乱されるとき，電子が受ける加速度（∝外力）は，その原子核の電荷，したがって，原子番号Zに比例します．一般に制動輻射として放出されるエネルギーは，荷電粒子が受ける加速度の2乗に比例しますから[17]，電子が1回の制動輻射で放出する平均のエネルギーは，Z^2に比例します．また，1回の制動輻射によって電子が失う平均のエネルギーは，非相対論的運動の範囲で，電子の運動エネルギーT_eに比例します．

電子が1回の制動輻射で放出する平均エネルギー$\propto Z^2\cdot T_e$.

一方，第8章で説明しますが，物質中を通過する電子は，運動エネルギーが約10 MeV以下の領域では，制動輻射よりも，主に物質中の電子との散乱によって運動エネルギーを失います[19]．電子が物質中の単位距離を通過する間に，物質中の**電子との散乱**によって失うエネルギーの期待値，すなわち物質の電子阻止能は，非相対論的な運動の範囲では，電子の運動エネルギーT_eに反比例し，物質中の電子密度，したがってほぼ物質の原子番号Zに比例します[20]．

電子が物質中で単位距離当たり散乱で失うエネルギー$\propto Z/T_e$.

18) ただし，もともとのデュエン＝ハントの法則は，X線の最短波長に関する関係式（$\lambda \geq hc/eV$）として表されていた．

19) *Cf.*，図8·5

1個の電子がターゲット中で制動輻射を放出する確率は，電子がターゲット中を走った距離に比例します．この距離は，電子が物質中の単位距離を通過する間に散乱で失う平均のエネルギーに反比例します．したがって，X線管から単位時間に制動X線として放射されるエネルギー（X線管のX線出力）は，電子が1回の制動輻射で放出する平均のエネルギーと，電子がターゲット中で制動輻射を放出する確率，および単位時間当たりターゲットに入射した電子の数（∝管電流i）の積に比例します．

$$\textbf{X線管の出力} \propto (Z^2 \cdot T_e) \cdot (Z/T_e)^{-1} \cdot i = Z \cdot T_e^2 \cdot i \propto Z \cdot V^2 \cdot i. \qquad (5 \cdot 3)$$

ただし，電子の運動エネルギーT_eが管電圧Vに比例することを用いました．

エネルギーが約10 MeV以下の領域では，ターゲットに入射した電子の運動エネルギーの大部分が物質の電離・励起に消費され，結局は熱になってしまいます．その結果，たとえば診断用X線装置のX線管では，電子の運動エネルギーの1%に満たない部分が，X線のエネルギーに変換されるに過ぎません．そのため，X線管のターゲットには大きな熱負荷がかかるので，ターゲットの損傷を防ぐために，さまざまな冷却機構が必要になります．幾何学的に小さな光源（焦点）を必要とする診断用X線装置のX線管では，原子番号が大きく融点も高いタングステンのターゲットを，熱伝導性の良い金属で裏打ちし，しかも1か所だけが加熱されないよう，ターゲットを回転させています．また，放射線治療に用いる直線加速器のターゲットでは，内部に冷却水を通しています．

このように，X線管は，X線の“発生装置”としては，いささか効率の悪い装置だと言えます．もし，高速の電子が，制動輻射のみによって運動エネルギーを失う装置をつくることができれば，効率的にX線を発生させられるはずです．物質中の電子との散乱によるエネルギー損失をなくすためには，電子を物質のない真空中で運動させるほかありません．荷電粒子である電子に磁場を作用させると，磁場の強さと電子の速度とに比例した加速度を与えられますから，物質の電離・励起によるエネルギー損失を伴わずに制動X線を発生させることができます．

5・4　放射光

一様平行な磁場$\vec{B}_{\mathrm{or.}}$があるとき，その磁束と垂直な平面に沿って入射した電

20）なお，相対論的運動領域では，衝突阻止能は電子の運動エネルギーによらずほとんど一定の値をもつ．*Cf.*，8·2節

子は，もし輻射によるエネルギー損失がなければ，この平面内で等速円運動をします[21]．円運動は加速度運動ですから，電子は円運動の接線方向に制動輻射を放出します．相対論的な運動をする電子から放出された場合，これを放射光といいます．電子の速度 v が真空中の光速度 c に近い場合，放出される放射光は，図5·6に示すように，円運動の接線方向を中心に角度 $2\gamma^{-1}(\gamma = E/(m_e c^2) = 1/\sqrt{1-\beta^2})$ の範囲に放出されます．つまり，高エネルギーの電子から放出される放射光は，非常に狭い範囲に集中し，指向性の強い高輝度[22]の光となります[23]．

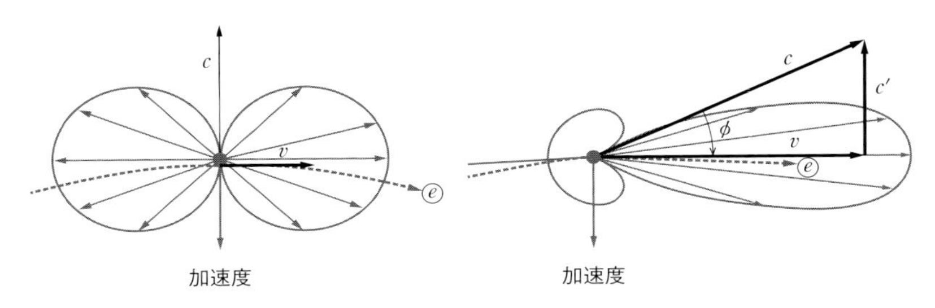

図5·6 円軌道放射の概念図

□電子が等速円運動をしているときの輻射（放射光）を表した図（c は光速度，v は電子の速度．左図は運動している電子に固定された座標系（重心系）から見た場合で，右図は電子が光速に近い速度 v で運動しているとき，観測者（実験室系）から見た放射光の状況．重心系の図で $\vec{c}$ で表した方向（電子の進行に対して直角方向）には光は放出されない．電子の速度が真空中の光速度に近づく（$v/c \lesssim 1$）とき，$\vec{c}$ で表した光の放出されない方向は，ローレンツ変換により右図のように電子の進行方向に傾くので，観測者から見た放射光の最大放出角度 ϕ は，$\phi \approx \sin\phi = c'/c = \sqrt{1-\beta^2} = 1/\gamma$ になる．したがって，観測される放射光の放出角度は，$2/\gamma$ となる．

21）磁束に垂直な平面内に入射した荷電粒子は，磁場から常にその進行方向に垂直な一定強さの加速度を受ける．*Cf., e.g.,* 第2章脚注5）の文献

22）輝度（luminance）とは，光源の見かけの単位面積当たりの光度を指すが，放射光では単位時間，単位立体角当たりの光子数を光源の面積で割ったもの（brilliance）を指すことが多い．

23）シンクロトロン放射の存在は，ベータトロン（*Cf.*，11·3節）で達成できる最大エネルギーを推定する過程で理論的に予測されていたが（D. D. Iwanenko and I. Ya. Pomeranchuk : "On the maximal energy attainable in a betatron," Doklady Akademie Nauk SSSR, **44**, pp. 315–316（1944）），1946年に建設中の電子シンクロトロンを調整中に偶然観察された（F. R. Elder, *et. al.* : "Radiation from Electrons in a Synchrotron," Physical Review, **71**, pp. 829–830（1947））．シンクロトロン放射が天体現象としても起こりうることも理論的に予測され（H. Alfvén and N. Herlofson : "Cosmic Radiation and Radio Stars," Physical Review, **78**, pp. 616–616（1950）），M87星雲のジェットから発していることが観測された（G. R. Burbidge : "On Synchrotron Radiation from Messier 87," Astrophysical Journal, **124**, pp. 416–429（1956））．日本物理学会編："シンクロトロン放射，" 培風館（1986）ISBN : 978-4563021771

連続スペクトルをもつ放射光は，光源（電子）が観測者に向かって運動していますので，ドップラー効果によって，振動数がより高エネルギー側に（光源の振動数を ν_0 とするとき $\nu=(1+\beta)\gamma\cdot\nu_0$）広がったスペクトルをもつ光になります．電子のエネルギーが高くなるほど，より高エネルギーの放射光が放出され，X 線領域の放射光も放出されるようになります．放射光強度は，電子のエネルギー E_e と電子に作用する磁場の磁束密度 $B_{or.}$ の積（電子が受ける加速度）の 2 乗，$(E_e B_{or.})^2$，に比例します．一方，電子の描く円運動の半径 R は，電子のエネルギー E_e の 2 乗に比例し磁束密度 $B_{or.}$ の 2 乗に反比例します（$R \propto E_e{}^2/B_{or.}{}^2$）ので，放射光強度は，電子のエネルギーの 4 乗，$E_e{}^4$，に比例し，軌道半径の 2 乗，R^2，に反比例することになります．

電子シンクロトロン[24]を用いた放射光施設では，電子を周回させるための偏向

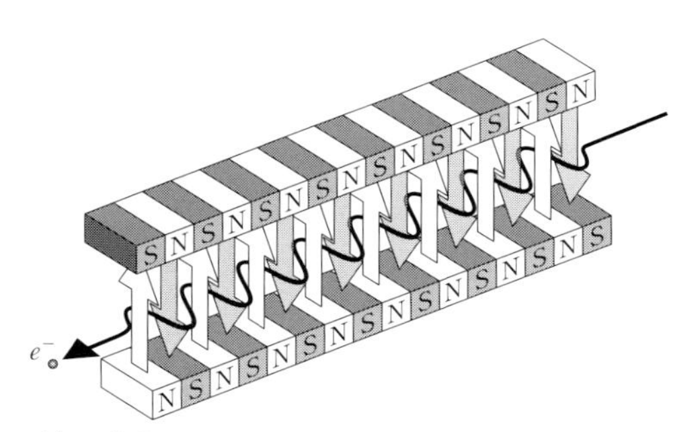

(a) 周期的に磁場で電子を蛇行させる挿入光源の概念図

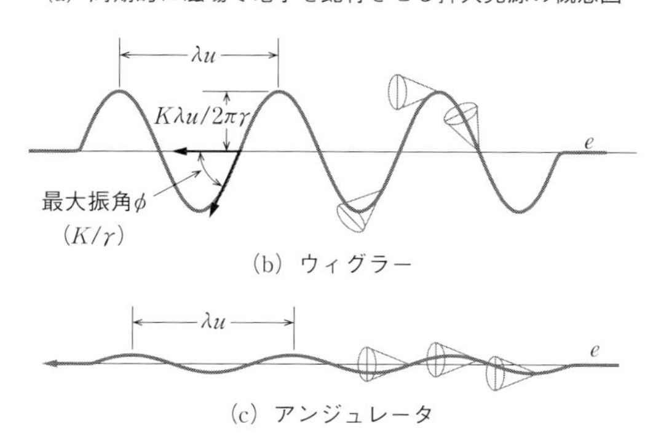

(b) ウィグラー

(c) アンジュレータ

図 5·7 挿入装置および蛇行電子の概念図

24) 第 11 章 2·2 項(3)参照

電磁石（最近では永久磁石を用いることもある）の間の直線部に，図5·7(a)に示すような周期的に磁場が反転する磁石列をもつ装置（ウィグラーやアンジュレータと呼ばれる挿入光源）を設置して電子を蛇行させ，より強力で指向性の強い光を得ることができます．ここでウィグラーは，図5·7(b)に示すように，電子を大きく蛇行させる（加速度を大きくする）ことにより，一様磁場の偏向電磁石から得られる放射光よりエネルギーの高い放射光を発生させることができます．また，発生する放射光の強度も，円軌道放射との比較からわかるように，ウィグラーの磁石極数（周期数Nの2倍）に比例して強まります．

一方，アンジュレータは，図5·7(c)に示すように，電子が発生する放射光の中を走るように軌道を小さく蛇行させて，電子と放射光を干渉させます．干渉した放射光は，磁場の周期長をλ_uとするとき，$\lambda_1 = \{(1 + K^2/2)/(2\gamma^2)\} \cdot \lambda_u$で表される[25]基本波の波長に鋭いピークをもつ，特徴のあるスペクトルになります．λ_1は，電子が1磁場周期長を走行する時間間隔で発生する光（X線）の位相が一

写真提供（国）理化学研究所

図5·8　SPring-8全景

□西播磨科学技術公園都市に設置されているSPring-8は，エネルギー8 GeVの電子ビームを蓄積する1周約1.5 kmの電子シンクロトロンから発生する放射光を利用する共同利用実験施設である．また，全長約700 mの電子線型加速器，アンジュレータおよび実験施設からなるSACLAは，エネルギー10 keVを超えるレーザー光を発生させるX線自由電子レーザー共同利用施設である．

25) $K \equiv eB_0\lambda_u/(2\pi m_e c)$はdeflection parameterと呼ばれ，一般に$K \gg 1$の場合はウィグラー，$K \lesssim 1$の場合はアンジュレータになる．K/γは電子の最大振れ角，$K\lambda_u/(2\pi\gamma)$は電子軌道の最大振幅を表す．

致する最長の波長で，それに付随する高調波（電子軌道上では奇数次高調波）にも干渉によるピークが現れます．上流側の蛇行から発生する光と位相が一致する光の放射角度は，磁場周期数の平方根の逆数，$N^{-1/2}$，に比例します．したがって，アンジュレータの基本波（およびそれに付随する高調波）の輝度は，周期数の２乗，N^2，に比例します．

例として，西播磨科学技術公園都市にある世界最大の放射光施設 SPring-8（図 5・8）の偏向電磁石，ウィグラーおよびアンジュレータから放出される放射光スペクトルを図 5・9 に，各々の光源定数を表 5・2 に示します[26)]．

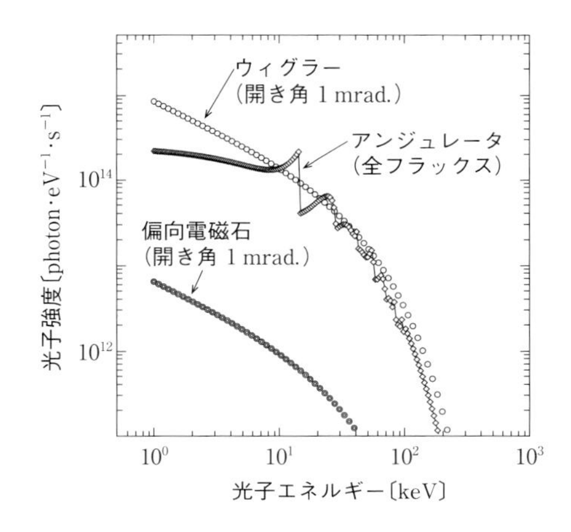

図 5・9　SPring-8 光源スペクトル例

SPring-8 の偏向電磁石光源とウィグラー光源から電子軌道面に対して開き角 1 mrad の範囲に放出される放射光のスペクトル，およびアンジュレータ光源から放出されるすべての放射光のスペクトルを示した．放射光実験には，縦軸の単位に輝度（photon/s/mrad.^{2}/0.1%$\Delta E/E$）が用いられることが多いので注意が必要である．

表 5・2　SPring-8 の光源定数例（蓄積電子エネルギー 8 GeV）

光源定数	ベンディングマグネット	ウィグラー	アンジュレータ
周期長 λu	39.3 m（ベンディング半径）	12 cm	2.0 cm
周期数 N	－（0.5）	37	225
磁束密度 B_0	0.68 T	1.02 T	0.8 T

アンジュレータからの光は，偏向電磁石やウィグラーからの光より一層高輝度ですが，干渉光に対応する基本波や高調波のピーク以外の成分を含む連続スペクトル（図 5・9）であることからもわかるように，位相がそろった光ではありませ

26） Y. Asano *et al.* : “Development of Shielding design code for synchrotron radiation beamline” Radiation Physics & Chemistry, **44**, No. 1/2（1994）

ん．レーザーのように位相のそろった光だけが得られれば，10^9 倍にも及ぶ桁違いの高輝度光が得られる可能性があります．

自由電子レーザーは，アンジュレータからの光を共振器（完全反射ミラー）間で往復させることによって位相をそろえ，レーザー発振させる技術です（光は電磁波ですから，共振器を往復する光の電磁場によって，アンジュレータを走行する電子塊が，光の位相とそろったマイクロバンチ構造の電子塊になり，位相のそろった光を発生します（図 5·10））．ただし，エネルギーの高い X 線を完全反射するミラーは存在しませんので，共振器によって位相のそろった X 線を得ることができません．そこで，X 線領域のレーザーを得るためには，共振器の代わりに SASE（Self Amplified Spontaneous Emission）方式と呼ばれる長いアンジュレータを用いる方法が採用されます．

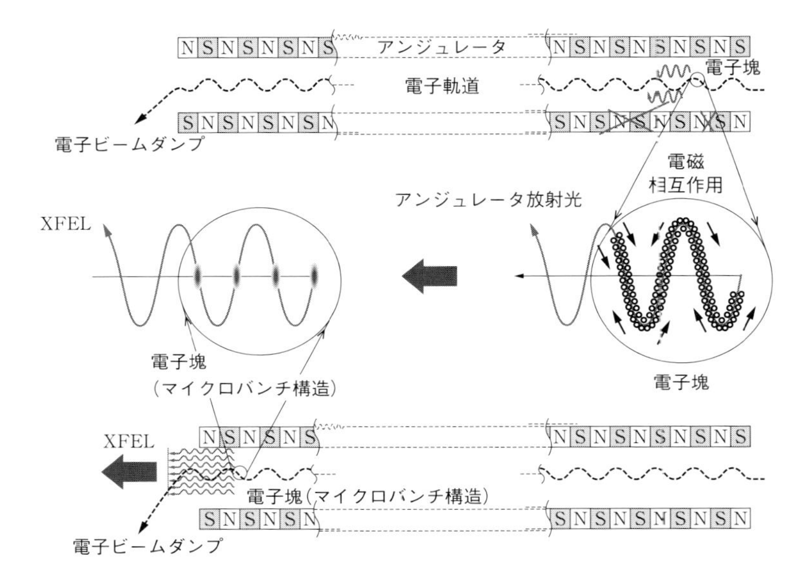

図 5·10　X 線自由電子レーザー発生概念図

□高密度電子塊が長いアンジュレータを通過中に，発生した光の電磁場との相互作用によりマイクロバンチ構造の電子塊になり，位相のそろった X 線レーザーを発振する．

SASE は，図 5·10 に示したように，アンジュレータから放出される光の電磁場で電子が加速・減速される共鳴作用で，電子塊をマイクロバンチ構造をもつ電子塊に整形します．この光と位相とそろったマイクロバンチ構造から，位相のそろった光が放出されることによって，X 線領域のレーザー発振が得られます．X 線レーザーの基本波長 λ_1 は，通常のアンジュレータ基本波の波長と同じです．このようにして X 線自由電子レーザーを得るためには，電子塊のマイクロバンチ構造が十分発達するだけの高密度の電子塊と長いアンジュレータが必要です．SPring-8 サイトに併設された X 線自由電子レーザー施設 SACLA のアンジュレータは，およそ 100 m の長さがあります．SACLA で得られる X 線自由電子レーザーのスペクトルと，レーザー発振をしていないときのスペクトルを，図 5·11 に示しました[27]．

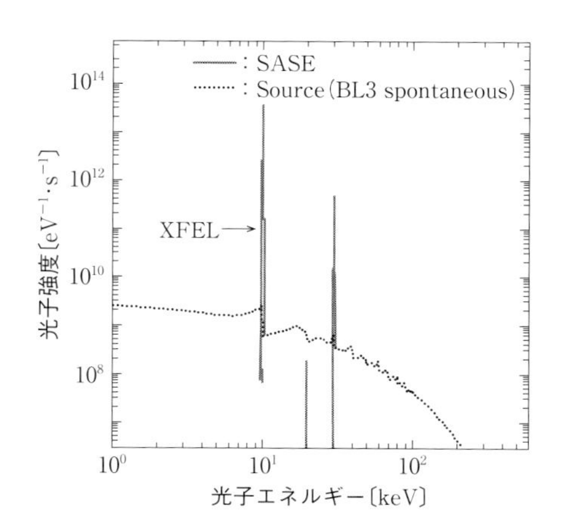

図 5·11　X 線自由電子レーザー SACLA のスペクトル例

X 線自由電子レーザー SACLA のスペクトル例（実線：X 線レーザー XFEL は基本波のほかに二次高調波，三次高調波が認められる．点線：レーザー発振をしていないときのアンジュレータ光）

章末問題

［1］ K_α-X 線のエネルギーを $h\nu_{K_\alpha}$，KLL オージェ電子のエネルギーを T_{KLL}，K 吸収端のエネルギー（K 軌道の電子の電離エネルギー）を I_K とするとき，

$$I_K + T_{KLL} = 2h\nu_{K_\alpha},$$

であることを示せ．

［2］ ボーアの原子模型を用いて，モーズレーの法則を説明せよ．

［3］ ボーアの原子模型が成り立つものと仮定して，水銀（原子番号 80）の K_α-X 線のエネルギーを計算せよ．また，KLL オージェ電子のエネルギーを計算せよ．

ヒント☞ 水銀の K_α-X 線のエネルギーは約 65 keV であり，L 電子の電離エネルギーは

27) Y. Asano: "Characteristics of Radiation Safety for Synchrotron radiation and X-Ray Free Electron Laser Facilities," Radiation Protection Dosimetry, **146** (1-3) (2011)

約 12 keV である.

［4］ 管電圧 150 000 V の X 線管から発生する X 線の最短波長を求めよ.

ヒント☞ デュエン＝ハントの法則を用いる.

Appendix 5-A ◎ X 線管から放出される X 線のスペクトル

荷電粒子が制動輻射を放出する確率（断面積）は，光子のエネルギーにほぼ反比例します[28]．これは，大きなエネルギーほど電子から電磁場に受け渡されにくくなる，という事情を反映しています．したがって，電子が通過する際に，高々一度しか制動輻射を放出しないようなごく薄いターゲットの場合には，放出される X 線の各エネルギーの光子数は，光子のエネルギーにほぼ反比例します．その結果，薄いターゲットから放出される X 線の光子数とエネルギーとの積（エネルギーフルエンス[29]）のスペクトルは，光子のエネルギーによらずほぼ一定の値をもちます．もちろん，デュエン＝ハントの法則（式 5·2）で表される X 線の最大エネルギーより大きなエネルギーをもつスペクトル成分は存在しませんから，このスペクトルは，最大エネルギー eV（V は管電圧）の矩形のスペクトルとなります(図 5·A·1).

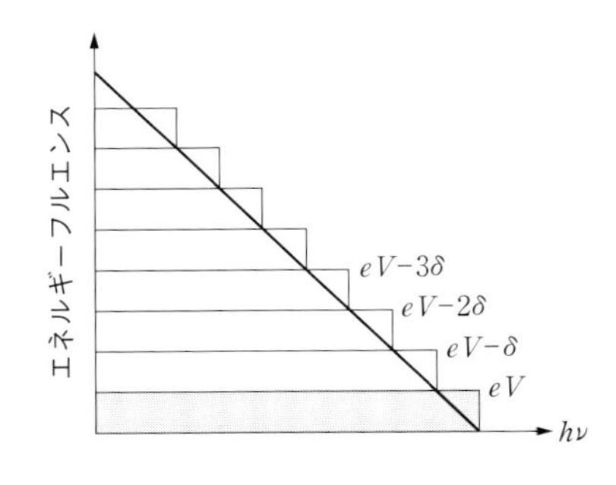

図 5·A·1 制動 X 線のスペクトル

□厚いターゲットから発生する X 線のエネルギーフルエンススペクトルは，“三角形” のスペクトルとなる.

一方，物質中を通過する荷電粒子は，主に物質中の電子との散乱で運動エネルギーを失います．物質の厚さが電子の最大飛程[30]にくらべ十分薄い場合には，電子がそこを通過する間に失う運動エネルギーが物質の厚さに比例しますから，薄いターゲットを通過した電子の運動エネルギーは，ターゲットの厚みに比例する量 δ だけ小さくなります．この電子がさらに同じ厚さの薄いターゲットに入射したとすると，この第二のターゲットから放出される制動 X 線の（照射線量）スペクトルは，$(eV-\delta)$ を最大エネルギー

28) *Cf., e.g.,* W. Heitler : “The Quantum Theory of Radiation, ” Oxford（1954）ISBN : 0198512120
29) 単位面積を通過する放射線が運ぶ運動エネルギー．*Cf.*，12·2 節
30) そのエネルギーの電子が透過できる物質層の厚さの最大値．*Cf.*，8·4 節

とする矩形のスペクトルとなります．薄いターゲットの場合，ターゲットを通過中に失われる電子の数は，ターゲットに入射する電子の数にくらべて無視できますので，この第二のターゲットから発生するX線スペクトルの矩形の高さも，第一のターゲットから発生するX線スペクトルの矩形の高さと等しくなります．以下同様に薄いターゲットを加えていくことにより，厚いターゲットから放出される制動X線の照射線量スペクトルが，光子のエネルギーに比例して減少することがわかります．

$X(h\nu) \propto eV - h\nu.$　（V：管電圧）

なお，ある連続スペクトルのX線と等しい（第一）半価層[31]をもつ単色光子のエネルギーを，そのスペクトルの**実効エネルギー**といい，スペクトルの最大エネルギーと実効エネルギーとの比を，そのX線スペクトルの線質指標（QI : quality index）といいます[32]．

31）細いビームの照射線量（*Cf.*，12·4節）が半分になるような物質の厚さ．
32）*Cf.*，9·7節

第6章　原子核の構造

6・1　中性子の発見

ラザフォードは，窒素ガスを α 線で照射すると高速の陽子が放出されたことから，原子核がさらに内部構造をもつことを，1919年に発見しました[1]．後に，このとき窒素が酸素の同位体に（人工的に）変換されていたことが，霧箱を用いた観測から明らかになりました．この発見によって，原子に原子核と軌道電子という内部構造を考えねばならなかったように，原子核にもなんらかの内部構造を考える必要が生じました．

当時すでに発見されていた素粒子は，陽子と電子だけでした．陽子は最も軽い元素（水素）の原子核であり，陽子を放出する原子核反応が観測されましたので，陽子が原子核の構成要素であることは容易に理解できました．また，ウランから放出される β 線が電子であることは，1900年にベクレル（Henri Becquerel, 1852～1908）が証明していました[2]．そこで，陽子と電子が原子核の構成要素であるとして，原子番号が Z で質量数が A である原子核は，A 個の陽子と $(A-Z)$ 個の電子とから構成されている，という構造が考えられました．しかし，この原子核模型は，やがて，量子論や実験事実と幾つかの点で矛盾することが明らかになりました．

量子論は，光子や電子が粒子性と波動性の双方の性質を併せもつことを示しました．電子をある大きさ Δx の空間に閉じ込めるということは，その電子に付随する物質波の波長が Δx より短くなることを意味します（$\lambda<\Delta x$）．物質波の波長は，ド・ブローイの関係式(3·3)によって粒子の運動量と結びついていますから，粒子のもつ運動量の大きさは，閉じ込められた空間の大きさに反比例することになります（$p>h/\Delta x$）．原子核の直径はほぼ 10^{-15} m ですから，原子核の中に閉

1）*Cf.*，E. Rutherford : "Collision of α-particles with light atoms." Nature, **103**, pp. 415-418（1919）

2）ベクレルは，β 線を磁場と電場で偏向させる実験から，β 線の電荷質量比が陰極線と同じであることを示した．*Cf.*，H. Becquerel : "Déviation du rayonnement du radium dans un champ électrique," Comptes rendus Hebdomadires des Séances de l' Acadé mie des Sciences, **130**, pp. 809-815（1900）

じ込められた電子は，およそ $10^{-19}\,\mathrm{kg\cdot m\cdot s^{-1}}$ 以上の運動量をもつことになります．この運動量に相当する電子の全エネルギー E（$\sim c\cdot p$）は，$10^{-11}\,\mathrm{J}\sim10^{8}\,\mathrm{eV}$ 以上にもなり[3]，電子と陽子との間に働くクーロン力では，電子を原子核内に束縛しておけません（章末問題［3］）．

また，この原子模型から予想される $^{6}_{3}\mathrm{Li}$ や $^{14}_{7}\mathrm{N}$ などの質量数が偶数で原子番号が奇数である原子核の磁気モーメントの大きさは，実際に観測される値にくらべて数百倍も大きくなってしまいます[4]．これは，陽子よりはるかに軽い電子の磁気モーメントが，陽子の磁気モーメントにくらべて著しく大きいために生じる矛盾です．さらに，この原子模型は，$^{6}_{3}\mathrm{Li}$ や $^{14}_{7}\mathrm{N}$ などの原子核のスピンが $\hbar$（$=h/2\pi$）であることを説明できません．これは，原子核を構成する粒子の数が偶数であるか奇数であるかが，現実と一致しないことを意味しています[5]．

1932年，チャドウィック（James Chadwick, 1891～1965）は，$^{210}_{84}\mathrm{Po}$ から放出される α 線をBeやLiの箔に照射したときに発生する透過性の強い放射線が，γ 線ではなく，陽子とほぼ同じ質量をもつ電荷のない粒子（中性子）からなることを発見しました[6]．

この中性子の発見を受けて，陽子と中性子から構成される原子核模型が提案されました．陽子や中性子は質量が大きいため（静止エネルギー $\sim10^{9}\,\mathrm{eV}$），量子

3）ここでは，相対論的なエネルギーと運動量の関係を用いた．相対論的な計算が必要であることは，算出されたエネルギーが電子の静止エネルギーに比して十分大きいことからも明らかである．電子の静止エネルギーは3桁小さいので，算出されたエネルギーはほとんど電子の運動エネルギーに等しい．

4）素粒子は，そのスピンの大きさに比例する磁気モーメントをもつ（Appendix 6-A）．もし，原子核が陽子と電子とから構成されているとすると，$^{6}_{3}\mathrm{Li}$ や $^{14}_{7}\mathrm{N}$ などの原子核は，偶数個の陽子と奇数個の電子を含むことになる．原子核の中の粒子は，互いに反対向きのスピンをもつものが対をなすので，偶数個の陽子からなる集団は，全体として磁気モーメントをもたないが，奇数個の電子の集団は，対をつくることのできない1個の電子に起因する磁気モーメントをもつ．電子の質量は陽子の質量の1/1 800程度なので，電子の磁気モーメントの大きさは陽子にくらべてはるかに大きい（表6･5）．

5）電子も陽子もスピンの大きさは $\hbar/2$ である．したがって，偶数個の陽子と奇数個の電子をどのように組み合わせても，全体のスピンを $\hbar$ にすることはできない．

6）この透過性の強い放射線は，1930年に同時計数法の開発者であるボーテ（Walter Bothe, 1891～1964）によって発見され，当初はエネルギーの高い γ 線であると考えられていた（*Cf.*, W. Bothe und H. Becker : "Künstliche Erregung von Kern-γ-Strahlen." Zeitschrift für Physik, **66**, pp. 289-306（1930））．ジョリオ夫妻（Irène 1897～1965 and Frédéric 1900～1958 Joliot＝Curie）は，この透過性の高い放射線が水素を多く含む物質から高速の陽子を発生させるのを発見して，γ 線と陽子の散乱過程で説明しようとした．その後，チャドウィックは，透過性の強い放射線に散乱される窒素原子核のエネルギーを測定して，エネルギーと運動量の保存法則を成り立たせるためには，入射粒子が質量のない光子ではなく，陽子とほぼ同じ質量をもつ電荷のない粒子でなければならないことを示した（*Cf.*, J. Chadwick : "The Existence of a Neutron." Proceedings of the Royal Society of London, Series A **136**, pp. 692-708（1932））．

的なゆらぎの運動エネルギーは，電子の場合のように大きくなりません（章末問題［6］）．また，この原子核模型では，$^{14}_{7}$N などの原子核が弱い磁気モーメントしかもたないことなど，陽子と電子で構成する原子核模型のもつほかの困難も解消できます．そして，この原子核模型を成り立たせるために，重力・電磁気力に次ぐ第三の力である核力（*Cf.*，6·4 節）が，核子（陽子と中性子）の間に働く力として導入されました．

6・2　原子核の大きさ

原子核の大きさは，高速の電子や中性子を原子核で散乱させる実験によって測定できます．図6·1に，さまざまな安定原子核による高速電子の散乱実験から算出された，原子核内の電荷密度分布を示しました[7]．原子核の直径はほぼ 10^{-15} m 程度で，原子のおよその直径 10^{-10} m にくらべて非常に小さいことがわかります．

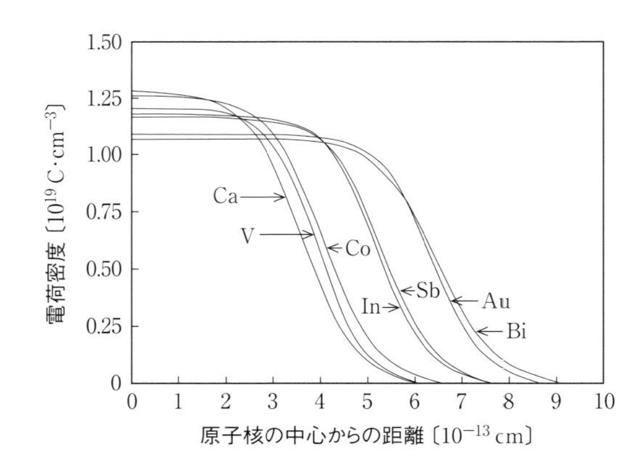

図6·1　安定原子核の電荷密度分布

高エネルギー電子線の散乱により，原子核の電荷密度分布を観測することができる．結果は，原子核内部の電荷分布密度がほぼ一定であることを示している．

電子と核子の間には，電磁気力のみが働き核力は作用しませんから，原子核による高速電子の散乱実験は，原子核内の陽子の密度分布に関する情報を与えます．原子核内の陽子は，正電荷間に働く斥力により互いにできるだけ離れた配置をとろうとするはずですが，クーロン力より強力な核力が核子を結びつけている

7）*Cf.*, B. Harn, *et al.*, : “High-energy electron scattering and the charge distributions of selected nuclei,” Physical Review, **101**, pp. 1131-1142（1956）

ために，実験結果が示すように原子核内にほぼ一様に分布していると考えられます．

また，比較的安定な原子核[8)]の中では，中性子の分布と陽子の分布とが著しく異なっているとは考えにくいので，この分布は，比較的安定な原子核内の核子全体の分布を反映している，とみなしてよいでしょう．図6·1から，比較的安定な原子核内部の核子の密度は，原子核の表面近くを除いてほぼ一定であり，原子核の種類によってその値がほとんど変わらないことがわかります．

したがって，比較的安定な原子核の核子は，あたかも非圧縮性の液体のように原子核の中を満たしていると考えられます（液滴模型）．そして，“液滴”の密度が原子核の種類によってあまり変化しなければ，原子核の体積は，核子の個数である質量数 A に比例するので，質量数 A の立方根に比例する半径 $r_{\mathrm{nucl.}}$ をもつことになります．

$$r_{\mathrm{nucl.}} = r_0 \cdot \sqrt[3]{A}. \tag{6・1}$$

電子線散乱の実験結果は，表6·1に示すように，測定誤差の範囲内で安定原子核の半径と質量数の立方根との比が，ほぼ一定であること示しています．

表6·1　電子線散乱実験による原子核半径と質量数の関係[7)]

原子核	r_0〔10^{-15} m〕
^{40}Ca	1.32
^{51}V	1.25
^{59}Co	1.27
^{115}In	1.19
^{122}Sb	1.20
^{197}Au	1.18
^{209}Bi	1.20

6・3　原子核の質量と結合エネルギー

原子核は非常に小さいので，SI単位は，その質量を表すのにあまり便利では

8）「比較的安定な原子核」とは，半減期が数秒以上の原子核も含む（以下同じ）．近年加速器を用いてつくられた半減期の非常に短い“中性子過剰核”では，中性子が原子核の表面に多く分布し，液滴模型に合わないことがわかってきた．*Cf., e.g.*, 谷畑勇夫，他：“中性子ハローとソフトな巨大共鳴：不安定核ビームによる中性子過剰核の研究”日本物理学会誌，**145**(11)，pp. 790–796（1990）

ありません．そのために，基底状態にある中性の ^{12}C 原子（原子核ではない）の質量を 12.0000 u とする質量の単位（**原子質量単位**）が導入されました．^{12}C 原子 N_A 個の質量は，12.0000 g ですから，SI 単位での 1 u の値は以下のように計算できます[9]．

$$1\ \mathrm{u} \sim 10^{-3}\ \mathrm{kg\cdot mol^{-1}} \div 6.0221 \times 10^{23}\ \mathrm{mol^{-1}} \sim 1.6605 \times 10^{-27}\ \mathrm{kg}$$

原子質量単位で表した，電子・陽子および中性子の質量を表 6·2 に示しました．陽子と中性子の質量はほぼ同じですが，電子の質量は陽子や中性子の質量にくらべて 1 800 分の 1 程度しかありません．この大きな質量の差が，放射線と物質の相互作用を考えるとき，重要な意味をもってきます[10]．

表 6·2　電子・陽子・中性子の質量

電子	m_e　$\sim$0.0005 u
陽子	M_p　$\sim$1.0073 u
中性子	M_n　$\sim$1.0087 u

天然に存在するものや人工的につくり出された原子核の質量を，質量分析器によって精密に測定してみると，表 6·3 に示した例のように，原子核を構成する個々の核子の質量の合計より小さな値になります．原子核を構成する個々の核子の質量の総和 ${}^{A}_{Z}M'_0$ と実際の原子核の質量 ${}^{A}_{Z}M'$ との差を，その原子核の**質量欠損** $\Delta{}^{A}_{Z}M'$ と呼びます[11]．

$$\Delta{}^{A}_{Z}M' \equiv {}^{A}_{Z}M'_0 - {}^{A}_{Z}M' = \{Z\cdot M_p + (A-Z)\cdot M_n\} - {}^{A}_{Z}M'. \qquad (6\cdot 2)$$

原子核は，この質量欠損に相当する静止エネルギー（$\Delta E \equiv \Delta{}^{A}_{Z}M'c^2$）だけ，個々の核子が独立に存在する状態よりも低いエネルギー状態にあります（図 6·2）．したがって，原子核を個々の核子に分解するためには，この質量欠損に相当する静止エネルギーよりも大きなエネルギーを，原子核に与えねばなりません．つまり，このエネルギーは，核子を原子核として結びつけているエネルギーであ

9）以下の計算および表 6·2 では，陽子と中性子の質量の違いを示すため，5 桁の有効数字を用いている．

10）放射線と物質との相互作用を“放射線が物質に与える影響の原因”という観点でとらえると，そのような原因（すなわち物質のエネルギー状態の変化をもたらす相互作用）の大部分は，荷電粒子と軌道電子の非弾性散乱で生じる原子（分子）の電離・励起である．その非弾性散乱のありさまは，入射粒子と標的粒子との質量比によって大きく変化する．*Cf.*，8·1 節

11）本書では，原子核の質量を表す記号に“′”を付す．

表 6·3　原子核の質量

原子核	${}^{A}_{Z}M'_0$	${}^{A}_{Z}M'$	$\Delta{}^{A}_{Z}M'$
${}^{2}_{1}\mathrm{d}$	2.0159 u	2.0136 u	0.0024 u
${}^{12}_{6}\mathrm{C}$	12.096 u	11.997 u	0.0989 u
${}^{27}_{13}\mathrm{Al}$	27.216 u	26.974 u	0.2415 u
${}^{56}_{26}\mathrm{Fe}$	56.449 u	55.921 u	0.5285 u
${}^{120}_{50}\mathrm{Sn}$	120.97 u	119.87 u	1.0956 u
${}^{208}_{82}\mathrm{Pb}$	209.69 u	207.93 u	1.7568 u

□実際の原子核の質量は，原子核を構成する核子の質量の総和よりも小さい．この質量差（質量欠損）に相当する静止エネルギーが，原子核を構成する核子を結合させている．

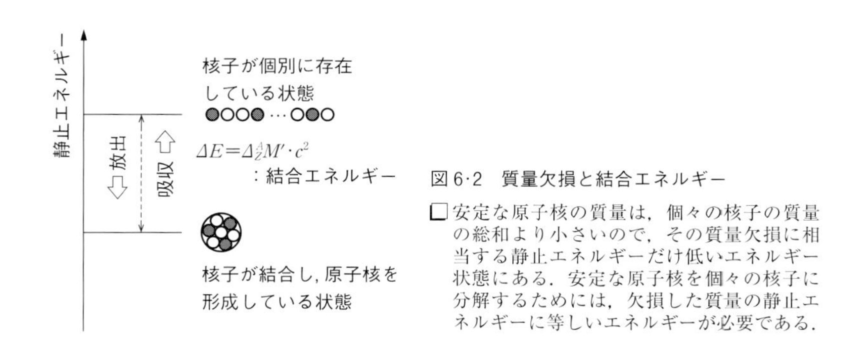

図 6·2　質量欠損と結合エネルギー

□安定な原子核の質量は，個々の核子の質量の総和より小さいので，その質量欠損に相当する静止エネルギーだけ低いエネルギー状態にある．安定な原子核を個々の核子に分解するためには，欠損した質量の静止エネルギーに等しいエネルギーが必要である．

り，原子核の**結合エネルギー**と呼ばれます．

一例をあげると，重陽子 ${}^{2}_{1}\mathrm{d}$ の質量は，約 2.0136 u ですから，1 個の陽子と 1 個の中性子から重陽子が形成されるときの結合エネルギーは；

$$\Delta{}^{2}_{1}M_d\cdot c^2\sim 0.0024\ \mathrm{u}\cdot c^2\sim 2.2\ \mathrm{MeV},$$

と計算されます．陽子と中性子から重陽子を生成するとき，この結合エネルギーに相当する余剰エネルギーは，γ 線の形で核外に放出されます．中性子線の遮蔽にはポリエチレンなど水素を多く含んだ物質が用いられますが（*Cf.*，10·2 節），中性子が遮蔽体中で運動エネルギーを失うと水素の原子核に捕獲[12]され，重陽子の結合エネルギーに相当する約 2.2 MeV の捕獲 γ 線が放出されます．

12）原子核が中性子を取り込み，質量数が 1 大きい原子核になる反応．*Cf.*，10·3 節

図序・2 は，比較的安定な原子核に関する核子 1 個当たりの結合エネルギー（**比結合エネルギー** $= \Delta^A_Z M'c^2/A$）を示しています．質量数が 20 以上の原子核の比結合エネルギーは，ほぼ一定で，約 8 MeV の値をもちます．当然ながら，核子の結合がない水素原子核では，比結合エネルギーは 0 です．比結合エネルギーは，質量数が 56 の ^{56}Fe で最大となります．したがって，質量数がこれより大きな原子核は，核分裂を起こすと比結合エネルギーが増大してより安定な原子核になり，質量数がこれより小さな原子核は，核融合を起こすとより安定な原子核になる傾向があることを意味しています．このことから，序章にも描かれたように，鉄より原子番号の大きな重い元素の大部分は，恒星内部の核融合反応で形成されたのではなく，新星の爆発や中性子星の合体のように大量の中性子が存在する状況の下で生成したものである，と推定されています[13]．

^{12}C を除く原子番号が 7 以下のすべての原子核と，原子番号が 8～13 の原子核の一部は，実際の原子核の質量が質量数に原子質量単位を乗じた値よりも大きくなります．これは，原子質量単位が，約 7.6 MeV の比結合エネルギーをもつ ^{12}C 原子核の質量を基準に用いており，原子番号の小さな原子核は，これより小さな比結合エネルギーをもつ（質量欠損が小さい）ためです．なお，多くのデータブック（たとえば第 7 章脚注 23)の文献など）は，結合エネルギーの代わりに，中性原子（原子核ではない）の質量から質量数に原子質量単位を乗じた値を減じた量である“超過質量”の値を掲載しています．

6・4 核 力

陽子は正の電荷を帯びていますから，互いにクーロン力で反発し合います．したがって，小さな原子核の内部に多数の陽子を束縛しておくためには，この斥力に打ち勝つ強い引力が，陽子どうしを結びつけていなくてはなりません．また，原子核を構成するもう一方の粒子である中性子には電荷がありませんから，中性子を原子核の中に閉じ込めておくためには，電荷とは無関係に作用する引力が，中性子どうしや中性子と陽子の間に働いていなくてはなりません．

20 世紀初頭の物理学には，電磁気力以外の場の力としては，重力が知られて

13）*Cf.*, *e.g.*，林忠四郎，早川幸男（編）：“宇宙物理学，” 岩波講座現代物理学の基礎，**12**（1973），ISBN : 4000100912
E. Pian, *et al.* : “Spectroscopic identification of r-process nucleosynthesis in a double neutron-star merger”, Nature, **551**, pp. 67-70（2017），doi:10.1038/nature 24298

いるだけでした．しかし，1 核子当たり約 8 MeV という大きな比結合エネルギーから考えて，核子間の結合力を重力によって説明することは到底不可能なことでした（章末問題［4］）．その結果，核子の間に作用する結合力として，電磁気力とも重力とも異なる第三の力を考える必要が生じました．この力を**核力**（強い相互作用）と呼びます．

図序·2 に示したように，比較的安定な原子核の比結合エネルギーは，質量数や原子番号にはあまり関係せず，大部分の原子核についてほぼ一定の値をもっています．言い換えれば，比較的安定な原子核を構成する核子の結合エネルギーの総和は，大部分の原子核では，ほぼ質量数に比例しているとみなせることになります．

この事実は，核力が，非常に到達範囲の短い相互作用であることを示唆しています．なぜならば，もし，核力の作用が原子核の直径と同程度の距離まで及ぶとすれば，質量数 A の原子核では，A 個の核子のすべてが互いに作用を及ぼし合うことになり，その結果，原子核の全結合エネルギーは，相互作用を及ぼし合う核子の組合せの数；

$$ {}_A\mathrm{C}_2 = \frac{A(A-1)}{2} \sim A^2, $$

に比例しなければならず，上に述べた事実と矛盾してしまうからです．したがって，核力の到達範囲は，原子核の直径よりもはるかに短く，ほとんど隣り合った核子の間にしか作用しないことがわかります．

図 6·3 は，陽子を標的とした高速中性子の散乱実験から得られた中性子の散乱断面積（散乱の確率：*Cf.*，12·3 節）の重心系[14]における角度分布を示したものです[15]．この実験に用いた中性子線よりもエネルギーの低い中性子線，たとえば d-t 反応[16]で発生する約 14 MeV の中性子線による散乱実験では，すべての散乱角度にわたって単位立体角当たり 50～60 mb[17]という，ほとんど等方的な散乱断面積が得られます．ところが，この高速中性子の散乱実験では，側方への散乱が少なく，前方散乱と後方散乱とがほとんど同じ確率で生じています．

14） 衝突する 2 個の粒子の重心が静止しているような座標系からみた散乱の角度分布．重心系からは，散乱過程をより単純化して観測することができる．重心系では，二つの粒子の散乱角は互いに等しい．*Cf.*, Appendix 10-A

15） *Cf.*, M. H. Hull, *et. al.* : "Phase-parameter representation of neutron-proton scattering from 13.7 to 350 MeV", Physical Review, **122**, pp. 1606-1619（1961）

16） 重陽子線を三重水素に照射して中性子線を発生させる反応（${}^2_1\mathrm{d} + {}^3_1\mathrm{t} \to {}^4_2\alpha + {}^1_0\mathrm{n}$）．

17） $1\,\mathrm{b} = 10^{-28}\,\mathrm{m}^2$

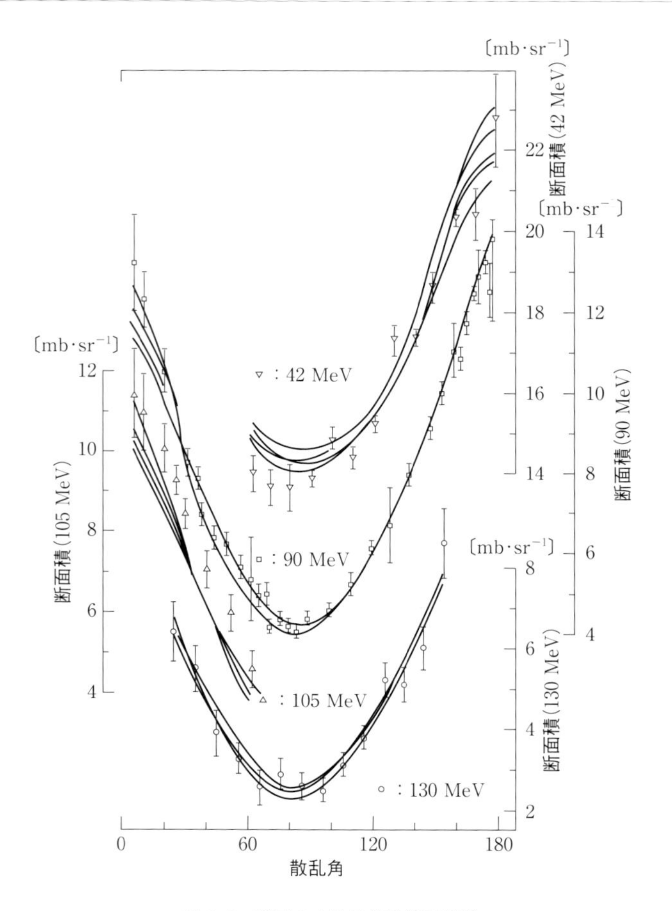

図6·3 陽子の中性子散乱断面積[15)]

陽子を標的とした高エネルギー中性子線の弾性散乱（重心系での角度分布）．散乱角 90° に対して，前後対称の散乱確率があることがわかる．

このような散乱は，ニュートン力学で記述される衝突では（相対論的な運動を考慮しても）あり得ない現象です．通常の2粒子衝突では，入射粒子の運動エネルギーが大きくなるにつれて，入射粒子が大きな角度で散乱される確率は単調に減少します．したがって，この図に示すように側方散乱よりも大きな（しかも，前方散乱に匹敵する）後方散乱が起こることを説明するためには，通常の散乱（図6·4(a)）とともに，散乱の過程で陽子と中性子とが非常に接近したとき，陽子と中性子の粒子の種類を入れ替える散乱（図6·4(b)）がほぼ同じ確率で起きている，と考えざるを得ません．後者のような散乱過程で働く相互作用を，一般に交換相互作用と呼びます．

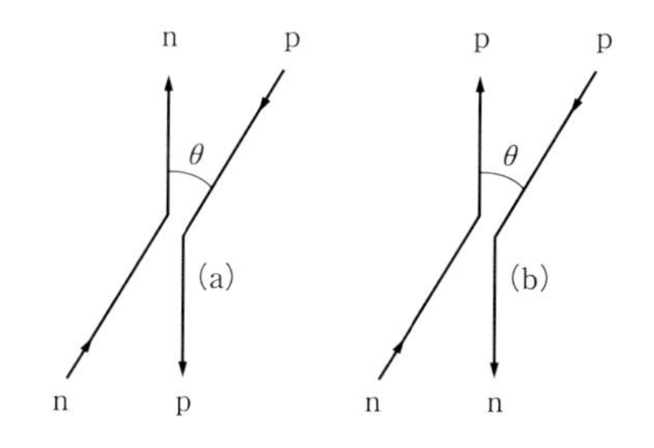

図 6・4　重心系でみた陽子と中性子との弾性散乱

□図 6・4 の実験を説明するためには，陽子と中性子が接近したとき，粒子の種類を入れ替えるような相互作用が働く（(a)と(b)の散乱が同じ確率で起こる）と考えざるを得ない．

交換相互作用という概念は，たとえば水素分子などにみられる共有結合の引力から類推すると，理解しやすいかも知れません．2 個の水素原子は，軌道電子を交換し共有することにより，安定した 2 原子分子 H_2 を構成します[18]．核力の場合にも，核力の場を特徴づける粒子を核子の間で交換し共有することによって，核子の間に引力が生じると考えられます．

核力の相互作用を媒介して核子の間で交換される粒子を π 中間子といいます．核力の到達範囲が，電子の交換による共有結合の作用範囲（～0.1 nm）にくらべて著しく短いという事実は，π 中間子が電子にくらべて非常に大きな質量をもっている（動きにくい）ことを意味します．事実，π 中間子が二次宇宙線の観測で発見されたとき，その質量が電子の 200 倍以上であることがわかりました．なお，π 中間子による交換相互作用は，条件によって引力としても斥力としても働きます．6・2 節で述べたように，原子核の密度が質量数とは無関係にほぼ一定の値をもつのは，核子どうしが一定の距離以内に接近した場合には，核力が強い斥力として働き，両者がそれ以上接近することを妨げる結果にほかなりません．

6・5　安定な原子核の条件

原子核は陽子と中性子から構成され，それらの核子を π 中間子の媒介する交換相互作用である核力が結びつけていることがわかりました．それでは，陽子と

18）二つの K 軌道を 1 個ずつの電子が占めるより，一つの K 軌道を 2 個の電子が占めるほうが，エネルギーの低い状態なので，二つの原子が軌道電子の“電子雲”が重なり合うような距離まで接近し，二つの電子を共有することでより低いエネルギー状態になる．

中性子を任意に組み合わせて，たとえば，質量数10のヘリウム $^{10}_{2}\mathrm{He}$ や酸素 $^{10}_{8}\mathrm{O}$ の原子核をつくることができるでしょうか．

図序･3は，原子番号（陽子数）を縦軸に，中性子数を横軸にとり，天然に存在する253種類あまりの安定な原子核が何処に位置するかを表しています．図の配置から，安定な原子核に関する次のような性質が読み取れます．

(1) 質量数の小さな安定原子核は，陽子と中性子の数はほぼ等しいが，質量数が増すにつれて中性子数のほうが多くなり，陽子数のほぼ1.5倍に達する．

(2) 陽子数が偶数の原子核には，奇数の原子核にくらべて多数の**同位体**（陽子数が同じで中性子数が異なる原子核）が存在し，中性子数が偶数の原子核には，奇数の原子核にくらべて多数の**同調体**（中性子数が同じで陽子数が異なる原子核）が存在する．実際，安定な原子核の約6割は，陽子数も中性子数も共に偶数であり，残りのほとんども，陽子数か中性子数のいずれか一方が偶数である．陽子数と中性子数が共に奇数である安定な原子核は，$^{2}_{1}\mathrm{d}$，$^{6}_{3}\mathrm{Li}$，$^{10}_{5}\mathrm{B}$，$^{14}_{7}\mathrm{N}$ の核種しかない[19]．

(3) 陽子数または中性子数が，2，8，20，28，50，82に等しい原子核は，特に同位体や同調体の数が多い（これらの数は**魔法数**と呼ばれる）．

これらの性質は，安定な原子核がどのような構造をしているかを推定する手掛かりを与えてくれます．まず，魔法数が存在することは，原子核が核子でできた単なる液滴ではなく，なんらかの内部秩序（離散的エネルギー状態）をもつことを意味します．このことは，放射性核種の放出する α 線が，線スペクトルであることからも傍証されます（*Cf.*，7･5節）．そして，同じ魔法数が，陽子数にも中性子数にもあるということは，その内部秩序が，陽子と中性子のそれぞれに，同じ形でほぼ独立に存在することを示唆しています．

次に，偶数個の陽子や中性子をもつ安定な原子核が圧倒的に多いことは，陽子と中性子が，それぞれの内部秩序の中で，パウリの原理（同じ量子状態には，スピンの向きの異なる2個の粒子までしか入ることができない）に従って状態を占めていることを示唆しています．言い換えるならば，原子核の中で，2個の陽子または2個の中性子が対になると，より安定になる（より低いエネルギー状態に

19) これらのほかに $^{50}_{23}\mathrm{V}$ も放射性壊変の確認できない奇奇核であるが，天然存在比が低い（～0.25%）ことから，真の安定核かどうか確定していない．

なる）性質があることを意味しています[20]．

最後に，質量数と共に中性子数が陽子数より多くなるのは，陽子と陽子との間にクーロン力の斥力が働く結果だと考えられます．核力と異なり到達距離の長いクーロン力は，原子核内のすべての陽子の間に働きますから，質量数が同じならば（核力による結合エネルギーがほぼ同じなので）陽子の数が多くなるほど，原子核はエネルギーが高く不安定な状態になります．言い換えるならば，質量数の大きな原子核では，陽子数を増すよりも中性子数を増すほうが，安定な原子核を構成しやすいわけです．同じ理由から，中性子数にくらべて陽子の数が大きな原子核は，ヘリウムの同位体 ${}^{3}_{2}$He を唯一の例外として不安定になります．

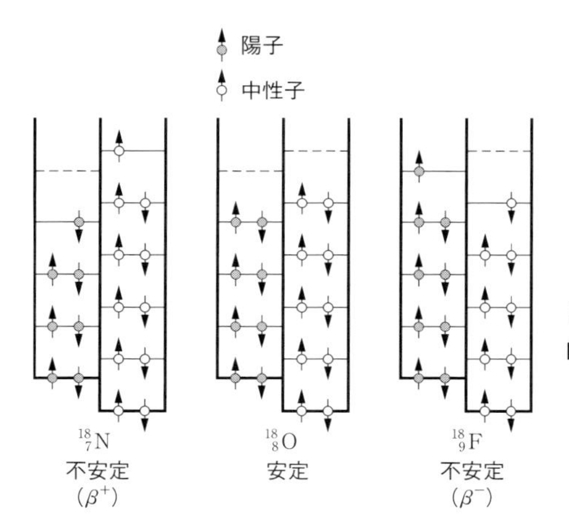

図 6·5　核子の対効果の説明

原子核の中の陽子と中性子は，それぞれ独立にエネルギー状態をもつと考えられる．偶偶核である ^{18}O は，陽子も中性子も共に対をつくることができるが，同じ質量数（核子数）でも，奇奇核である ^{18}N や ^{18}F は一つ高いエネルギー状態を核子が占めなければならないため，よりエネルギーの高い（不安定な）状態となる．

陽子と中性子が，原子核の中でそれぞれほぼ同じ形の離散的エネルギー状態をもち，陽子のエネルギー状態が，クーロン力の影響で持ち上げられることから，たとえば，質量数 18 の元素のうち酸素の同位体 ${}^{18}_{8}$O だけが安定であることは，図 6·5 のように説明できます．図で，左側は陽子の，右側は中性子のエネルギー状態を表します．一つのエネルギー状態を占めることのできる核子の数が 2 個までであるため，安定同位体にくらべて陽子数を増やす場合も，中性子数を増やす場合も，一つエネルギーの高い状態を使わざるを得なくなります．図序·3 で，

20）ワイツェッカー（Carl von Weizsäcker, 1912～2007）の半経験的な質量公式によれば，偶偶核の質量欠損は質量数が奇数である原子核の質量欠損にくらべて $0.036A^{-3/4}$ u 大きくなると評価される．*Cf.*, C. F. v. Weizsäcker : “Zur Theorie der Kernmassen”. Zeitschrift für Physik, **96**, pp. 431-458（1935）

安定な原子核が，比較的狭い筋状の領域に分布しているのは，まさにこの理由によるわけです．

元素の化学的な性質は，軌道電子（特に最外殻電子）の数によって決まります．中性原子がもつ軌道電子の数は，原子核の中にある陽子の数に一致しますから，陽子の数が等しい原子核をもつ原子（**同位体**：isotope）は，たとえ中性子の数が異なっていても，同じ化学的性質を示すことになります[21]．

陽子の数が等しい同位体に対して，中性子の数が等しい原子核を**同調体**，質量数の等しい原子核を**同重体**といい，互いの陽子数と中性子数が，入れ替わっている原子核を**鏡映核**と呼びます．鏡映核のエネルギー状態は互いに似通っていて，核子の間に働く核力が粒子の種類の組合せによらないことの，間接的な証拠になっています．表6·4は，同位体，同重体，同調体，および鏡映核の例を示したものです．

表6·4 同位体，同重体，同調体，および鏡映核の例

同位体	($^{1}_{1}$H, $^{2}_{1}$H, $^{3}_{1}$H)，($^{35}_{17}$Cl, $^{37}_{17}$Cl)，($^{234}_{92}$U, $^{235}_{92}$U, $^{238}_{92}$U)
同重体	($^{40}_{18}$Ar, $^{40}_{19}$K)，($^{60}_{27}$Co, $^{60}_{28}$Ni)，($^{90}_{40}$Zr, $^{90}_{39}$Y, $^{90}_{38}$Sr)
同調体	($^{3}_{1}$H, $^{4}_{2}$He)，($^{22}_{10}$Ne, $^{23}_{11}$Na, $^{24}_{12}$Mg)，($^{54}_{24}$Cr, $^{55}_{25}$Mn, $^{56}_{26}$Fe, $^{58}_{28}$Ni)
鏡映核	($^{7}_{3}$Li, $^{7}_{4}$Be)，($^{9}_{4}$Be, $^{9}_{5}$B)，($^{11}_{5}$B, $^{11}_{6}$C)

章末問題

［1］ 1 u は，何 eV の静止エネルギーに相当するか．

ヒント☞ 原子質量単位で表した電子の質量は，表6·2に記載されている．

［2］ ヘリウムの原子核 $^{4}_{2}$He を，2個の陽子と2個の中性子に分離するのに必要なエネルギーは，約何 eV か．ただし $^{4}_{2}$He の原子量は約 4.0026 u である．

ヒント☞ 表6·2から質量欠損の大きさがわかる．

［3］ 電子と陽子とが，原子核の直径程度の距離（1 fm）に接近したとき，両者の間に働く電磁相互作用のエネルギーは，およそ何 eV か．

ヒント☞ 二つの電荷 q, q' の間に働くクーロン場のポテンシャルエネルギーは，両者の距離を r とするとき；

21）ただし，水素の同位体は質量数の比が著しく異なるため，化学的性質も若干異なる．

$$U(r) = -\frac{q \cdot q'}{4\pi\varepsilon_0 \cdot r^2}, \qquad \left(ただし,\ 4\pi\varepsilon_0 = \frac{10^7}{c^2}\right)$$

である.

［4］ 2個の陽子が2 fmの距離にあるとき，電磁気的エネルギーと，重力エネルギーの大きさの程度を求めよ．なお，万有引力定数Gの値は，約6.7×10^{-11} N·m^2·kg^{-2}である．

ヒント☞ 二つの質量M, M'の間に働く重力場のポテンシャルエネルギーUは，両者の距離をrとするとき；

$$U(r) = -G\frac{M \cdot M'}{r^2},$$

と表される.

［5］ 図6·1は，金の原子核の半径が，ほぼ6 fmであることを示している．原子核の液滴模型に基づいて，原子核の密度を計算せよ．

ヒント☞ 金の安定同位体は，${}^{197}_{79}\mathrm{Au}$である.

［6］ 原子核内に閉じ込められた陽子や中性子の量子的なゆらぎによる運動エネルギーが，原子核の比結合エネルギーより小さくなることを確認せよ．

ヒント☞ 非相対論的な運動として評価してよい.

Appendix 6-A ◎ 荷電粒子の角運動量と磁気モーメント

面積Sの円周上を流れる電流iは，大きさ$\mu = i \cdot S$の磁気モーメントを形成する[22]．電流iが，速さv_tで円周上を動く電荷q質量mの荷電粒子によって形成されているとすれば，この磁気モーメントの大きさは；

$$\mu = \frac{1}{2}q \cdot |\vec{v}_t \times \vec{r}| = \frac{q}{2m} \cdot |\vec{p} \times \vec{r}| \cong \frac{q}{2m} \cdot |\vec{L}|,$$

と表される．ただし，$\vec{p}$と$\vec{r}$は，それぞれ粒子の運動量と円運動の半径ベクトルを表す．したがって，電荷qや角運動量$\vec{L}$が同じならば，質量の小さな荷電粒子ほど大きな磁気モーメントをもつことになる．ただし，上で求めた関係は，（軌道）角運動量の代わりに粒子のスピン角運動量を用いると，実際の半分の大きさの磁気モーメントしか与えない．これは，スピンが，ニュートン力学的な自転運動ではないことの結果である．

陽子，中性子，および電子の磁気モーメントを，表6·A·1に示した．

22) *Cf., e.g.*, 第2章脚注5)の文献

表6·A·1　素粒子の磁気モーメント

陽　子：$\mu_p \sim \quad 2.8\,\mu_N \sim \quad 1.4\times10^{-26}$ J·T^{-1}
中性子：$\mu_n \sim -1.9\,\mu_N \sim -9.7\times10^{-27}$ J·T^{-1}
電　子：$\mu_e \sim -1.0\,\mu_B \sim -9.3\times10^{-24}$ J·T^{-1}
ただし，μ_N と μ_B は，それぞれ核磁子とボーア磁子を表し，以下の値をもつ．
$$\mu_N \equiv he/4\pi M_p \sim \quad 5\ 1\times10^{-27} \text{ J·T}^{-1}$$
$$\mu_B \equiv he/4\pi m_e \sim \quad 9\ 3\times10^{-24} \text{ J·T}^{-1}$$

□電子や陽子・中性子は，大きさ $\hbar/2$ のスピンをもつ．スピンとは，厳密な議論をしなければ自転のようなものであると考えてよい．電荷をもつ粒子に“自転”があれば，自転の大きさに比例した円電流により磁気モーメントをもつことが想像できる．中性子は電荷をもたない粒子であるが，中性子を陽子と π 中間子が互いの重心の周りを公転しているもの（*Cf.*，6·4節）とみなせば，質量の違いにより正負の円電流の半径が異なるため，磁気モーメントを発生するものと想像できる．

第7章　放射能

7・1　“放射能”の意味

放射能（radioactivity）という言葉は，今日では日常的な用語になっていますが，しばしばこの言葉本来の意味とは異なった意味に用いられ，科学的に不適切な使われ方もしています．そもそも，“放射能”という言葉は，“-ty”という語尾からも明らかなように，物質が“放射線を放出する能力”を意味する抽象名詞でした．ところが，いつの間にか同じ言葉が，単位時間に壊変する原子核の数で表す“放射能の強さ（activity）”の訳語としても用いられるようになり，さらに悪いことには，“放射線を放出する物質”そのものを表す物質名詞としても通用するようになってしまいました．一つの言葉が3通りもの意味に用いられるのですから，「放射能」と聞くだけで，得体の知れない不気味なものという印象を与え，放射能アレルギー（Radiophobia）と呼ばれる感情的な拒否反応[1)]を引き起こすのも，無理のないことなのかも知れません．

「ラジウム（^{226}Ra）には放射能がある」と言えば，第一の意味，「この線源の放射能は37 MBqである」と言えば，第二の意味，そして，「事故が起きて放射能が漏れた」と言えば，第三の意味であると，いちいち区別するのは大変煩わしいことです．そこで本書では，第二の場合には“放射能量”，第三の場合には“放射性同位体”[2)]または“放射性物質”という用語によって区別することにします．なお，マスメディアは，しばしば「放射能障害を受ける」や「放射能を浴びる」などのように電離性放射線の意味で“放射能”という言葉を使用することがありますが，これらは明らかな用法の誤りです．

1）特に，放射性物質による汚染（contamination）と“穢れ”というわが国に古くからある土俗的な意識の類似が影響しているのかも知れない．

2）法令では，“放射性同位元素”という用語を用いるが，本書では，日本化学会に従い，“放射性同位体”という用語を用いる．*Cf.*，日本化学会（編）：“標準化学用語辞典（第2版），”丸善（2005），ISBN：4621075314

7・2 放射性同位体の種類

ベクレルによる放射能の発見は，レントゲン（Wilhelm Röntgen, 1845～1923）がＸ線を発見した翌年（1896 年）のことでした[3]．キュリー（Marie 1867～1914 and Pierre 1859～1906 Curie）らは，放射線を目印とする化学分析法を駆使して多くの天然放射性同位体を分離し，その互いの系列関係も明らかにしました．二つの放射性同位体が系列関係にあるとは，一つまたは複数の連続する壊変によって，一方の放射性同位体が他方の放射性同位体から生成することを意味します．たとえば，Ａという元素が，α 線を放出してＢという元素となり，さらに β 線を放出してＣという元素に変わるという場合には，三つの元素Ａ，Ｂ，Ｃはいずれも互いに系列関係にあると言います．

放射性同位体が系列をなすことは決して珍しい現象ではなく，天然の放射性同位体の中にも，3 種類の系列を見出すことができます．これら天然放射性同位体の系列は，原子核の質量数によって 4 を法とするグループに分類することができます．天然放射性同位体の質量数は，n を自然数とするとき；

$4n+2$ で表されるウラン系列 （親核種 ^{238}U），
$4n+3$ で表されるアクチニウム系列 （親核種 ^{235}U），
$4n$ で表されるトリウム系列 （親核種 ^{232}Th），

に分れますが，質量数が $4n+1$ で表される放射性同位体の系列は，天然には見出すことができませんでした．この“欠落した系列”は，のちに人工的につくられた超ウラン元素[4]の中から発見されて，ネプツニウム系列と名づけられました．図 7·1 にこれら 4 種類の放射性同位体に関する壊変系列の概略を示します．図の縦軸と横軸とは，それぞれ原子番号と中性子数に対応し，図の左下向きの長い矢印と左上向きの短い矢印とは，それぞれ α 壊変と β 壊変とに対応しています．

序章でも触れましたように，鉄より原子番号の大きな元素が新星の爆発で一度に形成されたときには，ネプツニウムもウランなどとほぼ同量がつくられたと考えられています．それにもかかわらず，ネプツニウム系列の放射性同位体が天然に存在しない理由は，この系列の親核種である ^{237}Np の半減期（～10^6 年）が，ほかの系列の親核種の半減期（^{238}U：～10^9 年，^{235}U：～10^8 年，^{232}Th：～10^{10}

3） *Cf.*，H. Becquerel : “Sur les radiations invisibles émises les corps phosphorescents,” Comptes Rendus Hebdomadaires des Séances de l’Académie des Sciences（Paris），**122**, pp. 501-503（1896）
4） 原子番号が 93 以上の天然には存在しない元素．*Cf.*，10·8 節

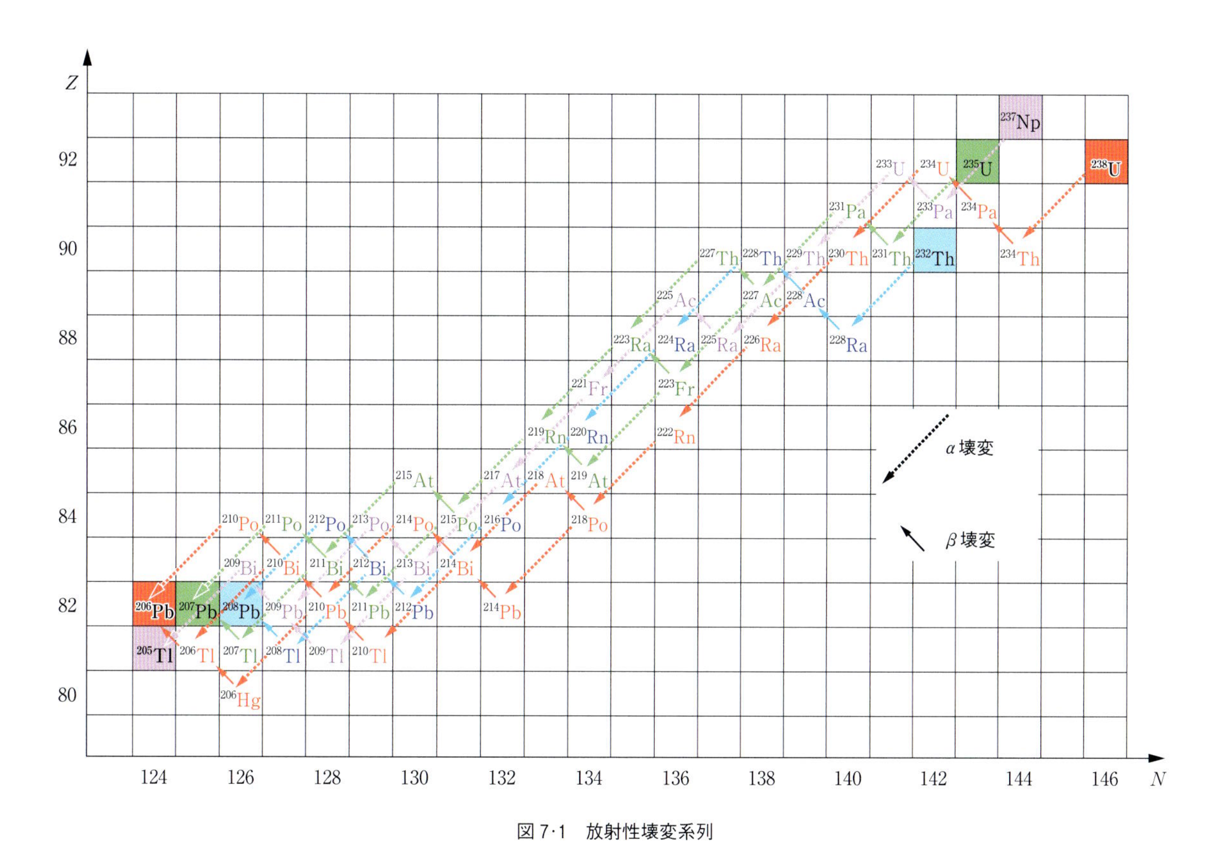

図 7·1　放射性壊変系列

□横軸に中性子数，縦軸に陽子数をとって，天然の放射性壊変系列とネプツニウム系列を示している．

年）や，太陽系の年齢（～10^9）にくらべてかなり短いためだと考えられています．

また，天然には系列を構成しない放射性同位体も存在します．それらは，半減期が非常に長いため，ウランなどと同様に，太陽系の材料が超新星の爆発などで形成されたとき生成し，今日まで残っているものです．半減期～10^9年の^{40}K は，その代表的な例です（表7·1）．

表7·1 壊変系列を構成しない天然放射性核種（宇宙線生成核種などを除く）

核種	半減期〔y〕	核種	半減期〔y〕	核種	半減期〔y〕
^{40}K	1.3×10^{9}	^{138}La	1.0×10^{11}	^{176}Lu	3.9×10^{10}
^{87}Rb	4.9×10^{10}	^{144}Nd	2.3×10^{15}	^{174}Hf	2.0×10^{15}
^{113}Cd	7.7×10^{15}	^{147}Sm	1.1×10^{11}	^{187}Re	4.1×10^{10}
^{115}In	4.4×10^{14}	^{148}Sm	7×10^{15}	^{186}Os	2×10^{15}
^{123}Te	$>6\times10^{14}$	^{152}Gd	1.1×10^{14}	^{190}Pt	6.5×10^{11}

（アイソトープ手帳より）

☐ 半減期が10億年を超える天然放射性同位体には，ウランやトリウムと異なり壊変系列を構成しないものもある．

さらに，天然には，半減期は短いけれど，宇宙線と大気との相互作用（^{14}C：半減期～10^3年など．表7·2）やウランなどの自発核分裂（^{99}Tc：半減期～10^5年など）によって常時つくり出されている系列外の放射性同位体も存在します．

表7·2 主な宇宙線生成核種

核種	半減期	標的物質	核種	半減期	標的物質
^{3}H	12 y	大気（N, O）	^{36}Cl	3.0×10^{5} y	大気（Ar）
^{7}Be	53 d	大気（N, O）	^{40}K	1.3×10^{9} y	宇宙塵（Fe）
^{10}Be	1.5×10^{6} y	大気（N, O）	^{41}Ca	1.0×10^{5} y	地殻（Ca）
^{14}C	5.7×10^{3} y	大気（^{14}N）	^{53}Mn	3.7×10^{6} y	宇宙塵（Fe）
^{26}Al	7.2×10^{5} y	大気（Ar），宇宙塵	^{59}Ni	1.0×10^{5} y	宇宙塵（Fe）

［出典］小田稔ほか（編）：“宇宙線物理学”，朝倉書店（1983）の値をICRP Publ. **107** に基づき修正

☐ 高エネルギーの陽子を主な成分とする宇宙線は，宇宙塵や地球の上層大気に衝突して核反応を引き起こし，直接または間接に放射性同位体を生成する．これらの放射性同位体は，半減期が地質年代よりはるかに短いが，宇宙線による生成と壊変による消失が均衡しているため，地球上にほぼ一定量存在する．たとえば，^{14}C の平均放射能濃度は約230 Bq·kg^{-1} であり，^{3}H の表面水中の平均放射能濃度は，約 4×10^{-4} Bq·cm^{-3} である（海水中の濃度は表面水の約1/4になる）．

今日，人工的につくられたものも含めて，2 000 種類以上の核種が知られていますが[5)]，その中で放射能をもつことが確認されていない核種は，わずかに 253 種しかありません.

天然の放射性同位体から放出される放射線が複数の成分を含むことは，その透過性の違いや，磁場の中を通過するときの振舞いの違いにより，かなり早くからわかっていました（図 7・2）. ラザフォードは，透過性が弱く磁場で（あまり）曲げられない成分と，透過性が強く磁場で（大きく）曲げられる成分を，それぞれ α 線，および β 線と命名しました. その後，ヴィラール（Paul Villard, 1860～1934）が強い透過性をもちながら磁場で曲げられない放射線成分を発見し，ラザフォードにより γ 線と命名されました[6)].

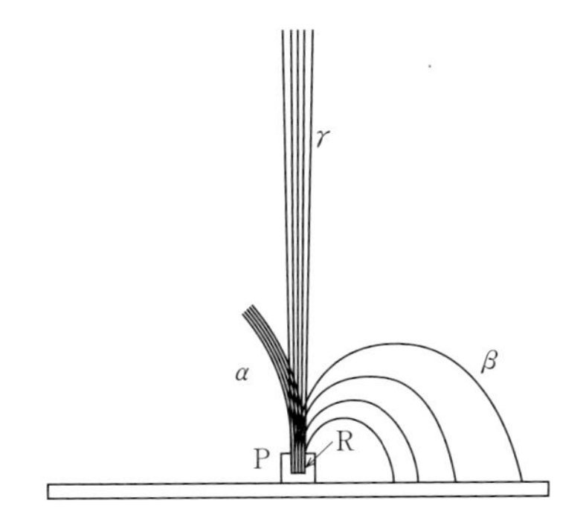

図 7・2　磁場と放射線

□この有名な図は，キュリー夫人が 3 種類の放射線を識別する思考実験として描いた. R はラジウム線源. P は鉛の遮蔽容器. 磁場は紙面に垂直に紙背側を向いている.
［出典］M. Curie : "Recherches sur les substances radio-actives" Gauthier Villars（1904）

α 粒子が，ヘリウムの原子核（$^{4}_{2}He$）であることは，ラザフォードらが，図 7・3 に原理を示した装置を用いて証明しました[7)]. 図で，α 線が透過できるほど薄い窓をもつガラス管 A には，α 壊変をする放射性ガス ^{222}Rn が入っています. 外側のガラス管 B と内側のガラス管 A との間の部分は，はじめトリチェリの真空にしてあります. 長い時間が経過し，この二つのガラス管の間に十分な量の α

5）今日，加速器技術の発達により，きわめて不安定な ^{16}C などの中性子過剰核種や ^{10}C などの陽子過剰核種がつくられるようになり，人類に既知の核種の数は急速に増加しつつある.

6）*Cf.*, E. Rutherford : "The magnetic and electric deviation of the easily absorbed rays from radium," Philosophical Magazine, **5**, pp. 177-188（1903）

7）*Cf.*, E. Rutherford : "The Chemical Nature of the Alpha Particles from Radioactive Substance," Nobel Lecture（1908）
http://nobelprize.org/nobel_prizes/chemistry/laureates/1908/rutherford-lecture.html

粒子が貯えられた後，水銀の液面を上昇させると，捕集されたα粒子のガスは(水銀の蒸気とともに) 電極C，Dの間に集められます．そこで放電によりガス原子の発する光をスペクトル分析すれば，このガスを構成する原子の種類が明らかになるという仕掛けです．

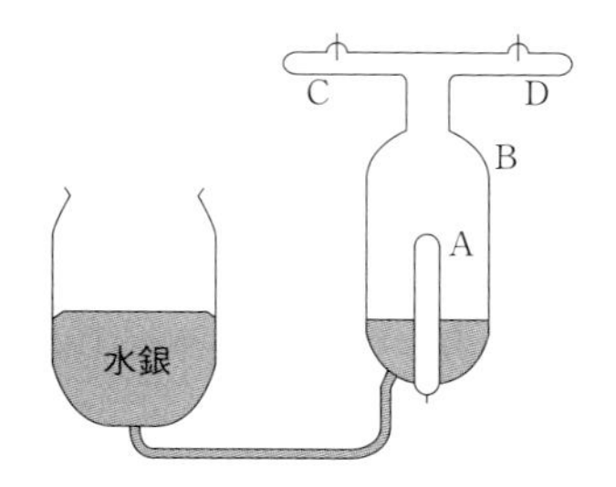

図7·3 α線がHeの原子核であることを示す実験（概念図）

□α線源Aを真空容器B内に置き，真空容器内にたまった“α粒子のガス”を放電管に導き，その原子スペクトルを観察することによって，“α粒子のガス”がヘリウムであることを示した．

一方，β線は，磁場によって曲げられる方向が，α線とは逆向きであることから，負の電荷をもつ粒子であることがわかります．また，磁場による飛跡の曲り方がα線にくらべて大きいことから，β粒子はα粒子よりもはるかに軽い粒子だとわかります．電荷と質量の比の値から，β粒子は電子であることがわかりました[8]．

γ線は，その進行方向が磁場に影響されないので，電荷をもたないことがわかります．実際，γ線は，α線やβ線のような物質粒子から構成されているのではなく，波長の短い電磁放射線であることがわかりました[6]

不安定な放射性同位体の原子核が放射線を放出し，自発的に別の原子核に変化することを“原子核の**壊変**（disintegration)”といいますが，原子核の壊変は，上に述べたα壊変とβ壊変のほかに自発核分裂を加えた三つの型に大別できます[9]．原子核は，外部からエネルギーを供給されると，さまざまな過程を経て別の原子核に変化することもありますが，そうした吸熱核反応[10]は，原子核の壊変には含めません．

8）*Cf.*, H. Becquerel:“Déviation du rayonnement du radium dans un champ électrique,” Comptes rendus, **130**, pp. 809-815（1900）

9）壊変には，後述の“核異性体遷移（IT)”を加え，4種類とすることもある．なお，崩壊（decay）という用語も用いられる．

10）自発的には進行しない反応．*Cf.*，10·7節

7・3　放射能量の単位と壊変の法則

従来，放射能量を表す単位には，ラジウム1gの放射能量に由来するキュリー〔Ci〕が用いられてきましたが，現在では，**1秒間に1個の原子核が壊変する放射能量**を表すベクレル〔Bq〕というSI単位が用いられています．ベクレルは，基本単位でs^{-1}と表されます．なお，二つの単位CiとBqとは，次の関係にあります．

$$1\,\mathrm{Ci} = 3.7 \times 10^{10}\,\mathrm{Bq}. \qquad (7 \cdot 1)$$

ここで注意すべきことは，放射能量は，単位時間当たりに放出される放射線粒子の個数や，その放射性物質が放出する放射線の強さを表すものでも，放射性物質の量（質量やモル数）を表すものでもないという点です．一例を示すと，^{60}Coは，1回の壊変当たり，1個の電子と1個のニュートリノと2個の光子とを放出します．仮に，きわめて稀にしか物質と相互作用をしないニュートリノを放射線粒子から除外するとしても[11)]，1 Bqの^{60}Coは，平均して毎秒3個の放射線粒子（光子を含む）を放出することになります（図7･15）[12)]．また，毎秒放出される放射線粒子の個数が同じであったとしても，放射線粒子のエネルギーが異なれば，同じ放射能量の放射性同位体が放出する放射線の強さ（エネルギーフルエンス（*Cf.*，12･2節））は異なります．さらに，同じ放射能量の放射性同位体でも，壊変率が異なれば含まれる原子数は等しくありません．

原子核の壊変は量子論的世界の現象ですから，ある特定の原子核がいつ壊変するかは，確率的にしか予測することができません．けれども幸いなことに，私たちはたった一つの原子核の生涯を追跡する必要はありません．なぜならば，私たちが観測するのは，通常，**非常に多数の原子核から構成された集団**だからです．したがって，私たちは一つの原子核の時間的な変化ではなく，多数の原子核で構成された集団の時間的な変化を理解できれば十分である，ということになります．言い換えれば，私たちにとって重要なのは，個々の原子核の確率的な時間変化ではなく，その原子核の集団がもつ統計的な値の変化だからです．

11）（反電子）ニュートリノも，陽子と反応して陽電子と中性子を生成する素粒子反応を起こし，生成した高速の陽電子が物質を電離するので，厳密な意味では（非荷電粒子の）電離性放射線に含めるべきであるが，この反応の確率はきわめて小さく，通常その寄与を無視することができる．

12）ただし，2個の光子は壊変で生じた娘核の^{60}Niが，励起状態から基底状態に緩和する際に放出されるものなので，厳密には^{60}Coが放出したとの表現には不適切な点がある．

そこで次に，1種類の核種Xからなる原子核の集団に着目し，その時間的な変化を調べてみましょう．いま，この集団の時刻 $t=0$ における原子核の数を $N_{X,0}$，時刻 $t\geq 0$ における個数の期待値を $\langle N_X\rangle=\langle N_X(t)\rangle$，また，この核種の原子核が単位時間当たり壊変する確率（**壊変率**）を λ_X としましょう．壊変が生じるとその原子核は別種の原子核に変わりますから，単位時間当たりの壊変数の期待値，すなわち，そのときの壊変率と原子核数との積 $\lambda_X\langle N_X(t)\rangle$ は，単位時間当たりの着目した核種の原子核数の減少の期待値 $-\mathrm{d}\langle N_X(t)\rangle/\mathrm{d}t$ に等しくなります(図7·4)．

原子核数の減少　　壊変した原子核の数

$$-\frac{\mathrm{d}\langle N_X(t)\rangle}{\mathrm{d}t}=\lambda_X\langle N_X(t)\rangle. \tag{7・2}$$

これは“同次型1階線形常微分方程式”と呼ばれ，時間とともに減少する指数関数の解を与えます．

$$\langle N_X(t)\rangle=N_{X,0}e^{-\lambda_X t}. \tag{7・3}$$

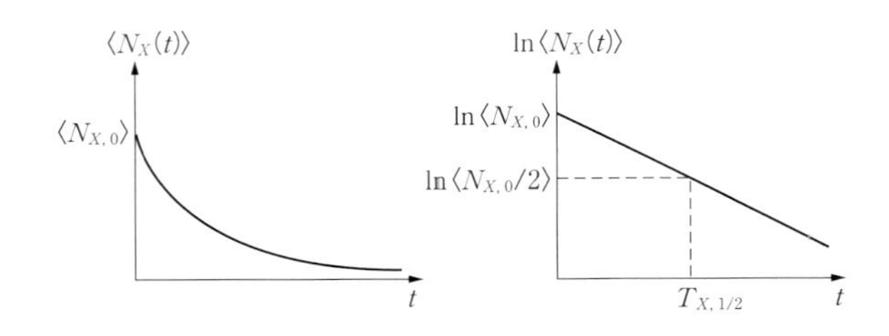

図7·4　放射能量の時間的変化

時刻 t における放射性同位体Xの放射能量 $\langle A_X(t)\rangle$ は，その時刻における単位時間当たりの壊変数の期待値ですから，時刻 t におけるXの原子核数の期待値と壊変率との積 $\lambda_X\langle N_X(t)\rangle$ にほかなりません[13]．上の式の両辺に壊変率 λ_X を乗じれば，時刻 $t=0$ に放射能量が $A_{X,0}=\lambda_X N_{X,0}$ であった壊変率 λ_X の放射性同位体Xの，時刻 $t\geq 0$ における放射能量 $\langle A_X(t)\rangle$ が，次のように求まります．

$$\langle A_X(t)\rangle=A_{X,0}e^{-\lambda_X t}. \tag{7・3′}$$

13) ただし，放射性同位体の原子核数が十分多くなければ，放射能量という概念は意味をもたない．たとえば，半減期約6.6 msの ^{29}Al原子核1個の放射能量は，定義に従えば約100 Bqと計算できるが，起こり得る β 壊変はただ1回に過ぎない．

放射性同位体Xの壊変率λ_Xの逆数は，Xの平均寿命を表します（章末問題［9］）．また，Xのちょうど半数の原子核が壊変するのに要する時間をXの**半減期** $T_{X,1/2}$といいます．半減期と壊変率との関係は，次のように表されます（章末問題［10］）．

$$T_{X,1/2}=\frac{\ln 2}{\lambda_X}. \qquad (7\cdot4)$$

壊変率がλ_X〔s^{-1}〕（または，半減期$T_{X,1/2}$〔s〕）で，原子量がM_X〔$g\cdot mol^{-1}$〕である放射性同位体Xの，放射能量A_X〔Bq〕と質量m_X〔g〕の関係を考えてみましょう．この放射性同位体のモル数はm_X/M_X〔mol〕ですから，$(m_X/M_X)N_A$個の原子核が存在することになります．したがって，放射能量とこれらの量との間には，次の関係が成り立ちます(表7·3)．

$$A_X=\lambda_X(m_X/M_X)N_A=\frac{(\ln 2)\cdot(m_X/M_X)}{T_{X,1/2}}\cdot N_A.$$

表7·3　質量・モル数・原子数の関係

原子数〔個〕	1	N_A	$N_A\cdot m/M$
モル数〔mol〕	$1/N_A$	1	m/M
質　量〔g〕	M/N_A	M（原子量）	m

放射性同位体X（または放射性物質）の単位質量当たりの放射能量A_X/m_XをXの**比放射能**と呼び，放射性同位体を含む物質の単位体積または単位質量当たりの放射能量を**放射能濃度**と呼びます．比放射能は，半減期の短い核種ほど，また，原子量の小さな核種ほど大きくなります．たとえば，半減期が約5.3年である^{60}Coの比放射能は，半減期が約30年である^{137}Csの約13倍，半減期432年である^{241}Amの約330倍になります（いずれもその核種100%で構成されている場合）．

7・4　系列壊変と放射平衡

放射性同位体の中に，壊変系列を形成するものがあることを7·2節で触れました．この節では，こうした系列を形成する壊変で，前節で説明した単独の壊変とどのような相違点が生じるかを検討します．そこで，核種Xが壊変定数λ_Xで核種Yとなり，核種Yがさらに壊変定数λ_Yで核種Zになり，…という一連の系列壊変があるとき，任意の時刻における核種X，Y，…の個数の期待値$\langle N_X(t)\rangle$，

$\langle N_Y(t)\rangle$, …を求めます．

核種 X の個数の時間変化は，その娘核種 Y がさらに壊変するか否かに影響されませんから，前節の議論と全く同じになります．しかし，核種 Y 以降の娘核種の個数の変化は，その核種の個数に比例して減少する分と，親核種が壊変して新たに娘核種が生じる分とから構成されます．その結果，各変数 $\langle N_X(t)\rangle$, $\langle N_Y(t)\rangle$, …の従う微分方程式は，次のように書き下すことができます．

原子核 X の減少 ／ X の壊変数

$$-\frac{\langle N_X(t)\rangle}{\mathrm{d}t} = \lambda_X\langle N_X(t)\rangle,$$

原子核 Y の減少 ／ Y の壊変数 ／ X の壊変による Y の生成数

$$-\frac{\langle N_Y(t)\rangle}{\mathrm{d}t} = \lambda_Y\langle N_Y(t)\rangle - \lambda_X\langle N_X(t)\rangle, \tag{7・5}$$

$$\cdots\cdots\cdots\cdots\cdots\cdots.$$

初期条件として，時刻 $t=0$ には，核種 X だけが N_0 個あった（$\langle N_X(0)\rangle = N_0$, $\langle N_Y(0)\rangle = 0, \cdots$）とすると，連立常微分方程式(7·5)の解は，次のように求まります．

$$\langle N_X(t)\rangle = N_0\cdot e^{-\lambda_X t},$$

$$\langle N_Y(t)\rangle = \lambda_X N_0\left(\frac{e^{-\lambda_X t}}{\lambda_Y-\lambda_X} + \frac{e^{-\lambda_Y t}}{\lambda_X-\lambda_Y}\right) = \frac{\lambda_X N_0\cdot e^{-\lambda_X t}\{1-e^{-(\lambda_Y-\lambda_X)t}\}}{\lambda_Y-\lambda_X}, \tag{7・6}$$

$$\cdots\cdots\cdots\cdots\cdots\cdots.$$

$\lambda_X < \lambda_Y$ の場合，二つの核種 X と Y の個数の期待値が，時間的にどのように変化するかを，図 7·5 に示します．娘核種 Y の平均寿命 λ_Y^{-1} にくらべて十分長い時間が経過すると，式(7·6)に現れる $e^{-(\lambda_Y-\lambda_X)t}$ という指数関数の値はほとんど 0 になるとみなせますから，親核種と娘核種との個数の期待値の比 $\langle N_X(t)\rangle/\langle N_Y(t)\rangle$ は，一定の値 $\lambda_X/(\lambda_Y-\lambda_X)$ に（したがって，放射能量の比は $\lambda_Y/(\lambda_Y-\lambda_X)$ に）漸近し，共に親核種 X の壊変率 λ_X に従って指数関数的に減少するようになります．

このような状態を**過渡平衡**と呼びます．過渡平衡は，親核種と娘核種の平均寿命がほとんど同程度である場合（$\lambda_X^{-1} \sim \lambda_Y^{-1}$）や，娘核種の平均寿命のほうが親核種の平均寿命よりも長い場合（$\lambda_X^{-1} < \lambda_Y^{-1}$）には実現しません．過渡平衡の具体的な例には，^{99}Mo（半減期約 3 日）と娘核種 ^{99m}Tc（同 6 時間）や，^{81}*R*b（同 4.6 時間）と娘核種 ^{81m}Kr（同 13 秒）などがあります．

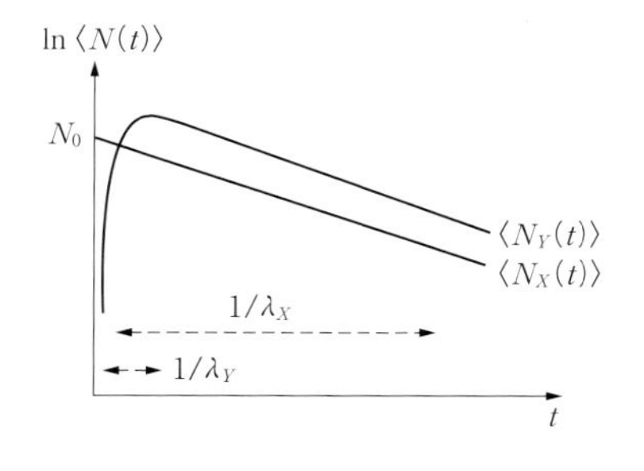

図 7・5 放射平衡

□最初，娘核種のない状態から出発すると，娘核種の平均寿命程度の時間が経過すると両者はほぼ放射平衡に達し，やがて親核種の壊変定数に従って一定の割合を保ったまま減衰していく．

親核種の平均寿命が娘核種の平均寿命にくらべて著しく長い場合（$\lambda_X \ll \lambda_Y$）には，娘核種の平均寿命の数倍程度の時間が経過した後は，親核種と娘核種の個数の比は両者の壊変率の比に等しくなります．このような放射平衡の状態を，**永続平衡**と呼びます．永続平衡では，親核種と娘核種は等しい放射能量をもちます．

$$\lambda_X \cdot \langle N_X(t) \rangle \;\to\; (\lambda_Y - \lambda_X) \langle N_Y(t) \rangle, \qquad (\lambda_Y^{-1} < \lambda_X^{-1}, \lambda_Y^{-1} \ll t：過渡平衡)$$
$$\to\; \lambda_Y \cdot \langle N_Y(t) \rangle \quad \propto e^{-\lambda_X t}. \qquad (\lambda_Y^{-1} \ll \lambda_X^{-1}\quad：永続平衡)$$

永続平衡の具体的な例には，半減期約 30 年の親核種 ^{90}Sr と，同 3 日の娘核種 ^{90}Y や，半減期約 30 年の ^{137}Cs と，同 2.6 分の娘核種 $^{137\mathrm{m}}$Ba などがあります．また，放射平衡状態にある天然放射性同位体の壊変系列（図 7・1）は，永続平衡の典型的な例です．

7・5 α壊変の性質

α壊変は，原子核が 2 個の陽子と 2 個の中性子からなるα粒子（$^4_2\alpha$）を放出して，別の原子核に変化する現象です．α壊変の結果生じる娘核は，親核にくらべて質量数が 4 少なく，原子番号が 2 小さい原子核になります．α壊変は，通常は質量数の大きな原子核に生じます．なぜならば，以下に述べるように，α壊変は，その内部に“仮想的なα粒子”が存在すると考えられるほど多数の核子を含む原子核に起こる現象だからです．ある原子核がα壊変を起こし得るか否かは，娘核の質量（$^{A-4}_{Z-2}M'$：娘核が励起状態である場合は $^{A-4}_{Z-2}M'^{*}$）とα粒子の質量（m_α）の合計が親核の質量（$^A_ZM'$）より小さいか否かで判定できます．なぜならば，壊変後に質量が減少しているならば，親核はその質量差に等しいエネルギーを放出（発熱反応）してα壊変をしたほうが，エネルギー的に安定することになるからです．

親核　娘核　α粒子

$$Q \equiv {}^{A}_{Z}M'c^2 - ({}^{A-4}_{Z-2}M'c^2 + m_\alpha c^2) > 0.$$

核反応の前後の静止エネルギーの差 Q は，一般に“反応の **Q 値**”と呼ばれ，上の式で計算される α 壊変の Q 値に相当するエネルギーは，娘核と α 粒子の運動エネルギーと，娘核の励起エネルギーに分配されます（図7·6）．

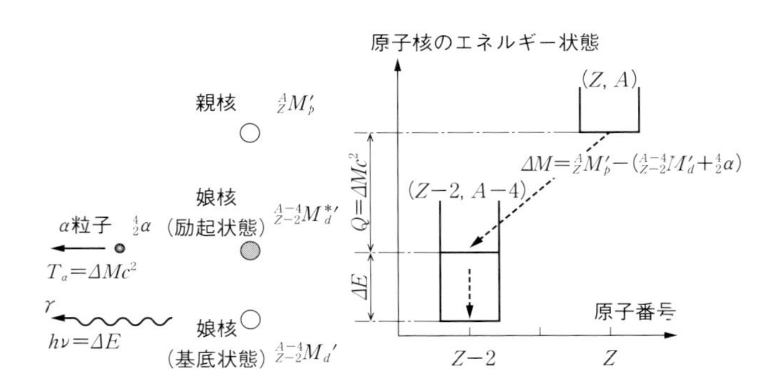

図7·6　娘核の励起状態への α 壊変

□ 親核よりも娘核と α 粒子を合わせた質量のほうが小さければ，親核は α 壊変を起こしたほうがより安定な状態になる．このとき，反応の Q 値に相当するエネルギーは，娘核と α 粒子の運動エネルギーとなるが，両者の運動量の大きさは同じである．壊変後の娘核が励起状態にあれば，娘核は一つまたは複数の γ 線としてエネルギーを放出し，基底状態に移行する．

娘核と α 粒子の運動エネルギーの比は，運動量の保存法則から次のように計算されます．

$$T_{\text{daughter}} \cdot M'_{\text{daughter}} = T_\alpha \cdot m_\alpha.$$

α 線のエネルギー（α 粒子の運動エネルギー）は，比例計数管や表面障壁型の半導体検出器，磁界スペクトロメータなどで測定でき，図7·7に示すような線スペクトルになる特徴があります．この線スペクトルのようすは，励起した原子が発する特性X線のスペクルのようすと非常によく似ています．特性X線の場合には，軌道電子が離散的エネルギー状態しかとれないことが，線スペクトルを生じる原因でした．この類推から，原子核内部のエネルギー状態もやはり離散的であって，図に示したような α 線のスペクトルは，さまざまな（励起）エネルギー状態にある娘核が α 壊変に関与していることを反映していると解釈できます．

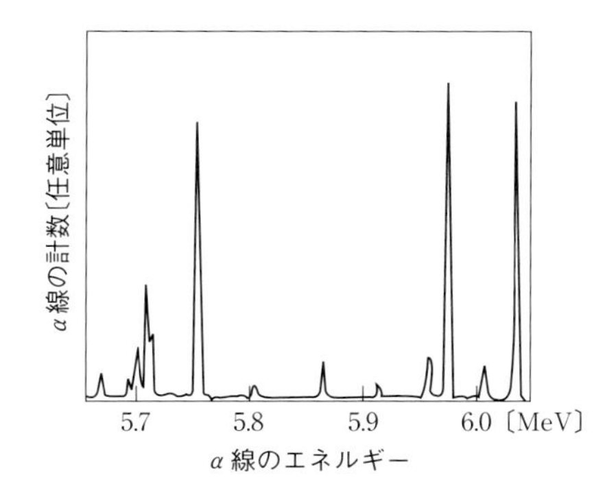

図7・7 ^{227}Thのα線スペクトル

比例計数管や磁界スペクトロメータで^{227}Thから放出されるα線の運動エネルギーを測定すると，図のように，幾つかの特定のエネルギーからなる線スペクトルを示す.

つまり，図で最もエネルギーの高いα線は，娘核のエネルギーが最も低い状態，すなわち基底状態への遷移に相当し，ほかのα線は，それぞれ異なったエネルギー状態（励起状態）への遷移に相当します．したがって，これらのα線のエネルギーは，離散的な原子核の状態（基底状態および励起状態）間のエネルギー差に相当していることになります．α線のエネルギーは，磁界スペクトロメータなどで精密に測定できますから，α線の測定を通じて原子核の内部状態を探ることができます.

α線のエネルギーとα線放出核種の半減期との間には，エネルギーの高いα線を放出する原子核ほど半減期が短い，という関係（**ガイガー・ヌッタルの法則**）が見出されます．次に，その理由を検討しましょう.

図序・2に示した比結合エネルギーからわかるように，陽子と中性子それぞれ2個ずつから構成されているα粒子は，エネルギー的に非常に安定な構造なので，質量数の大きな原子核の内部では，核子はα粒子的な小集団を形成しやすいと考えられます.

この仮想的α粒子が原子核の中を動き回るとき，周辺の核子からさまざまな核力の相互作用を受けていますが，その総合的な外力のポテンシャルエネルギーは，原子核の中心からほぼ核半径に等しい距離の場所に高い山を形成していて，仮想的α粒子が勝手に原子核の外に出ていくことを妨げています（図7・8）．原子核の中のα粒子がもつ“運動”エネルギーは，このポテンシャルエネルギーの山の高さにくらべて小さい値なので，ニュートン力学で考えると，α粒子がこの山を越えて原子核の外へ自発的に飛び出し，α壊変を起こすことはあり得ません（図7・8(a)）.

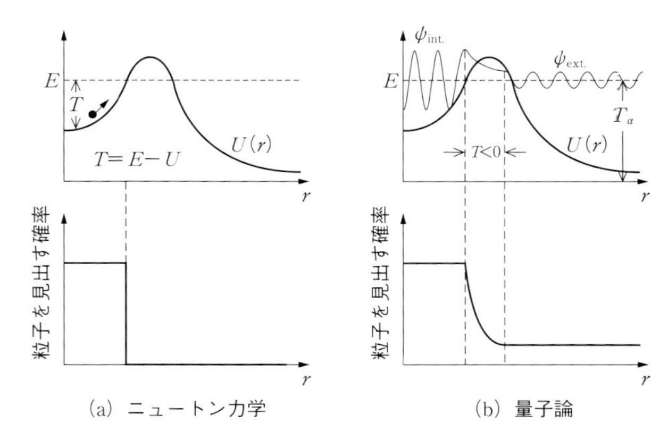

図7·8　トンネル効果

□古典論（ニュートン力学）では，運動エネルギー T が正の値をもつ領域しか，粒子の運動が許されない．そのため，運動エネルギーより高いポテンシャルエネルギーの山があると，粒子はその障壁の内側にとどまり続ける．
一方，量子論では，運動エネルギーの値が負になる領域にも，波動関数が減衰しながら伝わっていくため，ポテンシャルエネルギーの障壁の外側にも，粒子を観測する確率がごくわずかに生じる．

ところが，α 粒子のようにミクロな粒子は，粒子としての性質とともに波の性質も併せもっています．第３章では，物質波の振幅の２乗が，その物質波に対応する粒子をその点に見出す確率に比例している，と解釈できることを説明しました．電子線の干渉など一見奇妙にみえる粒子の振舞いの多くは，物質波が空間的な広がりをもつことに起因していましたが，物質波は単に真空中に広がって存在するばかりでなく，ニュートン力学では粒子が存在し得ないような場所にも，浸透していくことが可能です（図7·8(b)）．

第３章で議論したように，物質波の波長 λ は，粒子の運動量の大きさ $p(\equiv|\vec{p}|)$ に反比例しています（ド・ブローイの関係式）．その粒子の運動量は，非相対論的な運動の範囲で，粒子の運動エネルギー T の平方根に比例します[14]．粒子がある力の場（たとえば核力の場）の中にいるとき，粒子の運動エネルギー T は，全力学的エネルギー E（全エネルギーから静止エネルギーを除いたもの）からその力の場に対応するポテンシャルエネルギー $U(r)$ を差し引いた値になりますから，この粒子の物質波の波長 λ は，次のように表されます．

14）ニュートン力学の世界では，$T=p^2/2m$（m は粒子の質量）と表せる．

$$\frac{1}{\lambda} \propto p \propto \sqrt{T} = \sqrt{E - U(r)}.$$

この波長λは，ポテンシャルエネルギー$U(r)$が全力学的エネルギーEよりも大きな場所，すなわち，運動エネルギーTの値が負になりニュートン力学の世界では粒子が到達できない場所では，**純虚数**になります．波長が純虚数であるということは，そこでは波動関数が空間的な振動を表す三角関数（$e^{2\pi ir/h\cdot\lambda}$）ではなく，急速に減弱する指数関数（$e^{-2\pi r/h\cdot|\lambda|}$）になっていることを意味します[15]．言い換えるならば，運動エネルギーが負の値になる場所でさえも，量子力学的に粒子が存在する確率は，決して0になりません（指数関数は，常に正の値をもつ）．

ポテンシャルの壁の外側では，波長λは再び実数になり，壁を通り抜ける際に減弱し振幅の小さくなった物質波が，波として伝播していきます．したがって，ニュートン力学の世界では越えるはずのない運動エネルギーよりも高いポテンシャルの壁も，量子論に従うミクロな粒子ならば，ある確率で浸透し通過することができるわけです．この現象を**トンネル効果**といいます．

いま，ポテンシャルの壁の厚さをΔ，原子核内の擬似的α粒子の波動関数を$\psi_{\text{int.}}$と表すことにすれば，ポテンシャルの壁を通り抜けたα粒子の波動関数$\psi_{\text{ext.}}$は，次のように計算されます．

$$\psi_{\text{ext.}} \sim \psi_{\text{int.}} \cdot e^{-2\pi\sqrt{2m|E-U(r)|}\cdot\Delta/h}.$$

α粒子がポテンシャルの壁の外側に滲み出す（α壊変を起こす）確率は，この二つの波動関数の振幅の2乗比$|\psi_{\text{ext.}}|^2/|\psi_{\text{int.}}|^2$にほかなりません．この比は，放出される$\alpha$線の運動エネルギー$T_\alpha$が大きくなる（したがって，$|E-U(r)|$の値も小さくなる）につれて増大します．壊変の半減期$T_{1/2}$は壊変確率の逆数に比例しますから，上に示した関係は，放出されるα線のエネルギーが高いほど半減期が短いというガイガー・ヌッタルの法則の定性的な説明を与えてくれます．

7・6 β壊変の性質

“β壊変”という用語は，狭義には，原子核がβ線を放出し，質量数が同じで原子番号が一つ大きい原子核に変わる現象を指しますが，より一般的には，原子

15）数学的には増加する指数関数（$e^{+2\pi r/h\cdot|\lambda|}$）も可能であるが，この関数は，原子核の中心からの距離とともに急速に増大し，粒子が無限遠方に見出される確率が最大になるため，原子核内部（表面）にある粒子の波動関数ではあり得ない．

核が質量数の等しい異なった原子番号の原子核に変化する現象の総称として用いられています．

β 壊変は，20 世紀前半の科学界に困惑をもたらしました．なぜならば，β 壊変は，見かけ上，エネルギー保存法則が成り立たないかのようにみえたからです．つまり，β 壊変で放出される β 粒子の運動エネルギーは，図 7·9 に示すように連続スペクトルなので，観測される粒子（親核・娘核・β 粒子）の静止エネルギーと運動エネルギーとを考慮するだけでは，エネルギー保存法則を成り立たせられなかったからです[16]．

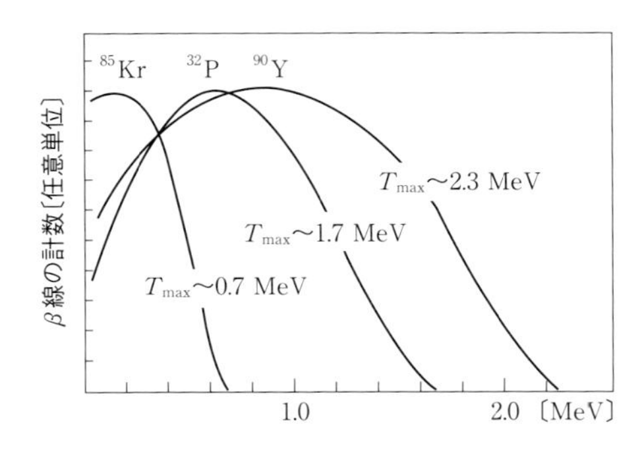

図 7·9 β 線のスペクトル

代表的な β 線放出核種である ^{90}Y（通常 ^{90}Sr 線源と呼ばれるが，最大エネルギー約 2.3 MeV の β 線は娘核の ^{90}Y が放出するものである），^{32}P および ^{85}Kr が放出する β 線のスペクトルを示す．β 線は図のように連続スペクトルをなし，ピークは最大エネルギーの約 1/3 付近にある．

このような連続スペクトルをエネルギー保存法則と矛盾なく説明するための一つの仮説は，娘核の（内部）エネルギー状態が非常に稠密に存在していて，種々の β 線のエネルギーが，これら種々のエネルギー状態への遷移である（ちょうど前節で取り上げた α 線のスペクトルが，娘核の離散的なエネルギー状態に応じて（離散的な）線スペクトルとなっていたように）と考えることです（図 7·10(a)）．

しかし，娘核の励起状態へ遷移が起った場合には，β 壊変に引き続いて，娘核の励起状態から基底状態への遷移が起こり，それに伴って，二つの状態のエネルギー差に等しいエネルギーをもった γ 線の放出が起こるはずです．ところが，β 壊変を起こす核種には，^{3}H や ^{32}P のように γ 線の放出を全く伴わないものがあ

16) ただし，20 世紀初頭の多くの科学者は，β 線は本質的に線スペクトルをもつが，線源の（β 線源としての）純度の悪さや線源内部でのエネルギー損失のため連続スペクトルとして観測されると信じていた．β 線のスペクトルが本当に連続スペクトルであると確証されたのは，1927 年になってからのことであった．*Cf.*, A. Franklin : "The road to the neutrino.", Physics Today, **53 (2)**, pp. 22–28 (2000)

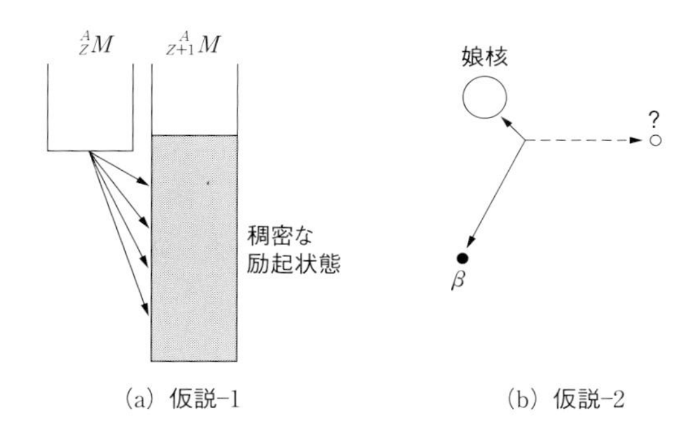

図 7・10　β 線が連続スペクトルであることを説明する二つの仮説

□β 線が連続スペクトルをもつことを説明するための仮説：(仮設-1) 娘核が稠密な励起状態をもつため，反応の Q 値が連続的に変化する．(仮設-2) 未知の第三の粒子が放出され二つの保存法則に対して三つの変数があるため，β 線のエネルギーは不定解となる．

り，γ 線の放出を伴う β 壊変核種でも，放出される γ 線のスペクトルは例外なく線スペクトルであって，上の仮説から予想される連続スペクトルではありません．

さらに，ウランなどの壊変系列の中には，^{210}Pb（ラジウム D）のように，α 壊変と β 壊変のいずれの結果としても生じる娘核種があり（図 7・1），同じ原子核が離散的なエネルギー状態とほとんど連続的に稠密なエネルギー状態の双方を取り得る，とは考えられません．したがって，“娘核に非常に多くのエネルギー状態が稠密に存在する”という仮説は成り立たないことになります．

β 壊変でエネルギー保存法則を満足させるもう一つの方法は，壊変に伴い，“従来の観測方法では検知できない粒子が放出されている”と仮定することです（図 7・10(b)）．この仮説はパウリによって提案され，未知の粒子は中性微子（**ニュートリノ**）と名づけられました．ニュートリノは，仮定された性質から，電荷をもたず質量もきわめて小さい[17]粒子であると推定されました．しかし，電荷をもたないニュートリノは，電磁相互作用も強い相互作用（核力による相互作用）もしませんから，その検出はきわめて困難であり，かなり長い間その存在を検証できませんでした．

ニュートリノの存在は，次のような幾つかの巧妙な実験で示されました．その第一の方法は，β 壊変の一つである軌道電子捕獲（後述）で，娘核の反跳エネルギーを測定することでした．軌道電子捕獲では，β 線の（あるいは β^+ 線の）放出を伴いませんから，もし，軌道電子捕獲のときニュートリノが放出されなければ，娘核はほとんど運動量をもたないことになります．反対に，軌道電子捕獲の際にニュートリノが放出されれば，娘核は反跳され，その運動エネルギーは線スペクトルとなるはずです．スネル（Arthur Snell）らは，^{37}Ar を用いて娘核（^{37}Cl）の反跳エネルギーを測定し，それが反応の Q 値にほぼ等しい線スペクトルになることを示しました[18]．

ニュートリノの存在を直接証明する実験は，（反電子）ニュートリノ $\bar{\nu}_e$ と陽子が反応して中性子と陽電子が生じる素粒子反応（$\bar{\nu}_e + p \to e^+ + n$）を観測する方法でした．この反応が生じる確率は非常に小さいために，もしニュートリノが存在するとすれば大量のニュートリノを放出しているはずの原子炉をニュートリノ源として利用し，巨大な有機シンチレータを用いて，中性子（による散乱陽子）と陽電子（の消滅 γ 線）とを同時に計数する方法で観測しました[19]．なお，太陽ニュートリノの観測や陽子崩壊（$p \to e^+ + \pi^0$ など）の観測などを目的として建設された水チェレンコフ検出器（KAMIOKANDEⅡ）が，1987年2月23日，地球から15万光年離れた大マゼラン星雲の超新星爆発で発生したニュートリノの到着を検出し[20]，今日のニュートリノ天文学の草分けとなりましたが，そのときに検出器の中で生じた反応も，同じ（$\bar{\nu}_e + p \to e^+ + n$）でした（図7·11）．

広義の β 壊変には，普通の電子（陰電子）を放出する **β^- 壊変**のほかに，陽電

17) ニュートリノの質量は，当初ほとんど0に近いと考えられてきたが，果たして0かどうかは確定していなかった．ニュートリノには，電子ニュートリノ，μ ニュートリノ，τ ニュートリノの3種類（および，それぞれの反粒子）がある．1996年からKAMIOKANDEⅡの後継機として運転を開始した50 000 tの水チェレンコフ宇宙素粒子観測装置SUPER KAMIOKANDEは，特に μ ニュートリノに高い感度をもつが，約2年間にわたる大気ニュートリノ（宇宙線が大気と衝突してつくり出すニュートリノ）の観測から，上空からくるニュートリノと地球の裏側からくるニュートリノとでは，μ ニュートリノの量が異なることを見出した．この観測結果は，ニュートリノが時間とともに種類を変える性質（ニュートリノ振動）をもつことを示している．もし，ニュートリノの質量が0であれば，ニュートリノは常に光速度 c をもつ（第2章，章末問題［1］）が，光速度で運動する粒子では時間が止まっている（固有な時間間隔 dt_p の値は常に0）なので，ニュートリノの種類が変化することを観測できない．ニュートリノ振動が観測されたことで，ニュートリノの速度は光速度よりも遅く，したがって質量をもつことが証明された．

18) *Cf.*, A. H. Snell and F. Pleasonton : “Spectrometry of the Neutrino Recoils of Argon-37,” Physical Review, **100**, pp. 1396-1403 (1955)

19) *Cf.*, F. Reines ; Cowan, C. L. Jr. : “Neutrino Physics,” Physics Today, **10**(8), pp. 12-18 (1957)

20) *Cf.*, (1) K. Hirata, *et al.* : “Observation of a neutrino burst from the supernova SN-1987A,” Physical Review Letters, **58**, pp. 1490-1493 (1987), (2) M. Koshiba : “Birth of neutrino astrophysics,” Nobel Lecture (2002) http://nobelprize.org/nobel_prizes/physics/laureates/2002/koshiba-lecture.pdf

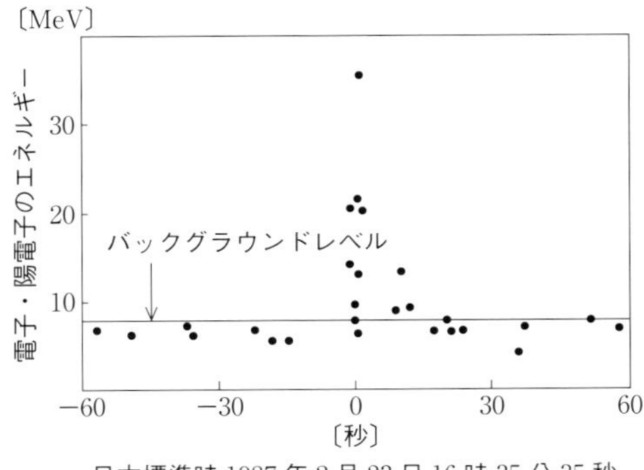

〔写真提供〕東京大学宇宙線研究所

図 7·11　KAMIOKANDE Ⅱ が観測した超新星からのニュートリノ

□岐阜県神岡鉱山の地下 1 000 m に設置された巨大な水チェレンコフ検出器は，日本時間の 1987 年 2 月 23 日 16 時 35 分 35 秒に，大マゼラン雲の超新星爆発から届いたニュートリノを 11 個観測し，ニュートリノ天文学のさきがけとなった．

子を放出する β^+ **壊変**，および原子核が軌道電子を一つ吸収する**軌道電子捕獲**（**EC**）があります．安定な原子核にくらべて中性子の過剰な原子核は β^- 壊変し，陽子の過剰な原子核は β^+ 壊変または（および）軌道電子捕獲をします．

壊変の型	親核	軌道電子		娘核	放出粒子		壊変前	壊変後
β^-	$:{}^A_ZM$		$\rightarrow$	${}_{Z+1}^{\ \ A}M$	$+\ e\ +\bar{\nu}$	$:\ Q=$	${}^A_ZM'c^2$	$-({}_{Z+1}^{\ \ A}M'+m_e)c^2,$
β^+	$:{}^A_ZM$		$\rightarrow$	${}_{Z-1}^{\ \ A}M$	$+\ e^+ +\nu$	$:\ Q=$	${}^A_ZM'c^2$	$-({}_{Z-1}^{\ \ A}M'+m_e)c^2,$
EC	$:{}^A_ZM$	$+e$	$\rightarrow$	${}_{Z-1}^{\ \ A}M$	$+\nu$	$:\ Q=$	$({}^A_ZM'+m_e^*)c^2-$	${}_{Z-1}^{\ \ A}M'c^2.$

個々の原子核について，この 3 種類のうちどの β 壊変が可能であるかは，α 壊変の場合と同様に，反応の Q 値から判断できます．その際，ニュートリノは，静止エネルギーが 1 eV よりはるかに小さいので，Q 値への寄与を無視できます．図 7·12 には，3 種類の β 壊変に伴うエネルギー状態の変化を，模式的に示してあります．

ここで，m_e^* は軌道電子の質量を表します．軌道電子は自由電子に対して電離エネルギー I だけエネルギーの低い状態にありますから，その質量も電離エネルギーに相当する分だけ小さい（$m_e^* \equiv m_e - I/c^2$）とみなせます（図 7·12(c)）．

β^+ 壊変と軌道電子捕獲とでは，電子の静止エネルギー m_ec^2 にくらべて軌道電子の電離エネルギー I が約 1 桁小さい値なので，β^+ 壊変よりも軌道電子捕獲のほうが，先に $Q>0$ という条件を満足することになります．つまり，一般に，

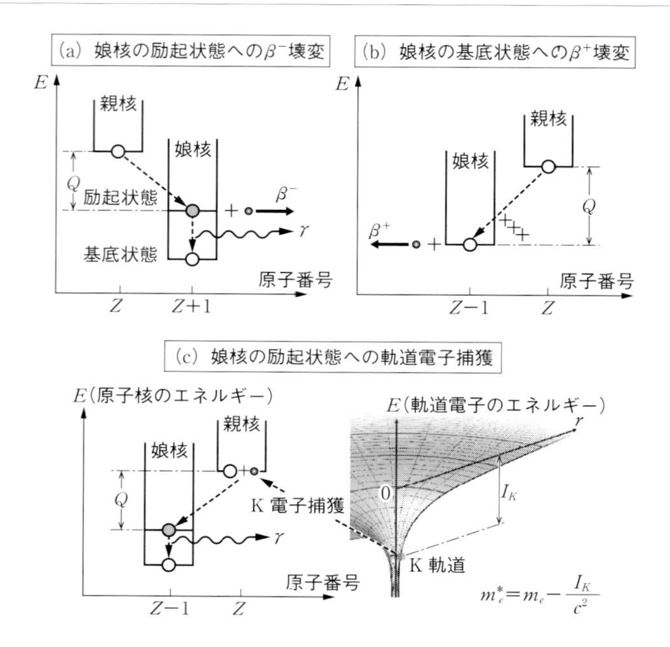

図 7·12　β 壊変の三つの型

□ 質量数が変わらず原子番号が 1 変わる原子核壊変である広義の β 壊変には，原子核が電子を放出する β^- 壊変，原子核が陽電子を放出する β^+ 壊変，および原子核が軌道電子を吸い込む軌道電子捕獲の 3 種類がある．

β^+ 壊変を起こす核種は，同時に軌道電子捕獲をも起こし得ることになります．

軌道電子捕獲が起きても観測できる荷電粒子の放出はありませんが，生成する娘核が励起状態にあれば，その娘核が基底状態に遷移するときに放出される γ 線を観測して，軌道電子捕獲が起きたことを検知できます．しかし，軌道電子捕獲の結果生成する娘核が基底状態にある場合には，ニュートリノしか放出されません．その場合でも，捕獲された電子の軌道が空位となるため，引き続いて特性 X 線やオージェ電子の放出が起こり，間接的に軌道電子捕獲が起きたと知ることができます．核医学の心筋シンチグラフィなどで用いられる ^{201}Tl は，軌道電子捕獲をする原子核ですが，娘核から放出される γ 線はエネルギーも放出率も小さいため，娘核の特性 X 線がその検出に利用されています．

7・7 γ線の放出と内部転換電子の放出

原子は，外界から適切なエネルギーを供給されると，軌道電子がよりエネルギーの高い軌道に移行して励起状態の原子となります．この励起状態に置かれた原子は不安定で，やがて光子（特性X線）やオージェ電子を放出し，エネルギーの低い安定な状態に遷移します．このような原子の性質は，軌道電子が離散的なエネルギー状態しかとることができない，という原子の構造模型によって説明することができました．

α線が線スペクトルであることから推定できるように，原子核も離散的な内部エネルギー状態をもちます．その結果，励起状態にある原子核がより安定なエネルギー状態に遷移する際に，励起状態の原子が特性X線を放出するように，線スペクトルの光子を放出します．これがγ線の放出です[21)]．

原子と異なり，原子核を人工的に励起することは容易でありませんが，ある原子核がα壊変やβ壊変をしたとき，壊変によって生じた娘核が励起状態にあると，娘核は，その励起エネルギーを1個ないし数個の光子として放出します．その光子（γ線）のエネルギーは，通常10 keV程度から数MeVまでの範囲にあり，$10 \sim 10^{-2}$ nmの波長に相当します．

原子核の励起状態からエネルギーの低い状態への遷移も，原子核の壊変と同様に確率的な過程ですから，励起状態にある原子核の個数は，式(7・3)のように時間とともに指数関数的に減少していきます．しかし，原子核の励起状態の半減期は，α壊変やβ壊変の半減期にくらべ通常非常に短く，$10^{-10} \sim 10^{-13}$ s程度でしかありません．

一般に，この半減期は，γ線のエネルギーが小さいほど，また，原子核の半径が小さいほど長くなります．さらに，遷移のはじめの状態と終わりの状態の，原子核のスピンの差が大きいほど半減期は長くなり，^{99m}Tcなどのように数時間に及ぶものもあります．このように長い半減期を有する励起状態（準安定状態）にある原子核は，それ自身を便宜的に独立した核種とみなして，**アイソマー**（isomer，**核異性体**）と名づけ，その“壊変”の過程を**核異性体遷移**（isomer transition : **IT**）と呼んでいます．

原子核が励起状態からエネルギーの低い状態に遷移するとき，遷移のエネル

21）したがって，原子核から放出されるγ線のエネルギーは，通常原子核の比結合エネルギーより小さい．

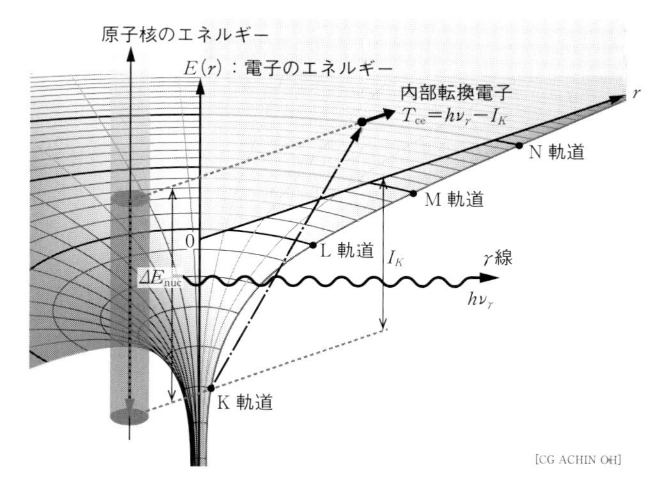

図7·13 γ線の放出と内部転換電子の放出

□原子核がエネルギーをγ線として放出する代わりに，軌道電子の一つがそのエネルギーを受け取って放出されるのが内部転換電子である．

ギーをγ線として放出する代わりに，このエネルギーを原子核と軌道電子の間の電磁相互作用を通じて軌道電子に受け渡し，軌道電子を原子の外に放出することがあります（図7·13）．この現象を**内部転換電子**（internal conversion electron : **CE**）の放出といいます．内部転換電子の放出直後の運動エネルギー T_{ce} は，対応するγ線のエネルギー $h\nu_\gamma$ よりも，内部転換電子として放出された軌道電子の電離エネルギー I だけ小さくなります．

$$T_{\mathrm{ce}} = h\nu_\gamma - I.$$

γ線のエネルギーも電離エネルギーも離散的な値をもちますから，内部転換電子が放出されたときにもっている運動エネルギーは線スペクトルになります．

内部転換電子の放出は，第5章で説明したオージェ電子の放出と外見上類似した現象です．いずれの現象も，エネルギーが光子の形で放出される代わりに軌道電子がそのエネルギーを担って放出され，その運動エネルギーが線スペクトルであるなどの点で共通していますが，両者は次の3点で明確に区別できます．

(1) 内部転換電子のエネルギーは，原子核の内部から供給されるが，オージェ電子のエネルギーは，遷移を起こす他の軌道電子から供給される．

(2) 内部転換電子の放出はγ線の放出と競合する過程であるが，オージェ電子の放出は特性X線の放出と競合する過程である．

(3) 内殻の軌道電子ほど内部転換電子になりやすく，特に K 軌道の電子が内部転換電子として放出される場合が多いが，K 軌道の電子がオージェ電子として放出されることは絶対にない．したがって，内部転換電子の放出に続いて K–X 線が放出されることが多いが，オージェ電子の放出に続いて K–X 線が放出されることは絶対にない．

内部転換電子が γ 線の代わりに放出される確率は，原子核内部状態の遷移のエネルギーが小さいほど大きく，原子番号が大きいほど大きくなります．なぜならば，遷移エネルギーが小さく，軌道電子と原子核の電磁相互作用のエネルギーと同程度の大きさであれば，最も効率良くエネルギーが軌道電子に受け渡され，また，原子番号の大きな原子ほど K 軌道の半径が小さくなり，K 電子と原子核との相互作用の強さが増すからです．

7・8　自発核分裂

液滴模型に基づいて原子核のエネルギーを定性的に表すと，質量数に比例する核力の結合エネルギー以外の主要な部分は，液滴の表面積（$\propto A^{2/3}$）に比例する表面エネルギーと，原子核内に含まれている陽子の電荷の間に働くクーロン相互作用のエネルギー（$\propto Z^2/A^{1/3}$）とから構成されています．質量数の大きな原子核では，図序・2 に示した比結合エネルギーの質量数依存性から明らかなように，中程度の質量数をもつ二つの原子核に分れたほうがエネルギー的に得なのですが，原子核を二つに分けようと液滴をゆがめると（図 7・14），陽子間の平均距離が増大するためクーロンエネルギーが減少するのに対し，液滴表面積が増えるため表面エネルギーは逆に増大してしまいます．

ボーアらは，クーロンエネルギーと表面エネルギーの比（$\propto Z^2/A$）の値が 48 より大きな原子核は，クーロンエネルギーの減少のほうが表面エネルギーの増加に優るので，自発的に核分裂を起こすことを示しました．しかし，質量数の大きな原子核では $Z/A \sim 3/8$ であることを用いると，ボーアの条件は $Z \geq 128$ を与え，$Z=92$ のウランや $Z=90$ のトリウムが自発核分裂をするという事実を説明できません．

そこで図 7・14 に示すように，一方の核分裂片が，表面エネルギーの増加とクーロンエネルギーの減少のもたらす小さなポテンシャルの山によって，原子核の中に閉じ込められた形になっていることをもとに，自発核分裂の機構を考えます．核分裂片は，質量が大きく，α 粒子にくらべて物質波の透過性が小さいのですが，それでも α 壊変の場合と同様に，トンネル効果で原子核の外に飛び出す

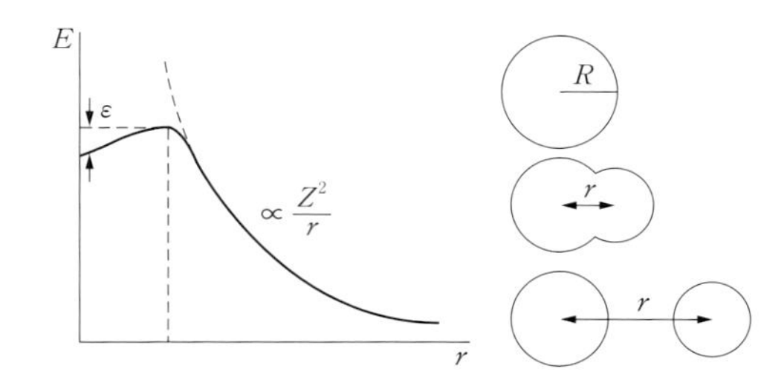

図 7·14 自発核分裂

核分裂片が，核力のポテンシャルの山をトンネル効果で通り抜けると，自発核分裂が起きる．

ことが可能です．自発核分裂が起きると，原子核は，2 個ないし 3 個の核分裂片に分れるとともに，数個の中性子を放出します．これは，質量数の大きな原子核ほど，陽子数に対する中性子数の割合が多いためです．

7・9 放射性同位体表と壊変図式

さまざまな核種の半減期，壊変形式，放出される放射線のエネルギー（β 線の場合には最大エネルギー）と放出の割合などを一覧表にしたものを，放射性同位体表（isotope table）といいます．これは，主要な放射性同位体の性質を概略的に知るための，最も簡便なデータベースです．比較的簡単な放射性同位体表は，アイソトープ手帳[22]などに記載されています．

壊変図式は，原子番号を横軸に，原子核のエネルギーを縦軸にとり，それぞれの核種のエネルギー状態を横線で，個々の核種が起こす壊変のようすを矢印により図式的に表したものです．α 壊変・β^+ 壊変と軌道電子捕獲は，共に原子番号が減少する過程なので，左下がりの（原子核のエネルギーは減少する）矢印で表され，β^- 壊変は右下がりの矢印で表されます．また，原子番号の変化しない γ 線の放出は，垂直下向きの矢印によって表されます．壊変の形式が複数ある場合には，それぞれの矢印にその過程が起こる割合が付記されます．図 7·15 には，二，三の典型的な例を示しました．

なお，壊変に続いて放出される特性 X 線やオージェ電子の放出率など，原子核壊変の詳しいデータが必要な場合には，詳細なデータが公開されています．“WWW Table of Radioactive Isotopes”[23]は，個々のデータの出典（関連文献）まで記載された最も詳細なデータベースです．

22）“アイソトープ手帳　第 11 版，” 日本アイソトープ協会（2011）ISBN : 978-4-89073-211-1

23）S. Y. F. Chu, L. P. Ekstr and R. B. Firestone, : “WWW Table of Radioactive Isotopes,” database version 1999-02-28 from URL http://nucleardata nuclear.lu.se/nucleardata/toi/

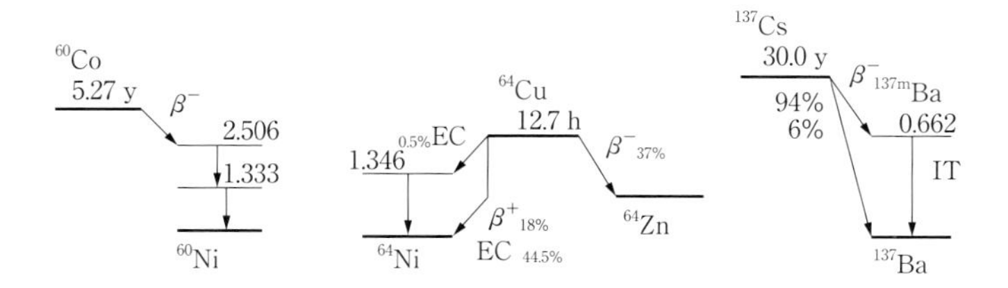

図 7·15 壊変図式

□壊変図式は，横軸に原子番号，縦軸に原子核のエネルギーをとり，原子核壊変のようすを視覚的に表現したものである．

章末問題

［1］ ^{60}Co（半減期約 5.2 年）と ^{131}I（半減期約 8 日）それぞれの 1 MBq は，何個の原子核から構成されているか．

ヒント☞ 原子核の数に壊変定数を乗じれば，放射能量となる．

［2］ 放射能量 37 GBq の ^{226}Ra（半減期約 1 600 年）の質量を求めよ．

ヒント☞ 放射能量の旧単位〔Ci〕は，単位質量の ^{226}Ra の放射能量を基準としていた．

［3］ 1 MBq の ^{222}Rn（半減期約 3.8 日）の，標準状態での体積を求めよ．

ヒント☞ 1 mol の気体は，標準状態で約 2.2×10^{-2} m^3 の体積を占める．

［4］ ^{60}Co が 1 mg ある．1 年後の放射能量を求めよ．

ヒント☞ 1 mol の質量は原子量に等しいグラム数である．

［5］ 1 MBq の ^{99m}Tc（半減期約 6 時間）がある．9 日後に存在する ^{99m}Tc 原子核の個数の期待値を求めよ．

ヒント☞ 10 半減期が経過すると，放射能量は約 1/1 000 になる．

［6］ 1 MBq の ^{99}Mo（半減期約 66 時間）と平衡状態にある ^{99m}Tc の放射能量を求めよ．

ヒント☞ ^{99}Mo と ^{99m}Tc は過渡平衡状態にある．

［7］ ^{99}Mo–^{99m}Tc ジェネレータから，ミルキング操作[24]により ^{99m}Tc を完全に除去した．再び放射平衡に達するには，どの位の時間が必要か．また，そのとき再びミルキング操作を行えば，今回得られた放射能量の何 % 位が抽出できるか．

ヒント☞ 過渡平衡が成り立つのは，娘核種の平均寿命にくらべて十分長い時間が経過した後である．そこで，娘核種の改変定数を λ とするとき，$e^{-\lambda t}$ の値が 1/10（たとえば）になる時間を一つの目安として計算する．

24） ^{99}Mo のように長い半減期をもつ親核種から ^{99m}Tc のように短寿命の娘核種をくり返し分離・抽出する操作をミルキング操作という．親核種から娘核種を分離しても，親核種から再び娘核種が生成されるので，適当な時間が経てば何回でもくり返し娘核種を分離・抽出することができる．

［8］ 同体積の ^{60}Co（半減期 5.3 年）と ^{137}Cs（半減期 30 年）がある．いずれも単体で存在し同位体比が 100% である場合，放射能量の比は何ほどか．ただし，Co および Cs の密度を，それぞれ $8.9\ \mathrm{g\cdot cm^{-3}}$ および $1.9\ \mathrm{g\cdot cm^{-3}}$ とする．

ヒント☞ 密度と質量数から，原子数密度が求まる．

［9］ 壊変率 λ と半減期 $T_{1/2}$ の関係式(7·4)を証明せよ．

ヒント☞ $N(T_{1/2}) = N_0/2$ **である．**

［10］ 壊変率 λ の核種の平均寿命が $1/\lambda$ であることを示せ．

ヒント☞ $\int \mathrm{d}x x \cdot e^{-\lambda x} = -\frac{\partial}{\partial \lambda}\int \mathrm{d}x e^{-\lambda x}$ **なる関係を利用する．**

［11］ 系列壊変に関する連立微分方程式を解け．

［12］ 娘核の基底状態への α 壊変が生じたとき，娘核と α 粒子の獲得する運動エネルギーの関係を求めよ．ただし，反応の Q 値は，たかだか数 MeV 程度であるとする．

ヒント☞ 反応の前後で，運動量は保存する．ただし書きから，運動量は非相対論的に記述してよいことがわかる．

［13］ $^{58}_{26}$Fe，$^{58}_{27}$Co および $^{58}_{28}$Ni の質量は，それぞれ約 57.9333 u，57.9358 u，および 57.9353 u である．$^{58}_{27}$Co はどのような β 壊変をするか．また，壊変に伴い β^-（または β^+）線が放出される場合にはその最大エネルギーを求めよ．

ヒント☞ $^{58}_{27}$Co **が** β^-**壊変すれば** $^{58}_{28}$Ni **が，**β^+ **壊変すれば** $^{58}_{26}$Fe **が生じる．**

［14］ 中性子は半減期約 12 分で β^- 壊変する．放出される β^- 線の最大エネルギーは，0.782 MeV である．水素原子の質量を 1.0081 u として，中性子の質量を求めよ．

ヒント☞ β^- **壊変では，反応の** Q **値が** β **粒子とニュートリノの運動エネルギーと，娘核のエネルギー（反跳運動の運動エネルギーと励起エネルギー）に分配される．**

［15］ 次の放射性同位体表の値を基に，壊変図式を描け．

(a)	^{60}Co(5.27y)	β^-：0.318 MeV	(100%)	γ：1.173 MeV (100%)，1.333 MeV	(100%)
(b)	^{22}Na(2.60y)	β^+：0.546 MeV	(90%)	γ：1.275 MeV (100%)，0.511 MeV	(180%)
		EC：	(10%)		
(c)	^{111}Ag(7.54d)	β^-：0.685 MeV	(7%)	γ：0.342 MeV (7%)，2.45 MeV	(1%)
		0.791 MeV	(1%)		
		1.04 MeV	(92%)		

［16］ 地球に存在する ^{3}H の全質量は約 10 kg と推定されている．この ^{3}H がすべて宇宙線の作用で生成するものであるとして，1 年間に生成する ^{3}H の放射能量を求めよ．ただし，^{3}H の半減期を 12 年として計算せよ．

ヒント☞ 地球上の宇宙線生成核種は，生成量と壊変で失われる量が釣り合っている．

Appendix 7-A 宇宙線生成核種

大気圏に降り注ぐ一次宇宙線（太陽宇宙線と銀河宇宙線）は，酸素・窒素・アルゴンなどの原子と衝突し，核破砕反応を起こすとともに，その過程で発生した中性子などの二次粒子が，さらに空気の原子と原子核反応を引き起こします．また，一次宇宙線は，大気圏外で宇宙塵などの物質とも衝突し，その核反応の生成物が，降下物として地球にもたらされます．表7·2には，宇宙線の作用により生成する主な放射性核種を示しました．

宇宙線生成核種の中でよく知られているものは，^{3}H と ^{14}C でしょう．^{3}H は，一次放射線に破砕された窒素や酸素原子核の破片です．^{3}H は水蒸気の形で大気中を拡散し降雨によって水圏に取り込まれます．地表水のトリチウム濃度は，約 0.4 Bq·kg^{-1} ですが，海水ではその 1/4 くらいに希釈されています．

一方，^{14}C は，主に二次宇宙線に含まれる遅い中性子が，大気中の窒素原子と ^{14}N(n, p)^{14}C 反応を起こすことで生成します．1 年間に生成する ^{14}C は，約 1.4 PBq（1.4×10^{15} Bq）と推定されています．大気圏上層でつくられた ^{14}C は，二酸化炭素（$^{14}CO_2$）の形で大気圏を拡散し，光合成を通じて植物に取り入れられたり，海水に溶解して炭酸塩，主に $Ca^{14}CO_3$ の形で固定されたりします．生きている植物を構成する炭素の 1 kg には，約 230 Bq の ^{14}C が含まれています．

植物は，光合成が停止すると外界から ^{14}C が取り入れられなくなりますので，それ以降の ^{14}C の濃度は，半減期 5 730 年で減少を続けます．したがって，ある植物試料中の ^{14}C の放射能濃度を測定することにより，その試料植物が光合成をしていた年代を推定することができます[25)]．

宇宙線が大気との反応でつくり出す放射性同位体には，トリチウムと放射性炭素以外に ^{7}Be があります．^{7}Be は大気中の塵埃に吸着されて，1 m^{3} 当たり約 3 mBq の濃度で漂っていて，雨とともに地上に降ってきます．

---

25) *Cf., e.g.*, 木越邦彦：“炭素による年代測定，” 日本物理学会誌，**18**, pp. 214-218（1963）

Appendix 7-B　医学関連で用いられる主な放射性同位体とその放出放射線

核　種	壊変形式	半減期	β線のエネルギー（MeV）		γ線（特性X線）のエネルギー（放出率%）
			最大（放出率%）	〔平均〕	
^{3}H	β	12 y	0.019（100）	〔0.005 7〕	
^{11}C	β^+	20 m	0.96（100）	〔0.38〕	anihi.（200）
^{13}N	β^+	10 m	1.2（100）	〔0.49〕	anihi.（200）
^{14}C	β	5.7 ky	0.16（100）	〔0.049〕	
^{15}O	β^+	2 m	1.7（100）	〔0.74〕	anihi.（200）
^{18}F	β^+	110 m	0.63（97）	〔0.25〕	anihi.（190）
^{32}P	β	14 d	1.7（100）	〔0.69〕	
^{33}P	β	25 d	0.25（100）	〔0.077〕	
^{35}S	β	88 d	0.17（100）	〔0.049〕	
^{45}Ca	β	160 d	0.26（100）	〔0.077〕	
^{51}Cr	EC	28 d			0.32（10）
^{57}Co	EC	270 d			0.12（86），0.14（11）
^{58}Co	EC, β^+	71 d	0.48（15）	〔0.20〕	0.81（99），anihi.（30）
^{59}Fe	β	44 d	0.47（53），0.27（46）	〔0.081，0.15〕	1.1（57），1.3（44）
^{60}Co	β	5.3 y	0.32（100）	〔0.096〕	1.2（100），1.3（100）
^{62}Zn	EC, β^+	9.2 hr	0.61（8.4）	〔0.26〕	0.60（26），anihi.（17），0.55（15），0.51（15）
→ ^{62m}Cu	EC, β^+	9.7 m	2.9（98）	〔1.3〕	anihi.（190）
^{64}Cu	EC, β^+, β	13 hr	β^+: 0.65（18），β: 0.58（39）	〔0.28，0.19〕	anihi.（35）
^{67}Cu	β	62 hr	0.38（57），0.47（22），0.56（20）	〔0，12，0.15，0.19〕	0.19（49）
^{67}Ga	EC	78 hr			0.093（39），0 185（21）
^{68}Ge	EC	270 d			《0.009（38）Ga-K_α》
→ ^{68}Ga	EC, β^+	68 m	1.9（88）	〔0.84〕	anihi.（180）
^{81}Rb	EC, β^+	4.6 hr	1.0（25）	〔0.46〕	0.45（23），0.19（64），anihi.（50）
→ ^{81m}Kr	IT	13 s			0.19（68）
^{82}Sr	EC	25 d			《0.013（49）Rb-K_α》
→ ^{82}Rb	EC, β^+	1.3 m	3.4（82）	〔1.5〕	anihi.（190），0.78（15）
^{89}Sr	β	51 d	1.5（100）	〔0.58〕	
^{89}Zr	EC, β^+	78 d	0.90（23）	〔0.39〕	0.91（99），anihi.（45）
^{90}Sr	β	29 y	0.55（1.0）	〔0.20〕	
→ ^{90}Y	β	64 hr	2.3（1.0）	〔0.93〕	
^{99}Mo	β	66 hr	1.2（82）	〔0.44〕	0.74（12）
→ ^{99m}Tc	IT	6 hr			0.14（89）
^{111}In	EC	67 hr			0.17（91）
→ ^{111m}Cd	IT	49 m			0.25（94）
^{123}I	EC	13 hr			0.16（83）
^{124}I	EC, β^+	4.2 d	1.5（12），2.1（11）	〔0.69，0.97〕	0.60（63），0.72（10），1.7（10），anihi.（45）
^{125}I	EC	60 d			《0.027（120）Te-K_α, 0.031（25）Te-K_β》
^{131}I	β	8 d	0.61（90），0.33（7）	〔0.19，0.97〕	0.36（81），《0.031（40）Cs-K_α》
^{133}Xe	β	5.2 d	0.35（99）	〔0.10〕	0.08（38）
^{134}Cs	β	2.1 y	0.09（27），0.66（70）	〔0.02，0.21〕	0.57（15），0.61（98），0.80（86）
^{137}Cs	β	30 y	0.51（0.95）	〔0.17〕	
→ ^{137m}Ba	IT	2.6 m			0.66（90）
^{153}Sm	β	46 hr	0.64（32），0.71（50），0.81（18）	〔0.20, 0.23, 0.27〕	0.10（30），《0.04（50）Eu-Kα》
^{177}Lu	β	6.6 d	0.18（12），0.39（9），0.5（79）	〔0.05, 0.11, 0.15〕	0.21（11）
^{186}Re	β, EC	3.7 d	0.93（22），1.1（71）	〔0.31，0.36〕	0.14（9）
^{188}Re	β	17 hr	2.0（26），2.1（70）	〔0.73，0.79〕	0.16（16）
^{192}Ir	β, EC	74 d	0.54（41），0.68（48）	〔0.16，0.21〕	0.30（29），0.31（30），0.32（83），0.47（48）
^{198}Au	β	64 hr	0.96（99）	〔0.32〕	0.41（96）
^{201}Tl	EC	73 hr			《0.070（74）Hg-K_α，0.081（17）Hg-K_β》
^{211}At	α, EC	7.2 hr	α：5.9（42）		
^{223}Ra	α	11 d	α：5.5（9），5.6（25），5.7（52）		0.27（14）

anihi：消滅γ線

第 8 章　荷電粒子線と物質の相互作用

8・1　荷電粒子の相互作用の分類

荷電粒子線が物質に及ぼす作用は，原子や分子のレベルでみると，主にクーロン力を介した物質の電離や励起です．電離や励起以外の相互作用には，制動輻射の放出や原子核（および素粒子）反応などがあります．物質に電離や励起などを引起こした荷電粒子線は，その相互作用を通じて運動エネルギーを失っていきます．本章では，荷電粒子線と物質との原子核反応を除く相互作用について説明します．

荷電粒子線と物質との相互作用は，その特徴から，α 線や陽子線のような重い荷電粒子線の場合と，電子線（β^- 線）や陽電子線（β^+ 線）の場合とに大別されます．ここで“重い”という言葉は，粒子の質量 M が電子の質量 m_e にくらべてかなり重い（$M/m_e \gg 1$），という意味で用いられています．実際，電子（および陽電子）以外の荷電粒子は，電子にくらべていずれも相当に重い（ミューオンでも 200 倍以上，陽子では約 1 800 倍）ので，電子と陽電子以外の荷電粒子は，すべて“重い荷電粒子”の範疇に属します．

それでは，なぜ，荷電粒子の質量が電子にくらべて重いことに意味があるのでしょうか．それは，電子との 1 回の散乱で，荷電粒子から受け渡される運動エネルギーの割合に関係しています．なぜならば，荷電粒子線がクーロン力を介して物質に運動エネルギーを受け渡すとき，そのほとんどを物質中の電子が受け取るからです[1)]．

クーロン力を介した荷電粒子の散乱（ラザフォード散乱またはクーロン散乱）の詳細な議論は，計算がやや繁雑[2)]になりますから，ここでは剛体球の衝突を用

1）原子核の正電荷は，原子核を取り巻くように広く分布する軌道電子の負電荷で遮蔽されているので，荷電粒子とクーロン力で相互作用するのは，主に軌道電子である．

2）*Cf., e.g.,*（1）R. P. Feynman（坪井忠二訳）：“ファインマン物理学 I 力学“，岩波書店（1967）ISBN : 4000077112,（2）L. I. Schiff : “Quantum Mechanics, 3rd *ed.*”, McGraw-Hill（1968）ISBN : 0070552878（シッフ〔井上　健訳〕：“量子力学，” 吉岡書店（1970）ISBN : 4842701471/4842701587）

いて，弾性散乱に伴うエネルギー授受と粒子の質量の関係を検討します．いま，静止状態にある質量 m の剛体球（標的粒子）に，質量と運動量がそれぞれ M および $\vec{p}$ である剛体球（入射粒子）が衝突し，それぞれが運動量 $\vec{p}_1$ および $\vec{p}_2$ で散乱されたとしましょう（図8·1）．

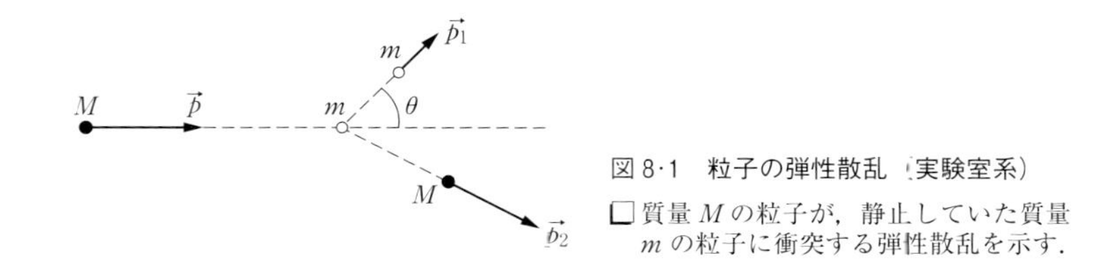

図8·1　粒子の弾性散乱（実験室系）

□質量 M の粒子が，静止していた質量 m の粒子に衝突する弾性散乱を示す．

弾性散乱なので，散乱の前後で系の運動量と運動エネルギーとが保存します．簡単のため，粒子の運動が“非相対論的”である範囲で考えましょう．この条件は，重い荷電粒子ではほとんどの場合に成立しています[3)]．なぜならば，重い荷電粒子の静止エネルギーは，通常の技術で容易に実現できる運動エネルギーにくらべ，かなり大きいからです．

散乱前　　散乱後

$$\frac{|\vec{p}|^2}{2M} = \frac{|\vec{p}_1|^2}{2m} + \frac{|\vec{p}_2|^2}{2M}, \qquad \text{［運動エネルギー保存則］}$$

$$\vec{p} = \vec{p}_1 + \vec{p}_2. \qquad \text{［運動量保存則］}$$

この二つの関係式から，入射粒子の運動エネルギー $|\vec{p}|^2/2M$ のうち，散乱後の標的粒子に与えられたエネルギー $|\vec{p}_1|^2/2m$ の割合を求めるため，変数 $\vec{p}_2$ を消去します．運動量保存の関係式を運動エネルギー保存の関係式に代入し，$\vec{p}\cdot\vec{p}_1 = |\vec{p}|\cdot|\vec{p}_1|\cdot\cos\theta$ であることを用いて整理すれば，標的粒子の獲得した運動量の大きさが，次のように求まります．

$$|\vec{p}_1| = \frac{2m}{M+m}\cdot|\vec{p}|\cdot\cos\theta.$$

この結果から，入射粒子の質量が標的粒子の質量にくらべて十分に大きい場合（$M \gg m$）には，入射粒子がもっていた運動量のうち，最大限，標的粒子との質

3）たとえば，放射線治療に使用される陽子線のエネルギーは200 MeV近くもあり，その速度の大きさは真空中の光速度の50%に達する（$\beta \sim 0.5$）が，この速度での相対論的効果は，まだ20%程度（$\gamma \sim 1.2$）に過ぎない．

量比（$\sim m/M \ll 1$）程度の部分が受け渡されるだけで，標的粒子が獲得する運動エネルギーも；

$$T_{\max} = \left.\frac{|\vec{p}_1|^2}{2m}\right|_{\theta=0} \sim \frac{1}{2m}\cdot\left(\frac{2m}{M}\cdot|\vec{p}|\right)^2 = \frac{4m}{M}\cdot\frac{|\vec{p}|^2}{2M},$$

と，たかだか入射粒子がもっていた運動エネルギーのうち，両者の質量比に当る部分程度でしかありません．つまり，重い荷電粒子線の場合には，相互作用（散乱）の相手（電子）の質量が非常に小さいので，**1回の散乱に伴う運動エネルギーの損失や運動量の変化がきわめて小さなものになる**点が特徴です．

これに対して，入射粒子の質量と標的粒子の質量が等しい場合（$m = M$）には，入射粒子がもっていたすべての運動量（したがって，すべての運動エネルギー）を，標的粒子に受け渡すことが可能になります．しかし，電子（または陽電子）が電子を標的として散乱する場合には，入射粒子と標的粒子とが同種粒子であるために，散乱された粒子のうち，いずれが入射粒子であり標的粒子であるかを区別できません[4]．そこで，より大きな運動エネルギーをもって散乱されたほうを入射粒子とみなす約束になっています．したがって，電子どうしの散乱では，標的粒子は，最大限入射粒子の運動エネルギーの半分までをもち去れることになります．つまり，荷電粒子線が電子または陽電子からなる場合，**1回の散乱で入射粒子の失うエネルギーが非常に大きくなり，その結果大きな運動エネルギーをもつ二次電子を生成し得る**ことが特徴です．

荷電粒子線と物質との相互作用の特徴は，上述のように，荷電粒子線が電子（陽電子）か重い荷電粒子かで大別されるほか，相互作用の相手となる粒子が物質中の電子であるか原子核であるかでも区別する必要があります．なぜならば，重い原子核と相互作用するときは，より大きな加速度が入射粒子に働き得るからです．

8・2　荷電粒子線による電離と励起の過程

まず，荷電粒子線が，物質を電離・励起しながら，その運動エネルギーを失っ

4）陽電子の電子による散乱（バーバー散乱）でも，陽子と中性子の散乱の場合（図6・4）と同じように，散乱の過程で粒子の種類が入れ替わることが起こり得るので，散乱後の粒子の種類からいずれが入射粒子であったかを判断することはできない．*Cf.*, H. J. Bhabha, *et al.*: "The Scattering of Positrons by Electrons with Exchange on Dirac's Theory of the Positron." Proc. Royal Soc. London, **A-154**, No. 881, pp. 195-206（1936）

ていく過程をみてみましょう．問題を簡単化するため，再び重い荷電粒子線の相互作用を考えます．物質中での相互作用の大部分は電子との散乱ですから，この問題は，重い荷電粒子線が電子との１回の散乱で，平均的にどれほどの運動エネルギーを失うかを考えればよいことになります．前節で述べたように，１回の散乱による重い荷電粒子運動エネルギーの変化はごくわずかですから，散乱過程の詳細に立ち入ることなく，その性質を議論することができます（図8·2）．

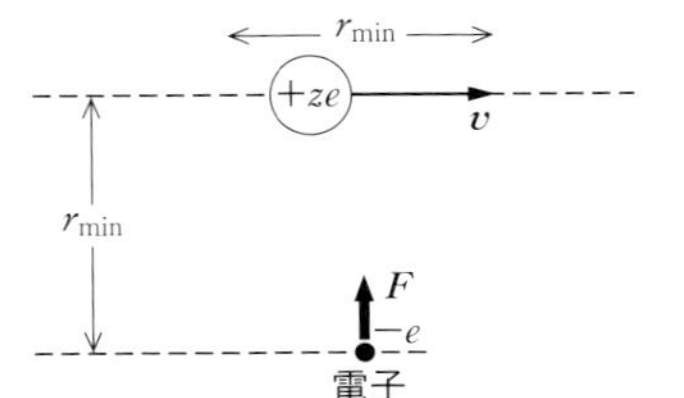

図8·2　重い荷電粒子から電子が受ける作用

□重い荷電粒子から電子が弾性散乱で受け取るエネルギーを見積もるため，重い荷電粒子が電子から r の距離を，速度 v で通過する際に電子が受ける力積を評価する．

重い荷電粒子のエネルギー損失の大きさは，散乱された電子が獲得する運動量の大きさ Δp から見積もることができます．重い荷電粒子と電子との間に働くクーロン力の強さ F は，重い荷電粒子の電荷 $z \cdot e$ に比例し，相互作用の働く距離の２乗に反比例します．しかし，非常におおざっぱに考えれば，その力は，重い荷電粒子が電子に最接近する前後（$r \sim r_{\mathrm{min}}$）で主に働くとみなしてよいでしょう．また，重い荷電粒子が $F = F(r_{\mathrm{min}})$ 程度の強さのクーロン力を電子に及ぼしている時間 Δt は，重い荷電粒子と電子との距離が r_{min} 程度であった時間 $\Delta t \sim r_{\mathrm{min}}/v$ だと見積もってよいでしょう．ただし，v は重い荷電粒子の速度の大きさを表します．運動量の変化（力積）Δp は，加わった力の大きさと，その力が働いていた時間との積で表されますから；

$$\Delta p = F \cdot \Delta t \propto \frac{ze \cdot e}{r_{\mathrm{min}}^2} \cdot \frac{r_{\mathrm{min}}}{v} = \frac{ze^2}{r_{\mathrm{min}} v},$$

となり，電子が重い荷電粒子から受け取る運動エネルギー（＝重い荷電粒子が電子との１回の散乱で失う運動エネルギー）は；

$$\Delta T = -\Delta T^{(1)}_{\mathrm{ch.}}\Big|_{\mathrm{el.}} = -\frac{(\Delta p)^2}{2m_e} \propto -\frac{z^2 e^4}{m_e r_{\mathrm{min}}^2 v^2} \propto \frac{z^2}{v^2},$$

程度であると評価できることがわかります．

重い荷電粒子が物質中を単位距離進む間に，電子との散乱（物質の電離や励

起）で失う運動エネルギーの期待値（**電子阻止能**または**衝突阻止能**）$S_{\mathrm{el.}}$は，重い荷電粒子が電子との1回の散乱で失うエネルギーの期待値 $-\langle T_{\mathrm{ch.}}^{(1)}\rangle|_{\mathrm{el.}}$ と，物質中の電子密度（単位体積に含まれる電子数∝散乱の確率）n_eとに比例します．しかし，物質中の電子密度n_eは，物質の種類ばかりでなく，圧力や温度などの物質の膨張や収縮に関係する“環境”条件にも依存しますから，衝突阻止能もまた物質の置かれている状態に依存する，という不便さをもつことになります．

そこで，こうした状態依存性を取り除くために，電子阻止能をこれと類似の“状態依存性”を有する物質の密度ρで除した量$S_{\mathrm{el.}}/\rho$を考えます．$S_{\mathrm{el.}}/\rho$は，**質量電子阻止能**（または質量衝突阻止能）と呼ばれます[5]．

$$\frac{S_{\mathrm{el.}}}{\rho}=-\frac{1}{\rho}\cdot\frac{\mathrm{d}\langle T_{\mathrm{ch.}}\rangle}{\mathrm{d}x}\bigg|_{\mathrm{el.}}\propto\frac{z^2}{v^2}\cdot\frac{n_e}{\rho}. \tag{8・1}$$

ところで，単位体積中に含まれる物質のモル数は，電子密度n_eと原子番号Zで表せば$n_e/(Z\cdot N_A)$となり，密度ρと原子量Mで表せばρ/Mとなります．したがって，電子密度と密度の比n_e/ρは，物質の原子番号と原子量の比$Z/M\sim Z/A$に比例します．この比は，図序・3に示したように，水素以外のすべての安定同位体についてほぼ1/3〜1/2の値をもち，物質の種類にあまり依存しません．したがって，重い荷電粒子線の質量電子阻止能は，物質の置かれている状態ばかりでなく，物質の種類にもあまり依存しません．

重い荷電粒子線の主なエネルギー損失過程は，ここで述べた電子との衝突ですから，重い荷電粒子線を遮蔽するには，遮蔽体の重さが同じであれば，その遮蔽体がどんな物質でできているかをあまり考慮する必要がない[6]ことになります．陽子線や重粒子線による放射線治療（粒子線治療）で，粒子線が人体に侵入する深さ（入射点での残留飛程）を調節するために，組織等価物質ばかりでなく，プラスチックや金属もビームのエネルギー損失の調節に用いられているのは，同じ理由によります．

なお，重い荷電粒子線の質量電子阻止能を相対論的領域まで正しく表す表式

5）電子阻止能および質量電子阻止能は，通常単に阻止能および質量阻止能と呼ばれるが，荷電粒子のエネルギー損失過程には，電子との散乱以外に高エネルギー領域で支配的となる制動輻射の放出によるもの（放射阻止能）がある．そこで本書では，阻止能という用語を両者を合わせた全阻止能の意味で用い，それぞれの過程に対応する阻止能には省略のない名称を用いている．

6）ただし，重い荷電粒子のエネルギーが非常に高い場合，原子核反応で発生する中性子やミューオンの遮蔽は，別途考慮しなければならない問題である．*Cf., e.g.,* International Atomic Energy Agency："Radiological Safety Aspects of the Operation of Proton Accelerators.", IAEA Technical Report Series, No. 283（1988）ISBN：9201251882

は，ベーテ（Hans Bethe, 1906～2005）によって次のように求められました[7]．

$$\frac{S_{\mathrm{el.}}}{\rho}=-\frac{n_e}{\rho}\cdot\frac{4\pi z^2e^4}{m_e(4\pi\varepsilon_0)v^2}\cdot\left\{\ln\left(\frac{2m_ev^2}{\langle I_{\mathrm{ex.}}\rangle}\right)-\ln(1-\beta^2)-\beta^2\right\}.$$

ただし，$\langle I_{\mathrm{ex.}}\rangle$ は，媒質の平均励起エネルギー（重い荷電粒子が衝突で失うエネルギーの下限の目安）です．

ベーテの式は，重い荷電粒子の運動エネルギーが $\langle I_{\mathrm{ex.}}\rangle$ にくらべて十分大きな値をもつ範囲で成り立ちます．このエネルギー領域における重い荷電粒子線の質量電子阻止能は，荷電粒子の種類や物質の種類にほとんど依存せず，図 8･3 に例として示した“陽子線に対する水の電子質量阻止能”のようなエネルギー依存性をもちます．なお，グラフの横軸は，静止エネルギーを単位として表した陽子の運動エネルギーを，対数目盛りで表しています．

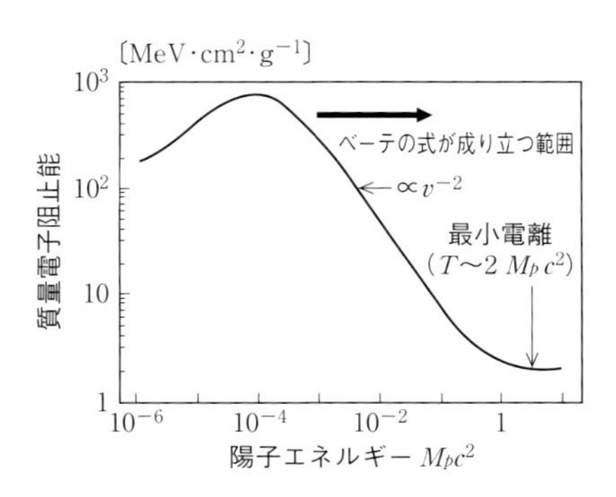

図 8･3　陽子線の水中における質量電子阻止能

陽子線の質量電子阻止能は，非相対論的な運動領域では速度の２乗に反比例して減少し，相対論的な運動領域ではほぼ一定の値（～2 MeV･cm²･g⁻¹）をもつ．ICRU Report 49（1993）のデータをもとに作図．ベーテの式は，荷電粒子のエネルギーが，物質の平均励起エネルギー I にくらべて十分大きな範囲で成り立つ．荷電粒子のエネルギーが軌道電子の束縛エネルギーに近づくと，質量電子阻止能の値は，物質の種類に依存するようになるので，質量電子阻止能がピークを示す荷電粒子の運動エネルギーは，物質の種類によって変わる．

ベーテの式が成り立つエネルギー領域では，すべての重い荷電粒子線の質量電子阻止能が同じエネルギー依存性をもちますから，陽子線以外の重い荷電粒子線の質量電子阻止能の値は，図 8･3 のグラフまたは Appendix 8-A の表に示す陽子線の質量電子阻止能の値から，以下のような手続きで評価できます．

重い荷電粒子線の質量電子阻止能は，荷電粒子の運動エネルギーが粒子の静止エネルギーにくらべて十分小さい場合（非相対論的な運動領域：$\langle I_{\mathrm{ex.}}\rangle \ll T_{\mathrm{ch.}} \ll Mc^2$），粒子の電荷の２乗，$(ze)^2$，に比例し，粒子の速度の２乗，$v^2$，（したがっ

7）*Cf., e.g.,* H. Bichsel: “Charged-particle interactions.”, *in* Radiation Dosimetry, vol. 1,（F. H. Attix & W. C. Roesch, *eds.*）, Academic Press（1968）, LCCCN: 66-26846

て運動エネルギー $T_{ch.}$）にほぼ反比例します．一方，1 核子当たりの運動エネルギー $T_{ch.}/A$ の等しい粒子は，同じ速度の大きさをもちますから，運動エネルギー $T_{ch.}$ をもつ質量数が A で電荷が ze の重い荷電粒子線の質量電子阻止能は，運動エネルギー $T_{ch.}/A$ をもつ陽子線の質量電子阻止能の z^2 倍になります．

一方，粒子の運動エネルギーがその静止エネルギーよりも大きくなる相対論的な運動領域（$T_{ch.} \gtrsim Mc^2$）では，重い荷電粒子線の質量電子阻止能の値は，粒子の運動エネルギーによってあまり変化せず，約 $2z^2$〔$\mathrm{MeV \cdot cm^2 \cdot g^{-1}}$〕というほぼ一定の値をとります[8]．重い荷電粒子の静止エネルギーは，ミューオンでも 100 MeV あまり，陽子ならほぼ 940 MeV もありますから，相対論的な運動エネルギーをもつ重い荷電粒子線は，非常に大きな物質透過性をもつことがわかります[9]．

荷電粒子線が電子または陽電子である場合，それが物質中の電子と散乱を起こしてその原子を電離・励起する過程も，上で述べた重い荷電粒子線による電離・励起と基本的に同じ議論ができます．電子や陽電子の場合の重い荷電粒子線との主な相違点は，(1) 多くの場合に相対論的な運動を考慮しなくてはならないことと，(2) 入射粒子と標的粒子とが同種の粒子で区別できない点を考慮する必要があることです[4]．しかし，これらの相違点の影響は数値的なもので，質量電子阻止能の定性的な特徴を変えるものではありません．

したがって，電子や陽電子が単位質量の物質層を通過する間に，物質を電離・励起することで失う運動エネルギーの平均値，すなわち電子や陽電子の質量電子阻止能は，重い荷電粒子線の質量電子阻止能の場合と同様に，非相対論的な運動エネルギー領域（$\langle I_{ex.} \rangle \ll T_e \ll 0.51$ MeV）では，電子や陽電子の運動エネルギー T_e に反比例し，物質の種類にはあまり依存しない性質をもちます．また，電子や陽電子の運動エネルギーが相対論的運動領域（$T_e \gtrsim 0.51$ MeV）になると，質量電子阻止能の値は約 $2\ \mathrm{MeV \cdot cm^2 \cdot g^{-1}}$ というほぼ一定の値をとります．

前述のように，質量電子阻止能は，その値が温度や圧力など物質の置かれている状態に依存しないよう，電子阻止能を物質の密度で規格化したものでした．しかし，その質量電子阻止能の値を詳細に検討すると，物質が凝縮状態（液体や固体）にある場合よりも気体の状態にある場合のほうが，少しずつ大きな値をもつことがわかります．この現象を**密度効果**と呼びます．

8）質量電子阻止能は，$T_e \sim 2m_ec^2$ 付近を最小値として緩やかな増加に転ずる．

9）たとえば，陽子は，運動エネルギーを $2M_pc^2$ から M_pc^2 まで電子との散乱だけで減ずる間に，水中を約 5 m 近く透過することができる．

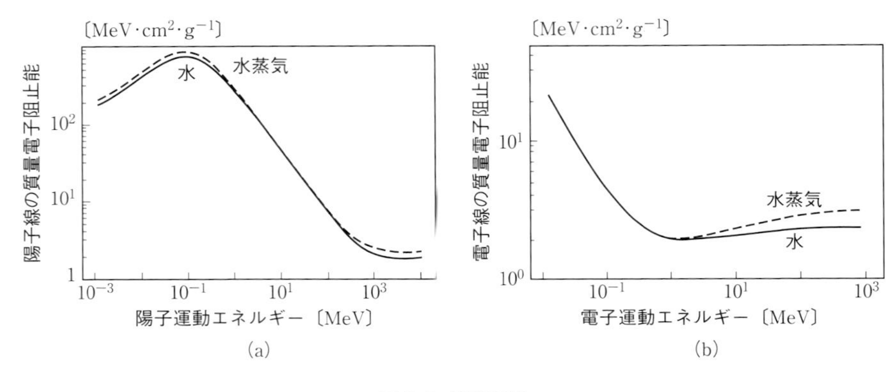

図8·4　密度効果

□低エネルギー領域部と相対論的なエネルギー領域での質量電子阻止能は，気体よりも密度の大きい液体のほうが小さくなる．
［出典］(a)はICRU Report 49（1993），(b)にICRU Report 37（1984）データを基に作図．

図8·4にみるように，密度効果は荷電粒子の運動エネルギーが非常に小さい場合と，荷電粒子の運動が相対論的である場合とに顕著になります．低エネルギー領域における密度効果の原因は，媒質の平均電離エネルギーが密度に依存するために生じます．一方，相対論的な運動領域における密度効果の原因は，媒質の誘電分極によって荷電粒子周辺の電場が弱められる効果が[10]，物質の密度によって異なることから生じます．分極の効果は，電場の強い場所，すなわち，電荷の近傍ほど顕著ですから，電荷の近傍に物質が多く存在する凝縮状態のほうが，分極の影響を強く受けます．そして，この効果が相対論的な運動領域で顕著になるのは，電荷の周囲に形成される電場が，相対論的な運動領域では，ローレンツ収縮により粒子の速度ベクトルに垂直な平面に集中するため（図2·B·2）媒質に働く電場が強まり，より強い分極が生じるためです．

この節の最後に，重い荷電粒子線によって散乱される電子の獲得する運動エネルギーの分布について考えてみましょう．ラザフォード散乱では，荷電粒子がある値以上のエネルギーを失う散乱をする確率が，失ったエネルギーに反比例することが知られています[2]．したがって，散乱された電子が1 000 eV 以上のエネ

10）物質の誘電率 ε は真空の誘電率 ε_0 よりも大きな値をもつので，物質中での電磁相互作用は真空中のそれにくらべて $\varepsilon_0/\varepsilon(<1)$ 倍小さくなる．

ルギーを獲得する確率は，10〜100 eV のエネルギーを獲得する確率の 1% ほどでしかありません．つまり，重い荷電粒子線によって散乱された電子の獲得する運動エネルギーは，その大部分が非常に小さなものなのです．別の言い方をすれば，物質中での δ 線（たとえば，運動エネルギーが 100 eV を超える散乱電子）を発生するような“強い”散乱は，粒子の通過経路に沿って孤立した電離・励起を生じるような“弱い”散乱にくらべてごく稀であることになります[11]．

8・3　制動輻射

荷電粒子が加速度運動をすると，その加速度の大きさの 2 乗に比例した強さで電磁波を放出します．これが，“制動輻射（Bremsstrahlung）”と呼ばれる現象です（図 5·5）．荷電粒子線が物質中の電子や原子核にクーロン力を及ぼすとき，その反作用は（非相対論的な運動の範囲で）荷電粒子に質量に反比例する加速度を与えます．重い荷電粒子の場合には，その加速度が比較的小さいため，制動輻射の放出はほとんど無視できます．しかし，原子核にくらべて非常に軽い電子や陽電子は，原子核のクーロン場の中で大きな加速度を受け得るため，制動輻射の放出がそのエネルギー損失の過程で無視できなくなります．

原子核の近くを通過する電子には，原子核の電荷に比例するクーロン力が働き[12]，電子は，原子番号に比例する加速度を受けます[13]．したがって，運動エネルギーが T_e である電子が，原子番号 Z の物質からなる物質層を通過する間に，通過した物質層の単位質量[14]当たり制動輻射で失う運動エネルギーの期待値（**質量放射阻止能**）は，Z^2 に比例します．

$$\frac{S_{\mathrm{rad.}}}{\rho} = -\frac{1}{\rho}\cdot\left.\frac{\mathrm{d}\langle T_{\mathrm{ch.}}\rangle}{\mathrm{d}x}\right|_{\mathrm{rad.}} \propto \frac{T_e\cdot Z^2}{\rho}. \tag{8・2}$$

したがって，図 8·5 の斜線部で示したように，電子のエネルギーが大きいほど，また，原子番号の大きな物質ほど，制動輻射が多く発生します．

原子番号の大きな物質ほど制動輻射が強くなるという性質は，エネルギーの高い β 線を遮蔽する際考慮しなければならない要素です．たとえば，最大エネルギーが約 2.3 MeV の ^{90}Sr − ^{90}Y 線源の β 線を，この β 線が透過できない 0.5 mm

11）α 線の通過経路の周囲に生じる電離のパターンのシミュレーションを図 12·4 に示す．
12）軌道電子による核電荷の遮蔽があるため，厳密には原子番号に比例しない．
13）ただし，相対論的運動領域では加速度と外力は比例しないので，この表現は非相対論的な運動に対するものである．
14）単位面積当たり物質層の単位質量をもつ厚さ（すなわち密度の逆数 ρ^{-1} に等しい厚さ）．

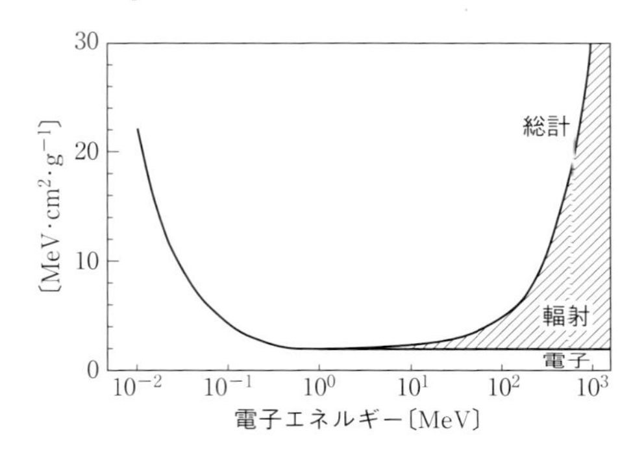

図8·5　電子の水中（電子衝突/放射）阻止能

□非常にエネルギーの高い電子の損失過程は，電子との衝突損失よりも，制動輻射による放射損失が大きくなる．
［出典］ICRU Report 37（1984）のデータを基に作図．

程度の厚さの鉛で遮蔽すると，β線は完全に遮蔽されますが，鉛の中で発生した最大エネルギー約2.3 MeVの制動輻射が，鉛の特性X線と共に遮蔽の外へ漏れてくるからです．

図8·5にみるように，質量放射阻止能が$T_e \gtrsim 10$ MeVの領域で電子のエネルギーとともに急激に増加するのに対し，質量電子阻止能は，電子の運動エネルギーが大きいところでほぼ一定の値をもちます．運動エネルギーの低い電子のエネルギー損失は，ほとんど衝突損失（電離・励起）に支配されていますが，2種類の質量阻止能がそれぞれ上で述べたような運動エネルギー依存性をもつ結果，あるエネルギーを境に，質量放射阻止能と質量電子阻止能の大小関係が逆転します．これら2種類の質量阻止能の値が等しくなる電子の運動エネルギーを，臨界エネルギーと呼びます．制動輻射の放出は，高原子番号の物質ほど多くなりますから，臨界エネルギーは，表8·1に示すように，物質の原子番号が大きくなるほど低くなります．

表8·1　臨界エネルギー

物質名	臨界エネルギー〔MeV〕
アルミニウム	51
鉄	27
鉛	9.5

□質量放射阻止能と質量電子阻止能が等しくなる荷電粒子の運動エネルギーを，その物質の臨界エネルギーという．

8・4　荷電粒子の飛跡と飛程

電子にくらべてはるかに質量が大きい重い荷電粒子は，物質中で電子を散乱しても，その進行方向はほとんど変わりません．そのため，重い荷電粒子線の伝播方向は，原子核と散乱した場合にだけ変化すると考えてよいでしょう．しかも，重い荷電粒子線の伝播方向の変化を考慮する必要がある状況では，粒子の運動量が大きいため[15)]，原子核との1回の散乱で進行方向が曲げられる角度の期待値も小さなものになります．ただし，重い荷電粒子が物質中で何度も原子核との散乱を繰り返す（多重散乱）と，散乱回数の平方根に比例して平均の積算散乱角が増していきます．

原子核が及ぼすクーロン力の強さは原子番号に比例しますから[12)]，同じ質量をもつ物質層を通過したときに生じる重い荷電粒子線の伝播方向の変化は，原子番号の大きな物質ほど顕著になります．そこで，粒子線治療で原子核による多重弾性散乱を利用してビームの照射野を広げるためには，高原子番号の物質が用いられました．

荷電粒子が停止するまでに通過した物質中の距離を，**飛程**（range）といいます[16)]．荷電粒子が，物質中で単位長さ当たり阻止能の値に等しいエネルギーを失いながら，滑らかに減速されていくという近似（CSDA：連続減速近似 $\mathrm{d}T = \mathrm{d}\langle T\rangle$）を用いれば，重い荷電粒子の飛程（CSDA 飛程）は，阻止能の逆数を粒子の運動エネルギーについて積分した長さとして表せます．

$$R = \int_0^R \mathrm{d}x = \int_T^0 \mathrm{d}T \frac{\mathrm{d}x}{\mathrm{d}T} = \int_T^0 \mathrm{d}T \left(\frac{\mathrm{d}T}{\mathrm{d}x}\right)^{-1} = \int_0^T \mathrm{d}T (S_{\mathrm{el.}} + S_{\mathrm{rad.}})^{-1}.$$

互いに等しい速度をもつ重い荷電粒子線の飛程は，非相対論的なエネルギーの範囲で粒子の質量に比例し，電荷の2乗に反比例します．なぜならば，速度の等しい重い荷電粒子の運動エネルギーは，その質量に比例し，飛跡の単位距離当たりに失われる運動エネルギーの割合は，8·2節で述べたように電荷の2乗に比例するからです．したがって，重陽子線の飛程は，その1核子当たりの運動エネル

15）たとえば，水中の飛程が1 cm 程度の陽子線でも，$\beta \sim 0.2$ に達する．

16）“飛程”には，粒子がもはや透過できない物質層の最小の厚さとして定義される最大飛程，阻止能の逆数の積分である CSDA（Continuous Slowing Down Approximation）飛程，粒子フルエンス（粒子の進行方向に垂直な面の単位面積当たりを通過する粒子数．*Cf.*，12·2節）が半分に下がる進入深さを意味する 50% falling-off 飛程など，さまざまな定義がある．それぞれの定義による飛程は数値的に少しずつ異なる．

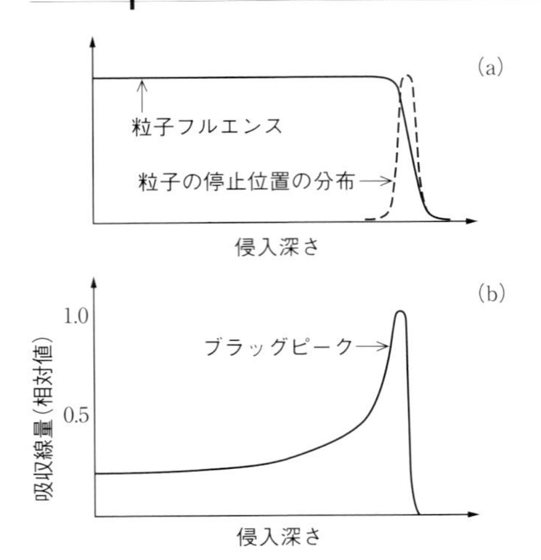

図8·6　ブラッグピーク

□重い荷電粒子は，停止する直前に，飛跡の単位長さ当たりの電離量が最大となる．これを，ブラッグピークという．

ギー $T_d/2$ に等しい運動エネルギーをもった陽子線の飛程の2倍に等しく，α 粒子線の飛程は，その1核子当たりのエネルギー $T_\alpha/4$ に等しい運動エネルギーをもつ陽子線の飛程と一致します[17]（章末問題［1］）．

重い荷電粒子線が多重散乱から受ける伝播方向の変化は，たかだか数度程度ですから，多重散乱の影響を考慮しても，重い荷電粒子線の飛跡は物質中でほとんど直線を描くとみなしてよいでしょう．このことは，同じ運動エネルギーをもつ一群の重い荷電粒子が物質に入射した場合，すべての粒子がほぼ同じ深さまで到達して停止することを意味します．したがって，図8·6(a)に示したように，重い荷電粒子線の粒子フルエンスは，粒子がほぼ停止するまで，物質への侵入距離によってほとんど変わりません．一方，重い荷電粒子線が物質中を単位距離進む間に失うエネルギーの期待値，すなわち電子阻止能は，図8·3にみるように，非相対論的運動領域では粒子の速度の2乗に反比例します．これは，粒子の速度が遅ければ遅いほど，物質中の電子と相互作用する時間が増えるので，より多くの電離や励起を起こしエネルギーを失うためである，と定性的に理解できます．その結果，重い荷電粒子線が物質に引き起こす電離や励起の密度は，侵入深さとともに徐々に増加し，粒子が停止する直前に急峻な極大値をもちます．この重い

17）非相対論的な場合には，運動エネルギー T，電荷 Ze，質量数 A の重い荷電粒子の飛程は，運動エネルギー T/A の陽子の飛程の A/Z^2 倍になる．

荷電粒子が物質に付与するエネルギーの極大を**ブラッグピーク**と呼びます．図8·6(b)には，そのようすを示しました．粒子線治療は，ブラッグピーク利用し，皮膚や標的の手前にある組織や器官より大きな線量を，深部にある標的に与えることを利用しています．

荷電粒子が電子や陽電子である場合は，1回の散乱で生じる運動量の変化が大きいため，物質中の伝播の仕方は，重い荷電粒子と大きく異なります．物質中の電子（陽電子）の飛跡は，大小の散乱を無秩序に繰り返して複雑に屈曲し，δ線を発生するたびに分岐します．また，電子の飛跡は，制動輻射の放出に伴い大きな角度で折れ曲がります．

図8·7は，エネルギー2 MeVの電子線がPMMA（アクリル）樹脂と鉛に垂直に入射したときに描く飛跡を，モンテカルロ法（PHITS）[18]によってシミュレーションしたものです．多重散乱によって，電子の飛跡が複雑に屈曲するようすがよくわかります．また，PMMA樹脂にくらべて鉛のほうが，散乱が著しいこともみてとれます．なお，図に破線で表した制動輻射の放出も，鉛のほうが多く発生しているのがわかります．

電子が，物体から入射してきた方向に跳ね返される現象（**後方散乱**）は，β線放出核種の放射能量測定や，物質境界付近での吸収線量[19]のふるまいを考えるうえで重要な要素です．

図8·7には，後方散乱される電子も描かれていますが，明らかに鉛のほうがPMMA樹脂よりも多くの後方散乱を発生しています．この例から，電子線の後方散乱は，物質の原子番号が大きい場合ほど著しくなることが予想されます．実際，十分に厚い物体による電子線の飽和後方散乱係数の，物質の原子番号に対する依存性は，モンテカルロ・シミュレーションの結果（図8·8）に示したように，物質の原子番号とともに増加する傾向を示します．これは，物質の原子番号が大きいほど，原子核のクーロン場による散乱や制動輻射などの再吸収による光電子の放出が増加するとともに，外殻軌道電子を電離するために要するエネルギーが小さくなるためです．なお，図8·8の飽和後方散乱係数とは，(1) 一様平

---

18) *Cf.*, Sato, *et al.*: Features of Particle and Heavy Ion Transport code System (PHITS) version 3.02, J. Nucl. Sci Technol. **55** (5-6), pp. 684-690 (2018)
Cf., H. Hirayama, *et al.*: "The EGS5 code system.", SLAC-R-730/KEK-2005-8, Stanford Linear Accelerator Center/High Energy Accelerator Research Organization (KEK) (2005)
http://www-personal.umich.edu/~sjwnc/EGS5/slac730.pdf

19) *Cf.*, 12·4節

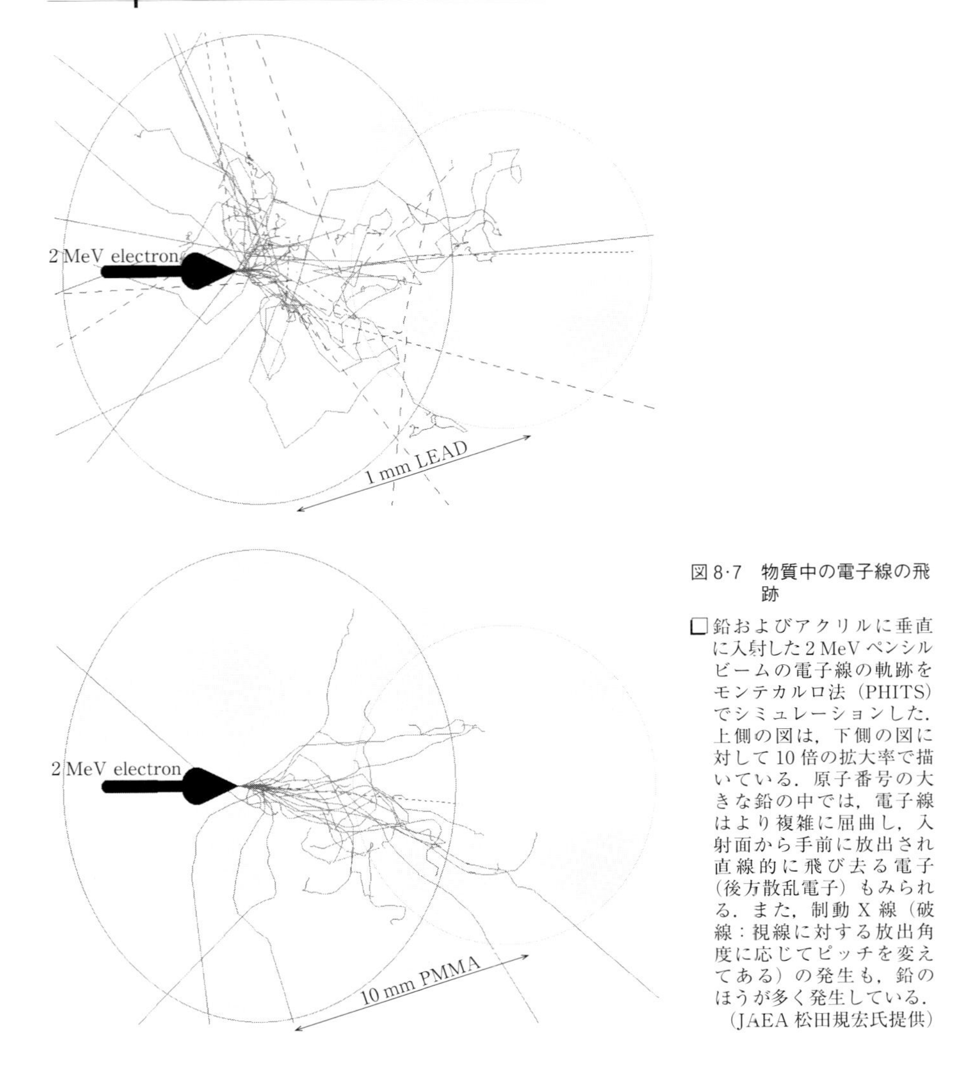

図 8·7　物質中の電子線の飛跡

□鉛およびアクリルに垂直に入射した 2 MeV ペンシルビームの電子線の軌跡をモンテカルロ法（PHITS）でシミュレーションした．上側の図は，下側の図に対して 10 倍の拡大率で描いている．原子番号の大きな鉛の中では，電子線はより複雑に屈曲し，入射面から手前に放出され直線的に飛び去る電子（後方散乱電子）もみられる．また，制動 X 線（破線：視線に対する放出角度に応じてピッチを変えてある）の発生も，鉛のほうが多く発生している．
（JAEA 松田規宏氏提供）

行ビームである場合（図 8·8(a)）には，十分な厚みをもつ物質に垂直に入射する電子線の入射電子数と後方散乱電子数（シミュレーションでは T_e>10 keV のもの）の比を意味し，(2) 等方入射である場合（図 8·8(b)）には，支持物質の厚さを 0 に外挿した場合の計数値に対する十分に厚い支持物質を用いた場合の計数値の比を意味します．後者の定義は，2π ガスフローカウンタによる一様な面

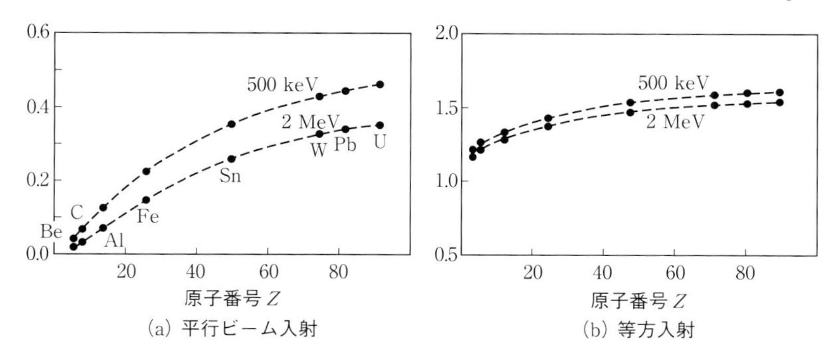

図 8・8　単色電子線の飽和後方散乱係数

□入射する電子線に対する十分に厚い物質からの後方散乱の割合（飽和後方散乱係数）は，原子番号とともに増加し，電子線のエネルギーが高いほど小さくなる．

線源の測定に由来しています．

図にみられるように，電子線の後方散乱は，一様平行ビームの入射に対応する場合も 2π ガスフローカウンタによる測定に対応する場合も，電子のエネルギーが高いほど小さくなります．これは，エネルギーが高いほど，電子線が最初に大きな角度で散乱を受けるまでに侵入する深さが増すため，その電子が多重散乱をしながら，いわば酔歩的に，物質表面まで戻ってくることがむずかしくなるためです．一様面線源の場合に飽和後方散乱係数のエネルギー依存性が小さくなるのは（図 8・8(b)），最初の散乱までの進入深さが浅くなる斜め入射成分が多い結果だと解釈できます．

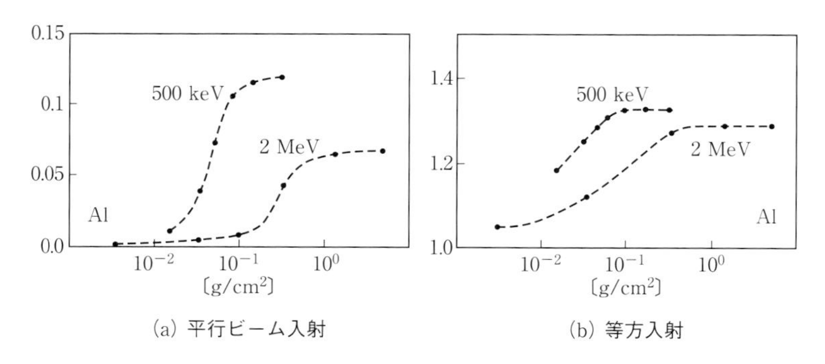

図 8・9　単色電子線の後方散乱係数の飽和曲線

□後方散乱は，物質の厚さが最大飛程の 1/4 程度になると，物質の厚さを増してもそれ以上増えなくなる．その状態を，後方散乱が飽和しているという．

図8･9は，後方散乱係数の支持物質層（アルミニウム）の厚さ依存性をモンテカルロ法によってシミュレーションしたものです．電子線の最大飛程の1/3～1/2程度に相当する厚さ以上では，物質層の厚さを増しても後方散乱はもはや増加しなくなることがわかります．この漸近値に達した状態が，飽和後方散乱に相当します．図8･8は，この飽和厚にくらべて厚い散乱体からの，後方散乱の物質の原子番号に対する依存性を計算したものです．

なお，シミュレーションで閾値として用いた運動エネルギー10 keVに対応する電子の最大飛程は，約0.25 mg･cm^{-2}です．ただし，後方散乱の物質依存性やエネルギー依存性は，この閾値を極端に高くしない限り，その値のとり方にあまり影響されません．

物質中の電子（または陽電子）の飛跡は図8･7に示したように複雑に屈曲し，分岐し，また，個々の電子ごとに非常に異なった経路をたどりますから，その飛跡全体の長さを云々することにはあまり意味がありません．そこで，電子（陽電子）の場合には，その運動エネルギーで入射した電子（陽電子）を透過させない物質層の最小の厚さである**最大飛程**が実際的な意味をもちます．なお，β線の最大飛程は，スペクトルの最大エネルギーに対応する電子線の最大飛程として定義されます．

最大エネルギーが$T_{\max}$のβ線（β^+線・電子線・陽電子線）のアルミニウム中の最大飛程を表す次のような実験式；

$$\begin{cases} R = 407 \cdot T_{\max} & (0.15 < T_{\max} < 0.8) \\ R = 524 \cdot T_{\max} - 133 & (0.8 < T_{\max} < 3) \end{cases}$$

（ただし，電子の飛程と最大エネルギーの単位は，それぞれmg･cm^{-2}およびMeVで表すものとする．）

が知られていますが[20]，β線の最大飛程を高い精度で把握する必要が生じる事例は稀で，Appendix 8-Bに示すグラフで実用上は十分に間に合います[21]．

電子の飛跡は屈曲しているため，電子線の粒子フルエンスは，物質内への侵入

20) これらの関係式は，わが国で“フェザーの式”と呼ばれていたが，実際には，残留飛程の測定法である“フェザー法”を用いて得られた実験データからGlendeninらが求めた実験式である．*Cf.*, L. Katz and A. S. Penfold: “Range-Energy Relations for Electrons and the Determination of Beta-Ray End-Point Energies by Absorption.” Reviews of Modern Physics, **24**, p. 28-44 (1952)

21) グラフは，電子線のCSDA飛程（章末に示した参考文献：ICRU Report 37, 1984）に基づいている．線源から放出されるβ線の最大エネルギーは，線源内の自己吸収や空気中の吸収により容易に変化する．したがって，β線の正確な最大（残留）飛程は個々の線源の使用条件ごとに実測しなければならない．

距離とともに，はじめ緩やかにそして次第に急速に減少します．一方，さまざまなエネルギーをもつ電子群から構成されたβ線の物質層による減弱の様子は，単一のエネルギーをもった電子線と異なり，擬似的な指数関数になることが知られています．

8・5 電子・陽電子対消滅

陽電子は，$+e$の電荷をもち，電子と等しい質量をもつ電子の反粒子です．陽電子は，物質中で散乱や制動輻射の放出を繰り返し，運動エネルギーを失うと，物質中の電子と結合して消滅し，電子の静止エネルギーに等しいエネルギーをもつ2個の光子（消滅γ線：$h\nu = m_e c^2 \sim 0.51\ \mathrm{MeV}$）を反対方向に放出します．この現象を，**電子・陽電子対消滅**と呼びます[22]．

対消滅が起こるとき，なぜ$2m_e c^2$のエネルギーをもつ1個の光子を放出せず，2個の等しいエネルギーをもつ光子を放出するのでしょうか．この疑問に対する答えは，対消滅に伴う系のエネルギーと運動量の保存法則から得ることができます．

まず，対消滅によって，$2m_e c^2$のエネルギーをもった，1個の光子が放出される可能性を考えてみましょう．対消滅が起こる直前には，電子も陽電子も運動エネルギーをほとんど失っていますから，それらの大きさは近似的に0であるとみなせます．すると，系のエネルギー保存法則と運動量保存法則は，次のように書き表せます．

消滅前　消滅後

$$\begin{cases} 0 + 2m_e c^2 = h\nu, & \text{[エネルギー保存法則]} \\ \vec{0} = \dfrac{h\nu}{c}\vec{e}. & \text{[運動量保存法則]} \end{cases}$$

ただし，$\vec{0}$はゼロベクトルを，$\vec{e}$は光子の進行方向を向いた単位ベクトルを表します．電子の質量は0ではありませんから，明らかに，この二つの保存法則を同時に満足する解は存在しません．つまり対消滅では，エネルギーと運動量の保存法則が両立しなくなるために，1個の光子のみを放出することができないわけです．

22) 対消滅の際，電子と陽電子は物質としての存在を失うが，それぞれの粒子の周囲に形成されていた電場は消滅の瞬間にも電気双極子場として残っている．そのため粒子の静止エネルギーは，この電場に受け渡され2個の光子として放射される．

次に，対消滅に際して2個の光子が放出される場合を考えてみましょう．それぞれの光子の振動数を ν_1 および ν_2 とし，また，それぞれの進行方向を向いた単位ベクトルを $\vec{e_1}$ および $\vec{e_2}$ と表します．すると，系のエネルギーと運動量の保存法則は，次のように書き表せます．

$$\begin{cases} \underbrace{0+2m_ec^2}_{\text{消滅前}} = \underbrace{h\nu_1 + h\nu_2,}_{\text{消滅後}} & \text{［エネルギー保存法則］} \\ \vec{0} = \dfrac{h\nu_1}{c}\vec{e_1} + \dfrac{h\nu_2}{c}\vec{e_2}. & \text{［運動量保存法則］} \end{cases}$$

この連立方程式が，ただ一つの解，$h\nu_1 = h\nu_2 = m_ec^2$ をもち，それぞれの光子の進行方向が互いに反対向き（$\vec{e_1} = -\vec{e_2}$）であることは明らかです．

なお，一対の消滅 γ 線がちょうど反対方向に放出される，という対消滅の性質を利用すれば，この一対の γ 線を同時計測することによって，物体内のどこで対消滅が生じたかを知ることができます．陽電子放出核種から放出される陽電子の組織等価物質中の最大飛程は，表8･2に示すようにたかだか数 mm 程度ですから，対消滅の発生した場所を観測すれば，物体内の陽電子放出核種の分布が，かなり正確にわかります．この方法は，医学では PET（陽電子断層映像：positron emission tomography）として応用されています．

表8･2 PET で使われる主な陽電子放出核種

核種	半減期〔mim〕	β^+ の最大エネルギー〔MeV〕	β^+ の最大飛程〔g･cm^{-2}〕
^{11}C	20	0.96	0.42
^{13}N	10	1.2	0.54
^{15}O	2	1.7	0.82
^{18}F	110	0.63	0.24

なお，保存則は，電子と陽電子の対消滅に際し，3個以上の光子を放出する過程を禁じていません．実際，電子と陽電子とのスピンが同じ向きにそろって対消滅すると，3個の光子が放出されます．しかし，電子と陽電子が3個の光子に対消滅する確率は，2個の光子に対消滅する確率の 1/137 以下に過ぎません[23]．また，“三光子消滅”で放出される光子は，線スペクトルではなく，m_ec^2 を最大エネルギーとする連続スペクトルになります．

8・6 チェレンコフ放射

誘電性の媒質中に点電荷が置かれると，媒質の分子は点電荷を中心に球対称な分極を起こします．この分極は，クーロン力が分子内の電子分布をゆがめるために生じるものです．もし，中心にある点電荷が突然消滅したとすれば，分子内の電子の分布は，振動を繰り返しながら元の分極のない状態に戻ります．しかし，媒質につくられた分極が点対称であるため，この電子分布の振動は，遠方から眺めると，対称な成分が互いに打ち消し合って観測できません．しかし，もし，媒質の分極が点対称でなければ，遠方からも電荷分布の振動（電荷の加速度運動）が観測され，その結果，振動数に応じた電磁波の放出があるはずです．では，点電荷によって，そうした非対称な分極をつくり出せるのでしょうか．

問題のポイントは，クーロン力が電磁波と同じ光速度で伝わるという点にあります．したがって，もし，光速度よりも速く運動する点電荷があれば，この点電荷の前方にある媒質は，点電荷が通過するまでクーロン力の作用を受けません．そのような点電荷は，自分の後方にだけ媒質の分極をつくり出すことになり，媒質の分極は，点電荷の進行方向から，点電荷の速度とクーロン力の伝播速度（媒質中の光速度）の比を正弦（$\sin\theta$）とする方向に傾いた非対称なものになりま

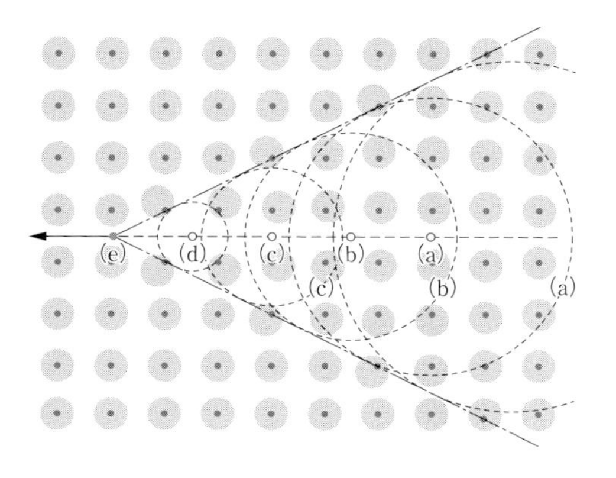

図 8・10 チェレンコフ放射

□光の速度は，媒質中では真空中より遅くなる．クーロン力は光の速度で伝播するので，電子が光速度よりも速く結晶中を進行すると，結晶原子の電子雲は，電子の後方にあるものだけがクーロン力で押しやられ，非対分極を形成する．
なお，破線の円は電子が(e)に達したとき，それぞれ対応する記号の位置にいた電子からのクローン力が届く距離を示している．

---

23) 一般に，電子と陽電子の対消滅では，スピンが反対向きの消滅のときは偶数個（2 個以上）の，スピンが同じ向きのときは奇数個（3 個以上）の光子を放出する過程が可能である．発生する光子が 1 個増えるごとに，反応の確率は約 1/137 ずつ小さくなる．*Cf., e.g.,* A. Ore and J. L. Powell : "Three-photon annihilation of an electron-positron pair.", Physical Review, **49**, p. 1696-1699（1945）

す（図 8·10）.

しかし，点電荷が，クーロン力の伝播速度よりも速く運動することは可能でしょうか．もちろん，真空中では不可能です．しかし，媒質中では，光速度が真空中の光速度よりも小さく（屈折率 n の媒質中における光速度は c/n）なりますから，この条件（$\beta>1/n$）が実現可能になります．質量の小さな電子は，容易に真空中の光速度近くまで加速されますから，特にこの条件を実現しやすい荷電粒子です．そのため，光ファイバを利用した検出器を用いて高エネルギーの X 線や電子線の線量分布などを測定する際には，ファイバ内で発生するチェレンコフ光による偽信号への対策が必要になります．

なお，チェレンコフ光の色（波長）は，媒質の種類のみに依存し，荷電粒子の種類やエネルギーにより変化することはありません．

8・7 π^- 粒子の相互作用

π^- 粒子（負のパイオン）もほかの重い荷電粒子と同様に，物質中を通過する間に，主に電子との散乱でエネルギーを失い，熱運動のエネルギー程度にまで減速されます．減速された π^- 粒子は原子核の正電荷に引き寄せられて，原子核に捕獲されます．パイオンは核力を媒介する粒子なので，原子核が π^- 粒子を捕獲・吸収すると，原子核のエネルギーは，π^- 粒子の静止エネルギーに相当する分（約 140 MeV）だけ増加します．これは，核子当たりの平均結合エネルギー（約 8 MeV）にくらべて著しく大きなエネルギーなので，原子核は結合力を失い多数の粒子に分解（蒸発）します．

π^- 粒子線を用いた放射線治療は，蒸発反応で放出される原子核の分裂片の作用に期待するものです．大きな電子阻止能をもつ核分裂片は飛程が短く，電離や励起はその飛跡に沿って高密度に集中します．そのため，単位質量当たりに同じ量の電離や励起を引き起こした場合にも，X 線や γ 線にくらべて大きな生物学的効果があると期待しました．しかし，蒸発反応のとき放出される中性子がエネルギーの大半をもち去ってしまうため，腫瘍に作用を集中させることが困難となり，当初期待されたほどの成果は上がりませんでした．

参考文献

◆ 陽子および α 粒子の質量阻止能のデータ

International Commission on Radiation Units and Measurements: “Stopping

Powers and Ranges for Protons and Alpha Particles," ICRU Report 49 (1993), ISBN-13 : 978-0913394472

◆ 電子および陽電子に関する質量阻止能のデータ
International Commission on Radiation Units and Measurements : "Stopping Powers for Electrons and Positrons," ICRU Report 37 (1984), ISBN-13 : 978-0913394311

なお，平均電離エネルギー $\langle I_{\text{ex.}}\rangle$ の再評価に基づいて改訂された乾燥空気，黒鉛および水中の質量阻止能の値は，International Commission on Radiation Units and Measurements : "Key Data for Ionizing-Radiation Dosimetry : Measurement Standards and applications," ICRU Report 90 (2016), ISSN : 1473-669 に収録されている．

章末問題

［1］ 1核子当たり 100 MeV の運動エネルギーをもつ陽子，^{3}He 原子核，^{12}C 原子核，^{20}Ne 原子核の飛程の比を求めよ．

ヒント☞ *Cf.*，8·4 **節**

［2］ 煙感知器に用いられる ^{241}Am は，約 5 MeV の α 線を放出する．この α 線は，空気中でどれほどの飛程を有するか．

ヒント☞ 低エネルギーの陽子線の水中 CSDA **飛程は，次の通りである．**

エネルギー〔MeV〕	CSDA 飛程〔g·cm^{-2}〕
1.0	2.5×10^{-3}
1.5	4.7×10^{-3}
2.0	7.6×10^{-3}
3.0	1.5×10^{-2}
4.0	2.5×10^{-2}
5.0	3.6×10^{-2}

［3］ 銀河宇宙線が地球大気の最上層部で窒素原子に衝突して破砕反応を起こし，多数の荷電粒子からなる二次宇宙線を発生した．この二次宇宙線の成分であるミューオン μ^- が地表で観測されたとすると，そのミューオンは発生時に少なくともどのくらいの運動エネルギーをもっていたか．ただし，地球の大気層の厚さを 1 kg·cm^{-2} とし，観測されたミューオンは，二次宇宙線の生成時にすでにミューオンであったとして評価せよ．

ヒント☞ 1 kg·cm^{-2} **の空気層を透過して地上に達するミューオンは，相対論的な運動エネルギーをもっている．**

［4］ ^{90}Sr−^{90}Y 線源から放出される β 線（最大エネルギー約 2.3 MeV）の空気中（標準状態）での最大飛程を求めよ．ただし，線源の有効窓厚は 10 g·cm^{-2} とする．

ヒント☞ 線源の窓厚分だけ最大飛程が短くなる．

［5］ ^{40}K は，最大エネルギー約 1.3 MeV の β 線を放出する．屈折率 1.5 のカリガラスは，その中に含まれている ^{40}K の β 線によるチェレンコフ光を発するか．

ヒント☞ *Cf.*，8·6 **節**

［6］ 水の屈折率は 1.33 である．水チェレンコフ・カウンタで検出できるためには，電子，陽子および α 粒子は，少なくともどれほどの運動エネルギーをもたねばならないか．

ヒント☞ 式(2·4′)を用いる．

Appendix 8-A ◎ 陽子線の水中飛程

T_p 〔MeV〕	$R_{\text{water, CSDA}}$ 〔g·cm^{-2}〕	$(S/\rho)_{\text{el., water}}$ 〔MeV·cm^2·g^{-1}〕
10	0.123	45.7
15	0.254	32.9
20	0.426	26.1
30	0.885	18.8
40	1.49	14.9
50	2.23	12.5
60	3.09	10.8
80	5.18	8.63
100	7.72	7.29
150	15.8	5.45
200	26.0	4.49
300	51.5	3.52
400	82.3	3.03
500	117	2.74
600	155	2.56
800	237	2.33
1 000	325	2.11

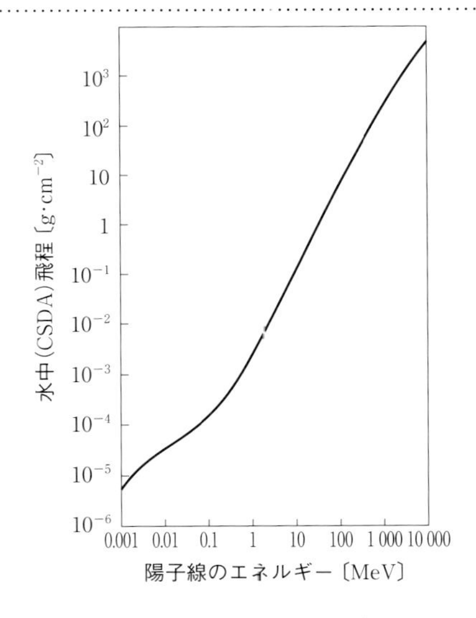

図 8·A·1　陽子線の水中（CSDA）飛程

［出典］ICRU Report 49（1993）のデータを基に作図

Appendix 8-B 電子線の水中最大飛程

T_e〔MeV〕	$R_{\mathrm{water,CSDA}}$〔g·cm^{-2}〕	$(S/\rho)_{\mathrm{el.,water}}$〔MeV·cm^2·g^{-1}〕
0.10	0.0143	4.12
0.15	0.0282	3.24
0.20	0.0449	2.80
0.30	0.0842	2.36
0.40	0.129	2.15
0.50	0.177	2.04
0.60	0.227	1.97
0.80	0.331	1.89
1.0	0.438	1.86
1.5	0.709	1.84
2.0	0.980	1.85
3.0	1.51	1.89
4.0	2.04	1.94
5.0	2.55	1.98
6.0	3.05	2.02
8.0	4.02	2.09
10	4.96	2.16
15	7.20	2.31
20	9.30	2.46

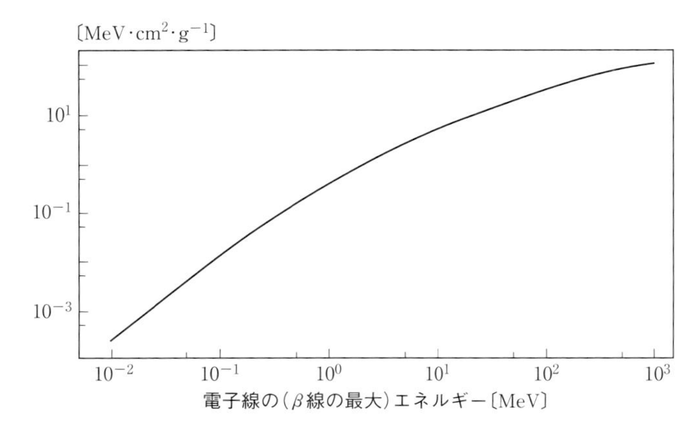

図 8·B·1 電子線の水中最大（CSDA）飛程

［出典］ICRU Report 37（1984）のデータを基に作図

第9章　X線・γ線と物質の相互作用

9・1　X線・γ線と物質の相互作用の特徴と種類

X線やγ線も，荷電粒子線と同様，電磁相互作用を介して物質に作用します．しかし，電荷をもたない光子は，物質の軌道電子や原子核にクーロン力を及ぼさないので，その相互作用は，荷電粒子と物質の相互作用と著しく異なります．光子が物質を**直接に電離する**過程には，主に次の3通りがあります[1)]．

(1) **光電効果**，

(2) **コンプトン散乱**，

(3) **電子・陽電子対生成**．

これら三つの過程のいずれでも，相互作用の結果，高速の電子（陽電子）が発生します．それらの高速電子は，通過経路に沿った原子にクーロン力を及ぼし，軌道電子を電離したり励起したりします．つまり，光子による物質の電離過程には，二つの段階があることになります．光電効果，コンプトン散乱，および電子・陽電子対生成による高速電子の発生過程を**一次電離**と呼び，一次電離で発生した高速電子（**二次電子**）による物質の電離を**二次電離**と呼びます[2)]．

一次電離は，1個の光子についてただ一度だけしか起こりませんが，そのとき発生した二次電子は，はるかに多数の二次電離を引き起こすことができます．たとえば，エネルギー100 keVの光子が鉛原子のK軌道（I_K～86 keV）から光電効果で放出させた二次電子（光電子）は，もし制動輻射を全く起こさなければ，空気中ですっかり勢いを失うまでに，およそ400対もの電離を引起こすことができます[3)]．この例が示すように，光子の場合には，直接の電離過程である一次電離にくらべ，間接的な電離過程である二次電離の数が圧倒的に多いことが，X

1）高エネルギーの光子では，光核反応や，ミューオンやパイオンなど電子以外の素粒子の対生成反応も起こり，それらの過程で生成した荷電粒子もクーロン力物質をで電離する．*Cf.*，9·5節

2）二次電子の相互作用で生じた三次の電子やさらに高次の電子も，習慣的に二次電子と呼び，それらによる電離も二次電離に含める．なお，（高次の電子を含む）二次電子のうち，制動輻射や特性X線の再吸収で発生した電子（とそれ以降の高次電子）を，改めて“三次電子”と規定しようという提案がある（D. Burns : Private communication@ICRU Report Committee（2007））．

線やγ線に照射された物質の受ける影響を考えるうえで重要な要素になります．そのため，X 線やγ線は，“間接電離性放射線”とも呼ばれます．

9・2　光電効果

光電効果は，原子核にクーロン力で束縛されていた軌道電子が，光子のエネルギーをすべて吸収し，自由電子として原子の外に飛び出す現象です（図 9·1）．

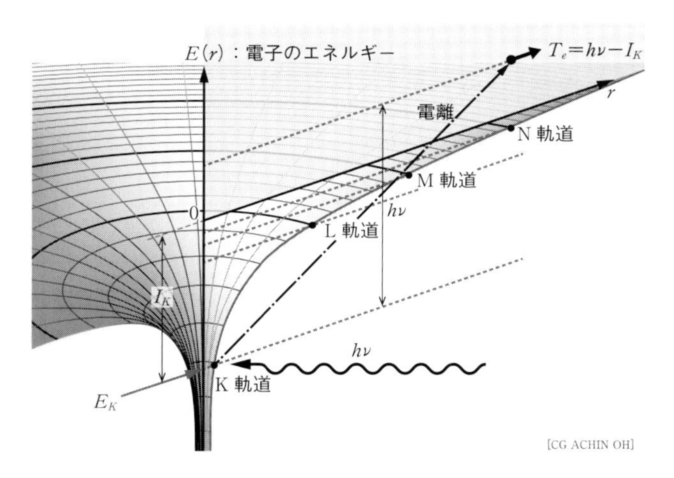

図 9·1　光電効果

□K 軌道の電子が放出される光電効果を示す．電離エネルギー I_K より大きなエネルギーの光子のエネルギーを吸収した K 軌道の電子は，運動エネルギー $T_e = h\nu - I_K$ をもつ光電子として放出される．

自由電子は，光子のエネルギーをすべて吸収すると，運動量保存法則とエネルギー保存法則とを同時に満足させられないため，光電効果を引き起こすことができません（Appendix 9-A）．光電効果に関する詳細な議論は，光子と軌道電子との相互作用を取り扱う，数学的にもかなり難解な問題なので，ここでは光電効果の定性的な特徴を列記するにとどめます．なお，次節で説明するコンプトン散乱と異なり，光電効果に関しては，すべての現象を一括して記述できる表式がありませんし，特定のエネルギー範囲で解析的に求められている結果も，初等関数で

3）“すっかり勢いを失う”とは，運動エネルギーが熱運動のエネルギー（常温で～0.025 eV）程度になることを意味する．なお，電子は，空気中に 1 対の電離を生成する間に，励起に使われるエネルギーを含め，平均で約 34 eV の運動エネルギーを費す．*Cf.*，12·3 節

は記述できません．そのため，光電効果の起こる確率（光電効果の断面積[4)]）と物質の原子番号や光子のエネルギーとの関係は，単純な形で表せません．

(1) 光電効果は，光子と**軌道電子**の相互作用である．保存法則を満足し，かつ光子のエネルギーをすべて吸収するためには，電子が強く束縛されているほうが有利なので，光子のエネルギーが軌道電子の電離エネルギーより大きければ，内殻の軌道の電子ほど光電効果が起きやすい．各軌道電子の光電効果の起きやすさは，それぞれの電離エネルギーに比例する．実際，光子のエネルギーがK軌道の電子の電離エネルギーよりも大きければ，**圧倒的に多く光電子はK軌道から放出される**（図9·2）．

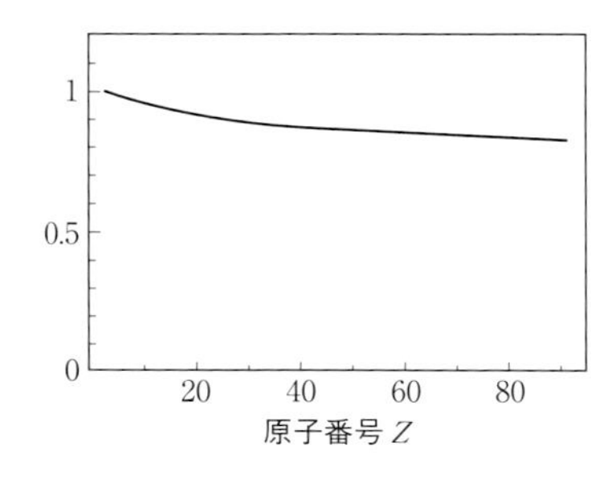

図9·2 K吸収端における光電効果でK電子が放出される割合

□K吸収端を挟んでの光電効果の断面積の差は，そのエネルギーでのK電子の光電効果への寄与を反映している．各元素のK吸収端でのK電子の寄与率は，原子番号と共に緩やかに減少する．

(2) 光電効果の結果，光子のエネルギーはすべて吸収され，光子は消滅する．

(3) 光電子の初期運動エネルギー（発生した時点での運動エネルギー）T_eは，光子のエネルギーよりも放出された軌道電子の電離エネルギーIだけ小さい．

$$T_e = h\nu - I. \qquad (9 \cdot 1)$$

(4) 光電子の放出確率（原子１個当たりの光電効果の断面積$\sigma_{ph.}$）は，図9·3に示すように，光子のエネルギーとともに急速に減少する．したがって，光電効果は，光子のエネルギーが軌道電子の電離エネルギーにくらべてあまり高くない範囲で顕著な相互作用である．

$$\sigma_{ph.} \propto (h\nu)^{-3.5}.$$

しかし，光子のエネルギーの増加に伴う断面積$\sigma_{ph.}$の減少は単調ではな

4）相互作用の確率は，単位面積に入射する粒子数で規格化するので，面積の次元をもち，断面積と呼ばれる．*Cf.*，12·3節

く，図 9･3 に示すように，光子のエネルギーが軌道電子の電離エネルギーに等しくなるところで，不連続的に 4～10 倍程度値が変化をする（**吸収端**）．これは，吸収端のエネルギーを境に，それ以下のエネルギーの光子では電離できなかったより内殻の軌道電子が，新たに光電効果に寄与するようになるためである．なお，吸収端の上下での断面積の比は，低原子番号の物質ほど大きい．

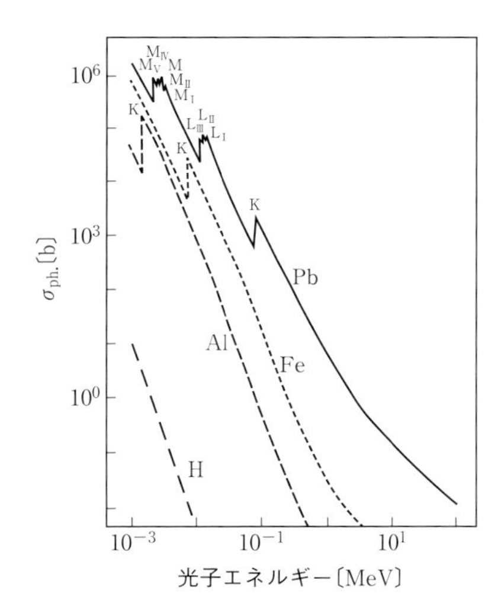

図 9･3 光電効果の微分断面積

水素，アルミニウム，鉄および鉛に関する原子 1 個当たりの光電効果の断面積（光子エネルギーに関する微分断面積）．〔出典〕Nuclear Data Tables, **A7**（1970）のデータを基に作図．

(5) 光電効果の 1 原子当たりの断面積は，物質の原子番号の 4 乗から 5 乗に比例する．

$$\sigma_{ph.} \propto Z^{4\sim5}.$$

比較的エネルギーの低い診断用 X 線などの遮蔽に，鉛など原子番号の大きい物質が用いられるのは，この性質を利用したものである．

(6) 光電子は，光子のエネルギーが小さい場合には，光子の進行方向に垂直な光子の電場ベクトルの方向に放出されるが，光子のエネルギーが（したがって運動量が）大きくなるにつれ，前方に放出されるようになる．

(7) 光電効果が起こると内殻軌道が空軌道になるので，光電子の放出に引き続いて，特性 X 線やオージェ電子の放出（*Cf.*，第 5 章）が起こる．

9・3 コンプトン散乱

コンプトン散乱は，光子が電子と弾性散乱を起こす現象です．光子のエネルギーは，アインシュタインの関係式(3·1)で表されるように，光子の振動数に比例しますから，電子と弾性散乱した光子は，電子に受け渡した運動エネルギーに相当する分だけ，振動数が減少します．

ところで，軌道電子は束縛状態にありますから，光子と軌道電子からなる系が運動エネルギーを保存する弾性散乱を起こすのは，厳密な意味では不可能です．なぜならば，散乱の過程で，軌道電子の電離エネルギーに相当する分が，系の運動エネルギーから失われるからです．それにもかかわらず，図9·4に示す電子1個当たりのコンプトン散乱の断面積（コンプトン散乱の確率）σ_C/Z のエネルギー依存性から明らかなように，光子のエネルギーが軌道電子の電離エネルギーにくらべて十分に大きい場合には，電離のために消費されるエネルギーの寄与がほとんど無視できるので，軌道電子による光子の散乱も，近似的に弾性散乱であるとみなせるようになります．

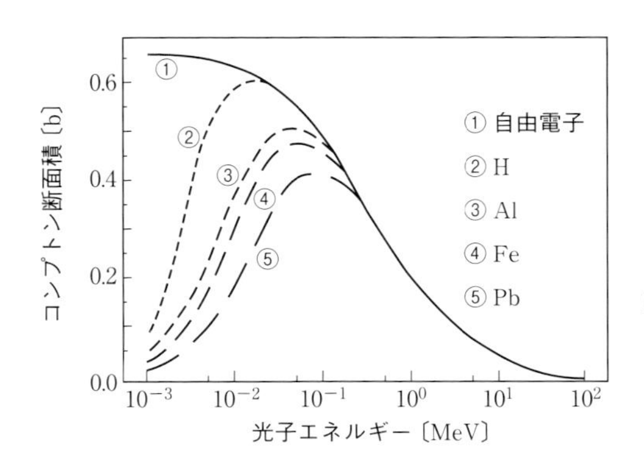

図9·4 電子1個当たりのコンプトン散乱の微分断面積

水素，アルミニウム，鉄，鉛および自由電子に関する電子1個当たりのコンプトン散乱の断面積（光子エネルギーに関する微分断面積）．
［出典］Nuclear Data Tables, **A7** (1970) のデータを基に作図．

弾性散乱の前後における光子と（自由）電子からなる系の，運動量と運動エネルギーとの保存をあらわに書き下すと，次のようになります．

散乱前　　散乱後

$$\begin{cases} h\nu = h\nu' + (E - m_e c^2), & \text{［運動エネルギーの保存］} \quad (a) \\ \dfrac{h\nu}{c}\vec{e} = \dfrac{h\nu'}{c}\vec{e}\,' + \vec{p}. & \text{［運動量保存の法則］} \quad (b) \end{cases}$$

ただし，ν, ν' および $\vec{e}, \vec{e}'$ は，それぞれ散乱の前後の光子の振動数と光子の進行方向を向いた単位ベクトルとを，$\vec{p}$ と E は，それぞれ散乱された電子の運動量と全エネルギーとを表します（図 9･5）．

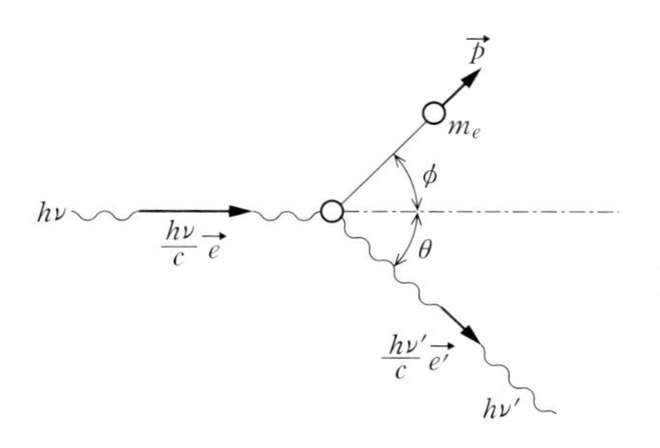

図 9･5　コンプトン散乱

□はじめ（実験室系で）静止していた電子に振動数 ν の光子が弾性散乱し，電子を運動量 $\vec{p}$ で跳ね飛ばすとともに，その分のエネルギーを失って振動数の小さくなった光子が散乱される．

コンプトン散乱では，電子の運動を相対論的な運動として考えねばなりません．なぜならば，入射するＸ線や γ 線のエネルギーが，電子の静止エネルギーより大きくなることは，容易に起こり得るからです．第２章で説明したように，相対論的な運動では，自由電子の力学的全エネルギー E（運動エネルギーと静止エネルギーの和）と運動量 $\vec{p}$ とは，次のように関係づけられています．

$$E^2 = c^2(p^2 + m_e^2 c^2). \tag{c}$$

三つの関係式(a)～(c)から，散乱後の電子の全エネルギー E と散乱後の電子の運動量 $\vec{p}$ とを消去します．

$$(h\nu - h\nu')^2 + 2m_e c^2(h\nu - h\nu') + m_e^2 c^4$$
$$= c^2\left(\frac{h\nu}{c}\vec{e} - \frac{h\nu'}{c}\vec{e}'\right)\cdot\left(\frac{h\nu}{c}\vec{e} - \frac{h\nu'}{c}\vec{e}'\right) + m_e^2 c^4.$$

単位ベクトルの内積が $\vec{e}\cdot\vec{e}' = \cos\theta$（$\theta$ は光子の散乱角）であることを利用して上の式を整理すると，次のような結果が得られます．

$$\frac{h\nu'}{h\nu} = \frac{1}{1+\alpha(1-\cos\theta)} \geq \frac{1}{1+2\alpha}, \tag{9・2}$$

ただし，$\alpha (\equiv h\nu/m_e c^2)$ は，電子の静止エネルギーに対する入射光子のエネルギーの比を表します．図 9･6 は，コンプトン散乱された光子のエネルギーが，散乱角とともにどのように変わるかを，３種類のエネルギーの光子について表したものです．診断用Ｘ線では $\alpha < 1$ であり，医療用リニアックのＸ線や ^{60}Co の γ 線では $\alpha > 1$ となります（^{137}Cs の γ 線は $\alpha \sim 1$）．また，上の結果を入射光子と散乱光子との波長の関係として書き直すと，次のように表せます．

$$\lambda - \lambda' = \frac{h}{m_e c}(1 - \cos\theta). \qquad (9 \cdot 2')$$

コンプトン散乱による光子の波長の変化の最大値 $h/m_e c$ は**コンプトン波長**（$\boldsymbol{\lambda_C}$）と呼ばれ，電子の静止エネルギーと等しいエネルギーをもつ光子の波長に相当します．なお，$\hbar/m_e c \equiv ƛ_C$ をコンプトン波長とする資料も少なくありませんから，文献を参照する際には，いずれの定義を用いているかを確認する習慣が必要です．

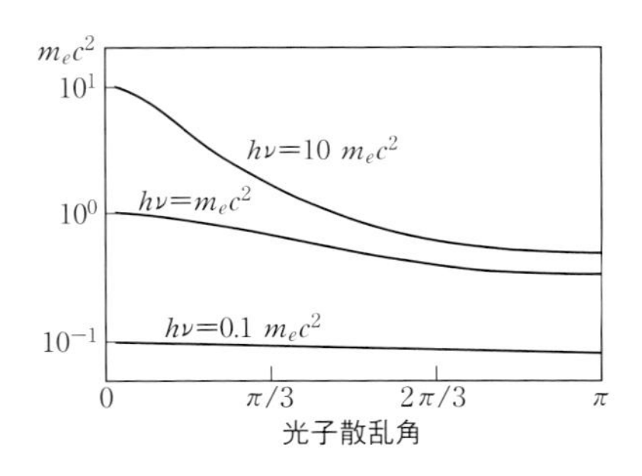

図9·6 コンプトン散乱光子のエネルギーの角度依存性

□3種類のエネルギーの入射光子について，コンプトン散乱された光子のエネルギーの角度依存性を示す．光子のエネルギーが電子の静止エネルギーにくらべて大きくなると，散乱光子のエネルギーの散乱角依存性が大きくなる．

コンプトン散乱を受けた電子が獲得する運動エネルギー T_e の散乱角依存性は，電子の散乱角 ϕ と光子の散乱核 θ との間に $\cot\phi = (1+\alpha)\tan\theta/2$ という関係が成り立つことを用いて，次のように表せます．

$$T_e = \frac{2\alpha \cdot h\nu}{\{(1+\alpha)^2 \tan^2\phi + (1+2\alpha)\}} \leq \frac{2\alpha}{1+2\alpha} \cdot h\nu = T_{e,\max}. \qquad (9 \cdot 3)$$

なお，散乱を受けた電子（**コンプトン電子**）が最大の運動エネルギー $T_{e,\max}$

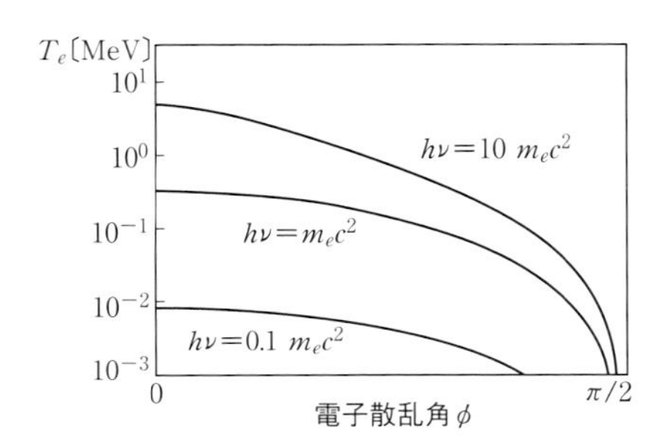

図9·7 コンプトン電子のエネルギーの散乱角依存性

□コンプトン電子は，前方（ϕ=0）に放出されるものを最大エネルギー $T_{e,\max}$ とするほぼ矩形の連続スペクトルをもつ．

を獲得するのは，光子が真後ろに跳ね返される場合（$\theta=\pi$ で $\phi=0$）に相当します（図 9・7）．

半導体検出器やシンチレーション検出器に波高分析器を接続して光子のスペクトルを観測すると，光電効果で吸収されたエネルギーに相当する信号（**光電ピーク**または**全吸収ピーク**）の低エネルギー側に，コンプトン電子の運動エネルギーに対応する信号が観測され，その最大エネルギーに対応する部分を**コンプトンエッジ**と呼びます（図 9・8）[5]．

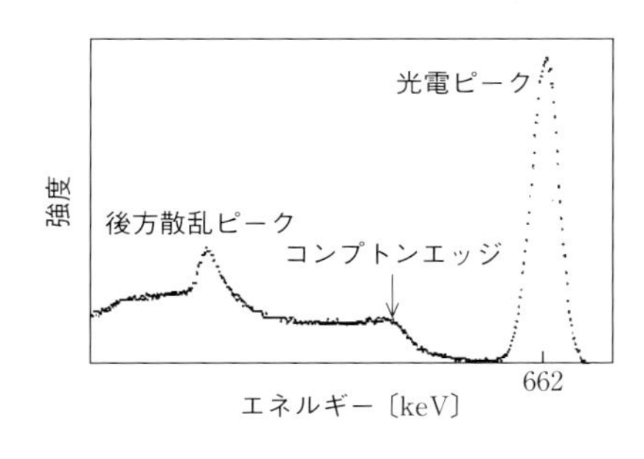

図 9・8 NaI 検出器で捉えた ^{137}Cs 線源からの γ 線

□ ^{137}Cs は ^{137}Ba の準安定な励起状態 ^{137m}Ba に β 壊変し，^{137m}Ba は励起エネルギーを 1 個の γ 線（662 keV）の形で放出して基底状態に遷移する．通常 ^{137}Cs-γ 線と呼ばれるのは，この 662 keV の ^{137m}Ba-γ 線のことである．

以下に，コンプトン散乱の主な特徴を列記します．

(1) 光子のエネルギーが，電子の電離エネルギーにくらべて十分大きければ，すべての軌道電子がコンプトン散乱に寄与できるので（図 9・4），原子 1 個当たりのコンプトン散乱の確率（コンプトン散乱の原子断面積：σ_C）は，物質の原子番号 Z に比例する．

$$\sigma_C \propto Z.$$

(2) 光子は消滅せず，エネルギーを減じた**散乱線**となる．なお，散乱線は，主にコンプトン散乱とレイリー散乱（後述）で発生するが，特性 X 線や二次電子の制動輻射なども，散乱線に寄与する．診断用 X 線は $\alpha \lesssim 0.1$ なので，コンプトン散乱線のエネルギーは，式(9・2)や図 9・6 からわかるよう

5）シンチレータは荷電粒子が発光中心を励起すると発光するので，生成した二次電子がシンチレータ内で完全に停止させられる場合，発光強度は二次電子の初期運動エネルギーに比例する．光電効果の場合，光電子の初期運動エネルギーは，光子のエネルギーより軌道電子の電離エネルギーだけ小さいが，引き続き放出されるオージェ電子や特性 X 線の再吸収で発生する電子も発光中心を励起するため，結局光子のエネルギーに等しいエネルギーがすべて発光に寄与し，光電ピークが形成される．一方，コンプトン電子は $T_{e,\max}$ を最大エネルギーとする連続スペクトルをもつため，コンプトンエッジから低エネルギー側にほぼ矩形の発光強度分布を形成する．なお，図の後方散乱ピークは，検出器周囲の物体でコンプトン散乱した光子の最小エネルギー $h\nu/(1+2\alpha)$ に対応している．

に，入射光子のエネルギーにくらべてあまり小さくならない．一方，物体を通過する際のX線の減弱は，エネルギーの低い光子ほど著しいので(図9·17)，X線検査を受ける患者の体から側方へ散乱されるX線のエネルギー分布は，透過X線の場合と同様，X線管から照射されるX線の線質にくらべてエネルギーの高い成分の占める割合が多くなり，"硬く"なることが知られている．なお，同じエネルギーの光子で比較すると，原子番号の小さな物質ほど，散乱線に占めるコンプトン散乱の寄与が大きくなる．

(3) コンプトン散乱の断面積は，光子のエネルギーが0.1～10 MeVの間では，あまり大きく変化しない（図9·17）．

(4) 光子のネルギーが高いほど，光子も電子も前方散乱が多くなり（図9·9），電子のもち去るエネルギーの割合が大きくなる（式(9·3)）．

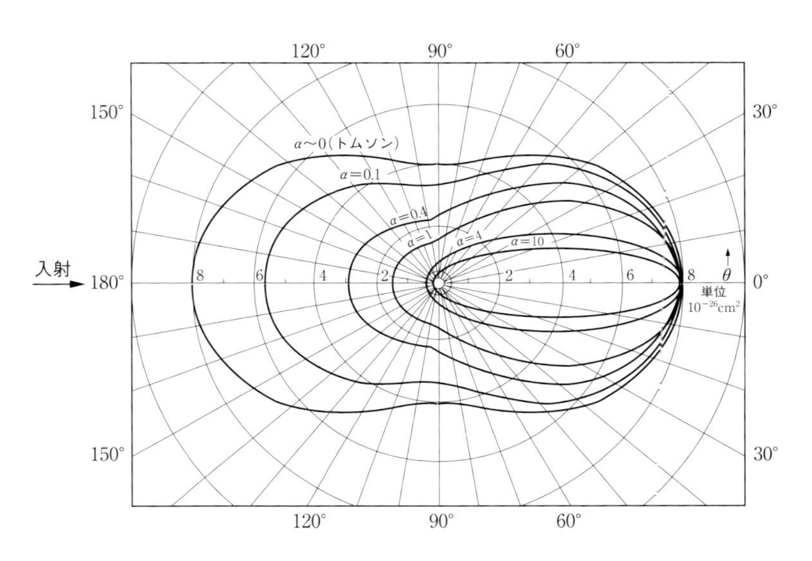

図9·9　光子の散乱角に関するコンプトン散乱の微分断面積

□さまざまなエネルギーの光子に関する，重心系での散乱光子の角度分布．低エネルギーでは，前方散乱と後方散乱がほぼ対称的に起きるが，高エネルギーの光子のコンプトン散乱光は，圧倒的に前方優位に放出される．
［出典］Reviews of Modern Physics, **24** (1952)

放射線治療で利用されるリニアックのX線や^{60}Coのγ線では，コンプトン散乱が光子と物質との相互作用に最も大きな寄与を与えます．これらの光子の場合

$\alpha>2$ となりますから，コンプトン電子もほとんど前方に放出されます．一方，図8·8に示したように，電子の飽和後方散乱は，原子番号の大きな物質ほど大きくなります．したがって，原子番号の異なる物質の境界面に，放射線治療用リニアックのX線や ^{60}Co の γ 線が垂直に入射した場合には，境界面の手前側により低原子番号の物質がある場合のほうが，逆の場合にくらべて，境界面からより多くの電子が後方散乱されます．

一方，境界面を越えて光子の進行方向（前方）に放出されるコンプトン電子の数は，境界面手前側の物質の原子番号が大きいほど減少しますが，モンテカルロ・シミュレーションの結果（図9·10）に示したように，1 MeV の光子の場合，前方に放出される二次電子の数は，原子番号50付近を境に再び増加をはじめます．これは，原子番号の大きい物質では，二次電子の発生過程として，光電効果の寄与が原子番号とともに急激に大きくなるためです．

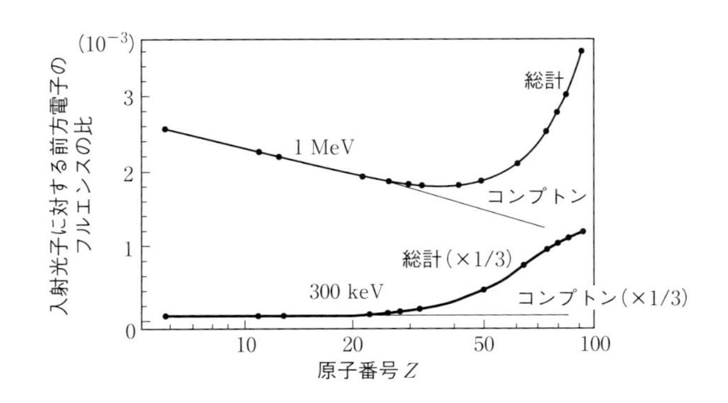

図9·10 前方に放出される二次電子の原子番号依存性

□コンプトン散乱で前方に放出される二次電子は，原子番号の増加とともに単調に減少する．しかし，原子番号が50を越えると，光電子の寄与によって前方に放出される二次電子は，原子番号とともに増加に転じる．

軌道電子の電離エネルギーにくらべて光子のエネルギーがあまり大きくない場合には，コンプトン散乱とは異なった光子の散乱過程が顕著になります．光子の振動する電場が軌道電子を変位させ，その結果生じる原子の分極振動が，再び同じ波長の光子を放出（双極子放射）する現象で，**レイリー散乱**（干渉性散乱）と呼ばれます．レイリー散乱では，光子の進行方向が変わるだけで，エネルギーは変化しません．なお，自由電子による干渉性散乱を**トムソン散乱**といいます．

レイリー散乱は，物質の原子番号が大きいほど，また，光子のエネルギーが低いほど顕著で，アルミニウムではおよそ20 keV 以下，鉛ではおよそ140 keV 以下（図9·17）でコンプトン散乱より多くなります．また，90° 方向にレイリー散乱される光子は，光子の入射方向と散乱方向とを含む平面に対して垂直な方向に偏光する性質がありますので，直線偏光をしたX線ビームをつくり出したり，特定の偏光成分を分離したりするために利用されます．

低原子番号の厚い物体から後方散乱される光子は，図9·11に示すように，およそ80 keV 付近のエネルギー領域に最大値をもちます．なぜならば，この領域よりエネルギーの低い光子は，図9·9に示したように，前方と後方にほぼ同程度のコンプトン散乱が起こるものの，光電効果による吸収が大きく，ごく表面近くの物質しか散乱に寄与しないため，後方散乱が小さくなります．一方，よりエネルギーの高い光子は，表面から深い部分にある物質も散乱に寄与できるものの，図9·9示したように，後方にコンプトン散乱する確率が小さくなり，結局，中間のエネルギー領域の光子が最も多く後方散乱されるからです．

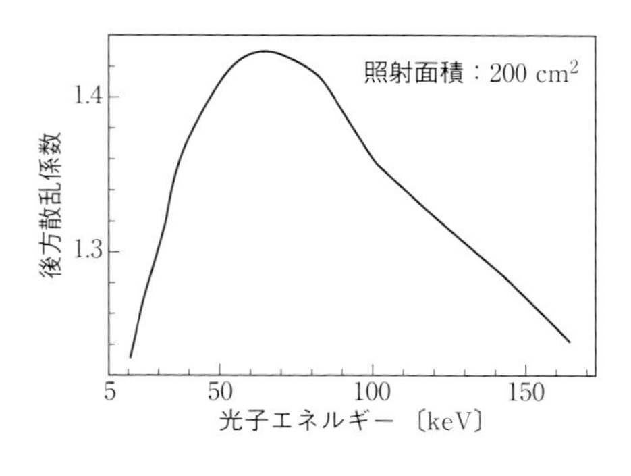

図9·11 十分厚い水ファントームの後方散乱係数

☐ 十分厚い水ファントーム表面の照射野（200 cm^2）中央における空気カーマ（*Cf.*，12·4節）の空中空気カーマ（ファントームがない状態での同じ場所の空気カーマ）に対する割合．

9・4 逆コンプトン散乱

前節では，光子が運動エネルギーの小さな電子と散乱し，より低いエネルギーの光子として飛び去る現象を扱いました．電子が静止エネルギーにくらべてはるかに高い運動エネルギーをもつ場合には，光子が電子から運動エネルギーを受け取り，より高いエネルギーの光子が散乱されます．そのような散乱は，逆コンプトン散乱と呼ばれ，当初宇宙線の超高エネルギーX線成分の発生機構として提案されました．現在では主に蓄積型の電子加速器と光学レーザーとを組み合わせて高エネルギーの光子を生成する技術が確立されています．逆コンプトン散乱の概念を図9·12に示します．ここでθ_1は高速電子とレーザー光との衝突角度，$(\theta_1-\theta_2)$は光子の散乱角度，$E_{\rm in}$および$\vec{p}_{\rm in}$は高速電子の衝突前の全エネルギーと運動量です．他の変数は図9·5と同様です．

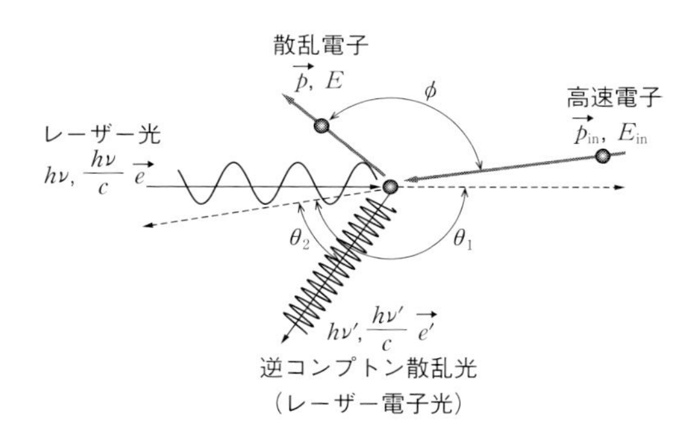

図9·12　逆コンプトン散乱の概念図

コンプトン散乱で示されているのと同様に，次式で表される運動エネルギー保存則および運動量保存則が成り立ちます．

散乱前　　散乱後

$$\begin{cases} h\nu + (E_{\rm in}-m_ec^2) = h\nu' + (E-m_ec^2), & \text{［運動エネルギーの保存］} \quad \text{(a}'\text{)} \\ \dfrac{h\nu}{c}\vec{e} + \vec{p}_{\rm in} = \dfrac{h\nu'}{c}\vec{e}' + \vec{p}. & \text{［運動量保存の法則］} \quad \text{(b}'\text{)} \end{cases}$$

また，電子の全エネルギーと運動量の間には，次の関係が成り立っています．

$$E_{\rm in}^2 = c^2(p_{\rm in}^2 + m_e^2c^2), \qquad \text{(c}'\text{)}$$

$$E^2 = c^2(p^2 + m_e^2c^2). \qquad \text{(c}''\text{)}$$

これらから散乱後の電子の全エネルギーEと運動量$\vec{p}$とを消去します．前節同様の計算で，$\vec{e}\cdot\vec{e}'=\cos(\theta_1-\theta_2)$であることを用い，相対論的な運動における運動量と全エネルギーの関係(2·3′)および(2·4)；

$$cp_{\rm in}/E_{\rm in} = \beta,$$

$$E_{\rm in} = m_e\gamma c^2,$$

を用いて整理すれば，入射光子と散乱光子のエネルギーの間に，次のような関係が求まります．

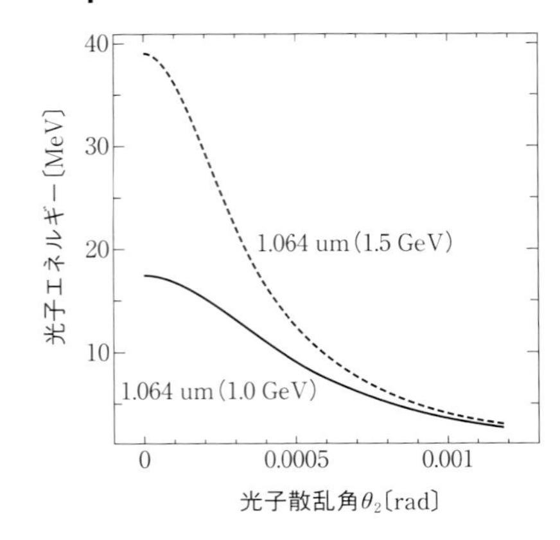

図 9·13 逆コンプトン散乱電子光の光子エネルギーの散乱角依存性

□逆コンプトン散乱電子光のレーザー入射逆方向からの散乱角度 θ_2 と光子エネルギー $h\nu'$ の関係例.
（兵庫県立大学高度産業科学技術研究所 NewSUBARU BL1 ビームライン例参照）

$$h\nu' = h\nu \frac{1-\beta\cos\theta_1}{1-\beta\cos\theta_2 + m_e\gamma c^2\cos(\theta_1-\theta_2)}. \tag{9・4}$$

具体的に高速電子とレーザーが正面衝突する（$\theta_1=\pi$）場合で，進行方向と逆方向に光が散乱（$\theta_2 \ll 1$）される場合を想定すると，高速電子の全エネルギーが電子の静止エネルギーにくらべて著しく大きく（$m_e c^2 \ll E_{\rm in}$），レーザーの光子エネルギーが電子の静止エネルギーにくらべて著しく小さい（$h\nu \ll m_e c^2$）という条件の下で，式(9·4)の関係は $\sin\theta_2 \cong \theta_2$ を用いて，次のように近似できます.

$$h\nu' \cong \frac{4h\nu E_{\rm in}^2}{(m_e c^2)^2 + 4h\nu E_{\rm in} + E_{\rm in}^2\theta_2^2}. \tag{9・4′}$$

逆コンプトン散乱レーザー電子光の光子エネルギーと散乱角度 θ_2 の関係，およびスペクトルの例を図 9·13 および図 9·14 に示します[6]．図に示されていますように逆コンプトン散乱による光子スペクトルは，得られる最大エネルギーのところに最大ピークをもつ（180 度散乱，$\theta_2=0$ の場合）特異な形となります．また，光子のエネルギーは，散乱角度に依存しますので，コリメータなどで光子を取り出す散乱角度を制限することや，散乱された電子の角度ごとに同時計数することにより，擬似的な単色の光子を得ることができます．得られる光子は，入射レーザーがもっていた偏光を保持します．この偏光度を自由に変化させられる任意のエネルギーの擬似単色高エネルギー光子を利用して，原子核変換の基礎研

6）Y. Asano, *et al.*, ; “Shielding Design of Laser Electron Photon beamlines at SPRING-8”, Progresses in Nuclear Science and Technology, **4** (2014)

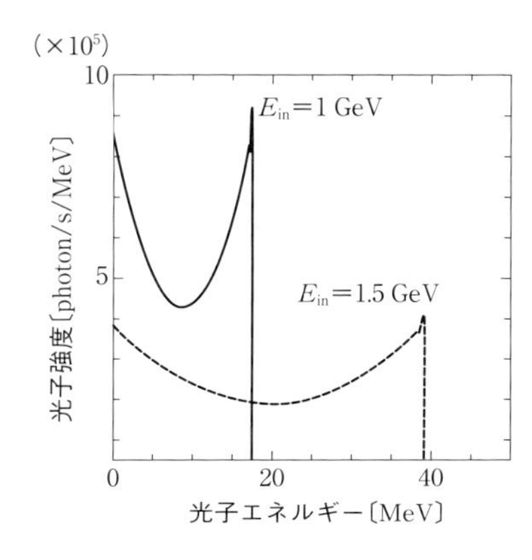

図 9・14　逆コンプトン散乱レーザー電子光スペクトル

実線：蓄積電子エネルギー 1 GeV，レーザー波長 1.062 μm，破線：電子エネルギー 1.5 GeV，レーザー波長 1.062 μm，各スペクトル全光子数 1.0×10^7/s

究[7]や，高エネルギー核物理の研究[8]などが行われています．また，擬似単色高エネルギー光子をアクチノイド核種の検出に用いて，核物質防護に役立たせる研究も行われています．

9・5　電子・陽電子対生成

前節の計算で用いた電子の運動の全エネルギーと運動量との相対論的な関係式(2・4′)は，次のようにも書き直せます．

$$E=\pm c\sqrt{p^2+m_e^2c^2}.$$

右辺に ± という複号をもつこの式は，大きさ $|\vec{p}|=p$ の運動量をもつ電子に，絶対値が等しく符号の異なる 2 種類の全エネルギー E があり得ることを示しています．言うまでもなく，現実の世界に存在する電子は，すべて正の符号の場合に相当します．それでは，負の符号に相当する電子とは，一体何でしょうか．

物理的な状態は，何か妨げるものがない限り，常により低いエネルギー状態に移行しようとする性質があります．したがって，大きさ p の運動量をもつ電子に 2 種類のエネルギー状態が存在するならば，より高いエネルギー状態（正のエネルギー状態）にある電子は，遷移を妨げるなんらかの原因がない限り，$2|E|$

7）*Cf., e.g.,* H. Ejiri, *et al.*, ; "Resonant Photonuclear Reactions for Isotope Transmutation", Journal of the Physical Society of Japan, **80** (2011) 094202

8）*Cf., e.g.,* T. Nakano, *et al.*, : "Evidence for a Narrow S = +1 Baryon Resonance in Photoproduction from the Neutron" Physical Review Letters, **91**, 012002 (2003)

に相当するエネルギーを放出して，より低いエネルギー状態（負のエネルギー状態）に移ってしまい，現実の世界には，正のエネルギー状態にある電子は，一つも残らないことになります．もちろん，この結論は事実に反します．

それでは，何が，現実の世界に存在する（正のエネルギー状態にある）電子を，よりエネルギーの低い状態（負のエネルギー状態）に移行しないよう，妨げているのでしょうか．この問は，「L 軌道の電子は，なぜ特性 X 線を放出し，エネルギーの低い K 軌道に移ってしまわないのか？」という問とよく似ています．後者に対する答えは，「K 軌道がすでに別の電子により占有されているから」です．つまり，一つの軌道を占められる電子の数が 2 個までに限られている（パウリの原理）ため，より低いエネルギー状態の軌道に空きが生じない限り，エネルギーの高い軌道から電子が移れないことが，その理由でした．

そこで，現実の世界の電子がすべて消滅する，という矛盾した結論を避けるためには，負のエネルギー状態は，すでに電子によってすべて占有されていると考えればよいことがわかります．言い換えるならば，現実の世界は，至るところ，負のエネルギーをもった電子で隙間なく占められていると考えるわけです．そのような状態を，**ディラック**（Paul Dirac, 1902～1984）**の真空**と呼びます．

ところで，電子の負のエネルギー状態と正のエネルギー状態とは，連続して存在するわけではありません．電子の全エネルギー E は，正のエネルギー状態では $m_e c^2$ 以上，負のエネルギー状態では $-m_e c^2$ 以下の値をもちます．したがって，全エネルギー E の値が $-m_e c^2$ から $m_e c^2$ 間には，電子のエネルギー状態が全く存在しません（図 9·15）．

正負のエネルギー状態を分けるギャップ $2m_e c^2$ は，1 MeV 以上もありますの

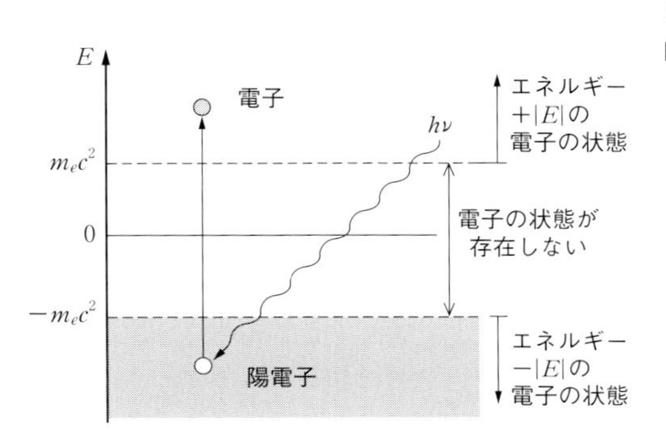

図 9·15　ディラックの真空と対生成

□負のエネルギー状態がすべて電子によって占められた状態を“ディラックの真空”という．自由電子の正のエネルギー状態と負のエネルギー状態の間には，幅 $2m_e c^2$ の電子の状態が存在しないエネルギーの領域がある．そのため，$2m_e c^2$ 以上のエネルギーを与えられなければ，負のエネルギー状態にいる電子は正のエネルギー状態に“励起”されない．その際，負のエネルギー状態に残された“空席”は，電子と同じ質量をもち，$+e$ の電荷をもつ電子の反粒子（陽電子）として観測される．これが，電子・陽電子対生成である．

で，負のエネルギー状態にある電子が，現実の世界に現れるのは容易でありません．しかし，もし負のエネルギー状態にある電子に，このギャップを飛び越えるのに十分なエネルギーが供給されれば，軌道電子が光電効果で原子の外へ飛び出すのと同様に，負のエネルギー状態にある電子が現実の世界に飛び出すことが可能になります．そして，負のエネルギー状態には1個の空席が残されます．

この空席は，一様な負電荷（負のエネルギー状態の電子で埋められた空間）に空いた電荷のない穴ですが，もともと全宇宙を一様に埋め尽くしている負電荷を認識できない観測者には，この負電荷の欠如が $+e$ という正電荷の出現として観測されます．この空席を移動させるためには，負のエネルギー状態にある電子を反対方向に次々と動かさねばなりませんから，その質量は，移動させた負のエネルギー状態の電子の質量と等しくなります．つまり，この現象を（全宇宙を埋め尽くした負のエネルギー状態の電子をみることができない）私たちが観測すると，真空を走っていた光子が突然消滅し，代わりに，電子と正の電荷をもった電子（陽電子）とが1個ずつ出現するようにみえます．このような現象を，**電子・陽電子対生成**（電子対生成または電子対創生）と呼びます．

ただし，電子・陽電子対生成は，真空中を伝播していた光子が，突然，何のきっかけもなしに起こすのではなく，光子が原子核の近傍を通過するときに，そのクーロン場との電磁相互作用をきっかけにして引き起こされる現象です．なお，非常に高エネルギーの光子の場合（$h\nu \gtrsim 280\,\mathrm{MeV}$）には，$\pi^-$ 中間子と π^+ 中間子とを対生成する反応（photo-pionisation）など，電子以外の粒子を対生成する反応も起こります．

電子・陽電子対生成は，原子核の電場ばかりでなく電子の電場でも生じます．しかし，原子核にくらべてはるかに軽い電子は，運動量を保存するため光子のエネルギーの半分をもち去ってしまうので，反応の閾値は $4m_ec^2$ になります．電子の電場で起こる対生成では，反跳電子を含めて，同時に3個の高速電子（1個は陽電子）が発生します．そのため，電子の電場で生じる対生成は，“三電子生成”と呼ばれる（不適切なネーミングですが）こともあります．

以下に，電子・陽電子対生成の主な特徴を列挙します．

(1) 電子・陽電子対生成は，光子のエネルギーが $2m_ec^2$ 以上の場合にのみ起きる．

(2) 電子・陽電子対生成を起こした光子は消滅する．

(3) 光子が1原子当たり電子・陽電子対生成を起こす確率（対生成原子断面積

σ_{pair}）は，物質の原子番号の2乗に比例する．これは，光子が原子核のクーロン場と相互作用して電子と陽電子とを対生成する反応が，原子核のクーロン場と相互作用した電子が光子を放出する制動輻射の“逆過程”の一種であるとみなせる（図9·16）ことからも理解できる．なぜならば，$-|E|$のエネルギー状態に電子を1個追加する陽電子の吸収（破線）も，$+|E|$のエネルギー状態に電子を1個追加する電子の放出（実線）も，共に，系に電子を1個追加する反応だからである．

$$\sigma_{\mathrm{pair}} \propto Z^2$$

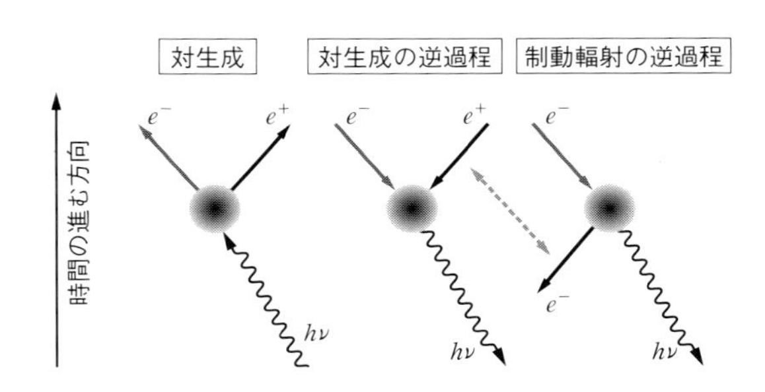

図9·16　対生成と制動輻射

☐電子の放出を陽電子の吸収と読み替えれば，制動輻射の逆過程（右端）は対生成の逆過程（中央）と一致する．

(4) 電子・陽電子対生成の確率は，光子のエネルギーとともに増加するが，約10 MeV以上になると増加は緩やかになる（図9·17）．

9・6　光核反応

第6章で説明したように，陽子や中性子を結びつけ原子核を構成するときに，核子1個当たりに使われているエネルギー（比結合エネルギー）は約8 MeVです．もし，原子核が比結合エネルギーよりも大きなエネルギーを吸収すると，1個または（エネルギーにより）数個の核子が核力の束縛を逃れ，核外に放出される可能性があります．実際，高エネルギーの光子（$h\nu \gtrsim 8$ MeV）が原子核に吸収され，その原子核から中性子や陽子が放出される反応が存在し，これを**光核反応**と呼びます．

光核反応を起こす光子のエネルギーには，原子核の種類や放出される粒子の種類によって異なる閾値があります．一般には，中性子を放出する光核反応よりも陽子を放出する光核反応のほうが低い閾値をもちますが，これは陽子のほうがクーロン斥力の分だけ，結合力が弱いためです．また，中性子を放出する光核反応は，中性子捕獲反応[9]の逆反応ですから，中性子捕獲反応に伴って放出される捕獲γ線のエネルギーの総和が大きい物質ほど，中性子を放出する光核反応の閾値は高くなる傾向があります[10]．

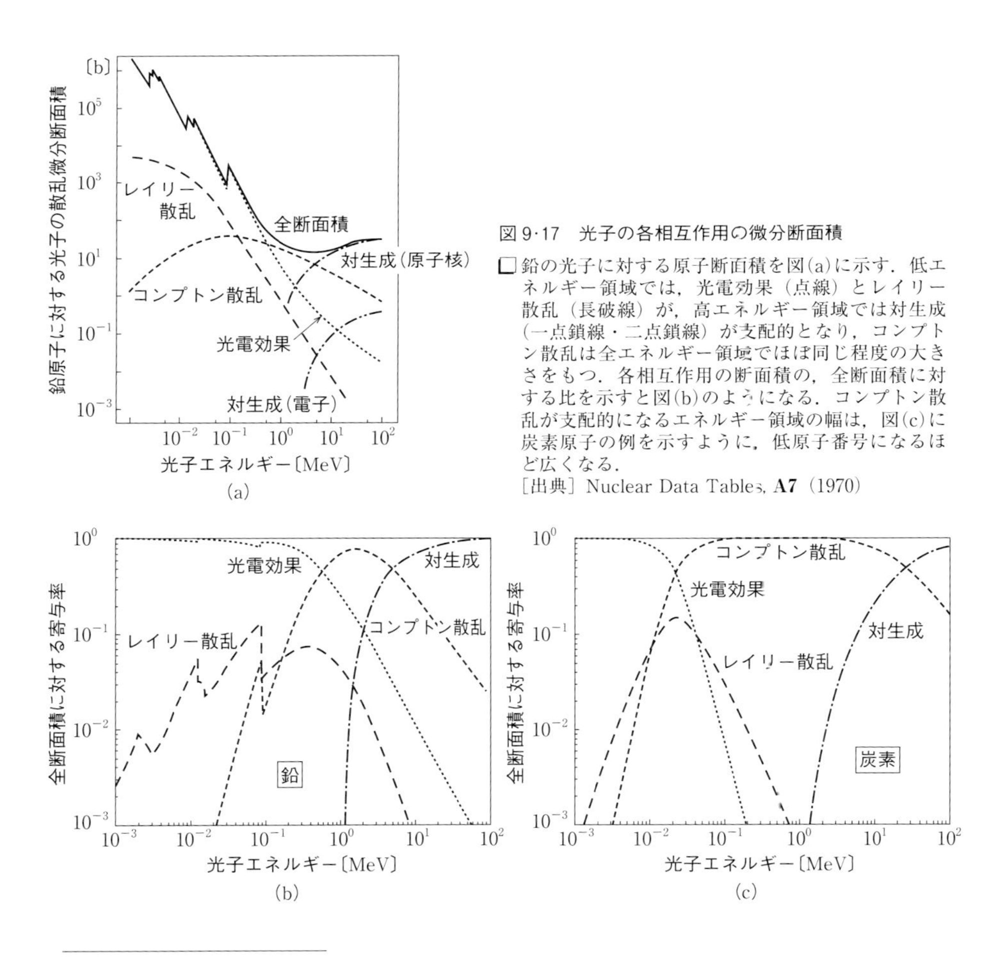

図9・17　光子の各相互作用の微分断面積

鉛の光子に対する原子断面積を図(a)に示す．低エネルギー領域では，光電効果（点線）とレイリー散乱（長破線）が，高エネルギー領域では対生成（一点鎖線・二点鎖線）が支配的となり，コンプトン散乱は全エネルギー領域でほぼ同じ程度の大きさをもつ．各相互作用の断面積の，全断面積に対する比を示すと図(b)のようになる．コンプトン散乱が支配的になるエネルギー領域の幅は，図(c)に炭素原子の例を示すように，低原子番号になるほど広くなる．

［出典］Nuclear Data Tables, **A7**（1970）

9）原子核が主に熱中性子を捕獲し，ほぼ核子1個分の結合エネルギーに相当するエネルギーをγ線などの形で放出する反応．*Cf.*，10・3節および10・4節

10）加速エネルギー8 MeV以上の医療用リニアックのターゲットに，タングステンではなく銅が使われているのは，比結合エネルギーが大きく光核反応の閾値の高い銅を用いることで光核反応による中性子の発生を減らすためである．

9・7 光子線束の減弱

単一のエネルギーの光子からなる細い線束（ビーム）が，一様な物質に入射した場合を考えましょう．光子は物質と，光電効果，レイリー散乱，コンプトン散乱，電子・陽電子対生成，および光核反応の５種類の相互作用をするたびに，ビームから失われていきます．光子ビームに曝された原子は，これらの５種類の相互作用をそれぞれの反応の断面積に比例する確率で起こしますから，ビームに含まれる光子の数は，同じ量の物質と相互作用するたびに，一定の割合で失われていくことになります．その結果，光子ビームの強度（光子フルニンス率：単位時間に単位面積当たり通過する光子の数）は，光子が通過する物質層の厚さとともに指数関数的に減少していきます．

$$I(x) = I_0 \cdot e^{-\mu x} \qquad (9 \cdot 5)$$

係数μは**線減弱係数**と呼ばれ[11]，その逆数は，光子が物質中を相互作用せずに通過できる距離の期待値（mean free path：平均自由行程）を表します．線減弱係数は，物質の種類と光子のエネルギーに応じて固有の値をとります．線減弱係数は，その物質を構成する原子が相互作用によって光子の通過を妨げる確率（断面積）を寄せ集めたものですから，化合物や混合物の線源弱係数は，各種原子の散乱断面積の成分比に応じた平均値と物質の原子数密度とに比例します．

多くの物質では，0.1～数 MeV という通常最も頻繁に利用される光子のエネルギー領域で，コンプトン散乱が線減弱係数に対し最も大きな寄与を与えます[12]．9·3 節で説明したように，光子のエネルギーがＫ軌道の電子の束縛エネルギーより大きな場合，コンプトン散乱の断面積は，物質の原子番号Zにほぼ比例しています．一方，物質の密度は（平均）原子量Mと原子数密度の積に等しくなりますから，このエネルギー範囲での線減弱係数を物質の密度で除した量（**質量減弱係数**）μ/ρは，原子番号と原子量の比Z/Mに比例します．Z/Mの値は，物質の種類によってあまり変化しませんから，このエネルギー範囲の質量減弱係数の値は，**物質の種類にはあまり依存しない**ことがわかります．

11）線減弱係数および質量減弱係数の詳細は，*Cf.*，12·3 節．

12）ただし，コンプトン散乱が“支配的”なエネルギー領域は，物質の原子番号が大きくなるほど狭まる．これは，原子番号の大きな物質では，Ｋ軌道の電離エネルギーとともに光電効果が支配的なエネルギー領域の上限が上昇し，原子核の電場が強まるにつれて，対生成の支配的なエネルギー領域の下限が低くなるためである．*Cf.*，図 9·17(b)および(c)

ビームの強度が，ちょうど半分に弱まる物質層の厚さを，**半価層**と呼びます．X 線の線質を表す半価層は，ビームの強度には照射線量を用い[13]，物質層で発生する散乱線の寄与を除く（細いビームの減弱を取り扱う）評価法を用います．制動 X 線のように連続スペクトルをもつ光子ビームの場合には，物質層を透過するにつれて低エネルギー成分の割合が少なくなるため，ビーム強度が入射強度の1/2から1/4へと減弱するのに要する厚さである第二半価層は，常に第一半価層よりも厚くなります．

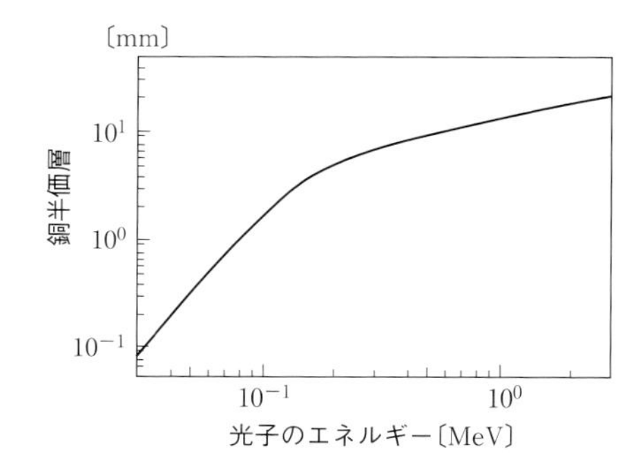

図 9·18　単色光子の銅半価層

□半価層は，細い X 線ビームの照射線量を半分に減弱する物質層の厚さである．図は第一半価層を示す．一般に第二半価層は，第一半価層より厚くなるが，その程度は X 線のスペクトルに依存する．

図 9·18 は，単色の細いビームによる照射線量の減弱でみた銅半値層です．太いビームの場合には散乱線の寄与があるために，一般に照射野が大きいほど半価層が厚くなる傾向があります．なお，ある連続 X 線の半価層と等しい半価層の値をもつ単色光子のエネルギーを，その連続 X 線の**実効エネルギー**といいます．

参考文献

◆ 光子と物質の相互作用に関する全般的な解説：

・R. D. Evsans : “X-ray and γ-ray interactions.”, *in* Radiation Dosimetry（F. H. Attix and W. C. Roesch *eds.*), vol. I, pp. 93-155, Academic Press（1968）

・C. M. Davisson and R. D. Evans : “Gamma-ray absorption coefficients.”, Reviews of Modern Physics, **24**, pp. 79-107（1952）

◆ 光子の相互作用の断面積に関するデータブック：

・E. Storm and H. I. Israel : “Photon cross sections from 1 keV to 100 MeV for elements Z = 1 to Z = 100.”, Nuclear Data Tables, **A7**, pp. 565-681（1970）

13）空気に対する電離能力で表した X 線・γ 線の計測線量．*Cf.*，12·4 節

◆ 光子の減弱係数に関するデータブック：

・S. M. Seltzer and J. H. Hubbel：“光子減弱係数データブック”，放射線医療技術学叢書，11，日本放射線技術学会（1995）ISSN : 03694305

◆ 捕獲γ線に関するデータブック：

・M. A. Lone, R. A. Leavitt and D. A. Harrison : “Prompt gamma rays from thermal neutron capture.”, Atomic and Nuclear Data Tables, **26**, pp. 511-559（1981）

章末問題

［１］ 線減弱係数と半価層の関係を示せ．

ヒント☞ 式(9·3)で，$I(x_{1/2})=I_0/2$ となる厚さ $x_{1/2}$ が半価層である．

［２］ 1 MeV の光子が，空気中で 90° 方向にコンプトン散乱された．空気中に１対の電離をつくるのに平均 34 eV かかるとすると，このとき発生するコンプトン電子が空気中につくる電離の数は，ほぼ何対か．ただし，電子は制動輻射を起こさないものとして計算せよ．

ヒント☞ 式(9·3)により散乱光子のエネルギーがわかるので，電子に渡されたエネルギーも評価できる．

［３］ ^{60}Co のγ線（$h\nu$～1.25 MeV）の，コンプトンエッジと後方散乱ピークのエネルギーを求めよ．

ヒント☞ ^{60}Co のγ線は，α～2.5 である．

［４］ 1 MeV の光子に対する銅の質量減弱係数は，約 0.59 $cm^2 \cdot g^{-1}$ である．

a）銅の密度を 9.0 $g \cdot cm^{-3}$ とするとき線減弱係数を求めよ．

b）銅の原子量を 64 とするとき原子減弱係数（原子１個当たりの減弱係数）を求めよ．

c）電子減弱係数（電子１個当たりの減弱係数）を求めよ．

［５］ 高エネルギー X 線や ^{60}Co-γ線による頭頸部の放射線治療のとき，照射野内に金属を充填した歯があると，これに接した内頬粘膜や舌表面が強い火傷を示すことがある．理由を説明し，対策を示せ．

ヒント☞ 火傷の原因は，二次電子の作用である．

［６］ 医療用リニアックなど高エネルギー（$h\nu \gtrsim 1$ MeV）の光子を照射する部屋の遮蔽壁に設けた細い貫通孔（ケーブルダクトなど）から漏えいする X 線のスペクトルは，100 keV～150 keV 付近に緩いピークをもつ．その理由を説明せよ．

ヒント☞ 漏えい線は，多重散乱線である．コンプトン散乱をすると，光子のエネルギーは下がるが，光子の個数は変わらない．一方，光電効果を起こすと，光子は消滅する．

Appendix 9-A 自由電子はなぜに光電効果を起こさないか

静止状態にある自由電子に振動数 ν の光子が完全に吸収され，自由電子が運動量 $\vec{p}$（全エネルギー E）をもつ光電子として飛び出すという過程を考えてみます．光子と自由電子のみからなる系は，外界と何の相互作用もしていませんから，この過程では，系の運動量も運動エネルギーも，共に保存します．電子の運動が関係していますので，コンプトン散乱の場合と同様，相対論的な運動，式(2·4′)を考える必要があります．光子の運動量とエネルギーとは，アインシュタインの関係式(3·1)とド・ブロイの関係式(3·2)で与えられますから，運動量と運動エネルギーの保存は，次のように表せます．

吸収前　吸収後

$$\begin{cases} h\nu = E - m_e c^2, & \text{［運動エネルギーの保存］} \\ \dfrac{h\nu}{c}\vec{e} = \vec{p}. & \text{［運動量の保存］} \end{cases}$$

これらの関係式を用いて，相対論的な全エネルギーと運動量の関係式(2·4′)から光電子の全エネルギー E と運動量 $\vec{p}$ とを消去すると；

$$(h\nu + m_e c^2)^2 = c^2\left\{\left(\frac{h\nu}{c}\right)^2 + m_e c^2\right\},$$

となり，この両辺を整理すると，次のようになります．

$$h\nu \cdot m_e c^2 = 0.$$

この等式は $\nu=0$，つまり，光子が入射していない場合にしか成り立ちません．つまり，自由電子は，光子のエネルギーをすべて吸収する光電効果を起こすことはできません．以上の証明は，はじめ静止していた電子に対するものです．はじめ電子が $\vec{0}$ でない運動量をもつ場合にも，その電子と同じ速度で動く慣性系を導入すれば，議論は上の説明と全く同じになります．

第10章　中性子と物質の相互作用・原子核反応

10・1　中性子と物質の相互作用の分類

中性子と物質の相互作用は，これまでの章で取り扱った荷電粒子線や光子（X線・γ線）と物質との相互作用にくらべて，その形態が多様で，しかも，どのような相互作用が起こるのかは，作用を受ける物質の種類と中性子のエネルギーとの双方に強く依存するという特徴があります．また，その特性を活用し，中性子と物質の相互作用にはさまざまな応用があります．そこで，本章では，中性子の相互作用の一般的性質を最初に説明し，その応用例である原子炉について概説します．

中性子は電荷をもたない粒子なので，クーロン力を介した物質の直接電離がありません．しかし，相互作用の結果発生する二次荷電粒子が電離作用の主な原因となるため，中性子線はX線やγ線と同様に，“間接電離放射線”と呼ばれることがあります．この二次荷電粒子を生成する過程も，発生する二次荷電粒子の種類も，中性子線は，X線やγ線の場合と著しく異なっています．

実際，中性子と物質との相互作用は，すべて中性子と原子核との散乱であると考えてもよいでしょう．中性子と原子核との散乱をその**形態**からみると，(1) **弾性散乱**と，(2) **非弾性散乱**とに大別できますが，後者はさらに，(2a) 原子核反応を伴わない[1]非弾性散乱（inelastic scattering）と，(2b) 原子核反応を伴う非弾性散乱[2]（non-elastic scattering）とに分類できます．また，中性子と原子核との相互作用をその**機構**からみると，それは，(A) 複合核の形成を伴う相互作用，(B) 核力のポテンシャルによる散乱，および，(C) 核子との直接の相互作用の3種類に大別できます．

1）ここにいう“核反応”とは，原子核の組成変化を伴う狭義の原子核反応のみを意味するが，原子核のエネルギー状態の変化を伴うという意味では，“原子核反応を伴わない非弾性散乱”も10･6節で説明する広義の原子核反応に含まれる．

2）文献の中には，“不弾性散乱”と呼ぶものもある．

10・2　弾性散乱

弾性散乱では，中性子と標的の原子核からなる系の運動エネルギーが保存し，標的核の内部エネルギー状態も変化しません．したがって，散乱の結果，一見何事も生じなかったかのように思えますが，中性子に衝突され，その運動エネルギーの一部を受け取った原子核が**反跳核**として飛び出し，この反跳核（重い荷電粒子）が，クーロン力を介して物質を電離（二次電離）したり励起したりします．そこで，反跳核の運動エネルギーを求めてみましょう．

中性子の静止エネルギーは，約 940 MeV と，中性子が通常獲得し得る運動エネルギーにくらべてはるかに大きいので，その運動は非相対論的に取り扱うことができます．図 10·1 に示したように，運動エネルギー T_0 の中性子が質量数 AM の原子核に衝突し，この原子核が中性子の入射方向に対して角度 θ の方向に反跳される，という弾性散乱を考えましょう．

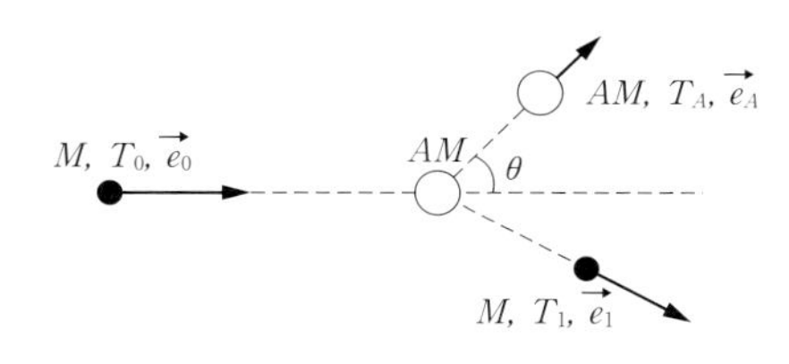

図 10·1　実験室系でみた中性子の弾性散乱

□静止している標的核（質量数 AM）に運動エネルギー T_0 の中性子が衝突し，標的核が中性子の入射方向から角度 θ の方向に反跳される弾性散乱．

散乱前　　散乱後

$$\begin{cases} T_0 = T_1 + T_A, & \text{［運動エネルギーの保存］} \\ \sqrt{2MT_0}\,\vec{e}_0 = \sqrt{2MT_1}\,\vec{e}_1 + \sqrt{2AMT_A}\,\vec{e}_A. & \text{［運動量の保存］} \end{cases}$$

ここで，T_1 と T_A は，それぞれ散乱された中性子と反跳核の運動エネルギーを表し，$\vec{e}_0$，$\vec{e}_1$ および $\vec{e}_A$ は，それぞれ入射中性子，散乱中性子および反跳核の進行方向を向いた単位ベクトルを表します．また，M は，核子 1 個当たりの質量（=1 原子質量単位）を表しています[3)]．第 8 章と同様の計算により，次の関係が得られます（以降，$M=1$ として AM を A と表す）．

$$T_A = \frac{4AT_0}{(1+A)^2}\cdot\cos^2\theta \equiv T_{\text{max.}}\cdot\cos^2\theta. \qquad \text{(a)}$$

3）この大雑把な議論では，陽子と中性子の質量の相違や質量欠損の存在は考慮していない．

反跳核の獲得する運動エネルギー T_A は，その散乱角に応じて $0 \sim T_{\mathrm{max.}}$ の範囲で変化しますが，この結果から，正面衝突（$\theta=0$）のとき，反跳核が，衝突前の中性子がもっていた運動エネルギーの $4A/(1+A)^2$ に相当する最大の運動エネルギーを獲得することがわかります．また，反跳核の獲得する運動エネルギーの期待値 $\langle T_A \rangle$ は，この最大値のちょうど半分になります．

$$\langle T_A \rangle = \frac{T_{\mathrm{max.}}}{2} = \frac{2AT_0}{(1+A)^2}. \tag{b}$$

式(b)から明らかなように，反跳核の運動エネルギーの期待値は $A=1$，つまり標的核が水素であるとき最大値 $T_0/2$ をとり，標的核の質量数にほぼ反比例して減少します．この事実は，弾性散乱を利用して高速の中性子を減速・遮蔽するためには，質量数の小さい元素からなる物質，ことに水やポリエチレンなどの“含水素物質”を用いるのが有利であることを意味しています．ただし，熱運動のエネルギーにまで減速された中性子が，水素の原子核に捕獲された際に放出される約 2.2 MeV の捕獲 γ 線（^{60}Co の γ 線よりエネルギーが高い）に対する遮蔽は，別途に考慮しなければなりません．

含水素物質による中性子の減速は，中性子の遮蔽ばかりでなく，10·11 節で説明する原子炉の原理にも重要な関わりをもつ過程です．水素（$A=1$）による弾性散乱の場合，1 回散乱した後の中性子の運動エネルギーの期待値は；

$$\langle T_H \rangle_1 = \frac{T_0}{2},$$

ですから，水素原子と n 回の弾性散乱をした中性子の運動エネルギーの期待値 $\langle T_H \rangle_n$ は；

$$\langle T_H \rangle_n = \frac{T_0}{2^n},$$

となり，衝突回数とともに指数関数的に減少することがわかります．両辺の対数をとると；

$$\ln\left\{\frac{\langle T_H \rangle_n}{T_0}\right\} = -n \cdot \ln 2,$$

となり，中性子の運動エネルギーの期待値の減弱比の対数が，中性子と水素原子核との衝突回数に比例することがわかります．衝突回数に比例する量；

$$\ln\left\{\frac{\langle T_H \rangle_n}{T_0}\right\} \equiv -u,$$

は**レサジー**と呼ばれ，中性子の減速の程度を表す尺度として用いられます．初期値の運動エネルギーをもつ（減速されていない）中性子のレサジーの値は 0 です．定常状態[4]では，あるエネルギー領域（$T_1 < T < T_2$）にある中性子が，単位体積の含水素物質中で起こす弾性散乱の数は，レサジー u の値によらず，対応するレサジー幅 Δu（$\equiv \ln(T_0/T_1) - \ln(T_0/T_2) = \ln(T_2/T_1)$）に比例します．中性子の減速は，エネルギーで表すと通常 8 桁以上にわたる現象[5]ですから，規格化されたエネルギーの対数表示であるレサジーは，表記の面でも便宜を与えます．

10・3　非弾性散乱

核反応を伴わない非弾性散乱では，中性子 ${}^1_0\mathrm{n}$ は一時的に標的の原子核 ${}^A_Z\mathrm{M}$ に捕獲されて複合核 ${}^{A+1}_{\ Z}\mathrm{M}^*$ を形成した後，再び原子核の外に放出され，励起状態の原子核 ${}^A_Z\mathrm{M}^*$ が残されます．励起状態の原子核 ${}^A_Z\mathrm{M}^*$ は，余分のエネルギーを γ 線（光子）の形で放出し，最終的には安定な基底状態 ${}^A_Z\mathrm{M}$ に戻ります（図 10・2）．

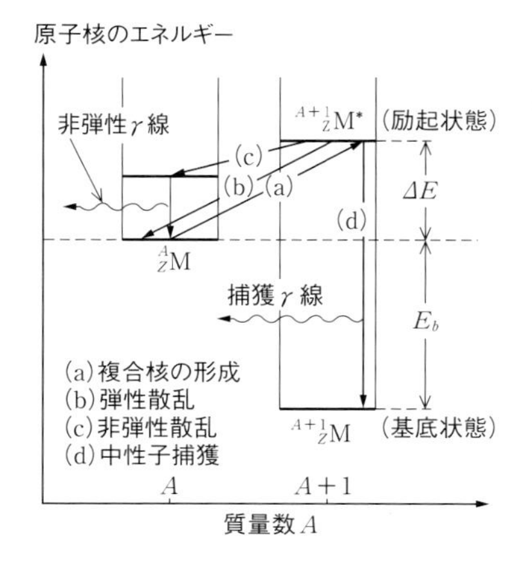

図 10・2　複合核の形成を伴う相互作用

□図で左側は，標的核（質量数 A，原子番号 Z）と中性子とが独立して存在するときの標的核のエネルギー状態を，右側は，中性子が標的核に取り込まれた複合核のエネルギー状態を表している　複合核の基底状態は，標的核と中性子が独立に存在する系の基底状態より，中性子 1 個の結合エネルギーに相当する分 E_b だけ低いエネルギー状態にある．中性子が ΔE の運動エネルギーを複合核にもち込む（過程 a）ものとすると，生成した複合核は，基底状態より $\Delta E + E_b$ エネルギーの高い励起状態にある．このエネルギーが複合核の核子間に分配される前に中性子が複合核を脱出できれば，弾性散乱（過程 b）または核反応を伴わない非弾性散乱（過程 c）となるが，複合核内でエネルギーの分配が進むと，中性子は複合核を脱出できず，複合核は励起エネルギーを γ 線の形で放出しながら基底状態に移行する（過程 d）．

4）平衡状態ではないが，時間的に変化しない状態を定常状態と呼ぶ．一定のエネルギー分布，強度および空間分布をもつ線源から中性子が供給され，また，周囲の媒質の組成や配置も一定である場合，中性子は媒質との相互作用により徐々にエネルギーを失いながら伝播していくが，任意の点における中性子のエネルギー分布と強度とは一定している．

5）たとえば，^{241}Am-Be 中性子源から放出される中性子は，5 MeV 付近に極大をもつエネルギー分布をもつが，この極大は熱中性子のエネルギーのほぼ 2×10^8 倍である．

核反応を伴う中性子の非弾性散乱にはさまざまな種類がありますが，どのような核反応が主になるかは，標的核が同じ場合でも，中性子のエネルギーによってかなり異なります．**熱中性子**（常温（～300 K）における平均熱運動エネルギー（～0.025 eV）をもつ中性子）では，原子核からクーロン力を受けない中性子が核力の圏内に侵入し，そのまま原子核に取り込まれる**中性子捕獲反応**が最も顕著な反応です．中性子捕獲反応では，核反応を伴わない非弾性散乱と異なり，捕獲された中性子が再び原子核から放出されず，多くの場合 γ 線のみが放出されます．そこで，中性子捕獲反応は，(n, γ) 反応[6]とも呼ばれます．

原子核が低エネルギーの中性子を捕獲する反応の断面積は，中性子の速度の大きさにほぼ反比例して減少します．低エネルギーの中性子と物質との相互作用は，中性子を捕獲する反応と弾性散乱とが主な反応として競合しますが，いずれの相互作用が優勢であるかは原子核の種類に依存します．中性子を捕獲する反応が優勢な原子核の例としては，ウランの同位体 $^{238}_{92}\mathrm{U}$ などがあります．一方，$^{6}_{3}\mathrm{Li}$ や $^{10}_{5}\mathrm{B}$ など比結合エネルギーの小さな原子核では，原子核が熱中性子を捕獲した結果，γ 線ではなく α 粒子を放出します．医療では，$^{10}_{5}\mathrm{B}(\mathrm{n}, \alpha)^{7}_{3}\mathrm{Li}$ 反応は，脳腫瘍などの中性子捕捉療法[7]に用いられています．

一方，$^{12}\mathrm{C}$ のように中性子数が魔法数[8]に等しい原子核は中性子捕獲反応を起こしにくいので，低エネルギー領域の中性子と物質との相互作用では，弾性散乱が優勢です．なお，質量数の小さい（$A \lesssim 20 \sim 30$）原子核や魔法数をもつ原子核では 1～数 MeV のエネルギー領域で，魔法数をもたない中程度の質量数（$20 \sim 30 \lesssim A \lesssim 150$）の原子核では 0.1～1 keV の領域で，また，質量数が大きく（$150 \lesssim A$）魔法数をもたない原子核では 1～100 eV の領域で，中性子が複合核にもち込むエネルギーが複合核の励起エネルギーと同程度になるため，非常に反応しやすくなります．その結果，反応確率がそれらの励起エネルギーに対応した数多くの鋭い極大をもちます．この現象を**共鳴**といいます．また，熱中性子を含む遅い中性子の関与する核反応には，$^{235}_{92}\mathrm{U}$ などの重い原子核にみられる**捕獲核分裂反応**（*Cf.*，10･8 節）もあります．

運動エネルギーが 100 keV 程度以上の速い中性子では，結合エネルギーの大

6）核反応の表記法に関しては，*Cf.*，10･6 節.

7）*Cf.*，「特集　ホウ素中性子捕捉療法：BNCT」RADIOISOTOPES, Vol. 64, No. 1（2015）

8）陽子数や中性子数が，2，8，20，28，50，82 個である原子核は，特に安定になる性質があり，これらの数字は“魔法数”と呼ばれている（*Cf.*，図序･3）.

きな原子核でも (n, α) 反応や (n, p) 反応などが起こり始め，中性子のエネルギーが高くなるにつれて，(n, 2n) や (n, np) 反応などの複数の粒子を放出する反応が起こるようになります．そして，数 10 MeV 以上の高エネルギー中性子では，核力の結合エネルギーより大きなエネルギーを分配された多数の核子が一斉に原子核の外に放出される原子核の**蒸発反応**（evaporation reaction）が起こります．また，高速の中性子が文字通り原子核を打ち砕く**核破砕反応**（spallation reaction）も起こるようになります．この核破砕反応では，原子核は複数の断片に砕かれ，同時に中性子や π 中間子などが多数放出されます．

10・4　複合核の形成

反応の機構からみると，**複合核の形成**は，弾性，非弾性いずれの散乱にも関与する反応です．図 10·2 は，縦軸にエネルギーを，横軸に質量数をとって，原子核の状態を描いたものです．標的となる原子核 ${}^{A}_{Z}\mathrm{M}$ が中性子と複合核 ${}^{A+1}_{Z}\mathrm{M}^*$ を形成すると質量数が 1 増えるため，状態は図の右側に移行しますが，もし中性子が複合核にもち込む運動エネルギーが 0 であれば，形成された仮想的な複合核 ${}^{A+1}_{Z}\mathrm{M}^*$ のエネルギーは，もとの原子核と同じ値です．

この仮想的な複合核のエネルギー状態（破線）は，複合核の基底状態 ${}^{A+1}_{Z}\mathrm{M}$ にくらべて，新たに付け加えられた核子 1 個分の結合エネルギー（E_b～8 MeV）だけエネルギーの高い状態です．したがって，相対運動の運動エネルギー（Appendix 10–B）が $\Delta E \sim A \cdot T_0/(A+1)$ の中性子を取り込んで形成する複合核の状態は，その基底状態 ${}^{A+1}_{Z}\mathrm{M}$ にくらべて（$\Delta E + E_b$）だけエネルギーの高い励起状態 ${}^{A+1}_{Z}\mathrm{M}^*$ になります（矢印(a)）．

もし，この励起エネルギーが $(A+1)$ 個の核子の間に分配される前に，中性子が複合核から脱出できれば，弾性散乱（矢印(b)）か，核反応を伴わない非弾性散乱（矢印(c)）になります．いずれの反応になるかは，中性子を放出した直後の原子核が，基底状態にあるか励起状態にあるかで決まります．

一方，複合核の励起エネルギー $\Delta E + E_b$ が，いったん多数の核子の間で分配されてしまうと，核子間の相互作用を通じて，その中の 1 個の核子にたまたま E_b 以上のエネルギーが集中することがない限り，複合核は核子を放出できません．すると，励起状態の複合核 ${}^{A+1}_{Z}\mathrm{M}^*$ は比較的安定に存在できて，余分のエネルギーを γ 線（**捕獲 γ 線**）として放出しながら基底状態 ${}^{A+1}_{Z}\mathrm{M}$ に移行できます（中間の励起状態を経由すれば複数の捕獲 γ 線が放出される）．これが中性子捕獲

反応 (n, γ) です.

なお，複合核の基底状態 $^{A+1}_{Z}\mathrm{M}$ は，Z 個の陽子と $(A-Z+1)$ 個の中性子からなる原子核としては最も安定な状態ですが，この原子核よりも，$(Z+1)$ 個の陽子と $(A-Z)$ 個の中性子からなる原子核 $^{A+1}_{Z+1}\mathrm{M}$（または，その励起状態 $^{A+1}_{Z+1}\mathrm{M}^*$）と電子 e^- からなる系のほうがより安定である場合には，さらに β 壊変を，また，$(Z-2)$ 個の陽子と $(A-Z-1)$ 個の中性子からなる原子核 $^{A-3}_{Z-2}\mathrm{M}$（または，その励起状態 $^{A-3}_{Z-2}\mathrm{M}^*$）と α 粒子 $^{4}_{2}\alpha$ からなる系のほうが安定である場合には，さらに α 壊変を，それぞれ起こすことが可能になります.

また，中性子が標的核にもち込む運動エネルギー ΔE が，核子の結合エネルギー E_b にくらべて大きな場合には，核子間のエネルギー分配の過程で，複数個の核子が結合エネルギーより大きなエネルギーをもつことが可能になり，複合核からは複数の核子が放出されます．これが，(n, 2n) や (n, np) などの複数の粒子を放出する核反応です.

10・5 ポテンシャル散乱と直接の相互作用

前節で述べた複合核形成を伴う弾性散乱は，主に共鳴の近傍で起こる弾性散乱です．これに対して，**ポテンシャル散乱**は，中性子が核力の及ぶ範囲（標的核の内外を問わず）を通過したとき，核力のポテンシャルを感じて散乱される過程で，中性子のエネルギーが共鳴の近傍にない場合にも生じる散乱です．核力は到達距離が非常に小さいため，ポテンシャル散乱による弾性散乱の断面積は，ほとんど原子核の幾何学的断面積で決まり，中性子のエネルギーにはあまり依存しません．核力を，核子が非常に接近したときに働く斥力の部分だけで，近似的に考えれば，弾性ポテンシャル散乱は，剛体球の力学的な衝突と同様に考えられます.

一方，**直接の相互作用**は，中性子の運動エネルギーが核子の結合エネルギーにくらべてかなり大きな場合に起こる過程です．このような高エネルギーの中性子からみれば，標的となる核子が互いに核力で結合し原子核を構成しているのか，それとも個々独立に存在しているのかは，あまり重要な相違ではありません．これはちょうど，コンプトン散乱で，光子のエネルギーが軌道電子の結合エネルギーにくらべて十分高くなると，軌道電子と自由電子とを区別する必要がなくなったのと同じ事情です．直接の相互作用では，中性子が標的核を構成する核子と直接衝突し，これを原子核の外に叩き出したり，標的核を励起状態に遷移させたりします.

10・6　原子核反応

原子核が，その核子組成やエネルギー状態を変える現象を**原子核反応**と呼びます．中性子の非弾性散乱により引き起こされる反応は，すべて原子核反応にほかなりません．第7章で述べた自発的な原子核の壊変も，広い意味では原子核反応に含まれますが，通常，原子核反応といえば，原子核が外界からなんらかの相互作用を受け，その結果生ずる反応を意味します．

原子核と外界との相互作用は，粒子的な相互作用と電磁気的な相互作用とに大別できます．粒子的な相互作用は，中性子以外の粒子（陽子，重陽子，α 粒子など）の場合も，10·4 および 10·5 節で説明した複合核を形成する相互作用や直接の相互作用などからなります．また，電磁気的な相互作用は，入射（荷電）粒子の運動エネルギーの一部が電磁相互作用を介して原子核に与えられ，エネルギーの高い励起状態になった原子核が γ 線や粒子を放出するものや，光子を吸収して励起した原子核が，粒子を放出して安定化する**光核反応**などからなります．

個々の原子核反応は，どのような標的核に対してどのような粒子が入射し，どのような粒子を放出（散乱）するかという，粒子の組合せによって特徴づけられます．そこで，原子核反応を表すには，$^{9}\mathrm{Be}\,(\alpha, \mathrm{n})^{12}\mathrm{C}$ のように，入射粒子と放出粒子（複数の場合もある）とを括弧の中にコンマで区切って併記し，これを標的核と生成核で挟む，という記法が用いられます．また，原子核反応の種類は，入射粒子と放出粒子の組合せで特徴づけられますから，上述の表記法の括弧の部分を用いて (n, γ) 反応や (p, α) 反応のように表現します．なお，括弧内の粒子として重陽子（デューテロン）または三重陽子（トリトン）が現れる場合には，それぞれ記号 d または t を用いる習慣があります．

原子核反応には，高エネルギーの反応まで考えると，非常に多くの種類がありますが，ある標的核とある入射粒子との組合せから，全く勝手な生成核と放出軽粒子の組合せをつくり出すことはできません．なぜならば，原子核反応の前後では，(1) エネルギー，(2) 運動量，(3) スピン角運動量などの力学的保存量が不変であるほかに，(4) 電荷などが**保存**されなければならないからです．

10・7　原子核反応のエネルギーと反応の閾値

第7章で説明した原子核の壊変の場合と同様に，原子核反応の Q 値，すなわち，入射粒子と標的核の静止エネルギーの総和と，生成核と放出粒子の静止エネルギーの総和との“差”を考えてみましょう.

$$Q \equiv \underbrace{(m_{\text{in}}c^2 + M'_{\text{tar.}}c^2)}_{\text{反応前}} - \underbrace{(\sum m_{\text{out}}c^2 + M'^{*}_{\text{prod.}}c^2)}_{\text{反応後}},$$

ただし, $M'_{\text{tar.}}$ および $M'^{*}_{\text{prod.}}$（多くの場合, 生成核は励起状態にあるので*を付した）は, それぞれ標的核および生成核の質量を表し, m_{in} および m_{out} は, それぞれ入射粒子および放出粒子（たち）の質量を表します.

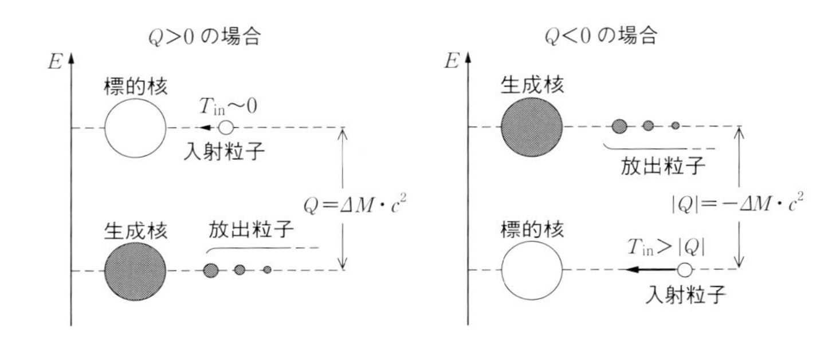

図 10·3 原子核反応の Q 値（$Q>0$ の場合と $Q<0$ の場合）

□ $Q>0$ の場合は, 入射粒子が標的核に到達すれば反応は自動的に進み, 値に等しいエネルギーが, 生成核と放出粒子の運動エネルギーと生成核の励起エネルギーに分配される. 一方, $Q<0$ の場合は, 入射粒子が $|Q|$ 以上の運動エネルギーを標的核にもち込まねば反応は進行しない.

Q 値は, 核反応に伴って増加した核力の結合エネルギーを表します（図10·3）. すなわち, 系の減少した質量（$Q>0$ のとき）に相当する静止エネルギーが, 反応後に粒子の運動エネルギーという形で原子核の外に放出され, 反応後の生成核と放出粒子（たち）からなる系は, よりエネルギーの低い（結合エネルギーの大きい）状態を実現するわけです. したがって, $Q>0$（**発熱反応**）の場合には, 入射粒子が標的核との核力の相互作用の圏内（〜10^{-14} m）に到達しさえすれば, 原子核反応は自発的に進行します. これに対して, $Q<0$（**吸熱反応**）の場合には, 外部から原子核の中に $|Q|$ よりも大きなエネルギーを供給しなくては, 反応を進行させることができません.

光核反応はすべて吸熱反応ですが, この反応では光子自身がエネルギー供給の役割を果たしています. 光子以外の入射粒子が関与する吸熱反応では, 反応の進行に必要なエネルギーは入射粒子の運動エネルギーの形で供給されます. しかし, 入射粒子を運動エネルギーが $|Q|$ になるまで加速しても, まだ反応を引き起

こすことはできません．なぜならば，入射粒子の運動エネルギーの一部は，入射粒子と標的核とからなる系全体の並進運動の運動エネルギーであって，核反応に寄与する原子核の内部エネルギーにはならないからです．入射粒子と標的核との相対運動の運動エネルギーは，入射粒子の運動エネルギーのうち，入射粒子と標的核の質量の総和に対する入射粒子の質量の割合相当分です．したがって，反応のエネルギーが Q（<0）である原子核反応の，入射粒子の運動エネルギーの閾値 $T_{\mathrm{thresh.}}$ は，次のように表せます（Appendix 10-B）．

$$T_{\mathrm{thresh.}} = |Q| \cdot \frac{m_{\mathrm{in}} + M'_{\mathrm{tar.}}}{M'_{\mathrm{tar.}}}.$$

原子核反応の Q 値の多くは，通常（絶対値で）数 MeV 以上のエネルギーになります．原子核の研究において，大型の粒子加速器が必要とされるのは，こうした理由によります．

10・8　捕獲核分裂

10･3 節で説明した中性子捕獲反応は，質量数が一つ大きい同位体をつくり出しますが，生成核は元の安定原子核にくらべて中性子数が過剰になりますから，やがて β 壊変をして原子番号の一つ大きい原子核に変わる可能性があります．このような方法を利用すれば，天然には存在しない原子番号が 93 以上の元素（**超ウラン元素**，TRU : trans uranium）を人工的につくり出せるだろうと期待できます．

ところが，1938 年にハーン（Otto Harn, 1879～1968）らがウランの中性子捕獲実験を試みたところ，熱中性子を捕獲したウラン $^{235}_{92}\mathrm{U}$ が，中程度の原子番号をもつ 2 個の原子核に分裂するという予想外の結果に遭遇しました．観測された**核分裂**反応は一通りではありませんでしたが，その一例を，以下に示します．

$$^{235}_{92}\mathrm{U} + {}^{1}_{0}\mathrm{n} \rightarrow (\text{中性子捕獲}) \rightarrow {}^{236}_{92}\mathrm{U} \rightarrow (\text{自発核分裂}) \rightarrow {}^{140}_{54}\mathrm{Xe} + {}^{93}_{38}\mathrm{Sr} + 3 \cdot {}^{1}_{0}\mathrm{n}.$$

核分裂の仕方には何通りもの可能性がありますが，原子核がちょうど半分に割れる核分裂よりは，図 10･4 に示すように，非対称な核分裂を起こす傾向（対称な核分裂より約 3 桁も多い）があります．この非対称な核分裂は，原子核の比結合エネルギーの質量数依存性とは，一見つじつまが合わない現象のように思われます．なぜならば，図序･2 に示した原子核の比結合エネルギーと質量数との関係は，全体的に上に凸の関数ですから，対称な核分裂をしたほうが，二つの生成核の結合エネルギーの総和が大きく，より安定になるであろうと考えられるからです．

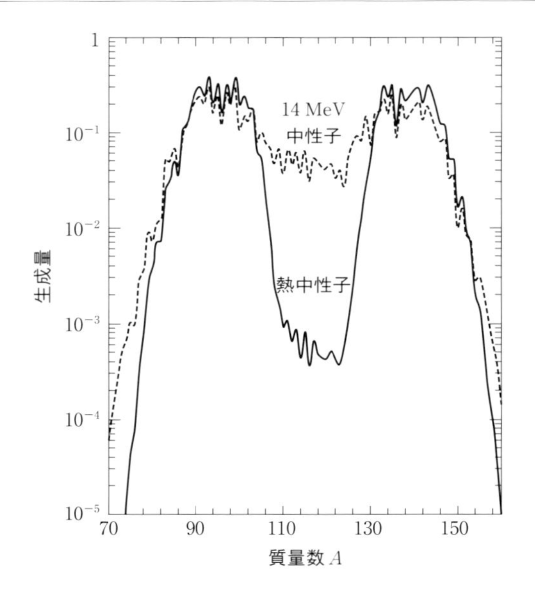

図10·4　^{235}U の核分裂生成物の質量分布
［出典］JENDL-4（2011）

非対称な核分裂が生じる原因は，図序·3に示したように，原子番号の大きな原子核ほど，核子に占める中性子の割合が多いという点にあります．そのため対称な核分裂では，非対称な核分裂にくらべて，より多くの即発中性子を放出しなければなりません．その結果，対称な核分裂の場合には，それら余分の中性子の結合エネルギーに相当する分だけQ値が小さくなり，反応が起こりにくくなるわけです．

ところで，$^{235}_{92}$U は熱中性子を捕獲することで核分裂を起こすのに対し，同じウランの同位体である$^{238}_{92}$U は熱中性子による捕獲核分裂をほとんど起こしません．この違いの原因は，それぞれの原子核が中性子を捕獲したときに生じる複合核$^{236}_{92}$U と$^{239}_{92}$U が自発核分裂を起こすために必要なエネルギー（臨界エネルギー：図7·14のεに相当）と，捕獲された中性子が複合核にもち込む結合エネルギーとの大小関係の違いにあります．

表10·1からわかるように，$^{235}_{92}$U は運動エネルギーをほぼ無視できる熱中性子を捕獲した場合にも，捕獲した中性子の結合エネルギーが核分裂の臨界エネルギーよりも大きいため自発核分裂を起こします．しかし，$^{238}_{92}$U が熱中性子を捕

表 10・1　捕獲生成核の核分裂臨界エネルギーと捕獲中性子の結合エネルギー

核　種	中性子捕獲生成核	生成核の臨界エネルギー	中性子の結合エネルギー
$^{235}_{92}U$	$^{236}_{92}U$	5.3 MeV	6.4 MeV
$^{238}_{92}U$	$^{239}_{92}U$	5.5 MeV	4.9 MeV
$^{239}_{94}Pu$	$^{240}_{94}Pu$	4.0 MeV	6.4 MeV

獲した場合に開放される捕獲中性子の結合エネルギーは，核分裂の臨界エネルギーより小さいため，トンネル効果によってわずかに生じるものは別にして，生成核の $^{239}_{92}U$ が自発核分裂をすることはあり得ません．この違いは，$^{236}_{92}U$ が“偶偶核”であるのに対して，$^{239}_{92}U$ の質量数が奇数であることに起因しています（図 10・5）．6・5 節で説明したように，偶偶核の結合エネルギーは核子が対を形成できることで大きくなり（$E_{\mathrm{pair}} \sim 0.036A^{-3/4}uc^2$），その分だけ熱中性子を捕獲して偶偶核の複合核を形成した場合の励起エネルギーが増します．したがって，ウラン，トリウム，プルトニウムなどの重い元素では，一般に質量数が奇数である同位体のほうが，熱中性子による捕獲核分裂を起こしやすい傾向があるといえます．

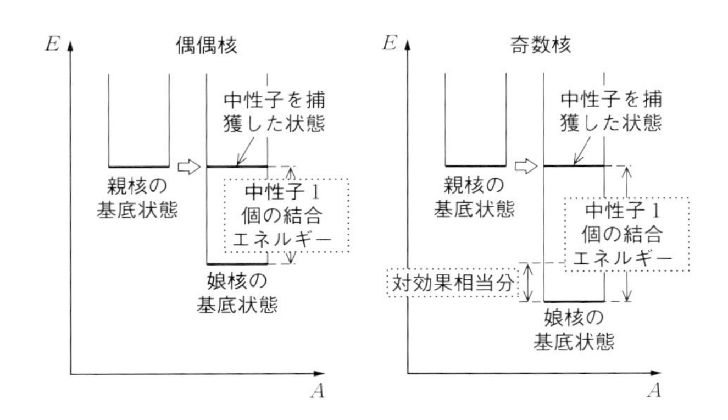

図 10・5　偶偶核と奇数核の相違

□中性子を捕獲した場合，標的核が奇数核である場合のほうが“対効果”により基底状態のエネルギーが低くなる分だけ，複合核の励起エネルギーは高くなる．

ウランの核分裂反応の Q 値は約 200 MeV で，その約 80% が核分裂片の運動エネルギーとなります．しかし，これらの核分裂片は質量も電荷も大きいので，ウラン中の最大飛程は，数 μm 程度に過ぎません．したがって，核分裂のエネルギーの大部分は，比較的短時間の内にウランの中で熱エネルギーに変わります．

核分裂反応では，核分裂片と同時に，中性子や γ 線も複合核から放出されます．これらの中性子や γ 線は，即発中性子および即発 γ 線と呼ばれます．即発中性子は，ウランが（核分裂片にくらべて）過剰にもつ中性子を核分裂の際に放出するもので，1 核分裂当たり 2～3 個の中性子が放出されます．この中性子は，図 10·6 に示すエネルギー分布をもちます[9]．一方，即発 γ 線は，エネルギーの高い γ 線ほど発生確率は下がりますが，最大エネルギーが数十 MeV 以上にもわたる非常に広いエネルギー分布を示します[10]．これら即発中性子および即発 γ 線のエネルギーは，核分裂で放出される全エネルギーの約 5% に相当します．

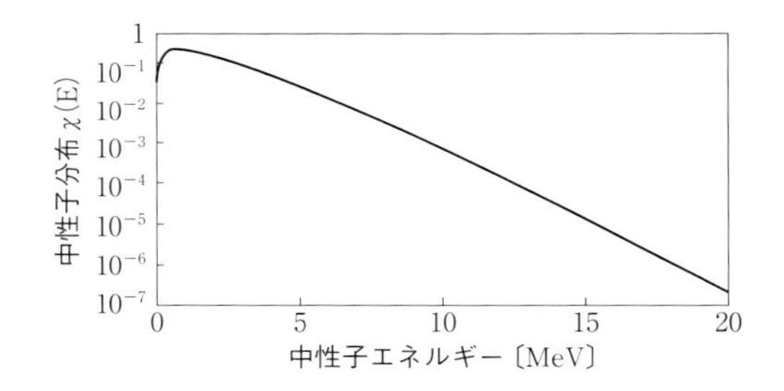

図 10·6　^{235}U の核分裂即発中性子エネルギースペクトル

□図の即発核分裂中性子エネルギースペクトルは，次式で表される．

$$\chi(E)\mathrm{d}E = 0.453e^{-1.036E}\sinh(\sqrt{2.29E})\mathrm{d}E.$$

ここで，$\chi(E)\mathrm{d}E$ は，核分裂中性子が E から $E+\mathrm{d}E$ の間のエネルギーをもって放出される割合で，全体は 1 に規格化されている[9]．

また，核分裂に際しては，これとほぼ同量のエネルギー（約 5%）がニュートリノの形で放出されます．ニュートリノは，物質とほとんど相互作用をしないため，このエネルギーはすべて外界に失われます．核分裂のエネルギーの残りの約 10% は，放射性の核分裂片からの β 線や γ 線の形で放出されます．このため，10·11·2 節で説明するように，停止直後の原子炉は，なお運転時の 1 割程度の熱出力を持続します（図 10·7）．

9）*Cf.* 平川直弘，岩崎智彦：“原子炉物理入門，” 東北大出版会

10）*Cf. e.g.,* A. Oberstedt, *et al.*: “Improved values for the characteristics of prompt-fission γ-ray spectra from the reaction ^{235}U（n$_{\rm th}$, *f*），” Phys. Rev. C, **87**, 051602(R)（2013）

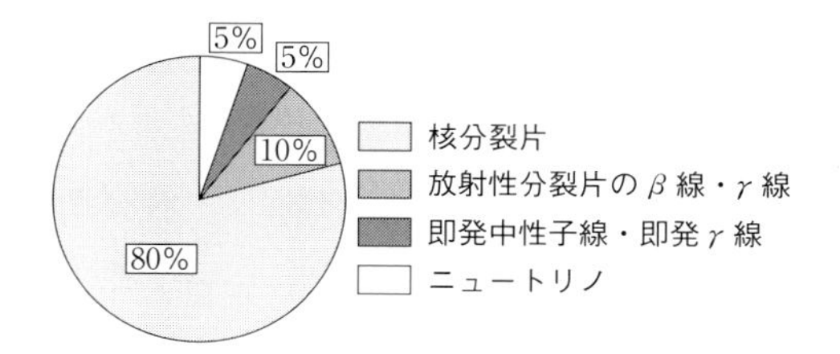

図 10·7　核分裂エネルギーの行方

ウランの核分裂反応のエネルギーは，核分裂片と中性子の運動エネルギー，核分裂片が放出する放射線のエネルギー，およびニュートリノが運び去るエネルギーに分配される．

ところで，$^{87}_{35}$Br，$^{138}_{53}$I のような核分裂片はβ壊変を起こすと，非常に高い励起状態に移行するため，この励起状態の娘核から中性子を放出する反応が可能になります．こうした過程で放出される中性子は，これらの娘核の半減期（10^{-1}～10^{1} s）に従って，核分裂の後に放出されるため，遅発中性子と呼ばれています[11)]．遅発中性子は，その半減期によって，幾つかの群に分類され，遅発中性子の数は即発中性子の 0.7～0.8% に過ぎません．しかし，10·11·3 節で説明するように，遅発中性子の存在により，原子炉の出力応答が制御に対して常に遅れをもつために，連鎖反応が爆発的に進行しないよう，原子炉の臨界状態を保つ制御が可能となります．

10・9　中性子の動き

ここまで，中性子と物質の相互作用について説明してきましたが，これらを総合的に考えることにより，ある領域における中性子の動きを知ることができます．ある瞬間，ある領域の中性子の数は，その領域に入る中性子とその領域で発生する中性子から，その領域で吸収される中性子とその領域から出ていく中性子を引いたものとなります．この関係は数値的に解くことができ，中性子の分布を計算することができます．この領域における中性子の収支関係は，1870 年代に気体分子の速度分布をボルツマンが定式化した輸送方程式（ボルツマン方程式）によって表されます．

11）*Cf.*,（1）G. R. Keepin : "Physics of Nuclear Kineteics," Addison-Wesley（1965）（2）G. Russtam : Nucl. Sci. Eng., **80**, pp. 233-255（1982）（3）Table of Isotope（8th Ed）. 1999 Update

実際，輸送方程式を厳密に解くことはスーパーコンピュータを用いても，非常に困難です．なぜなら，中性子の空間分布の三次元，中性子エネルギー分布の一次元，そして，中性子の動きの方向の三次元の，合計七次元の式について，同時に計算をしなければならないからです．そのため，現実的に解く手法が幾つか考案されています．代表的なものとしては，乱数を用いて解くモンテカルロ法（Monte Carlo method）があります．この方法は中性子以外の粒子も計算できるため，近年その開発が急速に進んでいます．JAEA（Japan Atomic Energy Agency：国立研究開発法人日本原子力研究開発機構）で開発しているPHITS（Particle and Heavy Ion Transport code System）はその一つであり，放射線による診断・治療における線量評価などにも広く使われています[12]．

10・10 連鎖反応

1個の中性子がウランに核分裂を引き起こすと，10·8節で述べたように2〜3個の即発中性子が放出されます．この“二次”中性子が，その後たどり得る過程には，以下のようにさまざまなものがあります．

(1) 何の反応も起こさず，外界に飛び去る．
(2) 核分裂を起こしにくい $^{238}_{92}U$ などの原子核に捕獲される．
(3) $^{235}_{92}U$ に捕獲されるが，核分裂ではなく（n, γ）反応などを引き起こす．
(4) $^{235}_{92}U$ に捕獲され，次の核分裂を引き起こす．

核分裂によって放出された中性子が，(4)のように次々と核分裂を引き起こしていく過程を**連鎖反応**といいます．

核分裂によって増加した中性子は，(1)〜(3)の過程によって減少しますから，(4)の過程による中性子の増加が，(1)〜(3)の過程による中性子の減少とちょうど釣り合えば，核分裂は一定の割合で持続することになります．この状態を**臨界**といいます．中性子の数が次第に増加する状態を**臨界超過**，減少する状態を**臨界未満**といいます．これらの状態において，1個の中性子が平均して何個の中性子になるかという量を増倍率（multiplication factor : k）といいます．ですから，臨界状態では $k=1$，臨界超過では $k>1$，臨界未満では，$k<1$ となります．

12) *Cf.*, T. Sato, *et al.*, Features of Particle and Heavy Ion Transport Code System（PHITS）, Version 2.52, J. Nucl. Sci. Technol. **55**:（5-6）pp. 684-690（2018）

10・11　原子炉の原理

原子炉は，臨界状態を維持して，原子核反応によって生じるエネルギーを取り出す装置で，連鎖反応を起こす炉心を中心に構成されます．そこで，まず，炉心で臨界状態を保つ条件を考え，次にその制御を考えます．日本の原子力発電所は，主に，$^{235}_{92}$U の同位体濃度が 3～5% の低濃縮の酸化ウランを燃料とし[13)]，冷却材として軽水[14)]を用いていますので，これらを中心に概説します．

10・11・1　原子炉における臨界状態

図 10・8 からわかるように，中性子の運動エネルギーが 1 eV よりもかなり小

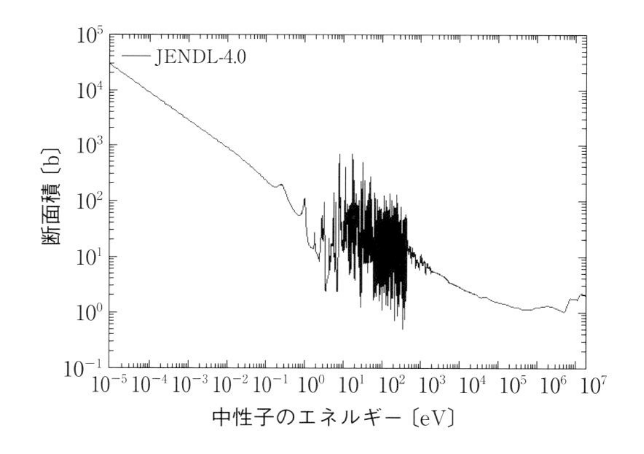

図 10・8　^{235}U の核分裂断面積

□ウランの捕獲核分裂断面積は，中性子の速度の大きさに反比例して減少する．
［出典］JENDL-4（2011）

13）天然ウランは，$^{238}_{92}$U に対して，$^{235}_{92}$U が約 0.7% の割合で含まれる．この $^{235}_{92}$U の割合を人工的に高めたものを濃縮ウランという．一般に，濃縮度 20% 以下のものを低濃縮ウランといい，20% 以上のものを高濃縮ウランという．低濃縮ウラン燃料は，主に原子力発電所の核燃料として利用されている．これは，天然ウランを用いた場合，軽水を用いた原子炉を設計しにくいためである．しかし，濃縮度を上げ過ぎると，安定して原子炉を運転しにくくなる．一方，高濃縮ウランは，研究用原子炉，原子力空母や潜水艦などの原子炉に使用されている．これは，非常に高い密度の中性子束を取り出し研究するためや，長期間，原子炉燃料の交換を不要にするためである．ただし，最近の研究用原子炉では，核兵器転用や核セキュリティーなどの課題に対応するため，低濃縮ウラン利用への転換が進められている．

14）軽水は普通の水である．これに対して，水素原子が重水素原子に置き換わったものを重水という．軽水は重水にくらべて，中性子の吸収断面積が大きく，天然ウランなどを用い，中性子吸収を少なくしたい原子炉では，重水を冷却材に用いる場合がある．

さな領域で，$^{235}_{92}$U の捕獲核分裂反応断面積は 100 b 以上となります．すなわち，中性子の運動エネルギーが十分に小さいほうが，核分裂反応を起こしやすくなります．したがって，原子炉では，臨界状態を保つために，主に熱中性子が用いられます．

燃料の大半は $^{238}_{92}$U ですので，熱中性子は吸収され，γ 線を放出します．$^{235}_{92}$U が熱中性子と反応すると，その約 15% は吸収反応を起こし，γ 線を放出しますが，ほとんどは核分裂反応を起こし，平均 2.4 個（核分裂当たりの中性子発生数：ν）の中性子を放出します．この燃料が熱中性子を吸収して発生する中性子の割合を再生率（η）といい，これらの関係は以下の式で表されます．ウランおよびプルトニウムの例として，中性子再生率を図 10·9 に示します．

$$\eta = \frac{\nu N_{235}\sigma_{f235}}{N_{235}\sigma_{a235} + N_{238}\sigma_{a238}} = \frac{\nu \Sigma_f}{\Sigma_a}.$$

ここで，N_{235} と N_{238} は燃料中の $^{235}_{92}$U および $^{238}_{92}$U の個数，σ_{a235} と σ_{a238} はそれぞれの吸収断面積，σ_{f235} は $^{235}_{92}$U の核分裂断面積，Σ_a と Σ_f は燃料の巨視的吸収断面積および巨視的核分裂断面積です．

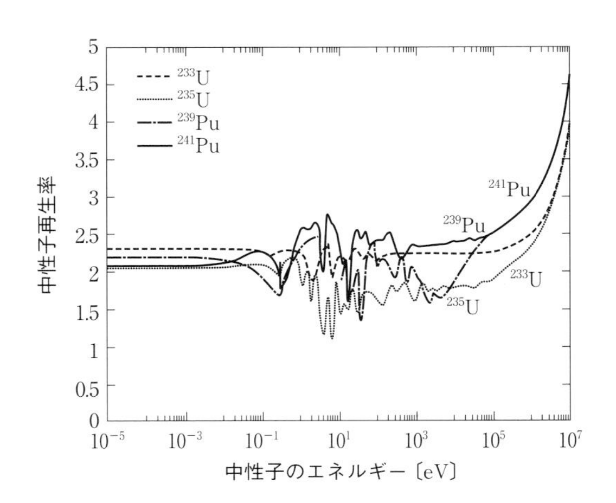

図 10·9　ウランおよびプルトニウムの中性子再生率

□ウランおよびプルトニウムの中性子再生率は，熱中性子とくらべると，100 keV 以上の速中性子に対して急激に上昇する．
［出典］JENDL-4（2011）

核分裂で放出される即発中性子のエネルギーは，$^{235}_{92}$U の場合，平均エネルギーが2 MeVで図10・6に示したような分布をもっています．ここでは，熱中性子による連鎖反応を中心に考えていますが，図10・8からわかるように，$^{235}_{92}$U は速中性子（ここでは，0.1 MeV以上のエネルギーをもつ中性子と定義します．また，これ以下のエネルギーで，熱中性子よりも高いエネルギーをもつ中性子を，熱外中性子と定義します）でも核分裂反応を起こします．また，$^{238}_{92}$U も速中性子による核分裂反応をします．そのため，η は少し多くなります．その割合を高速中性子核分裂因子 ε といい，以下で定義します．

$$\varepsilon = \frac{\text{すべての中性子核分裂による核分裂生成中性子数}}{\text{熱中性子核分裂による核分裂生成中性子数}}$$

臨界状態を保つためには，速中性子が途中で吸収されることなく，できるだけ早く減速して熱中性子にする必要があります．減速するには中性子散乱反応を用います．数MeV以上の高いエネルギーですと，原子核を励起状態にするためエネルギーが用いられることから（*Cf.*，10・3節），非弾性散乱は中性子を大きく減速します．しかし，それ以下のエネルギーでは，非弾性散乱反応の閾値以下になりますので，弾性散乱が支配的になります．10・2節で述べたように，弾性散乱では，中性子は衝突する相手の原子核が小さいほど大きく減速され，水素が最も減速能力が大きくなります．また，軽水は，比熱が大きく，核分裂で発生する熱エネルギーを取り出すためにも便利な性質をもっています．そこで，今日の原子力発電所のほとんどは，軽水を減速材と冷却材との双方に利用しています（軽水炉）．

速中性子の大部分は，減速の途中で，$^{238}_{92}$U や他の物質に捕獲されます．これは，主に，先に述べた共鳴吸収によるので，中性子が減速の途中に共鳴吸収を逃れて熱中性子になる割合を共鳴吸収を逃れる確率と呼びます．この量は，燃料と減速材の割合に大きく依存し，また，その形状や配列にも影響されます．

次に，臨界状態を保つために，熱中性子が他の物質に吸収されず，燃料に多く吸収される体系を考えます．実際，炉心には鉄などの構造材，燃料の被覆材などがあり，これらは耐熱性，耐圧性なども考慮して選定されますので，吸収断面積の大きいものもあります．このような条件の中，熱中性子が燃料に吸収される割合を，熱中性子利用率 f といいます．

ここまで，体系の外に漏れる中性子については考えずに，臨界状態を保つ条件を考えてきました．これは，有限な大きさではなく，無限の大きさをもつ体系で考えてきたことと同じことです．その中で，

(1) 熱中性子利用率（f）

(2) 共鳴吸収を逃れる確率（p）

(3) 再生率（η）

(4) 高速中性子核分裂因子（ε）

のパラメータが出てきました．これらをすべて掛け合わせたものは，体系からの漏えいがない無限体系における無限増倍率 k_∞，すなわち，

$$k_\infty = \eta \cdot \varepsilon \cdot p \cdot f,$$

であり，これを4因子公式といいます．この k_∞ は，原子炉の大きさ・形状に無関係で，原子炉の構成材料の性質およびその配列のみによって決まりますので，原子炉解析には特に有用なパラメータです．

実際の原子炉は一定の大きさをもちますので，体系の外に漏れだす中性子の減少を考慮する必要があります．そのため，k_∞ は必ず1以上でなければ，臨界は成立しません．ここで漏えいを考えるために，ある有限な原子炉体系，たとえば，一辺の長さが l の立方体を考えます．中性子の漏れは表面積，(l^2) に比例し，中性子の発生は体積 l^3 に比例しますので，発生における漏えいの割合は $1/l$ 比例します．すなわち，適切な l を選べば，臨界（$k=1$）となる体系を構成することができます．その際の体積を臨界体積，また，その体積中の核燃料物質の量を臨界量といいます．ちなみに，この漏えいの割合は体系の形によって異なりま

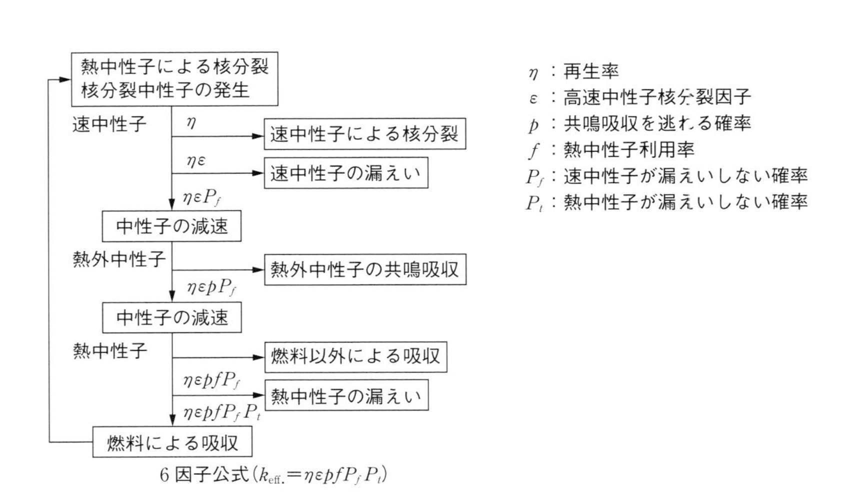

図10·10 原子炉における臨界の過程

す．球形に対する臨界量が最小臨界量となり，円柱形，直方体の順に臨界量が大きくなります．

このように，体系からの中性子の漏えいの割合を含めた増倍率を，実効増倍率 $k_{\mathrm{eff.}}$ と呼び，以下の6因子公式で表せます．

$$k_{\mathrm{eff.}} = k_\infty \cdot P_f \cdot P_t = \eta \cdot \varepsilon \cdot p \cdot f \cdot P_f \cdot P_t.$$

ここで，P_f および P_t をそれぞれ，速中性子と熱中性子が漏えいしない確率と定義します．速中性子と熱中性子を分けた理由は，速中性子では減速する過程が入り，熱中性子の挙動と異なるからです．これら原子炉における臨界の過程を図10・10に示します．

10・11・2　原子炉の出力

原子炉の出力は，燃料が核分裂を起こすことにより得られますので，中性子数と核分裂断面積に比例します．そこで，燃料領域における中性子数 Φ に巨視的核分裂断面積 Σ_f をかけて，原子炉全体で加算したものが，原子炉全体の出力 P となります（$\sum_V$ で原子炉全体の加算を示す）．

$$P = \sum_V 200 \Sigma_f \Phi \ \text{〔MeV・s}^{-1}\text{〕} = \sum_V \frac{1}{3.1 \times 10^{10}} \Sigma_f \Phi \ \text{〔W〕}.$$

ここで，1回の核分裂当たりの発生エネルギー約200 MeVおよびエネルギー換算係数 $1\ \mathrm{W} = 1\ \mathrm{J \cdot s^{-1}} = (1/1.6 \times 10^{-13})\ \mathrm{MeV \cdot s^{-1}}$ を用いています．

10・8節でも述べましたように，核分裂によるエネルギーはすべて放射線によってもち出されますが，そのほとんどが核分裂片によるものですから，すぐに周囲で吸収され，熱に変わります．原子力発電所では，原子炉に熱がたまり過ぎると，炉心周りの物質密度が下がり，臨界に影響を及ぼします．また，原子炉が停止した後も，運転中に核分裂反応や捕獲反応により生成した放射性核種の崩壊により，運転時の出力の10%程度の熱が発生します．そこで，原子炉を常に冷却する必要があり，そのために用いられるのが冷却材です．

冷却材としては，主に熱的な性質として，

(1) 比熱と密度が大きく，熱を蓄える能力として熱量が大きいこと，

(2) 熱伝導率が高く，熱を奪う能力が高いこと，

(3) 沸点が高く，蒸気圧が低いこと，

が求められます．

10·11·3 原子炉の運転

原子炉では，制御棒などから構成される制御装置を用いて，臨界を保ちながら，適切な出力に調整します．これを，「原子炉を運転する」といいます．運転に際しては，原子炉の状況，すなわち出力，温度など，その変化の状況を監視する必要があります．

原子炉の出力を変化させるためには，中性子数を変化させます．そのためには，実効増倍率の変化を把握しておく必要があります．この指標として，反応度ρが用いられ，次式で定義します．

$$\rho=\frac{k_{\mathrm{eff.}}-1}{k_{\mathrm{eff.}}}.$$

臨界状態であれば，$k_{\mathrm{eff.}}=1$ですから，$\rho=0$となります．反応度を変化させるためには，炉心に中性子吸収物質を用いるか，周りの反射体を変化させます．中性子を吸収しやすい物質には，カドミニウム，ホウ素，ハフニウムなどがあり，これらを制御装置（制御棒）として用います．また，運転中，反応度はさまざまな原因によっても変化しますので，制御装置を操作し，一定の出力を保ちます．

出力変化の速さを表すためにペリオドTと呼ぶ量を用います．これは出力がe倍に変化する時間を表します．すなわち，出力とペリオドTの関係は

$$P=e^{t/T},$$

と表されます．出力変化はρの大きさによりますが，核分裂率や遅発中性子生成率にも依存します．遅発中性子は，核分裂により発生する全中性子数の0.7～0.8%ですが，エネルギーが低いことから体系外に漏えいする確率が小さく，重要な意味をもちます．反応度が遅発中性子生成率より大きいときは遅発中性子がなくとも出力は増加します．しかし，小さい場合は，遅発中性子がないと反応度は0より大きくなりません．ですから，原子炉を制御するためには，反応度を0.7%より小さくします．この反応度とペリオドの関係は，

$$\rho=\frac{l}{k_{\mathrm{eff.}}T}+\sum_{i=1}^{\infty}\frac{\beta_i}{1+\lambda_i T},$$

で表されます．ここで，lは中性子が発生してから次の核分裂を起こすまでの時間（中性子寿命）であり，βおよびλはそれぞれ遅発中性子の各群における発生割合と崩壊定数です（*Cf.*，10·8節）．中性子強度を測定すれば，出力変化がわかりますので，ペリオドが求められます．すなわち，この式を用いて，反応度

（実効増倍率の変化）を知ることができます．

10・12　商業用原子炉

今日，世界で実用化されている主な原子力発電所の原子炉（商業用原子炉）には，沸騰水型（BWR：Boiling Water Reactor）と加圧水型（PWR：Pressurized Water Reactor）の2種類の軽水炉があります．国内においては，東日本ではBWRが，西日本でPWRが主に建設されています．世界的には，PWRが稼働中の原子炉の約70%を，建設中では約90%を占めます．

10・12・1　商業用原子炉の構造

図10・11および図10・12には，BWRおよびPWR，それぞれの型の原子炉の概念図を示しました．基本的構造として，原子炉は原子炉圧力容器に収納されており，その周りに原子炉格納容器が設置されます．軽水を冷却材および減速材として用いており，原子炉で発生した熱により蒸気を発生し，蒸気は原子炉格納容器の外に送られます．これ以降の発電プロセスは一般的な火力発電所と同様であり，この蒸気はタービンに送られて発電します．

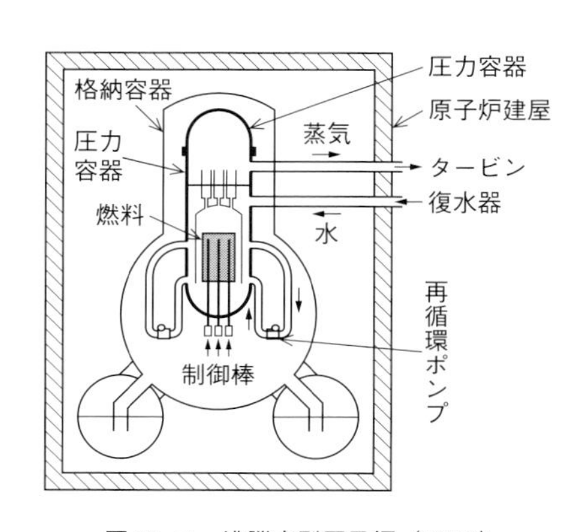

図10・11　沸騰水型原子炉（BWR）

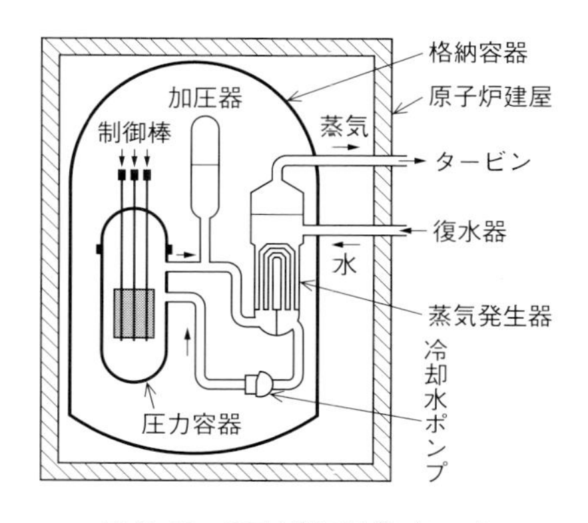

図10・12　加圧水型原子炉（PWR）

BWRの特徴は，炉心を通る冷却水を沸騰させ，その蒸気により発電することです．そのため，構造がPWRにくらべて簡単で，原子炉格納容器を小さくできます．原子炉の制御は制御棒と再循環ポンプを用いて，反応度を変動させます．特に，再循環ポンプは，炉心で冷却水を強制循環することにより，冷却能力を変化させ，蒸気発生量を調整し，反応度を変動させる，BWR特有の装置です．

PWRの特徴は，軽水が沸騰しないよう加圧器を用いて，高温高圧水として炉心周りを循環させることです．そのため，原子炉格納容器内に設置した蒸気発生器（熱交換器）で蒸気をつくり，タービンで発電します．ですから，放射性物質を含む一次冷却水は原子炉格納容器の外に出ません．原子炉の制御は，制御棒とケミカルシムにより行われます．ケミカルシムとは，軽水に中性子を吸収しやすいホウ酸を溶かして，その濃度を調整することにより，反応度を制御する方法です．

10·12·2 商業用原子炉の安全設備

軽水炉は，なんらかの原因で炉心から水が失われる（LOCA : lose of coolant accident）と，減速材の消失により連鎖反応そのものは停止しますが，同時に水による冷却機能も消失するために，燃料棒内の核分裂生成物の壊変で発生する熱が炉心を損傷し，最悪の場合には溶融（meltdown）した炉心が鋼鉄製の圧力容器の底を融かして突き破る（melt through）可能性があります[15]．その際，溶融した炉心物質が原子炉建屋の下部にたまった水に触れて水蒸気爆発を起こしたり，炉内で高温の金属（ジルコニウム）と水とが化学反応して発生する水素が爆発したりする可能性もあります[16]．そこで，原子炉を設計する場合には，機器の故障などによるさまざまな事故を想定します．さらには，想定を超える事故が起こる可能性についても検討し，さまざまな安全設備を設置しています．

BWRでは，通常の冷却ができない場合，高圧で冷却水を原子炉に注入する設備を設けています．これにより，原子炉の水位を確保し，圧力容器内の蒸気を安全弁から放出（ベント）して，減圧および冷却します．この蒸気には放射性物質が含まれているため，フィルタを通して，放射性物質を低減し，ベントする設備が設置されている原子炉もあります．また，水素による爆発を防ぐため，原子炉格納容器には通常窒素を満たしています．

PWRも，同様に，冷却ができない場合に備えて，高圧で冷却水を原子炉に注入する設備を設けています．しかし，PWRはその構造上，BWRにくらべて，原子炉格納容器が非常に大きいため，その容積で一次冷却水喪失事故時の内部圧

15) *Cf., e.g.,* H. W. Lewis, *et al.* : "Report to the APS by the study group on light-water reactor safety.", Reviews of Modern Physics, **47 (S-3)** (1975)

16) ジルコニウムと水との反応による水素の発生は，700℃程度から起こり，900℃以上になると反応割合が大きくなる．
Cf., e.g., L. Baker, Jr. and L. C. Just : "Studies of Metal-Water Reactions at High Temperatures-Ⅲ. Experimental and Theoretical Studies of The Zirconium-Water Reaction," ANL-6548 (1962)

力上昇を抑制することが可能です．また，二次冷却系に補助循環ポンプを有しているため，蒸気発生器で蒸気をつくり，発電することができますので，非常用電源とすることが可能です．

10・13 核燃料サイクル

原子力発電所で用いる核燃料は，大きく二つのプロセスを経ます．一つは原子力発電所で用いるまでの核燃料の加工であり，もう一つは，原子力発電所で使用した後の核燃料（使用済燃料）の再処理です．これら核燃料を再利用する一連の流れを核燃料サイクルといいます（図10・13）．

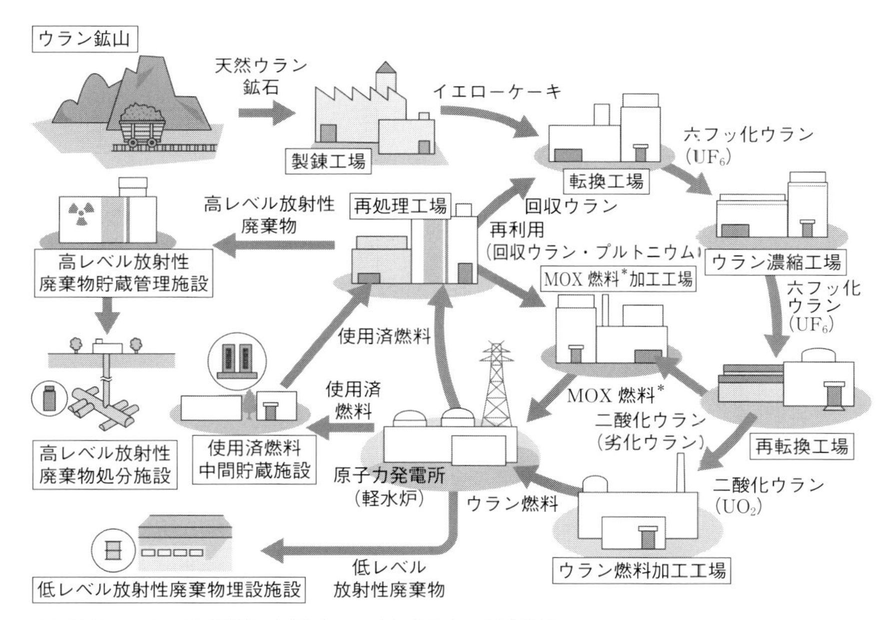

＊MOX(mixed oxide)燃料：プルトニウムとウランの混合燃料

図10・13 核燃料サイクル

［出典］日本原子力文化振興財団：原子力・エネルギー図面集2016，第7章 原子力燃料サイクル，7-2-1（2016年3月）

10・13・1 核燃料の加工

軽水炉で用いるウラン燃料は，採鉱，製錬，転換，濃縮，再転換，および加工の過程を経て製造します．採鉱したウランは，粗精錬した後，精錬工場でU_3O_8（イエローケーキ）とし，さらに転換し，UF_4とします．軽水炉燃料の場合は，これを，転換工程を経て沸点が約57℃のUF_6の化学形態に転換し，ガス拡散法や遠心分離法などを用いて，${}^{235}_{92}U$の割合を3〜5%に濃縮します．日本では，ガス拡散法にくらべ電力の消費が少なく，分離係数が概してガス拡散法よりも大きい，遠心分離法が実用化されています．その後，再転換工場でUF_6をUO_2に再転換し，直径約1 cm，高さ約1 cmの小さな円柱状のペレットに焼き固めます．これを成型加工工場で，ジルカロイ製被覆管の中に詰めて燃料棒をつくり，これを束ねて原子力発電所の燃料となる燃料集合体として使用します．

10·13·2 核燃料の再処理

約4年間原子力発電所で用いた使用済燃料には，核分裂しなかった${}^{235}_{92}U$が約1%と，${}^{238}_{92}U$が中性子を吸収して生成したプルトニウムが約1%，そして${}^{238}_{92}U$が93〜95%含まれています．また，核分裂生成物（FP : fission products）が約3〜5%，ネプツニウム，アメリシウムなどの超ウラン元素も約0.1%含まれています．再処理の過程では，未使用${}^{235}_{92}U$およびプルトニウムを回収し，再び燃料の加工に供するとともに，核分裂生成物および超ウラン元素を高レベル放射性廃棄物として処理・処分します．

再処理の方法には大きく湿式法と乾式法があります．湿式法とは水溶液を用いた再処理法です．日本では，湿式法のうち，機械的前処理法と組み合わせた，PUREX（plutonium uranium redox extraction）溶媒抽出法[17]が実用化されています．現在，日本では，青森県六ヶ所村に再処理工場が建設されています．一方，乾式法は，気体状，粉末状または溶融状にして再処理する方法です．湿式法にくらべて，水を用いないことから臨界制限が緩いこと，有機溶媒を使用しないことから放射線損傷の影響が少ないことなどの利点がありますが，まだ研究段階です．

17) PUREX法では，まず，燃料ペレットを硝酸で溶解し，核分裂生成物のうち，ルテニウム，ロジウムなどの白金族金属およびモリブデン，テクネチウムなどの不活性酸化物を不溶解残渣として回収する．次に，有機溶媒を用いる溶媒抽出法により分離すると，U^{6+}およびPu^{4+}は有機相に，他の核分裂生成物は水相にそれぞれ抽出される．さらに，有機相を分離し，還元剤を含む硝酸溶液と接触させると，Pu+4はPu+3に還元されて水相に移る．ここで，有機相に残ったU^{6+}に希薄な硝酸溶液を接触させると，U^{6+}も水相に移すことができる．

10・14　放射性廃棄物の処理・処分

核燃料サイクルの各施設など，放射性物質を取り扱う施設では，その運転や使用に伴い，放射性廃棄物が発生します．この放射性廃棄物は，原子力発電所の運転などに伴い発生する放射能レベルの低い「低レベル放射性廃棄物」と，使用済燃料の再処理に伴い発生する放射能レベルの高い「高レベル放射性廃棄物」とに大別されます．これらは，放射性廃棄物の放射能レベル，性状，放射性物質の種類などに応じて区分されます．これら放射性廃棄物の適切な管理に必要となる物理的および化学的な操作を**“処理”**といいます．また，最終的には，放射性廃棄物の放射能レベルや放射線強度に従って，放射性廃棄物を人の住む環境から隔離しますが，これらの過程を**“処分”**といいます．

低レベル放射性廃棄物は，大学などの研究施設，原子力発電所，核燃料サイクルに関連する工場などにおける，日常の使用，運転などで発生します．低レベル放射性廃棄物は，実験室で使用した可燃物を焼却した焼却灰，廃液を固化した樹脂，排気フィルタなどの放射能レベルの比較的低いものですので，固化などの処理をした後，ドラム缶などに封入処理し，浅い地中に，コンクリートピットなどの人工構築物を設置して埋設する方法で処分されます．これらは，放射能の減衰に応じて段階的な管理を行うこととなっており，管理期間として，300～400年が一つの目安とされています．管理期間終了後は，一般的な土地利用が可能になります．

高レベル放射性廃棄物である，再処理工場で発生する不溶解残渣および廃液は，蒸発濃縮した後，高温でガラス原料と共に溶融し，ガラス固化体とした後，ステンレス製容器に封入処理します．日本では高レベル放射性廃棄物の処分方法はまだ明確に定められていません．しかし，深地層処分により私たちの生活圏から隔離する方法が最も確実であると考えられています[18)]．

18）現在，最終処分場の建設が最も進んでいるのはフィンランドです．オルキルオト島にオンカロという施設が現在建設されており，ここでは地中約100 mに半永久的に埋設する予定です．ドイツでは1979年からゴアレーベン岩塩ドームにおいて高レベル放射性廃棄物の処分場候補地として探査が続けられてきましたが，近年その計画が停止しています．米国では，ネバダ州のユッカマウンテンで高レベル放射性廃棄物を処分することが計画されていましたが，これも今後の見通しが立っていません．

10・15 原子炉の廃止措置

原子力施設の利用終了後の措置，すなわち，解体，撤去，汚染除去，廃棄物処理などを総じて，**廃止措置**といいます．原子炉施設の廃止は，通常，以下の手順で行います．運転終了後，廃止措置に入る前に，使用済燃料を搬出します．その後，廃止措置として，可能な限り施設内の放射性物質による汚染を除去する作業（除染作業）を行います．次に，放射化している部分を遮蔽壁内部に封じ込め，一定期間，放射能の減衰を待ちます．作業が可能となるレベルまで放射能が下がった段階で，施設を解体および撤去し，これらの措置により生じた廃棄物を放射性廃棄物として管理します．施設を解体撤去した後，敷地は再利用されます．これら一連の措置を行うには，約30年の歳月が必要とされています[19]．

日本では，JAEAにおいて，日本最初の動力試験炉（研究炉）の解体・撤去が1996年3月に終了し，跡地の再利用がなされています．また，(株)日本原子力発電の東海発電所でも，日本最初の商業用原子炉が1998年に閉鎖された後，廃止措置が行われており，いま現在作業が続いています．米国やドイツでも，商業用原子炉の解体および撤去が行われています[20]．

10・16 商業用原子炉における事故

2011年3月11日，東日本大震災を起因として，福島第一原子力発電所で事故が発生しました．そのとき，福島第一原子力発電所では，3基の原子炉で一時期に炉心が溶融しました（炉心損傷）．複数の原子炉が同時に炉心損傷を起こしたのは，世界で初めてのことです．1号機では，地震発生と同時に，制御棒が挿入され，原子炉は停止しました．原子炉は，炉心にある放射性物質が壊変することにより崩壊熱を発生し続けますので，冷却する必要があります．そのため，冷却系統を作動させなければならず，その電源が必要です．地震により，送電線が破壊されたことにより，外部からの電源供給が停止したため，非常用発電機が作動し，原子炉の冷却系統が作動しました．しかし，約50分後，津波とこれに伴う浸水により，非常用発電機やバッテリーなどが失われ，冷却系統の維持ができなくなりました．併せて，原子炉の監視・計測機器も失われ，原子炉の状態を確認

19) *Cf.* 石川廸夫（編著）：“原子炉解体　廃炉への道，” 講談社
20) *Cf.* 宮坂靖彦：“米国の発電用原子炉デコミッショニングの最新動向，” デコミッショニング技報，第21号(2000年3月) pp. 21-34

することができなくなりました．その結果，圧力容器内の水は蒸発し，約4時間後，燃料が露出し，炉心損傷が始まりました．露出した燃料はその崩壊熱によりさらに温度が上昇したため，燃料被覆管に含まれるジルコニウムが水蒸気と反応し，大量の水素が発生しました．圧力容器および格納容器損傷部から漏えいした水素が建屋上部にたまり，津波到来から約24時間後に水素爆発に至りました．また，溶融した炉心が圧力容器底部を貫通し，格納容器の床部のコンクリートに至りました．2号機および3号機も時間経過は異なりますが，ほぼ同様に損傷しました[21]．

現在，福島第一原子力発電所では，事故後の復旧作業が進められています[22]．10·15節で一般的な原子炉施設の廃止措置について説明しました．しかし，福島第一原子力発電所は，炉心損傷により格納容器内に燃料デブリが散乱したり，水素爆発により損傷した建屋が瓦礫となるなど，通常の廃止措置にかかる施設とは異なります．そのため，さらに多くの工程が必要です．それは大きく，①使用済燃料プールにある燃料の取り出し，②燃料デブリの取り出し，および③原子炉施設解体の3工程に分かれます．ここで燃料デブリとは，溶融した核燃料が，圧力容器などの金属や格納容器底部のコンクリートなどと混ざり合い，冷えて固まったものです．

福島第一原子力発電所では，使用済燃料プールは，原子炉建屋上部の圧力容器の脇にあり，それぞれ400から600体の燃料集合体が保管されています．そこで，使用済燃料の取り出しに際しては，まず，爆発で生じた瓦礫撤去および除染を行います．そのうえで，燃料取り出し設備を設置し，燃料を取り出します．

燃料デブリの取り出しでは，まず，格納容器内の状態把握から行わなければなりません．現在，シミュレーションや遠隔装置を用いたテレビモニタなどによる状態把握が試みられています．これらと並行して，燃料デブリ取り出し工法の検討を行い，取り出し計画が作成されています．

原子炉施設の解体および撤去は，燃料がすべて取り除かれてから行われます．そのため，今後，解体シナリオの作成や技術的検討が行われ，それに基づく設備の設計・製作を行い，解体などに着手していくこととなります．

章末問題

［1］ ^{31}P（30.9738 u）が熱中性子を捕獲した後に生じる反応を図示せよ．ただし，1

21）東京電力ホームページ http://www.tepco.co.jp/nu/fukushima-np/outline/2_3-j.html
22）東京電力ホームページ http://www.tepco.co.jp/decommision/planaction/roadmap/index-j.html

u = 930 MeV，^{32}P（31.9739 u），^{32}S（31.9721 u）として計算し，捕獲 γ 線は合計のエネルギーを示せ．

ヒント☞ 生成核の安定性にも注意すること．

［2］ 中性子の遮蔽には，ホウ素を添加したポリエチレンがよく用いられる．その理由を説明せよ．

ヒント☞ カドミニウムも，熱中性子の遮蔽にはよく利用される．なお，中性子は，弾性散乱を繰り返しても，エネルギーが下がるだけで消滅しない．

［3］ フルエンス率が $\dot{\Phi} = 10^{10}\ \mathrm{cm^{-2} \cdot s^{-1}}$ である熱中性子束の中に 1 mg の Al を置いたとき生成する放射能量の最大値を求めよ．ただし，^{27}Al の天然存在比は 100% とし，^{27}Al の熱中性子捕獲断面積は 0.21 b，また生成する ^{28}Al の半減期は 2.3 分とする．

ヒント☞ 飽和放射能量を求めればよい．

［4］ ベビー・サイクロトロンにより陽子を加速し，窒素の標的を照射して ^{14}N(p, α)^{11}C 反応により陽電子放出核種 ^{11}C を製造する．ビーム電流を 25 μA，ビーム断面積を 1 cm^2，照射領域に含まれる窒素の量を 0.01 mol として，生成する ^{11}C の放射能量を求めよ．ただし，^{14}N(p, α)^{11}C 反応の断面積を 250 mb，^{11}C の半減期を 20 分として計算せよ．

ヒント☞ $1\ \mathrm{A} = 1\ \mathrm{C \cdot s^{-1}}$ **である．**

［5］ 核反応 ^{2}H(d, p)^{3}H は，約 4.0 MeV の Q 値をもつ．三重水素を標的核とし，重陽子量を生成する反応 ^{2}H(d, p)^{3}H を引き起こすためには，入射陽子をどれほどのエネルギーに加速すればよいか．

ヒント☞ 標的核と入射粒子からなる系の重心の並進運動に対応する運動エネルギーは，核反応に寄与しない（Appendix 10-A）．

Appendix 10-A ◎ 実験室系と重心系（非相対論的運動の場合）

10･2 節では，**はじめ静止していた標的核に運動エネルギー T_0 の中性子が衝突する**弾性散乱を取り扱いました．上記の太字部分の記述は，散乱実験を観測する観測者に固定された座標系（**実験室系**）による表現になっています．しかし，散乱の現象は，実験室系でみるよりも，散乱する二つの粒子の重心に固定された（重心とともに等速直線運動する）座標系（**重心系**）で観測するほうが，その本質を見極めるのに適しています[23]．

二つの粒子の重心を原点とする座標系から散乱現象を観測しますと，中性子と標的核は，共に同じ大きさの運動量をもって正反対の方向からやってきて，ちょうど座標原点

23) *Cf., e.g.,* 図 6･5

で衝突します．もし，散乱の過程が弾性散乱ならば，中性子と標的核は，散乱前と同じ大きさの運動量をもって互いに正反対方向へ飛び去ります．もし，複合核形成が起こるならば，二つの粒子の相対運動の運動エネルギーが複合核にもち込まれることが，容易にみてとれます（実験室系では，重心運動のエネルギーが反応に寄与しないことがみえにくい）．

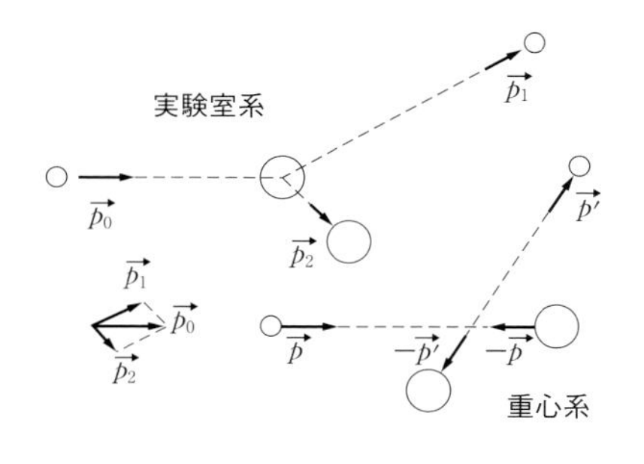

図 10･A･1　実験室系と重心系

□同じ弾性散乱を，実験室系と重心系で観察したようすを示す．重心系で観察すれば，並進運動が除かれるため，散乱の本質がみえやすくなる．

次に，実験室系と重心系の関係を調べます（図 10･A･1）．質量が m_1 と m_2 である二つの粒子の実験室系からみた座標（位置ベクトル）をそれぞれ $\vec{r}_1, \vec{r}_2$ とします．このとき，実験室系での二つの粒子の重心の座標 $\vec{r}_G$ と，二つの粒子の相対位置ベクトル $\vec{r}$ は；

$$\begin{cases} \vec{r}_G = \dfrac{m_1\vec{r}_1 + m_2\vec{r}_2}{m_1 + m_2}, \\ \vec{r} \ = \vec{r}_1 - \vec{r}_2, \end{cases}$$

と表されます．逆に，重心ベクトルと相対位置ベクトルとを用いて，個々の粒子の座標ベクトルを表しますと，次のようになります．

$$\begin{cases} \vec{r}_1 = \dfrac{m_2}{m_1 + m_2}\vec{r} + \vec{r}_G, \\ \vec{r}_2 = \dfrac{-m_1}{m_1 + m_2}\vec{r} + \vec{r}_G. \end{cases}$$

これらの両辺を時間で微分すれば，二つの粒子の速度ベクトル（$\vec{v}_1 = \mathrm{d}\vec{r}_1/\mathrm{d}t$ と $\vec{v}_2 = \mathrm{d}\vec{r}_2/\mathrm{d}t$）と，重心速度および相対速度ベクトル（$\vec{v}_G = \mathrm{d}\vec{r}_G/\mathrm{d}t$ と $\vec{v} = \mathrm{d}\vec{r}/\mathrm{d}t$）との関係が得られます．その関係を用いて，二つの粒子の運動エネルギーを書き換えると次のようになります．

$$\begin{aligned} T &= T_1 + T_2, \\ &= \frac{1}{2}m_1v_1^2 + \frac{1}{2}m_2v_2^2, \\ &= \frac{1}{2}\frac{m_1m_2}{m_1 + m_2}v^2 + \frac{1}{2}(m_1 + m_2)v_G^2, \end{aligned}$$

$$\equiv \frac{1}{2}m_{\rm re.}v^2 + \frac{1}{2}(m_1 + m_2)v_G^2.$$

ここで，$m_{\rm re.}$ は“換算質量”と呼ばれます．また；

$$\begin{cases} \vec{p} \quad \equiv m_{\rm re.}\vec{v}, \\ T_{\rm re.} \equiv \dfrac{1}{2}m_{\rm re.}v^2, \end{cases}$$

は，それぞれ，二つの粒子の相対運動の運動量と運動エネルギーとを表します．複合核形成過程で複合核内へもち込まれるエネルギーは，この $T_{\rm re.}$ にほかなりません．

次に，実験室系と重心系との散乱角の関係を求めます．重心系では，散乱の前後で粒子の運動量の大きさは変化せず，その向きだけが変わりますので；

$$［重心系］\begin{cases} \vec{p} \ = m_{\rm re.}v\vec{e}, & （散乱前） \\ \vec{p}\,' = m_{\rm re.}v\vec{e}\,', & （散乱後） \end{cases} \quad ただし，\vec{e}\cdot\vec{e}\,' = \cos\phi,$$

と表すことができます．一方，重心の速度 $\vec{v}_G$ は，散乱の前後で変化しませんので，実験室系からみた二つの粒子の運動量は；

$$［実験室系］\begin{cases} \begin{cases} \vec{p}_1 = \quad \vec{p} \ + m_1\vec{v}_G, \\ \vec{p}_2 = -\vec{p} \ + m_2\vec{v}_G, \end{cases} & （散乱前） \\ \begin{cases} \vec{p}_1\,' = \quad \vec{p}\,' + m_1\vec{v}_G, \\ \vec{p}_2\,' = -\vec{p}\,' + m_2\vec{v}_G, \end{cases} & （散乱後） \end{cases}$$

と表されます．ここで，実験室系での全運動量は二つの粒子の質量の合計が重心の速度で移動します $\vec{p}_1 + \vec{p}_2 = (m_1 + m_2)\vec{v}_G$ ので，はじめ一方の粒子が静止している場合（$\vec{p}_2 = \vec{0}$）には，$|m_2\vec{v}_G| = m_{\rm re.}v$ となります（$\vec{p}_2 = \vec{0}$ のとき，$\vec{r}_2$ は定ベクトルなので，$\vec{v}_1 = \vec{v}$ であることに注意）．そこで，入射粒子の進行方向 $\vec{e}$ を x 軸の正方向にとり，散乱後の実験室系でみた二つの粒子の運動量を図示しますと，図10·A·2のようになります．図の円の半径はちょうど $m_{\rm re.}v$ に等しく，破線（OC）は $\vec{e}\,'$ の方向を示しています．なお，図は，中性子の原子核による弾性散乱を想定して，$m_1 < m_2$ という条件で描いて

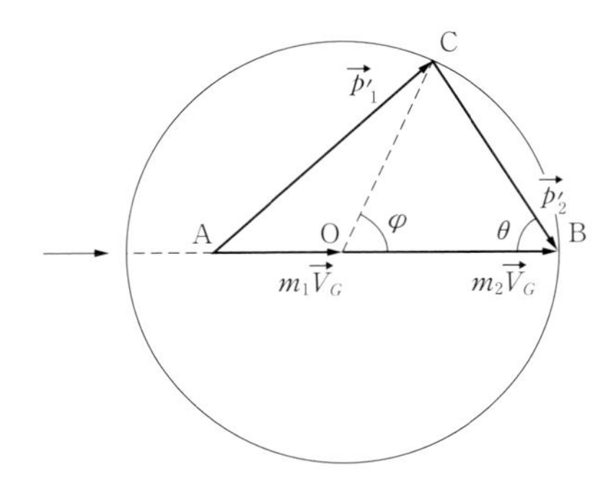

図10·A·2　弾性散乱のダイアグラム

います．もしも，$m_1 > m_2$ という場合を考えますと，$m_1 v_G$ の長さが円の半径よりも長くなるため，点 A を円の外に描かねばなりません．

$\vec{p}_2 = \vec{0}$ ですので，実験室系における粒子の入射方向も x 軸正方向を向いています．図からわかりますように，実験室系における標的核の反跳方向を表す散乱角 θ と，重心系における散乱角（重心系では，中性子も標的核も同じ角度で散乱されます）φ との間には，次のような関係が成り立つことがわかります．

$$\varphi = \pi - 2\theta.$$

Appendix 10-B ◎ 完全非弾性散乱

通常の原子核反応では，入射粒子の運動エネルギーは静止エネルギーにくらべて十分小さいので，議論は非相対論的に進めることができます[24]．入射粒子および標的核の質量をそれぞれ m_{in} および $M'_{\text{tar.}}$，入射粒子の運動エネルギーと衝突後の複合粒子の運動エネルギーをそれぞれ T_{in} および $T_{\text{com.}}$，複合核内にもち込まれた運動エネルギーを ΔE としますと，完全非弾性散乱における運動量とエネルギーの保存関係は，実験室系で次のように表されます．

散乱前　　散乱後

$$\begin{cases} T_{\text{in}} + 0 = T_{\text{com.}} + \Delta E, & \text{［運動エネルギーの保存］} \\ \sqrt{2m_{\text{in}}T_{\text{in}}}\,\vec{e} + \vec{0} = \sqrt{2(m_{\text{in}} + M'_{\text{tar.}})T_{\text{com.}}}\,\vec{e}. & \text{［運動量の保存］} \end{cases}$$

運動量保存の関係式から，入射粒子の運動エネルギーと複合核の運動エネルギーの比は，それぞれの粒子の質量に反比例することがわかり，これを用いて複合核の運動エネルギーを消去しますと，複合核にもち込まれた運動エネルギーは，次のように求まります．

$$\Delta E = \frac{M'_{\text{tar.}}}{m_{\text{in}} + M'_{\text{tar.}}} T_{\text{in}} = \frac{m_{\text{re.}}}{m_{\text{in}}} T_{\text{in}}.$$

複合核の形成を伴う原子核反応が吸熱反応であるとき，入射粒子の運動エネルギーの閾値は，$\Delta E > |Q|$ という条件で決まります．

Appendix 10-C ◎ 高速増殖炉

核分裂で発生した中性子の一部は，${}^{238}_{92}\text{U}$ との反応；

$${}^{238}_{92}\text{U} + {}^{1}_{0}\text{n} \rightarrow (\text{中性子捕獲}) \rightarrow {}^{239}_{92}\text{U} \rightarrow (\beta^-\text{崩壊}) \rightarrow {}^{239}_{93}\text{Np} \rightarrow (\beta^-\text{崩壊}) \rightarrow {}^{239}_{94}\text{Pu},$$

により，${}^{239}_{94}\text{Pu}$ を生成することができます．これは，表 10·1 でも示したように核分裂を起こしやすい核ですので，新たな核燃料物質とすることができ，これを転換と呼びます．実際，既存の軽水炉においては ${}^{239}_{94}\text{Pu}$，${}^{241}_{94}\text{Pu}$ などのプルトニウムが生成されてお

24）中性子や陽子の静止エネルギーは 1 GeV 近い値をもつ．

り，平均して原子炉出力の30～40%はプルトニウムの燃焼によるものです．

中性子再生率ηが2以上の場合は，消費した以上の核燃料物質をつくることができますので，これを増殖と呼びます．エネルギーを産み出すとともに，この核燃料物質の増殖を目的とした原子炉を増殖炉と呼びます．この目的が達成できることを確認するために建設された原子炉が「もんじゅ」でした．ところで，ηは図10･9に示しましたように，100 keV以上で急速に増加します．特に，$^{239}_{94}Pu$はこの傾向が著しいので，$^{239}_{94}Pu$を用いる増殖炉では100 keV以上の中性子エネルギーで臨界状態を保つように設計され，これを高速増殖炉と呼びます．そのため，高速増殖炉では中性子の減速をできるだけ減らすため，冷却材にはナトリウムのような液体金属を用います．また，高い中性子エネルギー領域では核分裂断面積が減少しますので，$^{238}_{92}U$の非弾性散乱による中性子の減速を減らすため，プルトニウムの割合が20～30%の燃料を使う必要があり，それにより単位体積当たりの熱出力を高くすることが要請されます．これらのことから，高速増殖炉は，熱中性子炉よりも高度な技術が要求されます．

第11章　加速器

第10章で述べたように，Q値が負である原子核反応を引き起こすためには，入射粒子を運動エネルギーが反応の閾値以上になるまで加速して，標的核に送り込まねばなりません．また，反応のQ値が正である原子核反応でも，入射粒子を標的核まで到達させるためには，入射粒子を加速する必要があります．そこで，原子核の反応や構造を研究するため，さまざまな種類の粒子加速器が考案されてきました．また，今日では，多数の電子加速器が物理学の基礎研究ばかりでなく，医療や非破壊検査，放射光利用などのために用いられ，臨床応用を目的とする高エネルギー陽子（重粒子）加速器施設も建設されています．

加速器は，(1) 加速器本体のほか，(2) 粒子源（電子銃やイオン源），(3) ビームライン，(4) 真空装置，(5) 電源（高圧直流電源，高周波高圧電源，電磁石用の直流またはパルス電源）(6) 制御装置およびビーム診断装置などからなる複合体です．本章では，代表的な加速器の構造とその動作原理を概説します．

11・1　粒子源

粒子源は，加速器に加速する粒子を供給する装置です．粒子の種類が電子の場合には電子銃，その他の荷電粒子の場合にはイオン源と呼ばれます．

11·1·1　電子銃

電子銃は，加速粒子として電子を供給する粒子源です．金属中の伝導電子は，金属外の電子にくらべて低いエネルギー状態にあり，このエネルギー差を，金属の仕事関数といいます[1)]．常温（～300 K）の状態では，金属中の伝導電子は，この“エネルギーの壁”に阻まれて金属の内部に閉じ込められています．金属を加熱すると，金属中の伝導電子の平均運動エネルギーが増大します．このとき金属中の伝導電子の運動エネルギーは，すべての電子が同じ値をもつわけではなく，金属の絶対温度に比例する平均値の周りに，ある広がりをもって分布し，そ

1）*Cf.*，第3章脚注2）

の分布の幅は温度とともに大きくなります．そのため伝導電子の平均熱運動エネルギーが仕事関数以上にならなくても，金属の温度が十分高くなると，仕事関数よりも大きな運動エネルギーをもつ伝導電子が現われ，それらの電子が金属の表面から次々に“蒸発”してくるようになります．これが“熱陰極型の電子銃”の原理です．

たとえば，タングステンを約2 600 Kに加熱すると，直径1 mmの円形の表面からおよそ0.8 A·cm^{-2}の電子流を取り出すことができます．熱電子電流は，陰極の温度とともに急速に増大しますが，温度を上げるほど陰極の寿命も短くなります．そこで，実際に利用されている電子銃では，仕事関数の小さな金属や酸化物を間接的に加熱し，比較的低温で動作するタイプの陰極が使用されています．また，最近では，強力なレーザー光で発生させた光電子を利用する超短パルスビーム用の電子銃も開発されています．加速器に利用される電子銃では，カソードと陽極で構成される2極管とカソード近傍にメッシュグリッドをつけて電流をコントロールする3極管などが使用されます（図11·1）．

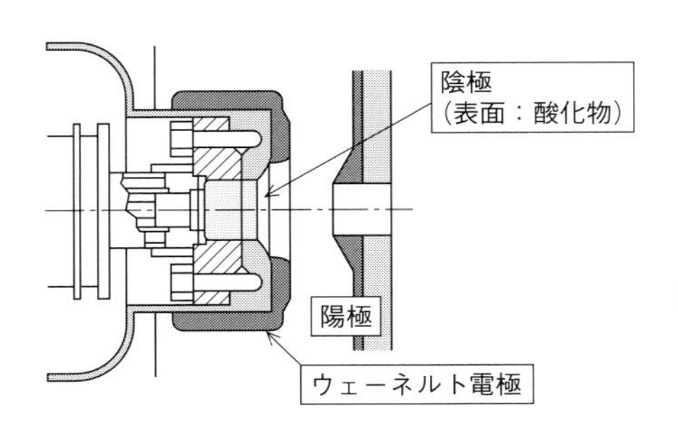

図11·1 高エネルギー加速器研究機構（KEK）2.5 GeVリニアックの電子銃アセンブリ断面

11·1·2 イオン源

陽子やα粒子などの加速粒子を供給するイオン源には，アーク放電を利用してガスを電離するものと，高周波の誘導電流によってガスを電離するものとがあります．また，タンデム型加速器で使用したり，後段加速器への入射効率や加速後の粒子の取り出し効率を高めたりするために，余分の軌道電子を追加した負のイオン（H$^-$イオンなど）を供給するものも広く使用されています．

図11·2は，アーク放電を利用する代表的なイオン源装置（duoplasmatron）の断面構造図です．表面を酸化物加工したフィラメントから放出される電子が，圧力1 Pa（～10^{-2} torr）程度の希薄なガス中を中間電極に向って加速され，そ

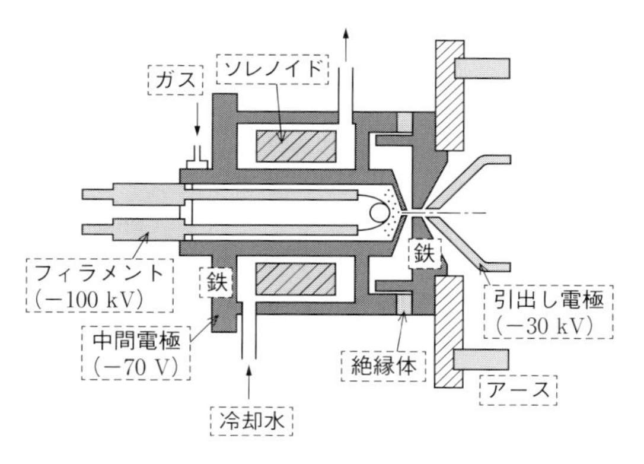

図 11·2　アーク放電を利用するイオン源の断面図

の途中で衝突したガス分子をイオン化します．ソレノイドコイルで発生させる磁場は，鉄の磁気回路によって出口付近のイオンを圧縮するように導かれ，イオン間に働く静電気的な斥力を積極的に利用することによって，陽極（図ではアース電位）の穴から取り出すイオン電流を増加させます．陽極の穴を通過した陽イオンは，陽極に対して大きな負電位をもつ引出電極との間の電場で加速され，外部に取り出されます．

11・2　加速器本体

粒子加速器の本体は，加速の方式により，(1) 直流高電圧型加速器と，(2) 高周波型加速器（交流型加速器）および，(3) ベータトロン型加速器に大別することができます．まず，直流高電圧型加速器から説明します．

11·2·1　直流高電圧型加速器

直流高電圧型加速器は，高い電位差をもつ電極間の電場を利用して荷電粒子を加速するもので，最も簡単な原理の加速器です．加速粒子の運動エネルギーは，電極間の電位差に比例します（電荷 e の荷電粒子の場合，電極間の電位差が V〔V〕であれば，V〔eV〕の運動エネルギーをもった加速粒子が得られる）ので，より大きな直流電位差をつくり出すことがこの種の加速器の技術的要点になります．

X 線装置などで高電圧を得るためには高圧トランスが利用されますが，通常のトランスは，絶縁加工の技術的限界のため，ピーク電圧が 400 kV 程度を越えるものを製造することが困難です．トランスのヨークを薄い絶縁体で分割した型の特殊な高圧トランスでは，3 MV 程度までの電圧を発生することができ，材料照射などの大線量を必要とする産業用加速器に利用されています．しかし，これを越える高電圧は，トランス型の高圧発生器では実現することができません．そのためかつては，雷を高圧電源に利用しようという計画さえ，真面目に検討されたことがありました．

現在使用されている直流高電圧型加速器は，高電圧の発生方法の違いにより，コッククロフト＝ウォルトン（John Cockcroft, 1897～1967, & Ernest Walton, 1903～1995）型のような整流器付き高電圧発生回路を備えた加速器と，ヴァン・デ・グラーフ（Robert Van de Graaff, 1901～1967）型の高電圧発生器を備えた加速器の 2 種類に分類されます．

（1）コッククロフト＝ウォルトン型加速器

カメラのストロボにも利用されているコッククロフト＝ウォルトン型の高電圧発生回路は，図 11·3 に示すような，多段に接続された倍電圧整流回路からなっています．なお，動作原理説明の都合上，図には半波整流回路を描きました．この回路に電圧を供給する交流電源は，整流に伴う電圧変動を小さくするため，周波数が 100 kHz 程度の高周波をトランスで昇圧して用いることが多いようです．コッククロフト＝ウォルトン型加速器では，数 100 keV の加速粒子が得られます．コッククロフト＝ウォルトン型の加速器は，安定して強いビーム電流が得られるので，高エネルギー加速器の前段加速器（入射器）などに利用されてきました．コッククロフト＝ウォルトン型の高電圧発生回路の動作原理は，次のように理解することができます．

図 11·3 で，変圧器の二次側に V_p の交流電圧が供給されているとしましょう．最初に A_0 点がアースに対して $-V_p$ の電位をもつと，整流器 $S_{A,1}$ には順電圧がかかりますから，理想的な整流器を考えて整流器での電圧降下を無視しますと（以下同様），A_1 点の電位は B_0 点と同じアース電位に等しくなり，コンデンサ $C_{A,1}$ には A_1 点と A_0 点との間の電位差に対応した電荷が蓄積されます．

次に，変圧器二次コイルの電圧が逆転して A_0 点がアースに対して V_p の電位をもつと，コンデンサ $C_{A,1}$ 蓄積された電荷により，A_1 点の電位は A_0 点より V_p 高い電位に保たれていますから，A_1 点のアースに対する電位は $2V_p$ になります．このとき B_1 点の電位は整流器 $S_{B,1}$ に順電圧がかかるため A_1 点の電位に等しくなり，コンデンサ $C_{B,1}$ には $2V_p$ の端子電圧がかかります．

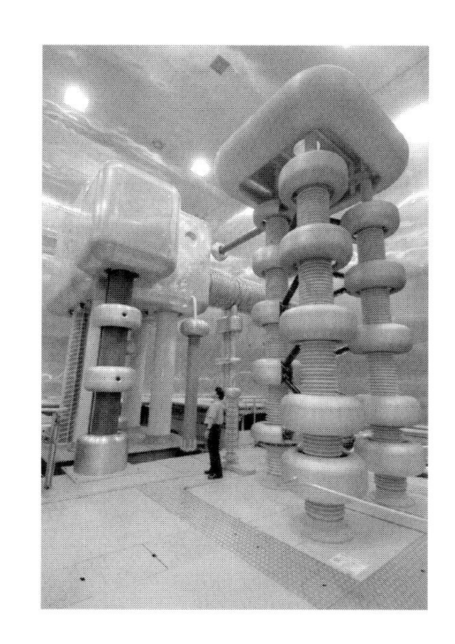

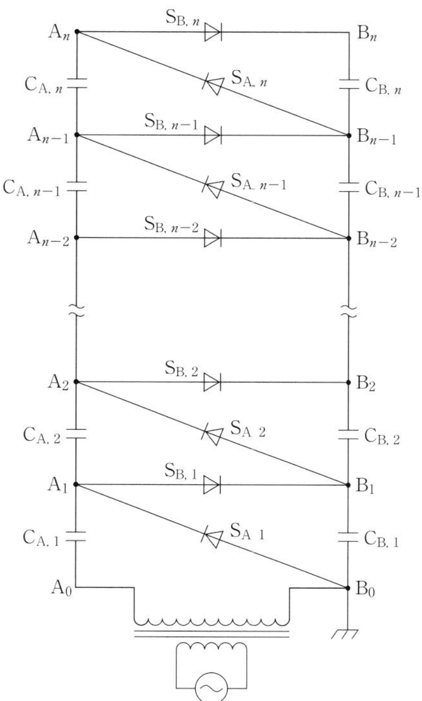

図 11・3　コッククロフト＝ウォルトン型高電圧発生回路

□動作説明の関係上，半波整流回路を示した．写真は，高エネルギー加速器研究機構の陽子リニアックの前段加速器に高電圧を供給するために設置されていたコッククロフト＝ウォルトン型高電圧発生機．
［提供］高エネルギー加速器研究機構 ©KEK

再び（二次コイルの）電圧が逆転して A_0 点の電位が $-V_p$ になると，B_0 点と A_1 点の電位および B_1 点と A_2 点の電位は互いに等しくなり，コンデンサ $C_{A,2}$ とコンデンサ C_{B1} に蓄積される電荷の量が等しくなります．

以降全く同様にして，理想的なコンデンサと理想的な整流器とを用いれば，n 段の回路を接続することで，最終段とアースとの間には，$2nV_p$ の電位差ができることになります．なお，コンデンサ $C_{A,1}$ の耐圧は V_p 以上であればよいのですが，ほかのコンデンサの耐圧は $2V_p$ 以上，整流器の逆耐圧はいずれも $2V_p$ 以上が必要です．

（2）ヴァン・デ・グラーフ型加速器

絶縁した金属の球殻に電荷を与えると，金属球殻全体が等電位になるために，電荷はすべて外側の表面に一様に分布します．なぜならば，もし．導体である金属中や球殻の内側表面に電荷が分布すれば，電荷分布に応じた電位差が発生しますが，導体であるために電流（電荷の移動）が生じて電位差の原因となった電荷の分布を解消してしまうからです．したがって，なんらかの方法でこの金属球殻の内側の表面に電荷を供給し続けられれば，球殻の外側の表面に大量の電荷を蓄積することが可能になります．この金属球殻は，アースとの間にコンデンサを形成しているので，蓄積した電荷に比例する電位差をアースとの間に生じる結果になります．この原理を利用して高い直流加速電圧を得るのが，ヴァン・デ・グラーフ型の高電圧発生装置です．

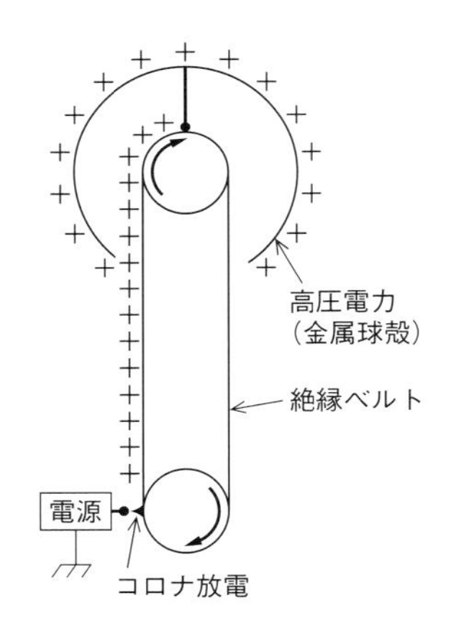

図 11·4 ヴァン・デ・グラーフ型高電圧発生器
□ヴァン・デ・グラーフ型高電圧発生器の原理を示す図

原型的なヴァン・デ・グラーフ型の高電圧発生装置は，図 11·4 に示したように，コロナ放電で帯電させた絶縁体のベルトにより，金属球殻の内側に電荷を連続的に供給する仕組みになっています．ヴァン・デ・グラーフ型加速器の出力ビーム強度は，単位時間にベルトが運ぶ電荷量で決まります．この電荷量はベルトの幾何学的形状，搬送速度，および絶縁抵抗で決まり，典型的な装置では，数十 cm 幅のベルトを時速 60 km 程度の速度で運転し，200 μA 程度のビーム電流が得られます．しかし，ゴムなどを用いたベルトは，表面を平滑にすることが困難なため放電しやすく，また，耐久性も劣ることから，現代のヴァン・デ・グラーフ型の高電圧発生装置では，ベルトの代わりに，金属と絶縁体とを交互につないだ一種のチェーンが用いられています．

また，ヴァン・デ・グラーフ型の高電圧発生装置により実現できる最大電圧は，金属球殻とアースとの間に放電が始まる寸前の電圧で決まりますが，1気圧の乾燥空気は27 kV·cm^{-1}以上の電場強度で放電を開始しますので，現代のヴァン・デ・グラーフ装置は，N_2，CH_4，CCl_2F_2，またはSF_6などのガスを充填した高圧タンクや，絶縁性のオイルタンクに格納され，放電開始電圧を高めています．高圧タンクを用いると，放電開始電圧を高めるばかりでなく，1気圧で使用する装置にくらべて，同じ高電圧を発生するのに要する高圧電極の半径を大幅に縮小することができ，湿度変化の影響を受けない安定した動作が得られるという利点もあります．

ヴァン・デ・グラーフ型加速器は，エネルギーのそろった10 MeV程度までの加速粒子をつくり出すのに適しています．ヴァン・デ・グラーフ型加速器は，加速エネルギーとビーム強度とが共に非常に安定した連続ビームを供給し，イオン源を交換するだけでさまざまな荷電粒子を加速できるのが大きな利点です．ビームエネルギーの安定性を具体的な数値で示すと，陽子を1 MeVに加速する場合のエネルギー分布の半値幅は，わずか50 eV程度に過ぎません．こうした特性をもつため，ヴァン・デ・グラーフ型加速器はさまざまな精密測定に利用されます．

また，現代のヴァン・デ・グラーフ型加速器の多くは，図11·5に示すように，あらかじめ余分の軌道電子を付加された負電荷のイオン（たとえばH^-）を高圧電極（陽極）に向って加速し，高圧電極内で加速粒子の電子を剥ぎ取って電荷符号を変える（H^+に）ことにより，同じ高圧電極がアースとの間につくる電場勾配を再度利用して加速し，2倍のエネルギーを得るように工夫されたタンデム型加速器の形につくられています．

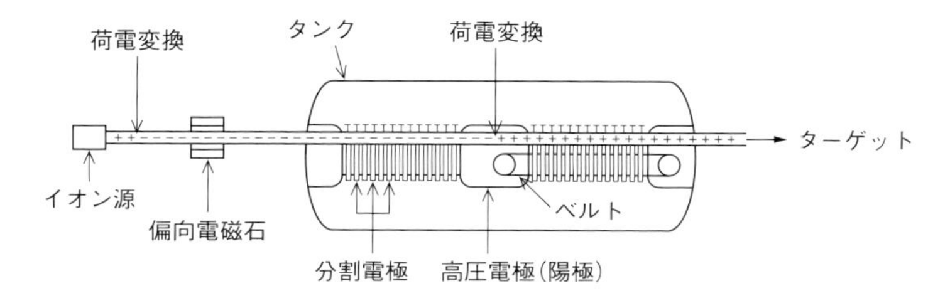

図11·5 タンデム型加速器

□加速粒子の電荷を変化させることで，ヴァン・デ・グラーフ型高電圧発生器で発生させた高電圧を2回加速に利用する．

11･2･2　高周波型加速器

直流型加速器では，一つの加速電圧を1回（タンデム型でも2回）しか利用することができません．そして，1対の電極間に加えることのできる加速電圧には，絶縁材の耐圧で決まる技術的な上限があります．そこで，10 MeV程度よりも大きなエネルギーの加速粒子を得るためには，別の原理による加速装置が必要になります．高周波型の加速器は，比較的低い加速電圧（数百kV）による加速を繰り返すことにより，高いエネルギーの加速粒子を得る装置で，加速装置を直線上に並べた直線加速器と，磁場により粒子を周回させて，同じ加速電場で何度も加速する円形加速器の2種類があります．

（1）直線加速器

高周波直線加速器には，直線状に並べた円筒形の電極間にかけた高周波電場で荷電粒子を加速するもの（Wideröe（Rolf Wideröe, 1902～1996）type）と，導波管内に誘導された電磁波（進行波または定在波）の電場を利用して加速するものとがあります．また，高周波直線加速器は，加速する粒子が電子（または陽電子）であるかその他の荷電粒子であるかにより，構造が異なります．なぜならば，質量の小さな電子は容易に相対論的な運動領域まで加速され，それ以降加速を受けても速度がほぼ一定（$v \sim c$）であるのに対し，それ以外の粒子の加速器では，加速に伴う粒子の速度の変化が無視できないからです．はじめに，高周波直線加速器の原型であるWideröe typeの直線加速器を用いて，この種の加速器の加速原理を説明します．

Wideröe typeの直線加速器は，図11･6に示したように円筒形の電極を直線状

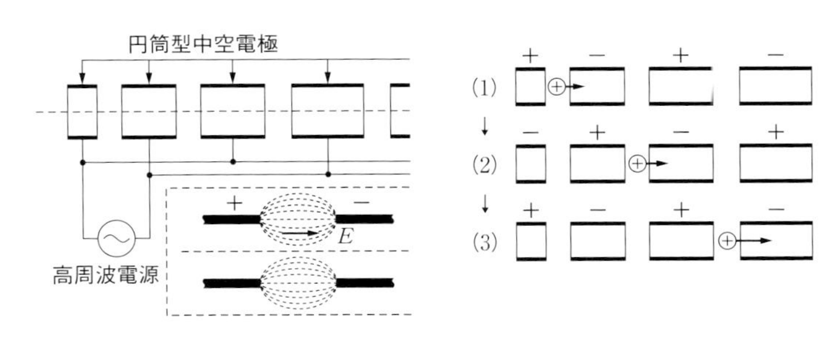

図11･6　Wideröe型直線加速器

□電極の間に荷電粒子が現れるたびに電極にかかる電圧が反転するよう電極の長さを調整すれば，同じ加速電圧で繰り返し荷電粒子を加速することができる．

に並べ，隣り合う電極間に高周波電圧がかかるようにした装置です．一定周波数の加速電圧のもとで，粒子が電極間を通過するたびに，高周波電場がちょうど粒子を加速する向きに働くよう，粒子の速度に比例して電極の長さを順次長くし，粒子が電極間に現れるタイミングと加速電圧の周波数とを同調させています．各電極間で荷電粒子が獲得する運動エネルギーは皆等しいので，粒子の運動エネルギーは加速の回数に比例して増大し，相対論的な効果が顕著になりはじめるまでは，粒子の速度は加速の回数の平方根に比例して大きくなります．

一方，高周波の電磁波を利用する直線加速器は，図11·7に示すように，導波管内に進行波を誘導するものと，定在波を励起するものとがあります．現在のと

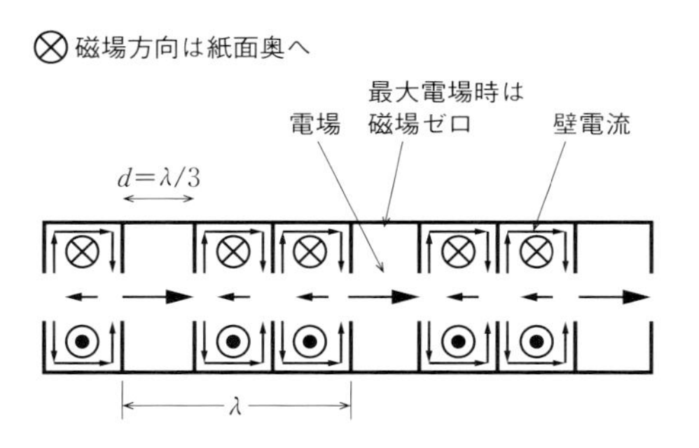

(a) 2π/3 モード進行波型加速管断面図

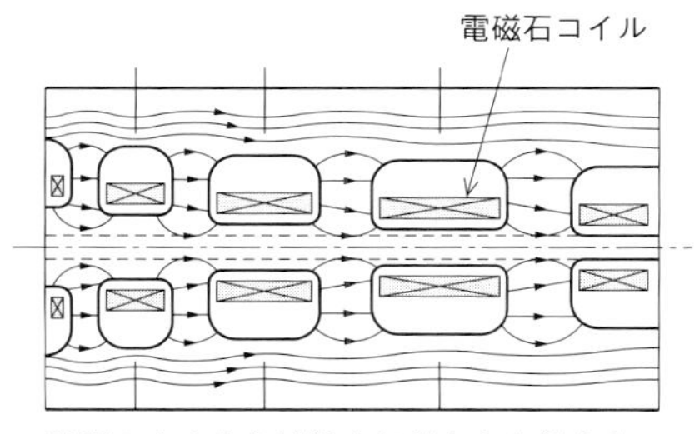

説明のため中心軸近くほど大きな拡大率で示している．また，ドリフトチューブの長さの変化は，実際よりも強調して描いてある．

(b) 定在波型(Alvarez)加速管断面図

進行波型加速管のカットモデル
[写真提供] 高エネルギー加速器研究機構 ©KEK

Alvarez 型加速管
真空容器の中にドリフトチューブが上から吊り下げられているのがみえる
[写真提供] 日本原子力開発機構 J-PARC

図11·7 (a)進行波型加速管断面図
(b)定在波型（Alvarez）加速管断面図

ころ，前者は電子を加速するためのみに用いられていますが，後者は電子の加速にもその他の荷電粒子加速にも用いられます．定在波型の加速管の代表である Alvarez（Luis Alvarez, 1911～1988）type は，導波管内の電場の位相が粒子の加速と逆向きになっている間，粒子が電磁波から遮蔽されているように，トーラス形の電磁波遮蔽（ドリフトチューブ）を粒子の通路に沿って並べたもので，粒子の加速に伴ってドリフトチューブの長さが長くなる構造は Wideröe type の加速管に類似していますが，遮蔽体の両端の電位が逆相になっている点（図参照）が Wideröe type の加速管と異なる点です．なお，それぞれのドリフトチューブの内部には，ビームを収束させるための四重極電磁石が設置されています．

イオンを加速する直線加速器は，加速管の構造が異なる（遮蔽電極が次第に長くなる）ほか，加速に用いる電磁波の周波数も，電子直線加速器のものより周波数が1桁小さいものが使われます．また，イオンを加速する直線加速器は，電子直線加速器と異なり，粒子源に直結されることがなく，あらかじめ前段加速器で加速した粒子を入射しなければなりません．

直線加速器では，加速管の入り口付近の電場が粒子を加速する向きにあるときだけ入射が可能なので，パルス状のビームが形成されます（bunching）．bunching を受けた粒子が加速される様子を図 11·8 に示しました．電場に対して位相の進んだ粒子(c)は，より弱い電場で加速されますから次第に位相が遅れます．逆に，電場に対して位相の遅れた粒子(a)は，より強い電場で加速されますから次第に位相が早まります．加速が進むに連れ，これらの粒子は安定な位相(b)に集まってきます．この安定な位相は，加速電場の強度が最大になる位相に対し約

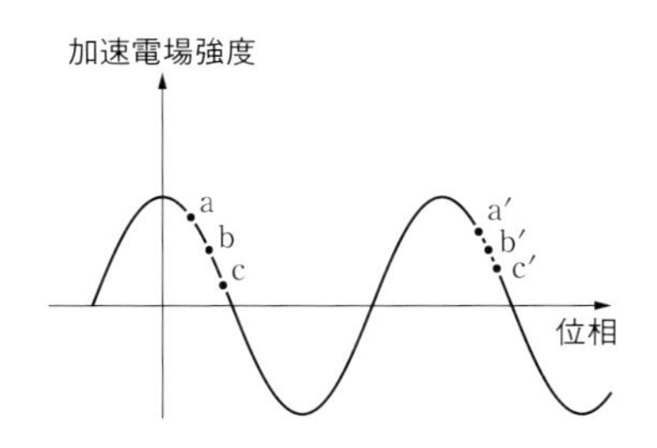

図 11·8　位相と加速電場強度との関係

□安定点より位相の遅れた荷電粒子にはより大きな加速電圧が，位相の進んだ荷電粒子にはより小さな加速電圧がかかり，荷電粒子は安定位相の周りを振動しながら加速されていく．

$\pi/3$ 先行していますから，多くの直線加速器では加速効率を高めるため，粒子が加速管の初段を過ぎ安定な位相に集まった時点で位相を遅らせ，最大の電場強度で加速されるよう工夫しています．

RFQ（radio-frequency quadruple）型加速器は，1970 年頃に考案された加速器で，高周波四重極電場をビームの収束と bunching のみならず，ビームの加速にも利用するタイプの高周波直線加速器です．この加速器は，わずか 2 m 程度の全長でイオンを核子当たり 2 MeV（β～0.06）程度まで加速することができ，細く収束した bunching ビームが得られ，しかも，イオン源に直結して使用することができるので，近年ではコッククロフト＝ウォルトン型加速器などに代わり，イオンを加速する直線加速器への入射加速器として利用されるようになりました．

適当な間隔で配置された交互に極性の変わる四重極の中を通過すると，ビームは収束を受けます（図 11·9）．RFQ は，ビームに平行しこれを四方からとり囲

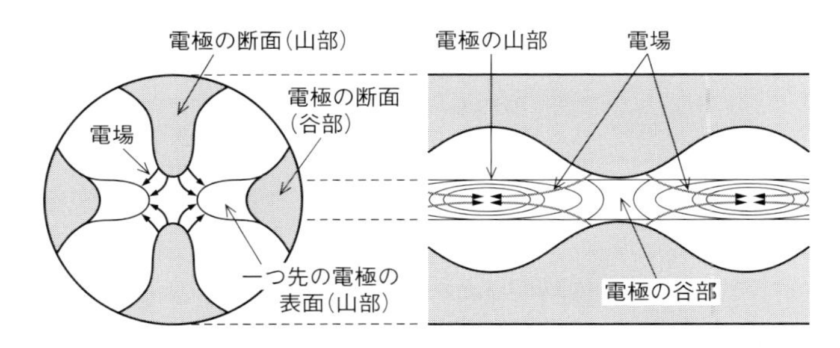

図 11·9　RFQ（断面）の電場

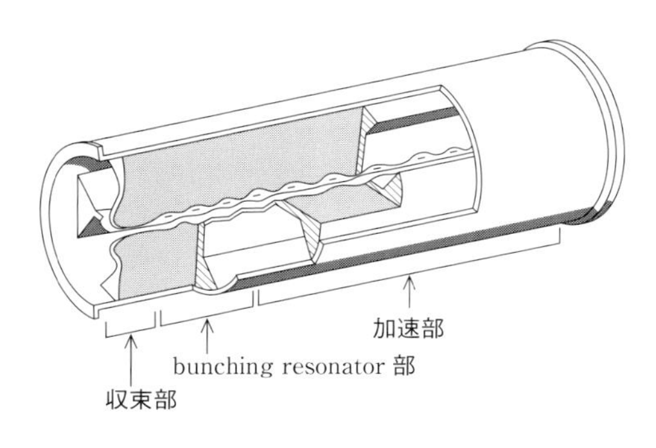

図 11·10　RFQ（断面）

むように配置された4枚の電極に，向い合う電極が同相となるように高周波電場をかけますから，ビームが進行するに従って極性の反転する四重極電場が粒子に働き，ビームの収束が起こります．また，RFQの電極には，粒子の速度に合わせて波長が徐々に長くなる波型の凹凸があり，縦横両電極の隣り合う凸部間に電場が走る（したがって，ビームの進行方向を向いた電場成分が生じる）ため，この部分で粒子の加速が起こります．製品化されているRFQは，図11·10のように収束部，bunching resonator部，および加速部が一体化した構造をしています．

（2）サイクロトロン

一様平行な磁場に垂直に入射した荷電粒子は，その速度の大きさに比例する半径の円運動をします．荷電粒子が円運動の特定の位相にくるたびに一定の加速度を与えると，軌道の半径は次第に大きくなりますが，粒子は常に同じ周期でその位相を通過し続けます．この性質を利用すれば，ただ一組の加速電極を用いて，荷電粒子を繰り返し加速することができます．この原理に基づいた加速器が，サイクロトロンです．

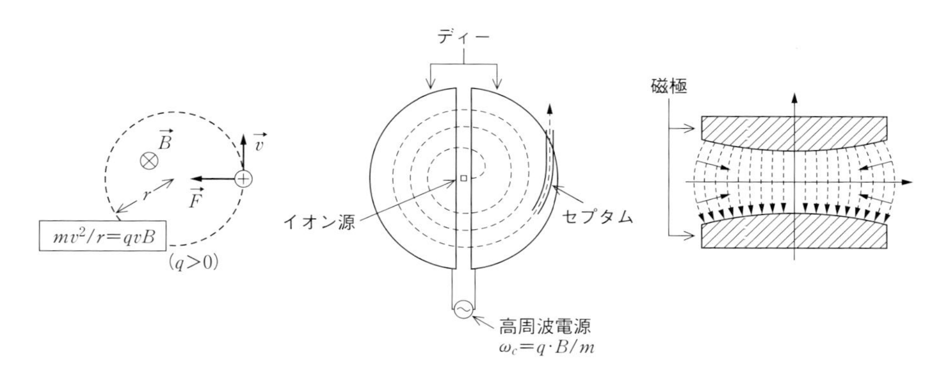

図11·11　サイクロトロンの概念図

一様平行な磁場（磁束密度の大きさ：$B=|\vec{B}|$）の中の磁場に垂直な平面内を，電荷qの荷電粒子が速度$\vec{v}$で動くと，荷電粒子には磁場と粒子の速度とのいずれにも垂直な方向にローレンツ力；

$$|\vec{F}|=q|\vec{v}\times\vec{B}|=qvB,$$

が働きます．この外力は粒子の進行方向に垂直なので，速度の向きは変わっても大きさは変わりませんから，粒子は磁場に垂直な平面内を，角振動数$\omega_c=v/r$

(周期 $T_c = 2\pi/\omega_c$) で等速円運動することがわかります．荷電粒子の質量を m とすれば，粒子の運動に関する力の釣り合いから，次の関係が導かれます．

$$qvB = mv\omega_c = \frac{2\pi mv}{T_c}.$$

したがって，粒子の円運動の周期は，その半径に無関係に一定の値；

$$T_c = 2\pi\frac{m}{qB},$$

をもちます．この結果は，サイクロトロンの加速電場の周期が，粒子の速度とは無関係の一定値をもてばよいことを意味します．ただし，これは粒子の運動に相対論的効果が現れない範囲の話であって，粒子の運動エネルギーがその静止エネルギーの1% 程度になると，相対論的効果による同調周波数のずれが粒子の加速に影響しはじめます．そのため，単純なサイクロトロンで加速できるエネルギーは，1 核子当たり 10 MeV を大きく越えることはできません．

また，サイクロトロンでは，荷電粒子が加速のために走る距離が長いために，磁場が完全に平行であると，加速される粒子の初速度に，磁場に垂直でない速度成分がごくわずかでもあれば，粒子は円運動ではなく螺旋運動をして，遂には上下いずれかの磁石に衝突し，失われてしまいます．そのためサイクロトロンでは，図 11･11 のような樽型に膨らんだ磁場によって，粒子を磁石の中央の平面内に引き戻す力を発生させています．したがって，サイクロトロン内の加速粒子は，この平面内にある最も安定な軌道を中心に，上下に振動しながら加速されることになります．この安定軌道を中心とする振動は，“ベータトロン振動”と呼ばれます．ベータトロン振動には，上に述べた垂直方向の振動のほか，半径方向の振動もあります．

前述のように，粒子のエネルギーが 1 核子当たり 10 MeV 程度以上になると，粒子の速度が粒子の運動エネルギーの平方根に比例して増大しなくなるために，粒子の円運動の周期が高周波電場の周期から遅れはじめます．そこで，サイクロトロンでより高いエネルギーまで粒子を加速するためには，円運動の周期の遅れに合わせて高周波電場の周期を変調するか，粒子が高エネルギーになっても同じ周期で周回させるようにするか，いずれかの工夫が必要になります．

前者の方法を採用したサイクロトロンをシンクロサイクロトロンといいます．シンクロサイクロトロンでは，高周波電場の周期を変調しながら一群の粒子を加速し終わるまで，次の粒子の加速にとりかかることはできません．したがって，シンクロサイクロトロンのビームは，この加速サイクルに合わせた数 ms～数 s の周期をもつ間歇的なパルスビームになります[2)].

一方，相対論的な領域まで粒子を加速するもう一つの方法は，サイクロトロンで加速する粒子の円運動の周期が，粒子の横切る磁場の磁束密度に反比例することを利用します．つまり，粒子のエネルギーの増加に伴う円運動の周期の伸びを，粒子が横切る磁束密度を増加させることで補償するわけです．具体的には，粒子の相対速度が β（$=v/c$）になる軌道では，磁束密度の強さを中心部の γ（$=1/\sqrt{1-\beta^2}$）倍にしてやれば，この条件が満足されます．

そのような磁場の変化は，周辺部へのコイルの追加や，（図 11･11 のサイクロトロンの断面図とは逆に）周辺部にいくほど間隙が狭まる磁極を採用することにより実現できます．しかし，単にサイクロトロン周辺部の磁場強度を増すだけでは，垂直方向のベータトロン振動が発散し，粒子を安定に加速することができなくなります．そこで図 11･12 のように，円周方向にも磁極に狭い場所（hill）と広い場所（valley）とを設け，粒子が周期的に異なった磁束密度の場所を通るようにします．

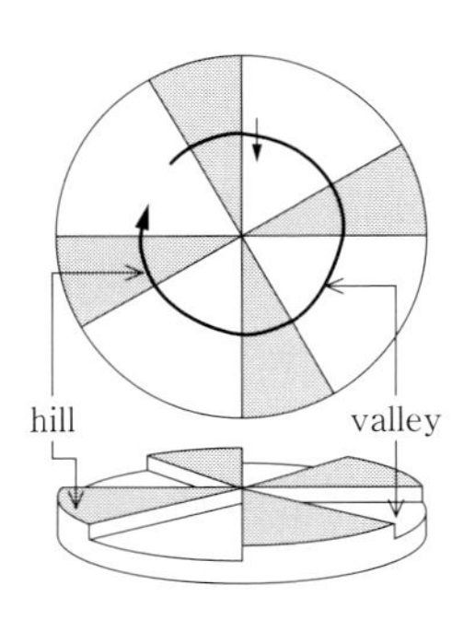

図 11･12 AVF サイクロトロンの磁極の形（下半分）

その結果，粒子の軌道は円でなくなるので，hill と valley との境目で，粒子はこの境界線を斜めに横切ります．すると境界線付近で，粒子の軌道の内側と外側とで粒子に作用する磁場の磁束密度が異なるため，磁場ベクトルに半径方向の成分が生じ，粒子の垂直方向のベータトロン振動を押さえる働きをします．このよ

2）線型加速器・サイクロトロン，シンクロトロンなど高周波型加速器のビームは，高周波電場の周波数に相当する時間構造をもつパルス（ミクロパルス）の連続で構成されている．シンクロサイクロトロンやシンクロトロンのビームは，ミクロパルスがミリ秒程度の間連続したパルス（マクロパルス）の時間構造をもっている．

うな原理を用いて，イオンを1核子当たり100 MeV 程度まで加速する装置をAVF（azimuthally varying field）サイクロトロンと呼びます．今日では，陽子を200 MeV 以上まで加速できるAVF サイクロトロンも開発され，陽子線治療用の加速器として使われています．

医療分野でも使われたマイクロトロンは，磁場の強度も加速に用いる高周波電場の周波数も一定で，加速に伴って粒子の軌道が変化するという点からサイクロトロンの一種に分類できる電子加速器です．マイクロトロンは，電子を専用に加速するために設計された加速器です．マイクロトロンでは，電磁石のヨークの間に挿入された半円形のディーの代わりに，高周波加速空洞を用いて加速するために，電子の軌道は渦状ではなく，円周の一点で互いに接した徐々に半径が大きくなる円になります（図11·13）．

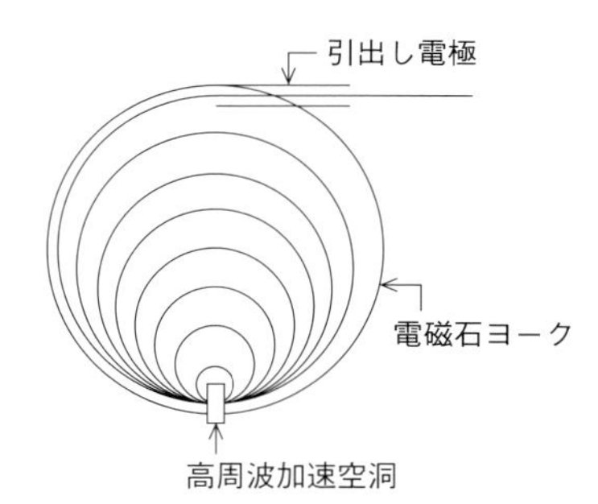

図11·13　マイクロトロン（概念図）

典型的なマイクロトロンは3 GHz 程度の高周波を用い，1回ごとに電子の静止エネルギー（の自然数倍：$n \cdot m_e c^2$）に等しいエネルギーずつ加速して，5～50 MeV の電子ビームをつくり出すことができます．マイクロトロンで加速される電子の軌道は，高周波加速空洞と反対側でその間隔が大きくなっていますから，引き出し電極を機械的に移動することにより，1回の加速電圧に相当するステップでビームのエネルギーを変えることができます．

（3）シンクロトロン

サイクロトロン型の加速器の限界は，加速粒子が通過する面全体を，一つの大きな電磁石の中に設置しなければならない点に起因します．工学的に実現可能な定磁場の強度がたかだか数Tであるため，高エネルギーのサイクロトロンの軌道半径は，必然的に大きなものにならざるを得ません．その結果，陽子を100

MeV 程度に加速する AVF サイクロトロンは，直径 6～8 m で，重量数百 t にも及ぶ構造物になってしまいます．ポールピースは，磁場の一様性を実現するため，均一な組成の鉄に精密な加工を施す必要があり，その製作可能な大きさには技術的な限界があります．さらに，サイクロトロンでは，粒子のエネルギーが高くなるとともに軌道間隔が狭くなり，加速した粒子を外部に取り出すことが次第に困難になります．

したがって，サイクロトロン型の加速器で，1 核子当たり 1 GeV を越えるエネルギー領域（$T > Mc^2$）にまでイオンを加速して取り出すことは，技術的にほとんど実現不可能であると言えます．そこで，粒子をそのような高エネルギーにまで加速するためには，全く別の原理による加速器が必要となります．

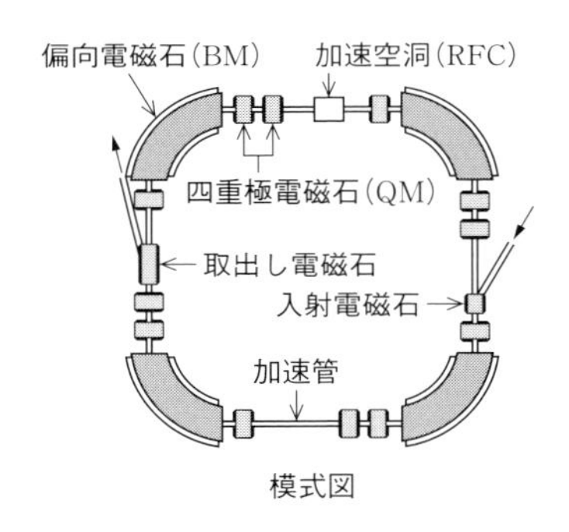

模式図

500 MeV 陽子シンクロトロン
［写真提供］高エネルギー加速器研究機構 ©KEK

図 11·14　シンクロトロン（模式図）

シンクロトロンは，粒子の加速に伴い磁場の強度を徐々に強めて，加速粒子が常に同一の軌道を辿るようにしたものです（図 11·14）．粒子の軌道が一定しているため，シンクロトロンでは，もはや加速器全体を一つの磁石の中に収める必要がなくなります．その代わり，シンクロトロンでは，軌道に沿ってそれぞれ役割（ビームの偏向・収束など）を分担した多数の（比較的小さな：重量＜1 t）電磁石が配置され，それらの電磁石が粒子の加速に同調して磁場強度を強めていきます．また，粒子がシンクロトロンを周回する周期は，加速とともに粒子の速度が相対論的領域に到達するまで徐々に短くなります．

シンクロトロンでは，軌道上の 1 箇所（または数箇所）に挿入された高周波加速空洞で粒子を加速しますが，この高周波の周波数も，粒子の加速に応じて徐々に変化させねばなりません．図 11・15 は，粒子の加速に伴う偏向電磁石の磁場強度と，電磁波の周波数の変化を模式的に示しました．目的とするエネルギーに達すると加速空洞に供給するマイクロ波を切るか，ごくわずかにバンチ構造を維持する程度にし，取出しモードに移行します．

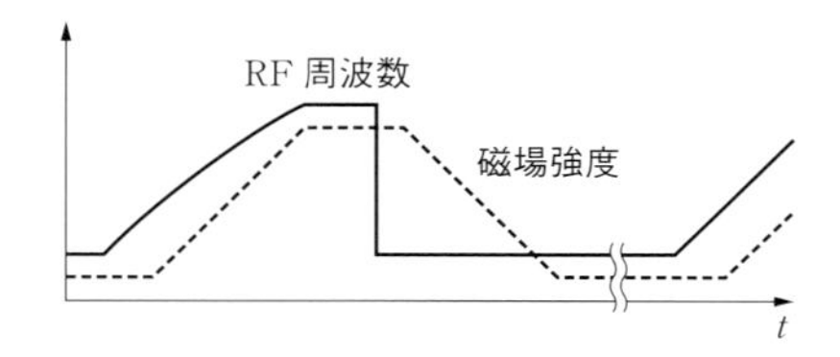

図 11・15　シンクロトロンの運転

シンクロトロンは，電子もイオンも加速できる加速器ですが，上で述べた加速原理の性質上，数 ms〜数 s ごとにしか加速できず，連続した一様な強さのビームを得ることはできません[2)]．

電子（または陽電子）のシンクロトロンは，放射光リング（図 5・9）としても使われます．放射光リングは，電子を一定のエネルギーのまま長時間回し続け，偏向電磁石や挿入光源から発生するシンクロトロン放射光を取り出して利用する加速器です．放射光リングを周回している電子は，放射光を放出することでエネルギーを失いますから，電子を回し続けるには，失った分のエネルギーを高周波加速空洞で補給し続けねばなりません．

放射光リングの電子は，真空ダクト中にごく微量残存するガスと衝突するなどして，徐々に失われていきますが，性能の良い放射光リングのビーム寿命（周回電子数が $1/e$ に減少するのに要する時間）は，数十時間から百時間以上に及びます．その間（直線距離では，太陽系の直径にも匹敵する距離を電子が走る間），シンクロトロン内のビームの位置は，μm の精度で保持されねばなりませんから，放射光リングではきわめて精密なビーム制御技術が必要になります．

11・2・3　ベータトロン

コイルの中を通過する磁場の磁束密度を変化させると，コイルに起電力が生じて電流が流れます．これと同じように，荷電粒子を閉じ込めた環状の空洞を貫く磁場の磁束密度 $\vec{B}_{\text{induc.}}$ の大きさを変化させると，環の円周方向に電場が生じて，荷電粒子を加速することができます．この原理を応用した加速器が，ベータトロンです．ところで，加速される電子のエネルギーが増しても，電子が一定の半径で円運動し続けるためには，加速に応じて軌道磁場 $\vec{B}_{\mathrm{orbit.}}$ の強さを増加させねばなりません（図 11·16）．電子が，磁束密度 $\vec{B}_{\mathrm{orbit.}}$ の一様な軌道磁場に垂直な平面内で半径 r の円運動をするとき，（相対論的運動の円運動に関する力の釣合の関係から）電子の接線速度の大きさ $v_{\mathrm{tan.}}$ は次のように表されます．

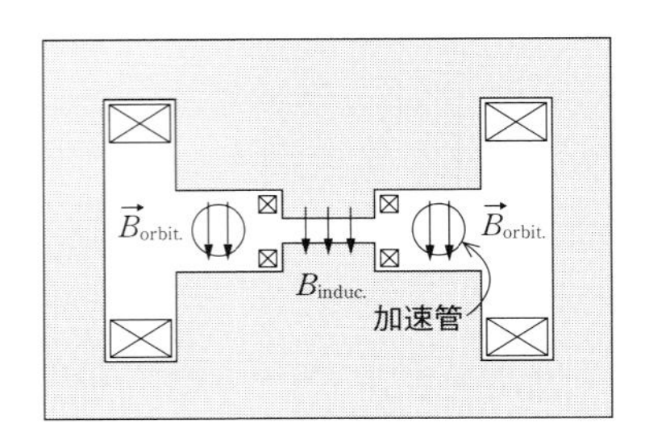

図 11·16　ベータトロン断面図

$$\frac{m_e\gamma v_{\mathrm{tan.}}^2}{r} = ev_{\mathrm{tan.}}B_{\mathrm{orbit.}}. \qquad \text{ただし，} \gamma = 1/\sqrt{1-\beta^2} \text{ および } B_{\mathrm{orbit.}} = |\vec{B}_{\mathrm{orbit.}}|$$

一方，半径 r の電子軌道で囲まれた円内を貫く磁場の磁束密度 $\vec{B}_{\mathrm{induc.}}$ が変化したときに，電子軌道に沿って生じる起電力（軌道に沿って生じる電場の強さ E）は；

$$2\pi rE = \pi r^2\frac{\mathrm{d}B_{\mathrm{induc.}}}{\mathrm{d}t}, \qquad \text{ただし，} B_{\mathrm{induc.}} = |\vec{B}_{\mathrm{induc.}}|$$

と表されます．円軌道上の電子は，この電場により円周方向に加速されます．

$$\frac{\mathrm{d}(\gamma v_{\mathrm{tan.}})}{\mathrm{d}t} = \frac{eE}{m_e}.$$

これらの関係式から電場の強さ E と電子の接線速度 $v_{\mathrm{tan.}}$ とを消去すると；

$$\frac{\mathrm{d}B_{\mathrm{induc.}}}{\mathrm{d}t} = 2\frac{\mathrm{d}B_{\mathrm{orbit.}}}{\mathrm{d}t},$$

となり，加速磁場の時間変化率を軌道磁場の時間変化率の 2 倍にすれば，加速中電子の軌道半径は一定に保たれることがわかります．

11・3　加速空洞

荷電粒子の加速には電場が必要です．11·2·2 節の高周波加速器で述べた電子加速に用いられる進行波型加速管と定在波型加速管，電子シンクロトロンの加速空洞，陽子の加速によく使用される Alvarez 型加速管，RFQ 加速管などでは，加速用の電場も磁場も真空中に発生させます．一方，陽子や重粒子加速用のシンクロトロンでは，共振周波数を下げるために，磁性体を装荷して，磁場を磁性体内に発生させる加速空洞が用いられます．ここでは周波数の異なる二つの加速方式；真空中に電磁場を発生する加速空洞と磁場を磁性体内に発生させる磁性体装荷型の加速空洞の基礎を述べます．ベータトロンを除くと，前述の高周波加速器には，この二つのどちらかの加速空洞が用いられます．

（1）真空中に電磁場を発生する加速空洞

真空中に電磁場を発生する加速空洞は，導体に囲まれた真空の空洞内に空洞と共振する高周波を入れ，その電場で荷電粒子を加速します．図 11・17 に，電子シンクロトロンに使用される典型的な加速空洞の断面を，空洞内の電場の強いところと，磁場の強いところの分布とともに示します．

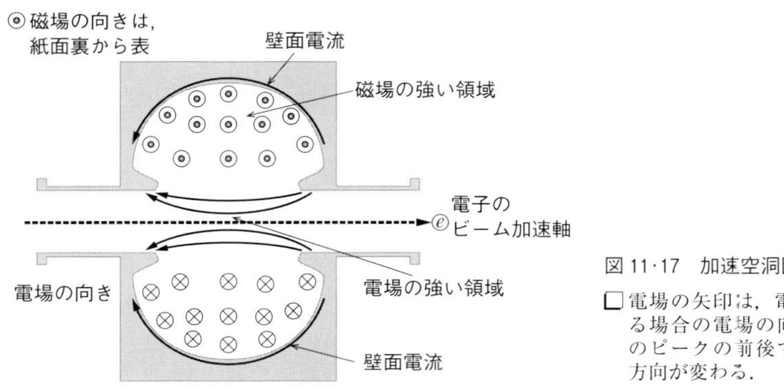

図 11・17　加速空洞断面と電磁場分布

□電場の矢印は，電子を加速している場合の電場の向きを表す．電場のピークの前後で，磁場と電流の方向が変わる．

通常，空洞は銅でできています．図に示したように，空洞内では，磁場は外周部に電場を取り囲むように存在して中央部では弱く，電場は中央部に集中して外周部で弱くなります．また，電場と磁場は，時間位相が 90 度ずれて振動し，片方が最大のときにはもう片方はゼロです．加速電場の強さは，磁束の時間変化分に比例します[3]．つまり，加速電場の一番強いときは，磁束そのものはゼロで，磁束の時間変化分が最大のときです．電場と磁場のエネルギーの和は，時間的に一定です．

このように，加速空洞が電場と磁場にエネルギーを交互に蓄積する過程は，コンデンサ（C）とコイル（L），および抵抗（R）で構成する並列共振回路で表せます．加速空洞が，高周波電源と，昇圧トランス（昇圧比 $1:n$）で結合してい

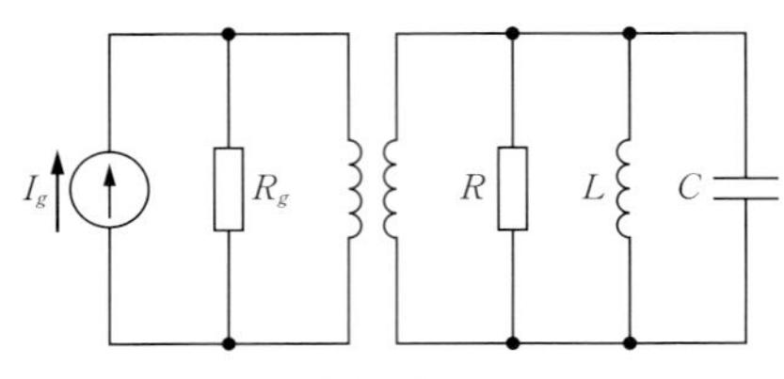

図 11·18　加速空洞の等価回路：並列共振回路

る場合の等価回路を，図 11·18 に示します．

磁場に接している空洞壁には，電流が流れます．R は，空洞壁の表皮効果抵抗[4]と，電流で生じるジュール損失から導かれるもので，加速空洞では特に重要な意味をもちます．加速空洞に供給している高周波の電力を消費する因子は R のみです．供給している高周波のパワーの平均値を P とすると，R にかかる電

3）電流の周りには磁場が誘起される．その磁場を電流の周りに線積分した値は電流に等しい：$\oint H\mathrm{d}l = I$（アンペールの法則）．たとえば，図-注 3）-1 に示すような半径 r の円周に沿って線積分すると，$2\pi rH = I$ となる．SI 単位系で，磁場の強さを H〔A·m^{-1}〕とすると，磁束密度 $B = \mu H$〔Wb·m^{-2}〕（μ は透磁率）である．磁束 ϕ〔Wb〕は，B の面積積分で与えられる：$\oint B\mathrm{d}s = \phi$．図-注 3）-2 に示すように，磁束を取り囲む閉回路に誘導される起電力は，磁束の時間変化に等しい：$\oint E\mathrm{d}l = -\partial\phi/\partial t$（ファラディの法則）．したがって，積分路の一部にギャップを設けた導体を置けば，導体中には電場が存在しないので，すべての電場はそのギャップに集中して発生し，電圧 $-\partial\phi/\partial t$ をもつ．

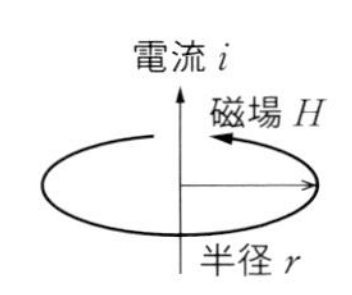

図-注 3）-1　アンペールの法則：
電流は磁場を誘起する

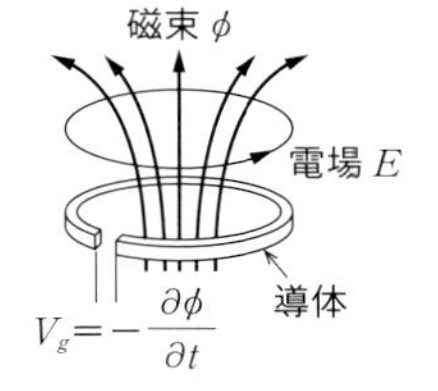

図-注 3）-2　ファラデーの法則：
磁束の時間変化分は誘起される電圧に等しい

4）高周波電流は導体の表面を流れる性質があり，これを表皮効果（skin-effect）と呼ぶ．表皮の深さ δ は，$\delta = \sqrt{2/\omega\mu\sigma}$，表皮効果抵抗は $R_{\mathrm{skin}} = 1/\delta\sigma$ と表される．ここで ω は，高周波の角周波数，μ は空洞に使用する金属の透磁率，σ はその電気伝導度である．空洞が銅の場合，高周波の周波数が 500 MHz であれば，表皮の厚さ δ は，3 μm 程度となり，電流はごく表面を流れることになる．

圧，つまり C の両端にかかる加速電圧のピーク値 V_p は，以下の式で求められます．

$$V_p=\sqrt{2PR}.$$

このように，R は，空洞の消費電力の，加速電圧への変換効率と考えられるので，R の大きさは，空洞評価の一つの指標になります．加速空洞の等価回路の三つの定数を決めれば，そこから，共振角周波数 ω_0，空洞の $\tilde{Q}_C$ 値[5)]，および空洞の電力損失とコンデンサの両端に現れる電圧，つまり加速電圧を知ることができます．加速空洞の特性を記述する定数は，空洞の ω_0，$\tilde{Q}_0$，R の三つです．

加速器では，この R をベースにして，加速器に特有のシャントインピーダンス[6)]を定義して用いています．粒子の加速は，交流回路の実効電圧ではなく，電圧のピークで行われること，粒子が空洞内を移動する時間中に，電場の強度も変化することを考慮します．高周波として投入される電力と，それによって発生する加速電圧を，シャントインピーダンスを使用して求める実用例は，Appendix 11-A に示します．

ここで，直流加速と高周波加速の違いを確認しておきます．高周波加速の加速空洞は完全に導体で覆われています．外周が導体で結ばれているわけですから，空洞の入り口と出口の電位は同じです．11・2・1 節で述べた直流高電圧型加速器と，11・2・2 節で述べた高周波加速器を比較します．直流高電圧加速器では，一度加速された粒子を，高電圧部に戻し，もう一度加速しようとしても，戻す過程で加速電圧によって減速されます．それに対して，図 11・13 に示す高周波加速のマイクロトロンでは，減速されずに入り口まで戻すことができます．これは，高周波加速空洞内の電場が，磁場の時間変化によって誘起される電場であることに

5）空洞の共振角周波数 ω_0 は，空洞の静電容量 C とインダクタンス L を用いて，$\omega_0=1/\sqrt{CL}$ と表される．空洞における $\tilde{Q}$ 値は，空洞内に蓄えられる高周波のエネルギーと，1 秒当たり失われるエネルギーの比を ω_0 倍したものとして定義され，$\tilde{Q}_0=\omega_0 U/P_{\mathrm{wall}}$ と表される．ここで，U は空洞に蓄積されているエネルギー，P_{wall} は壁での電力損失（空洞の壁面のみの電力損失を考慮した場合に $\tilde{Q}_0$ のゼロをつける．空洞に外部の負荷が接続され，その外部負荷に消費される電力も含めた $\tilde{Q}$ 値を $\tilde{Q}_L$ と表す），ω_0 は共振時の角周波数である．キャパシタの両端に印加されるピーク電圧を V_p とすると，$U=CV_p^2/2$，$P_{\mathrm{wall}}=V_p^2/2R$ であることから，$\tilde{Q}_0=R/\sqrt{L/C}=R/\omega_0 L=R\omega_C C$ と表されるので，$R=\tilde{Q}_0\omega_0 L$ となる（$\tilde{Q}$ 値を交流回路理論では共振の鋭さから定義することが多い．$\tilde{Q}$ 値の大きい空洞は周波数帯域が狭い．ここでの定義と同じ内容である）．

6）加速器で使用する用語のシャントインピーダンスは，加速器に高周波源から供給する高周波電力と，ビームの加速エネルギーを結ぶパラメータである．ここで述べたように並列等価回路の R をそのままシャントインピーダンスと定義することもあるが，ピークの電圧を V_p として，シャントインピーダンス $R_s=V_p^2/P$ を用い，ファクタが 2 倍異なる定義を使用することが多い．電子線形加速器では，Appendix 11-A に述べる，単位長さ当たりの実効シャントインピーダンスがよく用いられる．どの定義を用いているか確認する必要がある．

よります．

（2）磁性体装荷型の加速空洞

重い荷電粒子の加速には，粒子の速度が真空中の光速度にくらべてかなり小さい領域で加速するため，周波数の低い加速電場が必要です．ここでも，加速空洞の等価回路は図11·18で示され，共振角周波数 $1/\sqrt{LC}$ を低くするには，インダクタンス L を大きくする必要があります．図11·19にインダクタンスを大きくするため磁性体を装荷した加速空洞の構造を示します．

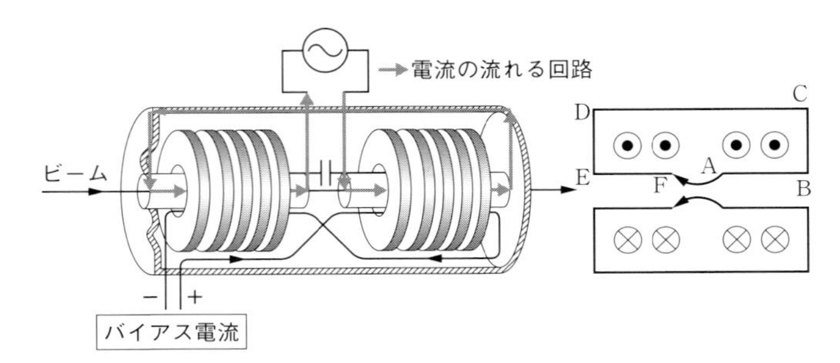

図中，A から B, C, D, E, F，A と1周する電場を線積分した値（電圧）が，この枠内の磁束の時間微分にマイナスをつけた値となる．加速の条件は，図11·17と同じ．

図11·19　磁性体装荷加速空洞

ビームダクトに絶縁体のリングを挿入して加速ギャップとし，ダクトの周りをリング状の磁性体コアで囲みます．高周波源から出力された電流は，コアを1ターンします．コアの内部には，アンペールの法則[3]に従って，磁場が誘起されます．この電磁場の分布は，図11·17の加速空洞と全く同じになります．ここでも磁束の時間変化分に対応する加速電圧がギャップ間に発生します．

陽子や重粒子シンクロトロンは，前述のように，周波数をエネルギーに合わせて大きく変化させますので，幅広い周波数領域で加速空洞が共振する必要があります．そのため，フェライトを用いる加速空洞の場合には，フェライトにバイアス電流を流して，その電流に応じて，フェライトの透磁率が変化することを利用し，共振周波数を加速周波数に合わせます．金属磁性体（metal alloy）で，広い周波数範囲と磁場強度にわたって，高い透磁率を有するものが開発されていて，L を大きくできるため，$\tilde{Q}$ 値は小さいがシャントインピーダンス（$R=\tilde{Q}_0\omega_0 L$）の大きい空洞を実現できます[5),6)]．$\tilde{Q}$ 値が小さいと，周波数帯域が広がり，バイアス電流を流さずに，広帯域な磁性体装荷加速空洞をつくることができます．このタイプの加速空洞を，直線状に長くつなげて加速する方式を，インダクションリニアックと呼んでいます．

インダクションリニアックでも外部の空洞はつながっていて，空洞の導体部の電位は同じになります．したがって，複数台を接続できること，繰り返し加速できることなど，周波数の違いはありますが，空洞型加速と電位の関係は同じになります．高周波加速が多段に接続できるのは，時間変化する磁場を介在させているからです．

11・4　加速器の高周波源

高周波加速器では，高い電力の高周波源が必須です．前述の加速空洞に高周波を供給するための高周波源について，代表的な二つを述べます．

（1）クライストロン

加速器における代表的な高周波増幅管は，クライストロンです．陽子加速器から電子加速器まで広く使用されています．クライストロンの構成を図 11·20 の上側に示します．電子銃のカソードとアノード間に電圧 V_0 をかけ，電子ビームを取り出します．ここでの電圧は，数十から数百 kV で非相対論的な速度になります．アノード近くに設置された入力空洞に高周波を入れ，高周波が入力空洞に誘起する電場で，電子銃から出たビームの速度を変調します．図 11·20 の下側に示

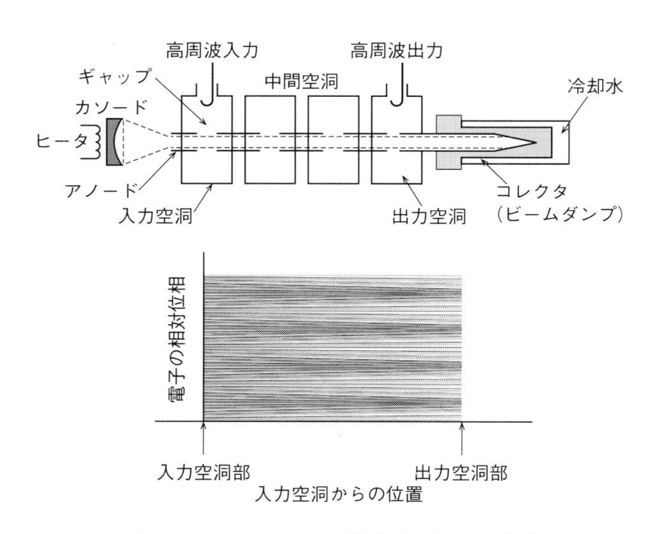

図 11·20　クライストロン模式図とビームの集群

すように，速度変調のかかった電子は，ある距離を走る間にバンチングが進みます．

入力空洞と，高周波を取り出す出力空洞の間に，幾つかの中間空洞がついているのが普通です．これらの中間の空洞は，わずかに共振周波数をずらした空洞や，高調波に共振する空洞で構成され，バンチ構造を強め，電子ビームから高周波へのエネルギー変換効率を高くします．最終的によくバンチしたビームが出力空洞を通過する際に，電磁場を発生し，その電場で電子自身は減速されますが，減速された分の電圧と電流の積が高周波に変換された電力となります．出力空洞には，取り出し用のアンテナがついています．クライストロンの増幅度は非常に高く，10万倍から100万倍です．

（2）4極管増幅器（tetrode）

高周波の周波数が低く波長が長くなると，クライストロンは，サイズが大きくなりすぎることから，300 MHz以下では実用的ではありません．高速の半導体素子による高周波増幅器は，徐々に対応できる周波数帯域を広げていますが，まだ，出力が不十分で，加速器で使用する，数百kWを超えるようなパワーでは，カソード，コントロールグリッド，スクリーングリッド，アノードの4極で構成される，4極真空管を使用して増幅します．増幅できる周波数に下限はありませんが，高いほうは，真空管内の電極間を走る電子の走行時間と関係します．加速器で使用する4極真空管のカソード，グリッド，アノードそれぞれは，平板で構成され，それぞれの電極間隔を狭くして，真空管内の電子走行時間を短くしています．

11・5　ビーム輸送系

加速器から取り出されたビームを，ビームを使用する場所まで導く機構をビーム輸送系といいます．ビーム輸送系の全長は，放射線治療で用いられる電子直線加速器のようにたかだか数10 cm程度のものから，高エネルギー加速器施設の100 m以上に及ぶものまでさまざまです．

加速器から取り出されたビームは，加速器の種類によってその程度は異なりますが，厳密には単一のエネルギーの粒子だけで構成されているわけではなく，また，粒子の進行方向も完全に平行というわけではありません．また，仮に加速器から取り出されたビームが，単色のエネルギーをもち完全に速度の平行な粒子ばかりからなっていたとしても，ビームを構成する荷電粒子の間に働くクーロン力

（斥力）のために，ビームは何もしなければ徐々に拡散していく性質をもっています．したがって，ビーム輸送系は，こうした拡散を押さえながら（ビームの収束），必要とされる方向にビームを導く（ビームの偏向）機能をもたねばなりません．

収束も偏向も，共にビームに対しその進行方向に垂直な力を作用させねば実現することができません．荷電粒子であるビームに力を及ぼすには，電場を用いる方法と磁場を用いる方法とが考えられますが，技術的に実現可能な電場の強さには限界がありますから，電場を用いる方法は，加速器からのビーム取り出しなどビームの向きを極わずか変えればよい場合や，二重収斂型質量分析器などのエネルギーの低いビーム（陽子で 200 keV 程度以下）を導く場合を除いてあまり用いられません．

磁場は，ビームに対して常に進行方向と垂直な向きに力を及ぼし，しかもその力は粒子の速度に比例する性質がありますから，高エネルギーのビームの収束や偏向に適切な手段となります．実際のビーム輸送系では，四重極電磁石と双極電磁石とが，それぞれビームの収束と偏向のために用いられます．N 極と S 極とを対向させた双極電磁石は，通過する荷電粒子を磁場に垂直な平面内で偏向させます．一定強度の磁場の中では図 11･11 に示したように，エネルギーの高い粒子ほど大きな半径の円弧を描いて曲げられることになり，このことを利用すれば双極電磁石を用いてビームの中から特定のエネルギーをもつ粒子だけを選び出すこともできます．また，扇形の双極電磁石を用いると，エネルギーの高い粒子ほど磁場を長距離横切り，より大きな角度で曲げられますから，エネルギーに分布のあるビームを一つの焦点に収束させることができます．

四重極電磁石は，S 極と S 極，N 極と N 極を互いに向い合わせにしたものですが，図 11･21 に示したように，互いに直交する方向の一方に対してはビームを収束させる働き（凸レンズ）をし，他方に対しては拡散させる働き（凹レンズ）

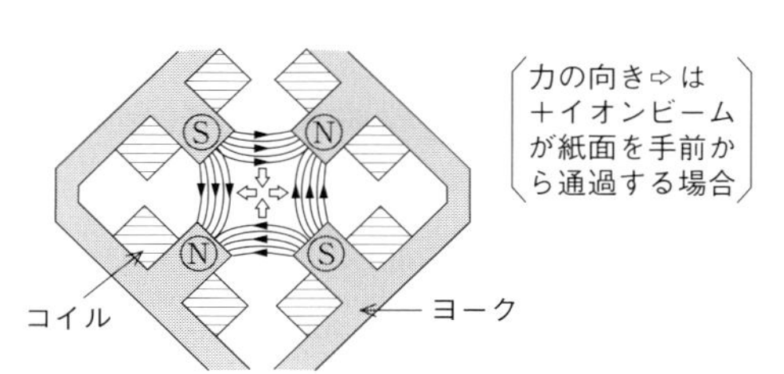

図 11･21　四重極電磁石のビームに及ぼす力

をします．凸レンズと凹レンズとを適切に組み合わせると全体として焦点を結ぶ光学系ができるように，互いに極性の異なる四重極電磁石を組み合わせ，どの方向に対してもビームを収束させることができます．そのため，四重極電磁石は，通常2個または3個を一組として用いられます．軌道補正用に用いられるステアリングコイルは，地磁気や漏れ磁場の影響，あるいはアライメントの誤差などで，ビームが理想軌道からずれた場合，小さい角度だけビームを偏向させ，ビームを理想軌道上に保つために使われます．通常小さい双極電磁石です．状況によりますが，ビームを数 mrad から数十 mrad 偏向して，軌道補正をします．

11・6　ビームのモニタと制御

加速器を使用する場合，ビームが期待通りに加速されているかどうか，観測しながら運転します．このときにビームの何を観測するかによって，用いるモニタが異なります．ここでは，多くの加速器で用いられる，一般的なビームモニタについて述べます．

ビーム輸送系に設置されたビームモニタを模式的に図11·22に示します．ビームの輸送の長さによってこれらのモニタが複数設置されます．ここではビーム輸送系を模擬し，設置したモニタを上流から順次述べます．

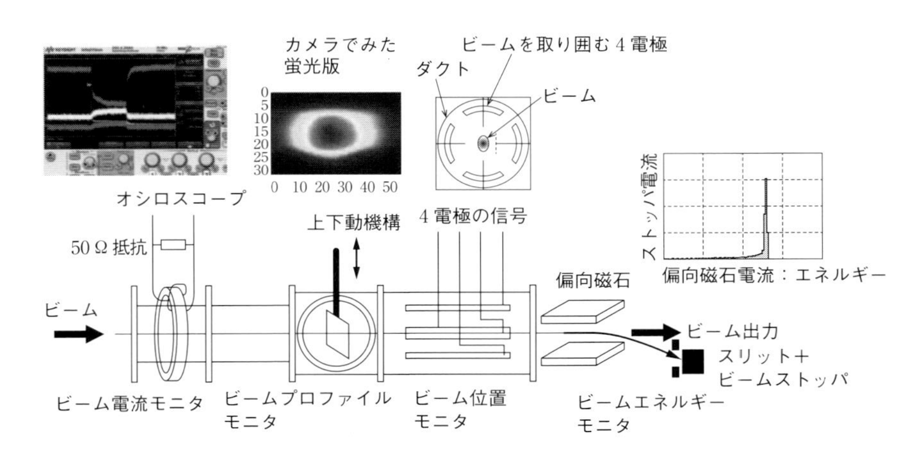

図11·22　ビームモニタ設置の模式図

（1）ビーム電流モニタ

加速途中のビームやビーム輸送系のダクトを通過しているビーム，さらには加速器出力部でのビーム電流の計測を行います．走る荷電粒子は，磁場を誘起します．ビームをリング状のコアを通過させ，コアに巻いた巻き線に誘起される電流から，ビーム電流を計測します．誘起された電流が所定の抵抗を流れ発生した電圧をオシロスコープなどで計測します．

（2）ビームプロファイルモニタ

加速されているビームの形状（進行方向に対して直角方向）に，蛍光板をビームダクト中に差し込み，ビームを蛍光板にあて，その発光をガラス製の覗き窓を通してカメラで観測してビーム形状，密度分布などを計測します．計測後は蛍光板を引き抜き，ビームを通過させます．ダクトの中に，わずかに残っている残留ガス，あるいは意図的に局所に流し込んだガスを，ビーム粒子が励起することで得られる発光を，カメラで観測して形状を計測できます．その場合はビームを止めないので常時モニタすることも可能です．粒子の種類やエネルギーによっていろいろなプロファイルモニタが開発されています．

（3）ビーム位置モニタ

ビーム位置モニタは，ビームの中心軌道からのずれを計測します．ビームの周囲に四つの電極を配置し，ビームと電極の位置が近いと信号が大きく，逆に離れていると小さくなることを利用して，ダクト中のビームの位置を割り出します．

（4）ビームエネルギーモニタ

ビームを磁場で偏向させて，偏向角と運動量の関係から，ビームのエネルギーを計測するのが一般的です．図11·22には，電子ビームを偏向させ，所定の偏向角の線上に設置したスリットを通過したビーム電流と偏向磁石の強度の関係を示します．スリットを狭くすると，エネルギーと同時にエネルギー幅も計測できます．陽子や重粒子加速器で，非相対論的な速度でビームが走る場合，ビームの速度を計測してエネルギーを算出できます．ビーム位置モニタの電極のように，ビーム軌道の近くに金属板を設置し，信号線を配線したものをピックアップ電極といいます．ビームが高周波の周期ごとにバンチされて走行すると，ピックアップ電極に高周波を誘起します．正確に距離のわかる2点間の移動時間を，ピックアップした高周波の位相差から計算し，速度を求めます．ピックアップ電極として，ボタン電極と呼ばれる小さい円形の金属板を使用する場合や，ビーム位置モニタの電極を併用して使用します．ビームが，ある距離を走る時間から，エネルギーを求める方法は，飛行時間測定（time of flight : TOF）と呼ばれます．

11・7 加速器の制御と運転

加速器の構成要素を統合して加速器としての機能を発揮させる，頭脳および神経系統ともいわれるのが加速器制御です．加速器のすべての機器が，それぞれに託された機能を発揮し，それらがお互いに正しく関連づけられることで，目的とするビームを加速・出力できます．制御は，構成するすべての機器への運転・停止の指令，機器の状況の監視などを行います．

加速器システムは，多くの機器で構成され，それらのどれ一つが異常でも，全体としては正常に動作しません．担う役割としては，人的安全の PPS（personnel protection system），装置安全の MPS（machine protection system），機器の動作のタイミングを司るタイミングシステム，運転パラメータの設定と監視，表示，など多岐にわたります．また，ビームモニタの情報とコンピュータに組み込まれた加速器理論に基づくプログラムで，自動的に最適パラメータをさがし，維持するアクティブな制御も行います．

Appendix 11-A 電子医療用加速器のシャントインピーダンス表示

電子線形加速器は，比較的小型で扱いやすいことから，がん治療装置として半世紀以上にわたる長い歴史をもっています．ここでは定在波型の電子線形加速器を例にとって，加速器のシャントインピーダンスの使用例を述べます．多空洞で構成される加速管では，単位長さ当たりのシャントインピーダンスで表すのが一般的です．加速管ではシャントインピーダンスの記号を，R ではなく，Z を使用することが多いのでここではそれに従います．ここで Z は，電圧のピーク値を用いて定義しています[6]．さらに，加速される粒子からみた電場の強さは $E=E_0\sin\omega t$ で時間的に変化します．荷電粒子に働く電場は，移動時間中に電場が変化することで，ピークの電場より下がります．その割合（走行時間効果：transit time factor : T_t）も加味して，加速管の電場強度のピーク値を E_0〔V·m^{-1}〕，加速管の長さを l〔m〕，加速管に供給する高周波電力の平均値を P_0〔W〕として，

$$ZT_t^2=(E_0T_t)^2/(P_0/l),$$

で，加速管の，単位長さ当たりの実効シャントインピーダンスを定義します．

高周波が供給された定常状態での，定在波型の加速管の加速電圧 V を記述する式は次式で与えられます．

$$V=\frac{1}{1+\xi}(2\sqrt{\xi l P_0 Z T_t^2}-i_e l Z T_t^2),$$

ここで，P_0 はクライストロンから供給される高周波の電力，ZT_t^2 は 1 m 当たりの実効シャントインピーダンス，l は加速管の長さ，i_e は加速電流です．ξ は，給電の導波管と，加速管の結合係数を表します．$\xi=1$ の場合をみてみます．$\xi=1$ は，ビームのない状態で，高周波源と加速管のインピーダンスマッチングがとれ，高周波源からの高周波が反射されることなく 100% 加速管内に入る状態，つまり全部加速管内壁でパワーを消費している状態です（図 11·18 の等価回路において，$R_g=R/n^2$ の場合）．上式の第 1 項に $\xi=1$，電流 $i_e=0$ を入れ，加速電圧 V を求めると，第 2 項はゼロで，第 1 項は，入り口から出口まで電子が走ったときに受ける電圧：

$$V_a=\sqrt{l P_0 Z T_t^2},$$

となり，シャントインピーダンスと，高周波パワーの積の平方根が，加速電圧を与えることを示します．このように，加速器では，シャントインピーダンスが，入力高周波電力の平均値に対応した加速電圧を直接導く便利なパラメータになります．

一方，$\xi=1$ として，ビーム電流が i_e〔A〕流れると，第 2 項は，

$$V_b=i_e l Z T_t^2/(1+\xi),$$

となり，ビームが加速管内に誘起する高周波で減速される電圧で，ビームローディングと呼ばれるエネルギーの低下分を表します．

定在波型の加速管のシャントインピーダンスの多くは 100 MΩ·m^{-1} 程度です．長さを 1 m として，ここに 3 MW（$=10^6$ W）を投入して上記の式に当てはめて加速電圧 V を計算すると，第 1 項は約 17 MV になります．つまり，かなり大型の直流加速器でないと実現困難な電圧がわずか 1 m 程度の長さで発生できます．実際使用するときには，ビームを i_e〔A〕加速して，実用になる強度の X 線を出します．ビーム電流値に応じて，上述の 17 MV の無負荷エネルギーよりは，エネルギーが下がります．電流を 100 mA として，第 2 項のビームローディングで下がるエネルギー分を計算すると，5 MV となり，結局，差し引きこの加速管には 12 MV の電圧が発生し，12 MeV-100 mA の電子ビームが出力されます．加速電流を大きくする場合には ξ の値を大きくするように設計したほうが有利です．

第12章　放射線量

12・1　放射線の量とは

私たちは，放射線を五感でとらえることができません．この状況は，私たちの感覚が，磁場を感知できないのと似ています．しかし，磁場の状態は，鉄粉やコイルを用い，整列した鉄粉の形やコイルに誘導された電流から知ることができます．それと同様に，放射線を物質に作用させれば，生じる相互作用の種類と強さを観測することで，放射線場[1)]の状態を知ることができます．ここに言う**放射線場の状態**とは；

(1)　どういう粒子（光子を含む）からなる放射線が，

(2)　どういうエネルギー分布と，

(3)　どういう方向分布をもって，

(4)　単位時間にどれだけやってきているか，

(5)　さらに(1)～(4)が時間的にどのように変化するか，

で表される状態です．もし，ある時空領域の任意の点で，これらすべての情報が明確であれば，私たちは，その領域内の放射線場の状態を完全に把握している，と主張することができます．

本章では，線量とそれに関連するさまざまな放射線の量について説明します．**線量**（radiation dose）は，放射線の作用とその影響の因果関係を定量的に論じるとき，“原因の大きさ”を記述する量の総称です．影響の原因は，明らかに，作用した放射線そのものですから，どのような放射線がどれだけ作用したかを，つまり作用した放射線場の状態を，記述すれば十分なはずです．

しかし，ある放射線場を表すために，上記(1)～(5)の情報をことごとく列挙するのは，場が特別な対称性をもつ場合を除いてほとんど不可能でしょう．しかし，もし，それらの複雑な放射線場の情報を，何かある一つの数値で代表させら

1）“場（field quantity）”とは，時空座標の関数または関数の組で表される物理量（物象を定量的に記述するために用いられる量の総称）を意味する．*Cf.*, *e.g.*, P. M. Morse and H. Feshbach : “Methods of Theoretical Physics.”, McGraw-Hill（1953），ISBN : 007043316X, 0070433178

れるならば，実用的に大変に便利なはずです．私たちが用いているさまざまな線量は，膨大な放射線場の情報を，そうした観点から一つの数値に集約させたものにほかなりません．しかし，無数の情報をただ一つの数値に集約させる方法は無限にありますから，私たちの周りには，その**目的に応じて**放射線場の情報を集約させたさまざまな線量が共存することになりました（Appendix 12-C）．

ところが“合目的的な情報の集約”という作業は，大なり小なり行為者の価値観に影響されますから，必ずしも科学的な必然性だけで説明できるとは限りません[2]．別な言い方をすれば，熱学や電磁気学などで使われる諸量のように，科学の第一原理から線量を論理的に導けるとは限らないことになります．したがって，私たちは，個々の線量が；

(1) どのような目的のために，

(2) どのような方法で放射線場の情報を集約し，

(3) 結果として，放射線場のどのような特徴を記述する量になっているかを，

十分理解したうえで，本来の目的となりたちを大きく逸脱しない範囲で使わねばなりません．

本章では，今日使われている線量のうち，放射線の物理的な作用の程度を客観的に表すものを，**計測線量**（dosimetric quantities）と呼ぶことにします．計測線量は，物質に作用する放射線を記述する“放射線場の量”と，着目した相互作用の性質を定量的に特徴づける“相互作用の係数”との組合せで表現されます．これらの放射線の量は，国際放射線単位および測定委員会（International Commission for Radiation Units and Measurements : ICRU）が定義しています[3]．

12・2　放射線場の量（radiometric quantities）

放射線場の状態を厳密に記述する量は，前節で述べたように非常に複雑です．その中で，放射線粒子の運ぶエネルギー[4]と，注目している点に“どれだけの放

2）合目的的につくられた量には，線量以外にも明るさを表す光度（luminous intensity）などがある．人の感じる明るさは，スペクトル分布によって異なるので，各波長の光子の量をヒトの眼の標準感度特性に応じて加重平均した量を光源の明るさと定義している．しかし，そうして定義された光度は，たとえば，紫外線の一部まで見える昆虫の感じる明るさとは別物である．

3）ICRU は，国際放射線学会議（International Congress of Radiology）のもとにその前身が設置され，1928 年に“国際統一 X 線量単位”を勧告して以来，さまざまな放射線の量を定義する役割を担ってきた．放射線の量の定義は，放射線に関する最新の科学的知見に基づいて追加や改定を繰り返し，今日に至っている（*Cf.*, Appendix 12-C）．最新の定義は，2011 年に“Fundamental Quantities and Units for Ionizing Radiation,” ICRU Report 85a, ISSN : 1473-6691 として公開されている．

射線粒子（光子を含む）がきているか”を表す粒子フルエンスとは，放射線場を定量的に記述するうえで最も基本的な量です．さまざまな**放射線場の量**は，これら二つの量を組み合わせ，それを時間や座標などのパラメータで微分することによって，つくり出すことができます．

粒子フルエンス（particle fluence）Φ は，放射線（粒子）がその点の近傍にどれだけ入射したかを表す量です．“どれだけ”とは，入射した粒子の空間的な密度，つまり粒子の軌跡に垂直な面の単位面積当たりに入射した粒子数を意味します．放射線が空間的に一様な密度で平行に入射していれば，粒子フルエンスの概念を素朴に理解することができます（図 12･1(a)）．粒子数には次元がありませんから，粒子フルエンスは面積の逆数の次元をもちます．粒子フルエンスの SI 単位は m^{-2} ですが，実際には，ほとんどの分野で cm^{-2} 単位によるフルエンスの表記が利用されています．

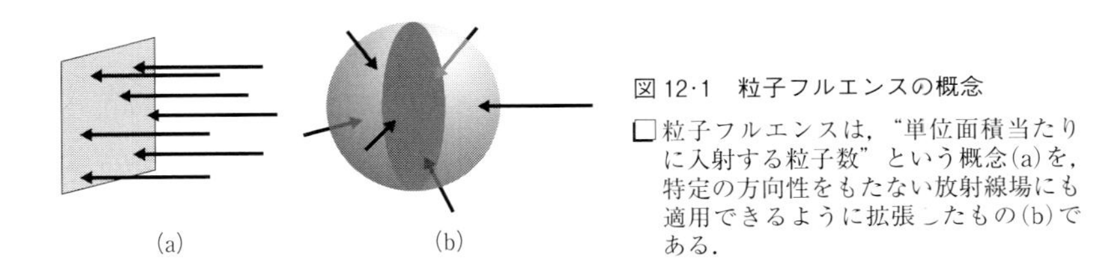

図 12･1　粒子フルエンスの概念

粒子フルエンスは，“単位面積当たりに入射する粒子数”という概念(a)を，特定の方向性をもたない放射線場にも適用できるように拡張したもの(b)である．

しかし，一般の放射線場の場合，放射線粒子は，同時にさまざまな方向から到達できますので，上記の素朴な定義をそのまま適用することはできません．困難を解決するには，粒子ごとに飛跡に垂直な面を考える代わりに，どの方向から見ても同じ面積をもつ図形である球を用いることです（図 12･1(b)）．ただし，概念を一般化するためには，放射線場が空間的に一様だとはみなせない場所でも粒子フルエンスを定義できねばなりません．そのためには，粒子フルエンスが場の量[1)]になるよう，着目している点を中心とする微小球の射影断面積 $\mathrm{d}a$ と，その球の表面に入射する粒子の数の期待値 $\mathrm{d}\langle N\rangle$ との比で定義します[5)]．

$$\Phi = \frac{\mathrm{d}\langle N\rangle}{\mathrm{d}a}.$$

4）ICRU は，放射線粒子の運ぶエネルギーを，粒子の運動エネルギー（光子は質量をもたないので，光子のエネルギー $h\nu$ は運動エネルギーに分類される［第 2 章脚注 2)］）として定義している．しかし，対生成や対消滅などの現象を記述するには，素粒子物理学の研究者たちのように，静止エネルギーを含めた粒子の全エネルギーを用いるほうが，より合理的であろう．

5）ICRU は，フルエンスを $\mathrm{d}N/\mathrm{d}a$ と定義しているが，整数値しかとれない $\mathrm{d}N$ に関する $\mathrm{d}a \to 0$ という極限は，統計的な揺らぎが発散して意味をなさないので，$\mathrm{d}N$ の期待値を用いた表記に修正した．

粒子フルエンスは，放射線粒子がどのくらい来ているかを表す量ですが，多くの場合，入射する粒子の総数だけではなく，その運動エネルギー分布にも興味があります．なぜならば，放射線と物質の相互作用は，放射線のエネルギーに依存しますので，相互作用の全容を知るためには，それぞれのエネルギーをもつ粒子がどれだけ来ているか（粒子フルエンススペクトル：$\Phi(T)$）を知る必要があるからです（図 12・2）．

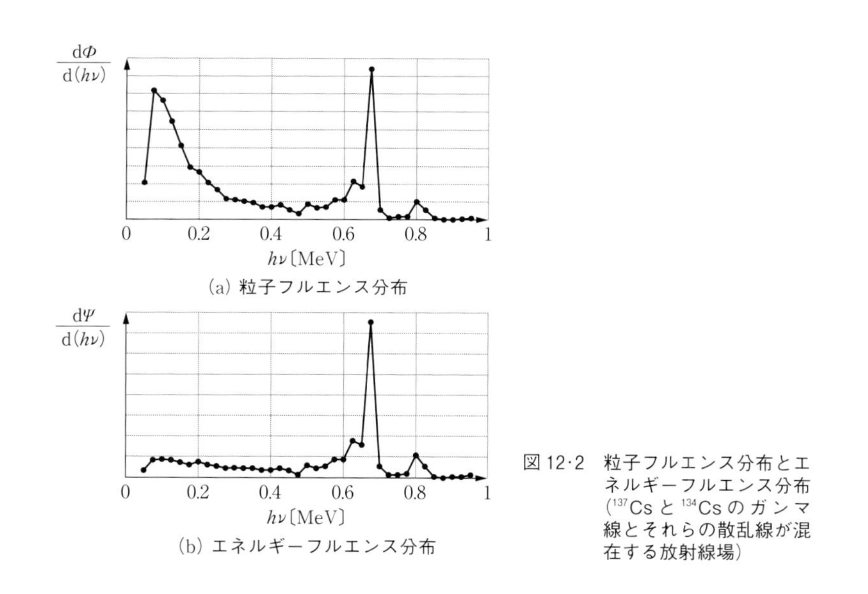

図 12・2 粒子フルエンス分布とエネルギーフルエンス分布（^{137}Cs と ^{134}Cs のガンマ線とそれらの散乱線が混在する放射線場）

なお，中性子線の粒子フルエンススペクトルには，しばしば運動エネルギーではなく，レサジー（*Cf.*，10・2 節）に関するスペクトルが用いられます．

放射線場の時間的な属性である“放射線の強さ”の場は，粒子フルエンスの時間的な増加率 $d\Phi/dt \equiv \dot{\Phi}$ で表されます．粒子フルエンス率の SI 単位は $m^{-2}\cdot s^{-1}$ です．放射線粒子を雨滴にたとえれば，粒子フルエンスは総降雨量 mm に，粒子フルエンス率は時々刻々の降雨の強さ $mm\cdot hr^{-1}$ に相当します．

放射線粒子の数ではなく，放射線によって運ばれてきたエネルギーに着目した放射線場の量が，**エネルギーフルエンス** Ψ です．エネルギーフルエンスは，着目している点を中心とする微小球の射影断面積 da と，微小球の表面に入射する放射線粒子が運んでくる運動エネルギー T_i の総和 $dT_{sum} \equiv d(\sum T_i)$ の期待値との比で定義され，粒子フルエンスの各エネルギー成分を，粒子の運動エネルギーで重みづけし，総和した量に等しくなります．

$$\Psi=\frac{\mathrm{d}\langle T_{\mathrm{sum}}\rangle}{\mathrm{d}a}=\int T\cdot\Phi(T)\mathrm{d}T\approx\sum T_i\cdot\Phi(T_i)\cdot\Delta T.$$

エネルギーフルエンスの単位には，SI 単位の $\mathrm{J\cdot m^{-2}}$ よりも $\mathrm{MeV\cdot cm^{-2}}$ などのほうが，現在でも一般的に用いられています．

12・3 相互作用の係数（interaction coefficients）

放射線粒子は，電磁気力や核力を介して物質と相互作用すると，粒子のエネルギーや運動量が変化します．一方，作用を受けた物質は，エネルギー状態が変化したり，原子核反応や素粒子反応を起こしたり，新たに放射線粒子を放出したりします．そうした相互作用のありさまを定量的に特徴づける量を総称して，**相互作用の係数**と呼びます．相互作用の係数は，密度や比熱などと同様に物質固有の量であり，相互作用の型や放射線粒子の種類やエネルギーにも依存します[6]．相互作用の係数のうち最も基本的な量は，作用を受ける原子や原子核または素粒子が，着目した型の相互作用を起こす確率に比例した反応の断面積です．

12·3·1 断面積（cross section : $\boldsymbol{\sigma}$）

たとえば，エネルギー 2 MeV の光子が水中に入射したときに起こる相互作用を考えてみましょう．光子は，(1) 光電効果，(2) コンプトン散乱，(3) 電子陽電子対生成，および (4) レイリー散乱のいずれかの相互作用を起こすか，または，(5) 全く相互作用をすることなしに通過していきます[7]．それでは，この相互作用をどのように表せばよいでしょうか．“光子が標的原子に 1 回衝突すると，光電効果の起こる確率が a%，コンプトン散乱の確率が b%, …” と表せばよさそうですが，そこの表し方は，いささか使い勝手がよくありません．なぜならば，私たちが普通知りたいことは，ある標的原子の集団（ターゲット）をある粒子フルエンスの放射線で一様に照射したとき，注目している相互作用が何回くらい起こるか，という**期待値**だからです．

6）厳密には，密度など物質の状態にも依存する．

7）光子のエネルギーがさらに高い場合には，これらの相互作用のほかに，(6) いわゆる “三電子生成反応（$h\nu>4m_ec^2\sim2.0$ MeV）” や，(7) “光核反応（$h\nu\gtrsim8$ MeV）” の可能性も生じる．

ある相互作用が起こる期待値は，標的（となる原子や原子核や素粒子）の数とそこに入射する放射線の粒子フルエンス（タマの数）の双方に比例します．

相互作用の数の期待値 $\propto$ 標的の数 $\times$ 入射ビームの粒子フルエンス．

相互作用数の期待値にも，標的（原子，電子，原子核など）の数にも次元がなく，粒子フルエンスが面積の逆数の次元をもちますから，この“比例係数”は面積の次元をもつ，いわば“マトの大きさ”に相当することがわかります．この比例係数は，標的1個当たりに単位粒子フルエンスの放射線を入射したとき生じる相互作用の数の期待値で，**相互作用の断面積**（σ）と呼ばれます．物質が化合物や混合物である場合の相互作用の断面積は，各構成元素の相互作用の断面積を，物質の単位体積に含まれる元素の原子数比で加重平均したものになります．

相互作用の断面積のSI単位は m^2 ですが，SI単位で表された断面積は，値が非常に小さく使い勝手が悪いため，実用上の単位として，原子核の幾何学的な断面積に近いb（バーン：$1\,b=10^{-28}\,m^2$）という単位が用いられています．固体や液体の物質 $1\,m^3$ に含まれる原子数は 10^{27}～10^{29} 個なので，バーン単位で表された断面積の数値に m^2 の単位をつけると，その物質 $1\,m^3$ に相当する標的のマクロな断面積[8]の目安となります．

原子核の幾何学的断面積は，たかだか1b程度ですから[9]，多くの核反応の断面積は1bより小さな値となります．しかし，カドミウムによる熱中性子捕獲反応のように，断面積が1 000 bを越える核反応もあります．こうした大きな反応断面積をもつ原子核反応は，入射粒子の波動性（空間的広がり）を考慮しなくては説明できません．

相互作用が放射性同位体を生成するものである場合，その生成量は，単位時間当たりの生成反応数と壊変数の双方に依存します．壊変定数が λ である放射性同位体を生成する原子核反応の断面積が σ であるとき，$N_{\mathrm{tar.}}$ 個の標的核（$N_{\mathrm{tar.}} \gg 1$ とする）が粒子フルエンス率 $\dot{\Phi}$ の放射線で一様に照射される場合，照射開始から t 秒後に生成する放射性同位体の原子核数の期待値 $\langle N_{\mathrm{prod.}}(t)\rangle$ は，時刻 t から $t+\mathrm{d}t$ の間に生成する放射性同位体の原子核数と壊変で失われる原子核数の期待値が，それぞれ $\sigma N_{\mathrm{tar.}}\dot{\Phi}\mathrm{d}t$ 個および $\lambda\langle N_{\mathrm{prod.}}(t)\rangle\mathrm{d}t$ 個ですから，次の微分方

8）“巨視的断面積”という用語は，相互作用の断面積 σ に標的の粒子数密度を乗じた長さの逆数の次元をもつ量を意味するので（*Cf.* 10・11節），ここでは“マクロな断面積”という表現を用いて区別した．
9）たとえば，図6・1から金原子の幾何学的断面積は，0.8 b程度であることがわかる．

程式で求まることがわかります．

$$\underbrace{\frac{\mathrm{d}\langle N_{\mathrm{prod.}}(t)\rangle}{\mathrm{d}t}}_{\text{核子数の増加}} = \underbrace{\sigma N_{\mathrm{tar.}}\dot{\Phi}}_{\text{生成数}} - \underbrace{\lambda\langle N_{\mathrm{prod.}}(t)\rangle}_{\text{壊変数}}.$$

照射を開始してから，生成する放射性同位体の半減期にくらべて十分長い時間が経過すると，放射性同位体の生成される量と壊変で失われる量とがバランスして，放射性同位体の量が時間的に変化しなくなります．その（飽和）状態では，微分方程式の左辺が0となりますから；

$$\langle N_{\mathrm{prod.}}(\infty)\rangle = \frac{\sigma N_{\mathrm{tar.}}\dot{\Phi}}{\lambda},$$

個の放射性同位体（放射能量 $=\sigma N_{\mathrm{tar.}}\dot{\Phi}$）が存在します．放射性同位体の個数は，照射を開始してから，この飽和状態へ指数関数的に漸近していきます．

なお，本書では特に断らない限り，原子（原子核）1個当たりの断面積を σ と表しています．しかし，光子の相互作用の断面積に関しては，電子1個当たりの断面積（$1/Z$ の値になる）を記載しているデータブックもありますから，そのデータがどのような標的に関する断面積であるかを確認する習慣が必要です．

12·3·2　質量減弱係数（mass attenuation coefficient : μ/ρ）

粒子フルエンス Φ の非荷電粒子線の細いビーム[10]が，原子数密度 n_{atom} の一様な物質でできた厚さ Δx の物質層に垂直に入射する場合を考えます．ビームを構成する粒子は，物質の種類や放射線の種類とエネルギーで決まる断面積 σ の値に応じて相互作用を起こしてビームから取り除かれ，ビームの粒子フルエンスが減少します（図12·3）．この粒子フルエンスの減少 $-\Delta\Phi$ は，ビームが通過した厚さ Δx の物質層の単位面積当たりに生じた相互作用の数の期待値，すなわち相互作用の断面積 σ と，厚さ Δx の物質層の単位面積に含まれる標的の数 $n_{\mathrm{atom}}\Delta x$ と，単位面積当たりに入射した放射線粒子の数 Φ の積に等しくなります．

$$-\Delta\Phi = \sigma\cdot n_{\mathrm{atom}}\Delta x\cdot\Phi.$$

この関係式は，物質層の厚さ Δx と，そこを通過した非荷電粒子線ビームの粒子フルエンスが弱められる割合 $-\Delta\Phi/\Phi$ とが，比例することを示しています．この比例係数を，非荷電粒子線に対する物質の**線減弱係数**と呼び，記号 μ を用い

10）“細いビーム”で議論するのは，散乱線の寄与を排除するためである．

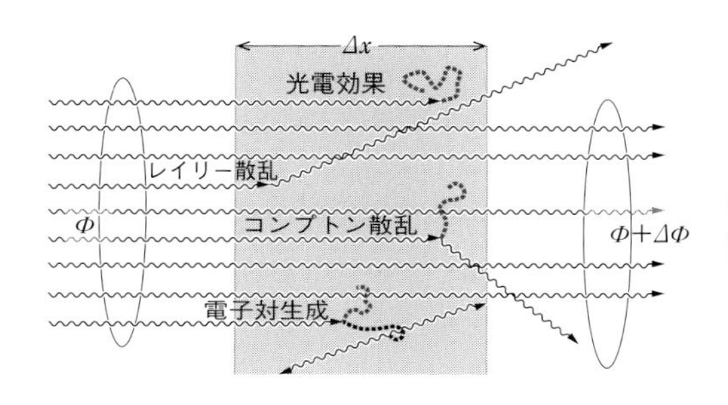

図 12・3 光子の減弱

□光子と物質の相互作用が，相互作用の断面積で特徴づけられる一定の確率で起こるため，光子のビームの粒子フルエンスは，通り抜けた物質層の厚みに比例した割合で減少する．

て表します．

$$\mu \equiv \frac{(-\Delta\Phi/\Phi)}{\Delta x} = \sigma \cdot n_{\mathrm{atom}} = \sigma \cdot \frac{\rho N_A}{M}.$$

ただし，M と ρ は，それぞれ物質の平均原子量と密度を表します．断面積も線減弱係数も，非荷電粒子線の一次放射線が[11]，物質と相互作用をする確率に比例しますから，一次放射線の場が物質からどのような影響を受けるか（一次放射線がどれだけ弱められるか）を表します．そして，後者は，アボガドロ数が乗じてあるという意味で，前者の巨視的な表現に当たります．線減弱係数の SI 単位は m^{-1} です．

線減弱係数は物質の密度に比例するため，物質が置かれている温度や圧力に応じて値が変化します．そこで，線減弱係数を物質の密度で除し，圧力や温度への依存性を少なくした（**質量減弱係数** μ/ρ）の形でデータが提供されています．質量減弱係数は，非荷電粒子線のビームが物質層を通過する間に，単位質量の物質層[12]当たり失われる粒子フルエンスの割合を表します．質量減弱係数の SI 単位は $\mathrm{m}^2 \cdot \mathrm{kg}^{-1}$ です．しかしながら，今日でもなお，質量減弱係数を $\mathrm{cm}^2 \cdot \mathrm{g}^{-1}$ 単位で表す習慣のほうが一般的です[13]．

非荷電粒子線が X 線や γ 線である場合には，線減弱係数を相互作用の種類ごとに，特別の記号を用いて表す習慣があります．

$$\frac{\mu}{\rho} = \frac{\tau}{\rho} + \frac{\sigma_C}{\rho} + \frac{\sigma_{\mathrm{coh.}}}{\rho} + \frac{\kappa}{\rho}.$$

11）一次放射線（primary radiation）とは，物体に入射する（物質と相互作用をする）以前の放射線と物体に入射した放射線のうち，物質と相互作用しないまま伝播している成分とを意味する．

12）単位面積当たりの質量が単位質量に等しい厚さをもつ物質層．

13）*Cf.*, S. M. Seltzer and J. H. Hubbel：“光子減弱係数データブック”，日本放射線技術学会，放射線医療技術学叢書 11（1995），ISSN：03694305

ここで，$\tau, \sigma_C, \sigma_{coh.}, \kappa$ は，それぞれ光電効果，コンプトン散乱，レイリー散乱，および電子・陽電子対生成による，光子の線減弱係数を表しています[14]．

12·3·3　質量電子阻止能（mass electronic stopping power : $S_{el.}/\rho$）と，質量エネルギー転移係数（mass energy transfer coefficient : μ_{tr}/ρ）

断面積や質量減弱係数が，物質との相互作用によって一次放射線がどのような影響を受けるかを表す相互作用の係数であったのに対して，荷電粒子放射線の質量電子阻止能と，非荷電粒子放射線の質量エネルギー転移係数は，一次放射線の作用によって物質がどのような影響を受けるかを記述する相互作用の係数です．これらの相互作用の係数は，一次放射線が作用したとき，どれほどのエネルギーが二次荷電粒子に運動エネルギーとして受け渡されるかを[15]表します．二次荷電粒子に受け渡される運動エネルギーに着目するのは，それがクーロン力を介して多くの原子の軌道電子に分配され，そこで生じる電離や励起が，物質にさまざまな影響をもたらすからです．

特定の種類とエネルギーの荷電粒子放射線に対する物質の**質量電子阻止能**（または**質量衝突阻止能**）$S_{el.}/\rho$ は[16]，軌道電子との相互作用で物質が荷電粒子から運動エネルギーを奪っていく能率を表す量で，荷電粒子が密度 ρ の物質中を距離 $\mathrm{d}l$ 横切る間に，クーロン力を介した相互作用で軌道電子を電離したり励起したりすることに費されるエネルギーの期待値 $-\mathrm{d}\langle T_{ch.}\rangle_{el.}$ の，荷電粒子が通過した物質の量 $\rho \mathrm{d}l$ に対する比で表されます．

$$\frac{S_{el.}}{\rho} \equiv -\frac{1}{\rho} \cdot \frac{\mathrm{d}\langle T_{ch.}\rangle_{el.}}{\mathrm{d}l}.$$

質量電子阻止能の SI 単位は $\mathrm{J \cdot m^2 \cdot kg^{-1}}$ ですが，現在入手可能なデータのほとんどは $\mathrm{MeV \cdot cm^2 \cdot g^{-1}}$ 単位で記述されています[17]．

---

14) 二つの記号 σ_C と $\sigma_{coh.}$ は，相互作用の断面積を表すためにも用いられるので，いずれの意味で用いられているかを文脈の中で確認する必要がある．

15) ただし，質量電子阻止能に関するエネルギーは“一次荷電粒子が電子との散乱で失うエネルギー”であると定義されているので，二次荷電粒子として放出された軌道電子の電離に使われたエネルギーや，電離ではなく軌道電子の励起に消費されたエネルギーなど，二次荷電粒子に運動エネルギーとして受け渡されなかったエネルギーも含む点で，質量エネルギー転移係数とは概念的な相違がある．

16) 阻止能は英語で stopping power と呼ばれるが，エネルギーの時間微分を意味する power という言葉を用いたのは，量の物理的な意味と矛盾している．直訳の用語を採用しなかったのは，わが国の先人の卓見であろう．

17) 電子・陽子および α 粒子の質量阻止能の値には，第 8 章の Appendix に掲げたデータ集が標準的なものとして広く用いられている．

荷電粒子が物質中を通過する間に運動エネルギーを失う過程には，電子との散乱以外に，制動輻射の放出や原子核との散乱が考えられます．そこで，荷電粒子が密度ρの物質中を$\mathrm{d}l$距離横切る間に，それらの過程を通じて失うエネルギーの期待値を，それぞれ$-\mathrm{d}\langle T_{\mathrm{ch.}}\rangle_{\mathrm{rad.}}$（放射損失）および$-\mathrm{d}\langle T_{\mathrm{ch.}}\rangle_{\mathrm{nuc.}}$（核衝突損失）と表し，質量阻止能の概念をさらに一般化することができます．

$$\frac{S}{\rho}\equiv-\frac{\langle \mathrm{d}T_{\mathrm{ch.}}\rangle_{\mathrm{el.}}}{\rho\mathrm{d}l}-\frac{\langle \mathrm{d}T_{\mathrm{ch.}}\rangle_{\mathrm{rad.}}}{\rho\mathrm{d}l}-\frac{\mathrm{d}\langle T_{\mathrm{ch.}}\rangle_{\mathrm{nuc.}}}{\rho\mathrm{d}l}\equiv\frac{S_{\mathrm{el.}}}{\rho}+\frac{S_{\mathrm{rad.}}}{\rho}+\frac{S_{\mathrm{nuc.}}}{\rho}.$$

しかし，荷電粒子と物質の間でランダムに起きる相互作用の結果を期待値で表現できるのは，荷電粒子のエネルギー損失過程が“連続的”であるとみなせること（連続減速近似が成り立つこと）が前提です．そのため，荷電粒子が電子である場合や核散乱のように，一度に大きなエネルギーを失うことのある相互作用を阻止能で議論する場合には，連続減速近似の適用性を吟味する必要があります．

質量電子阻止能を用いて，荷電粒子から物質へのエネルギーの受け渡しを評価する場合，飛程の長い二次電子（δ線）に受け渡されたエネルギーは，もはや荷電粒子から作用した物質へ“局所的に”受け渡されたとはみなせません．そこで，相互作用で二次電子に受け渡されるエネルギーに上限を設けた，**制限付き質量電子阻止能**（$\boldsymbol{S_{\mathrm{el.},\Delta}/\rho}$）という概念が導入されました．二次電子の初期運動エネルギーの閾値（cut-off energy）Δ，すなわちδ線とみなし得る二次電子の最小エネルギーは，放射線のどんな影響を対象にするかに依存します．電離性放射線の生物学的作用を考慮する場合には，通常，水中での最大飛程が約10 nmに相当する100 eVが採用されています（図12・4）．

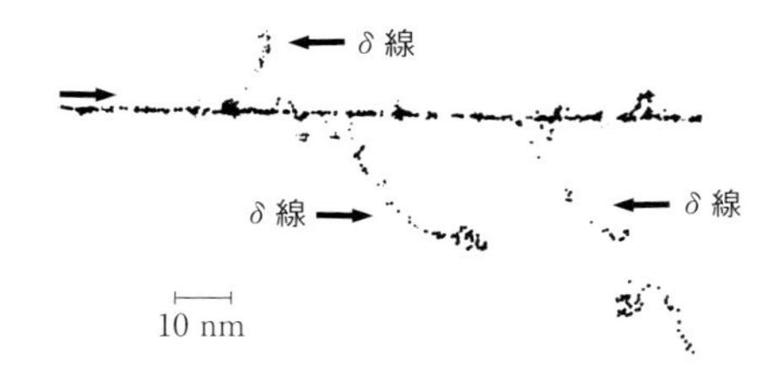

図12・4　重い荷電粒子によるエネルギー付与のシミュレーション

［出典］D. T. Goodhead: “Relationship of microdosimetric techniques to application in biological systems.”, *in* The Dosimetry of Ionizing Radiation, Academic Press（1987）の図を基に作図

制限付き線電子阻止能$S_{\mathrm{el.},\Delta}$は，荷電粒子の飛跡に沿って局所的に受け渡されるエネルギーの密度（したがって局所的に生じる電離や励起の密度など）の目安を与え，歴史的には，放射線の種類やエネルギーによる生物作用の違いを記述す

るため，放射線生物学の分野で導入されました．そのため，そこで与えられた**制限付き線エネルギー付与**（$\boldsymbol{L}_\Delta$）という名称のほうがよく知られています[18]．線エネルギー付与のSI単位は$\mathrm{J \cdot m^{-1}}$ですが，実際には$\mathrm{keV \cdot \mu m^{-1}}$または$\mathrm{MeV \cdot cm^{-1}}$という単位が広く用いられています．

特定の種類とエネルギーT_{in}の非荷電粒子線に対する物質の**質量エネルギー転移係数**（μ_{tr}/ρ）は，非荷電粒子線が二次荷電粒子にエネルギーを受け渡す能率を表す相互作用の係数で，粒子フルエンスΦ_{in}の非荷電粒子線が密度ρの物質中を距離$\mathrm{d}l$横切る間に発生した二次荷電粒子の初期運動エネルギーT_{2nd}の総和の期待値$\mathrm{d}\langle\sum T_{\mathrm{2nd}}\rangle$の，入射した非荷電粒子線のエネルギーフルエンス$\Psi_{\mathrm{in}} = T_{\mathrm{in}}\Phi_{\mathrm{in}}$に対する割合を，非荷電粒子線が相互作用した物質の量$\rho \mathrm{d}l$で除した量として定義されます．

$$\frac{\mu_{\mathrm{tr}}}{\rho} = \frac{\{\mathrm{d}(\sum T_{\mathrm{2nd}})/(T_{\mathrm{in}}\Phi_{\mathrm{in}})\}}{\rho \mathrm{d}l} \equiv \frac{N_A}{M}\sum f_J \sigma_J.$$

ただし，σ_Jは非荷電粒子と物質がJという種類の相互作用をする断面積で，f_JはJ種類の相互作用1回当たりに発生するすべての二次荷電粒子[19]の初期運動エネルギーの総和の期待値の，入射非荷電粒子のエネルギーに対する割合を意味します．

二次荷電粒子の初期運動エネルギーT_{2nd}は，一次放射線が相互作用した原子の周囲にどんな原子があるかに影響されません[20]．したがって，化合物や混合物の質量エネルギー転移係数は，各構成元素の質量エネルギー転移係数をそれぞれの元素の粒子数密度比で加重平均したものになります．

質量エネルギー転移係数のSI単位は$\mathrm{m^2 \cdot kg^{-1}}$ですが，質量減弱係数の場合と同様，ほとんどのデータは$\mathrm{cm^2 \cdot g^{-1}}$で提供されています．

ところで，非荷電粒子線が物質に作用したとき二次荷電粒子の運動エネルギーに受け渡されるエネルギーには，入射粒子の運動エネルギーの一部だけでなく，

---

18) 以前は，線エネルギー付与のΔが二次電子の初期運動エネルギーの上限と定義されていたのに対し，制限付き線電子阻止能のΔは，一次荷電粒子が失うエネルギーの上限として定義されていた時期があり，その時代は，放出される軌道電子の電離エネルギー分だけ，両者の間に相違があった．重大な違いを生む相違ではないが，古い文献を参照するときには，心得ておく必要がある．

19) たとえば，相互作用がコンプトン散乱であれば，コンプトン電子とオージェ電子など励起原子から放出される電子．

20) 厳密には，化学結合状態の違いなどが軌道電子のエネルギー状態に影響するので，その影響が二次電子の運動エネルギーに反映されるが，その寄与は二次電子の運動エネルギーにくらべてきわめて小さい．

入射粒子が引き起こす核反応や素粒子反応で開放されるエネルギーも含まれます．特に，入射粒子が中性子である場合には，主なエネルギーが核反応からもたらされ，$\rho \mathrm{d}l$ の物質中で発生した二次荷電粒子の運動エネルギーの総和の期待値 $\mathrm{d}\langle \sum T_{2nd} \rangle$ が入射した非荷電粒子線の運動エネルギー $T_{in}\Phi_{in}$ より大きくなる場合もあります[21]．そのような場合には，質量減弱係数よりも質量エネルギー転移係数のほうが大きな値になります．

二次荷電粒子に受け渡されたエネルギーは，二次荷電粒子が通過経路に沿った原子を電離したり励起したりすることで物質の電子系に移行し，二次荷電粒子の伝搬過程で制動輻射が放出されたり，（陽電子のような反粒子である場合には）消滅 γ 線が放出されたり，二次荷電粒子の作用で励起した原子から特性 X 線が放出されたりすること（放射過程）で，遠方に運び去られます（図 12･5）．

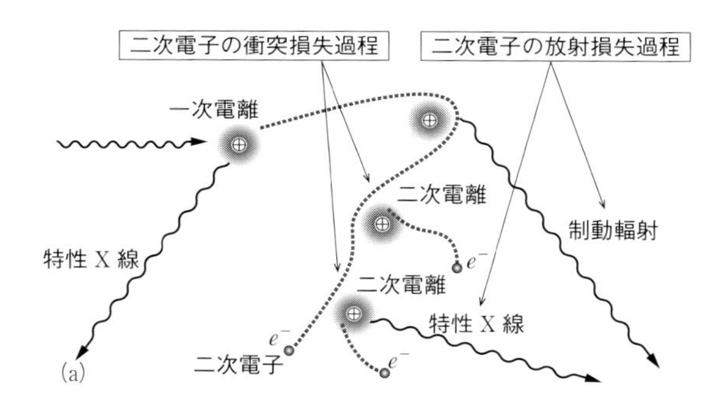

図 12･5　放射過程によるエネルギーの散逸

□二次荷電粒子の放射過程によるエネルギー損失とは，図に模式的示すように，二次荷電粒子が物質中で制動輻射を放出する過程と，二次荷電粒子の衝突で電離・励起した原子が特性 X 線を放出する過程からなる．二次電子を放出する相互作用（一次電離）で励起した原子が特性 X 線を放出する過程(a)は，二次電子の放射過程には入らない．

遠方に運び去られるエネルギーは，放射線が物質に及ぼす（局所的な）影響に寄与しません．そこで，運動エネルギー T_{in} 粒子フルエンス Φ_{in} の非荷電粒子線が，密度が ρ で質量エネルギー転移係数が μ_{tr}/ρ をもつ物質中を距離 $\mathrm{d}l$ 通過する間に起こした相互作用で二次荷電粒子に受け渡されたエネルギーの期待値 $\mathrm{d}\langle \sum T_{2nd} \rangle$ のうち，放射過程で系外に散逸するエネルギーの期待値を $\mathrm{d}\langle \delta_{rad.} \rangle$ と表

21）熱中性子による捕獲核分裂は，その最も極端な例である．

せば[22]，二次荷電粒子の通過経路に沿った物質に電離・励起の形で受け渡されるエネルギーの期待値は；

$$\mathrm{d}\langle\sum T_{2\mathrm{nd}}\rangle - \mathrm{d}\langle\delta_{\mathrm{rad.}}\rangle = \left(1 - \frac{\mathrm{d}\langle\delta_{\mathrm{rad.}}\rangle}{\mathrm{d}\langle\sum T_{2\mathrm{nd}}\rangle}\right)\frac{\mu_{\mathrm{tr}}}{\rho}\cdot T_{\mathrm{in}}\Phi\cdot\rho\mathrm{d}l,$$

$$\equiv (1-g)\frac{\mu_{\mathrm{tr}}}{\rho}\cdot T_{\mathrm{in}}\Phi_{\mathrm{in}}\cdot\rho\mathrm{d}l \equiv \frac{\mu_{\mathrm{en}}}{\rho}\cdot T_{\mathrm{in}}\Phi_{\mathrm{in}}\cdot\rho\mathrm{d}l,$$

と表すことができます．ここで $\mu_{\mathrm{en}}/\rho \equiv (1-\mathrm{g})\cdot\mu_{\mathrm{tr}}/\rho$ は，その物質の非荷電粒子線に対する**質量エネルギー吸収係数**と呼ばれます（表12·1）．

二次荷電粒子が放射過程で失うエネルギーの割合 g は，二次荷電粒子が通過する物質の阻止能（主として放射阻止能）や蛍光収量に依存します．したがって，線減弱係数や質量エネルギー転移係数とは異なり，化合物や混合物の質量エネルギー吸収係数は，各構成元素の質量エネルギー吸収係数をそれぞれの元素の粒子数密度比で加重平均したものと，厳密には一致しません．

荷電粒子平衡が成立していれば[23]，物質中のある点の近傍を通過するすべての二次荷電粒子がその領域に電離や励起の形で受け渡していくエネルギーの総和は，その領域から発生した二次荷電粒子がその通過経路に沿った物質に電離・励起の形で受け渡ししていくエネルギーの総和に一致します．したがって，荷電粒子平衡が成立していれば，質量エネルギー吸収係数は，単位質量の物質の電子系に非荷電粒子線からエネルギーが移行する能率を表します．

質量エネルギー吸収係数のSI単位は $\mathrm{m}^2\cdot\mathrm{kg}^{-1}$ です．ただし，現在の習慣では，$\mathrm{cm}^2\cdot\mathrm{g}^{-1}$ 単位の表記が一般的です[13]．

なお，現在のところ，光子以外の非荷電粒子に関して，さまざまな元素に関する網羅的な，質量減弱係数，質量エネルギー転移係数，および質量エネルギー吸収係数のデータは提供されていません．

本節の最初に述べましたように，荷電粒子線の質量電子阻止能と非荷電粒子線の質量エネルギー転移係数は，共に，一次放射線が物質と相互作用したとき，どれほどのエネルギーが二次荷電粒子に受け渡されるかを表す相互作用の係数です．しかし，物質の単位質量当たりに発生する二次荷電粒子に受け渡されたエネル

22）かつてICRUは，“制動輻射で失われるエネルギーの割合”を g の定義としていたが，1998年に，二次荷電粒子の作用により電離・励起された原子から放出される特性X線による損失の寄与をも含めた“放射過程（radiative process）で失われる割合”を表すものと再定義された．

23）*Cf.*，12·4·4項

表 12・1　光子の μ/ρ と μ_{tr}/ρ と μ_{en}/ρ の比較

$h\nu$ 〔MeV〕	水素〔$cm^2 \cdot g^{-1}$〕 μ/ρ	μ_{tr}/ρ	μ_{en}/ρ	鉛〔$cm^2 \cdot g^{-1}$〕 μ/ρ	μ_{tr}/ρ	μ_{en}/ρ
0.01	0.0099	0.0099	0.0099	132	131	131
0.02	0.0135	0.0135	0.0135	83.3	69.2	69.1
0.03	0.0185	0.0185	0.0185	27.8	24.6	24.6
0.04	0.0231	0.0231	0.0231	12.9	11.8	11.8
0.05	0.0271	0.0271	0.0271	7.05	6.57	6.54
0.06	0.0306	0.0306	0.0306	4.35	4.11	4.08
0.08	0.0362	0.0362	0.0362	2.01	1.92	1.91
0.1	0.0406	0.0406	0.0406	5.51	2.28	2.28
0.2	0.0525	0.0525	0.0525	0.893	0.637	0.629
0.3	0.0569	0.0569	0.0569	0.324	0.265	0.259
0.4	0.0586	0.0586	0.0586	0.169	0.147	0.143
0.5	0.0593	0.0593	0.0593	0.108	0.098	0.095
0.6	0.0587	0.0587	0.0587	0.079	0.074	0.071
0.8	0.0574	0.0574	0.0574	0.053	0.050	0.048
1	0.0555	0.0555	0.0555	0.041	0.040	0.038
2	0.0465	0.0465	0.0464	0.029	0.026	0.024
3	0.0400	0.0399	0.0398	0.030	0.026	0.023
4	0.0355	0.0353	0.0352	0.032	0.028	0.025
5	0.0320	0.0319	0.0317	0.035	0.031	0.026
6	0.0294	0.0292	0.0290	0.037	0.033	0.027
8	0.0255	0.0253	0.0252	0.042	0.038	0.029
10	0.0229	0.0227	0.0225	0.046	0.042	0.031

ギーを求めるには，前者では一次荷電粒子線の粒子フルエンスを乗じ，後者では一次非荷電粒子線のエネルギーフルエンスを乗じねばなりません[24]．対応する現象を表す相互作用の係数にこのような違いが生じた原因は，もともと光子の質量エネルギー転移係数が，光子の質量減弱係数に補正を加える形で導かれた，という歴史的経緯にあります．そこで，次に，光子の質量エネルギー転移係数が，光子の質量エネルギー減弱係数をどのように補正して導かれたかをみておきましょう．

一次放射線が振動数を ν の光子であるとき，一次放射線が物質との相互作用で失ったエネルギーのうち，さまざまな理由で二次電子に運動エネルギーとして

24）したがって，両者は単位の次元が異なっている．

受け渡されないエネルギーの割合をξと書くことにします．

$$\frac{\mu_{\mathrm{tr}}}{\rho}\cdot h\nu\Phi_{\mathrm{in}}\equiv(1-\xi)\frac{\mu}{\rho}\cdot h\nu\cdot\Phi_{\mathrm{in}}.$$

光電効果が生じると，光子のエネルギーは，光電子の運動エネルギーと内殻軌道電子を失った原子の励起エネルギーになります．原子の励起エネルギーの一部は，結局，荷電粒子であるオージェ電子などに運動エネルギーとして受け渡されますが，残りは特性X線として放出され，その場所で荷電粒子に受け渡されることがありません．したがって，放出される特性X線のエネルギーの期待値をδ_Xと表せば，$\xi=\delta_X/h\nu$となります．

同様にして，コンプトン散乱の場合は，散乱光子の平均振動数を$\langle\nu'\rangle$，放出される特性X線のエネルギーの期待値をδ_X'と表せば[25]，$\xi=(h\langle\nu'\rangle+\delta_X')/h\nu$となり，電子・陽電子対生成の場合は，$\xi=2m_ec^2/h\nu$となります．当然のことですが，レイリー散乱では二次電子が発生しませんから，常に$\xi=1$です．なお，光電効果とコンプトン散乱の場合，ξの値は，蛍光収量（図5·4）の高い高原子番号の物質ほど大きくなります．

以上の結果をまとめると，光子の質量エネルギー転移係数は，次のように表せます[26]（図12·6）．

$$\frac{\mu_{\mathrm{tr}}}{\rho}=\frac{\tau}{\rho}\left(1-\frac{\delta_X}{h\nu}\right)+\frac{\sigma_C}{\rho}\left(1-\frac{h\langle\nu'\rangle+\delta_X'}{h\nu}\right)+\frac{\kappa}{\rho}\left(1-\frac{2m_ec^2}{h\nu}\right).$$

12·3·4　W値（mean energy expended in a gas per ion pair formed : W）

荷電粒子が気体中に一対のイオンを生成するために費やす平均のエネルギーであるW値（特に乾燥空気のW値）は，X線やγ線の標準線量を測定する際に重要な役割を担う相互作用の係数です．W値は，荷電粒子が気体中で完全に運動エネルギーを消費する間に[27]生成するいずれかの符号の全電荷の期待値を素電荷量eで除した絶対値$|\langle q\rangle/e|\equiv\langle N_{\mathrm{ion}}\rangle$，すなわち生成するイオンの個数の期待値で，荷電粒子の初期運動エネルギー$T_{\mathrm{ch.}}$を除した値です．

25）光電効果とコンプトン散乱とでは，各軌道電子の電離確率が異なるので，励起原子から放出される特性X線のエネルギーの期待値は等しくない．

26）この説明では，いわゆる“三電子生成”や“光核反応”の寄与は省略している．

27）“完全に運動エネルギーを消費する”とは，気体中の相互作用で発生した二次電子を含むすべての荷電粒子の運動エネルギーが，気体の最小電離エネルギーより小さくなること，または，熱運動のエネルギー程度になることを意味する．

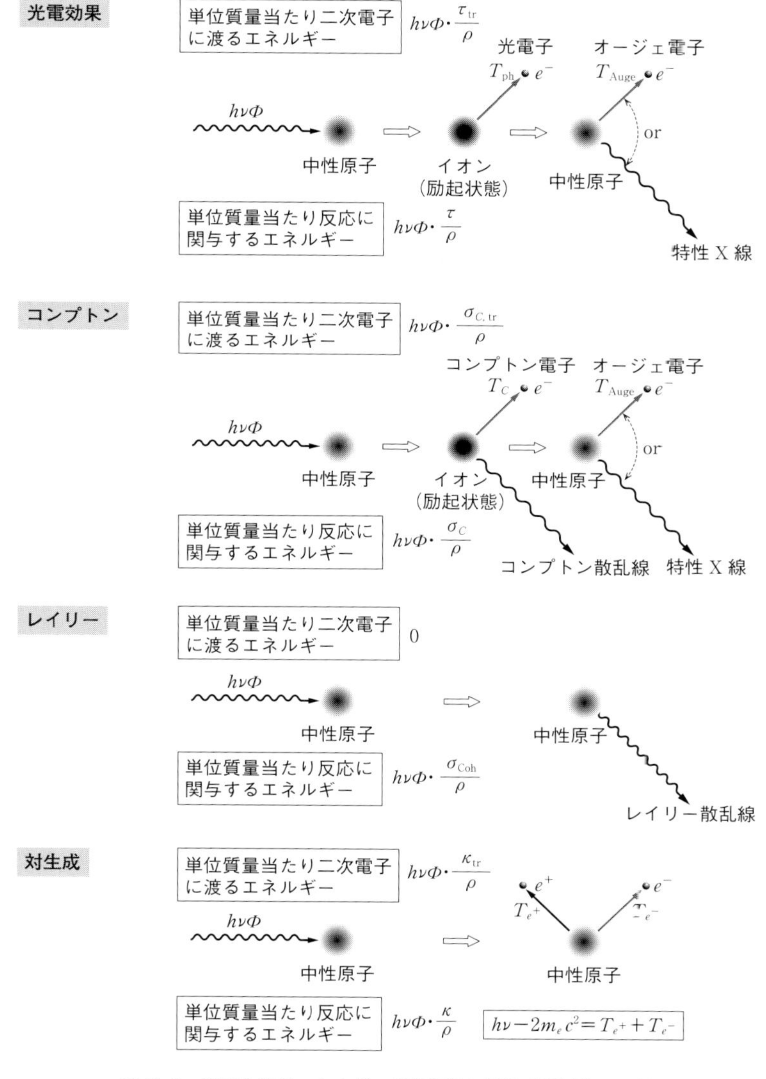

図 12·6 光子の質量エネルギー転移係数と質量減弱係数の関係

□単色の光子は，照射している物質の単位質量当たり，エネルギーフルエンスと質量減弱係数の積に等しいエネルギーを失う．このエネルギーのうち，荷電粒子の運動エネルギーに受け渡される分は，光電子，コンプトン電子，励起原子が放出するオージェ電子などと，対生成された電子と陽電子の運動エネルギーである．

$$W \equiv \frac{T_{\mathrm{ch.}}}{\langle N_{\mathrm{ion}} \rangle}.$$

相互作用の過程で気体の原子や分子を励起するために用いられたエネルギーは，イオンの生成に寄与しませんから，W 値は常に気体の電離エネルギーよりも大きな値をもちます．W 値は，気体の種類と荷電粒子の種類，および（厳密には）荷電粒子の初期運動エネルギーに依存します[28)]．なお，W 値を定義する電荷には，二次電子の制動輻射や励起された気体原子が放出した特性X線が，気体中で再吸収されたときに生じる電離の電荷も含みますが，気体と相互作用したおおもとの荷電粒子（一次電子）の電荷は含まれません．

W 値は，イオン生成数の期待値当たりの荷電粒子の初期運動エネルギーという不自然な定義であるため，その逆数に当たる量が気体の放射線電離収率（ionisation yield in a gas：仮訳），Y値，として2011年に定義されています．

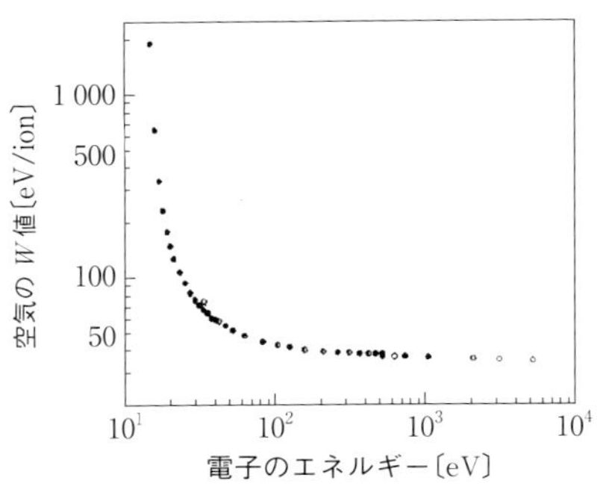

図12·7 空気の W 値のエネルギー依存性

□空気の W 値は，低エネルギー領域で電子のエネルギーが低下するほど大きくなる．
［出典］ICRU Report 31（1979）

表12·2 電子の W 値（単位：eV/ion）

気体	W 値	気体	W 値	気体	W 値
He	41.3 ± 1.0	H_2	36.5 ± 0.3	CH_4	27.3 ± 0.3
Ar	26.4 ± 0.5	O_2	30.8 ± 0.4	N_2	34.8 ± 0.2
H_2	36.5 ± 0.3	CO_2	33.0 ± 0.7	H_2O	29.6 ± 0.3

（*Cf.*，ICRU REPORT No. 31（1979））

さまざまな気体に対する電子の W 値を，表12·2に示しました．W 値のSI単位はJ/ionですが[29)]，実際にはeV/ion単位が用いられています．現在，電子の乾燥空気に対する W 値 W_{air} には，33.97 ± 0.12 eV/ionが採用されています[30)]．なお，1イオン対当たりに生成する電荷量は e〔C/ion〕ですから，W 値の数値が，1Cの電離を生成するために消費される平均エネルギーをJ単位で表したものでもあることがわかります．

28) ただし，空気の W 値 W_{air} は，電子の運動エネルギーが10 keV以上の領域では，ほとんど変化しない．
29) 1イオン当たりを表す1/ionは単位ではないが，量の意味を理解するうえで有効なので，あえて書き加えている．ここで通常の負冪による表記を用いていないのは，これが単位でないことを区別するためである．
30) 湿度をもつ空気の W 値はこれより小さくなる．日本医学放射線物理学会の標準測定法は，わが国の多湿な環境を考慮して，33.73 eVという値を推奨している．*Cf.*，脚注53)の文献参照．

12·3·5　放射化学収率（radiation chemical yield : $G(x)$）

特定の種類とエネルギーの放射線が，着目した化学物質を生成，分解，または変化させる能率を表す相互作用の係数を，放射化学収率といいます．化学物質 x の放射線化学収率 $G(x)$ は，放射線の作用で生成，分解，または変化した化学物質 x の量（モル数）の期待値 $\langle n(x) \rangle$ の，付与エネルギー ε [31] に対する比として定義されます．

$$G(x) = \frac{\langle n(x) \rangle}{\varepsilon}.$$

放射化学収率の値は，放射線の種類とエネルギー，および着目している化学反応の種類，温度や PH や共存する化学物質の種類と濃度など，化学反応に影響を与え得る物理的および化学的条件に依存します．なお，かつては付与エネルギー 100 eV 当たりに生成，分解，あるいは変化する化学物質の個数の期待値を G 値と呼んでいました．

12・4　計測線量（dosimetric quantities）

本書では，線量のうち，放射線の物理的な作用の程度を客観的に表すものを**計測線量**と呼び，放射線防護のために使われる線量[32]と区別します．計測線量は，放射線場の量と相互作用の係数との組合せで記述されます．しかし，その組合せは，決して単純ではありません．なぜならば，一次放射線の場の中に物体を置くと，放射線と物体の相互作用で二次放射線が発生し，放射線場そのものが変化してしまうからです．その変化は，放射線の種類やエネルギーおよび物体を構成する物質の種類だけでなく，物体の形状にも依存します．

この状況を整理するため，ICRU は，計測線量をエネルギーの転換（conversion of energy）に関する計測線量と，エネルギーの付与（deposition of energy）に関する計測線量に大別しています．前者は，相互作用によって一次放射線から物質に移動するエネルギーに関する量であり，一次放射線の場のみに依存します．一方後者は，再び電離性放射線として移動することのない形で物質に受け取られたエネルギーに関する量であり，物体と相互作用をして変化した放射線の場

31）*Cf.*，第 12·4·2 項（1）
32）*Cf.*, Appendix 12-B

に依存します.

しかし，物体との相互作用によって放射線の場がどのように変化するかを正確に把握することは，必ずしも容易でありません．そのため実用的な見地から，物体がもち込まれたことによって“放射線場”が変化するのではなく，“線量”の分布状態（線量の場）が物体の存在に応じて変化したとみなす便宜的な考え方（たとえば，ビルドアップ係数などによる補正）を採用する場合もあります.

12·4·1 エネルギーの転換に関する線量計測量

エネルギーの転換に関する計測線量は，一次放射線から二次荷電粒子へのエネルギーの移行を記述する物理量です．この範疇に属する計測線量には，カーマ，シーマ[33]，および照射線量があります.

（1）カーマ（kerma : *K*）

カーマは，非荷電粒子線に対してのみ適用できる計測線量です．非荷電粒子線の物質への影響は，物質との相互作用で発生した二次荷電粒子を介して起こります．したがって，物質との相互作用で二次荷電粒子に受け渡されたエネルギーは，非荷電粒子線の物質に及ぼす影響の因果関係を記述する際の“原因の量”になり得るはずです．**カーマ**は，非荷電粒子線が相互作用によって，物質の単位質量当たりどのくらいのエネルギーを二次荷電粒子に受け渡したかを表す計測線量で，非荷電粒子線の作用を受けた質量 $\mathrm{d}m$ の物質から発生した二次荷電粒子の初期運動エネルギーの総和の期待値を $\mathrm{d}\langle\sum T_{\mathrm{2nd}}\rangle$ とするとき；

$$K=\frac{\mathrm{d}\langle\sum T_{\mathrm{2nd}}\rangle}{\mathrm{d}m},$$

と表されます．なお，二次荷電粒子とは，一次放射線と物質の直接の相互作用で発生した荷電粒子（光電子，コンプトン電子，電子・陽電子対，反跳陽子，核反応で放出される陽子その他の荷電粒子や核分裂片など）以外に，相互作用を受けた原子や原子核の緩和過程や壊変で放出されるすべての荷電粒子（オージェ電子，コスタ＝クローニッヒ電子，α粒子，β粒子，内部転換電子など）を含みます[34].

カーマは，質量 $\mathrm{d}m$ の物質が占める領域内で発生した二次荷電粒子の，**生成した時点**の運動エネルギーのみに依存しますから，それらの二次荷電粒子がその後

33) 日本医学物理学会では，市販車名との重複を避け「セマ」と呼んでいるが．本書ではICRU委員たちの発音 ― [síːmə] または [kíːmə] ― を参考に，長母音の「シーマ」を用いることにした.

いかなる運命をたどるか，たとえば，物質の電離や励起に寄与するか否か，には関係ありません．また，カーマは，質量 $\mathrm{d}m$ の物質が占める領域内で相互作用をする一次放射線だけに関係しますから，$\mathrm{d}m$ の周囲の一次放射線場の状況や，$\mathrm{d}m$ の周囲の物質の配置状況には，全く影響されません．カーマは，放射線の相互作用に基づいて理論的に導かれた計測線量であるため，量の定義に最もあいまいさの少ない計測線量だと言えます．

計測線量を（その値を評価する場所の）放射線場の量と物質の相互作用の係数との組合せとして表現すれば，カーマは質量 $\mathrm{d}m$ の物質が占める領域内の**一次**（非荷電粒子）放射線のエネルギーフルエンス Ψ と，この領域内の物質の質量エネルギー転移係数 μ_{tr}/ρ の直積になります．ここで，"直積" とは，放射線場の量と相互作用の係数をエネルギー成分ごとに掛け合わせ，それをすべてのエネルギーにわたって合計する手続きを意味し，本書では，以降そうした手続きを $\otimes$ の記号で表すことにします．するとカーマは；

$$
\begin{aligned}
K &= \int \mathrm{d}T \frac{\mu_{\mathrm{tr}}(T)}{\rho} \cdot \Psi(T) \equiv \frac{\mu_{\mathrm{tr}}}{\rho} \otimes \Psi, \\
&= \frac{\mu_{\mathrm{en}}}{\rho} \otimes \Psi + \frac{\bar{g}}{1-\bar{g}} \cdot \frac{\mu_{\mathrm{en}}}{\rho} \otimes \Psi, \\
&\equiv K_{\mathrm{col.}} + K_{\mathrm{rad.}},
\end{aligned}
$$

と表すことができます．なお，二次荷電粒子の初期運動エネルギーのうち二次電子の伝搬途中に放射過程で失われる割合 g は，二次荷電粒子の初期運動エネルギーの分布（したがって，間接的には一次放射線のエネルギー T）に依存します．上の式に記された $\bar{g}$ は，g をカーマ分布に関して平均した値を意味します．

カーマのうち，二次荷電粒子の放射過程で失われるエネルギーの寄与を除いた $K_{\mathrm{col.}}$ は**衝突カーマ**と呼ばれ，非荷電粒子から物質の単位質量当たりに受け渡されたエネルギーのうち，物質の電離や励起に費やされるエネルギーに対応します．ただし，二次荷電粒子による電離や励起が起きるのは，二次荷電粒子を発生した領域の内部とは限りませんので，これは二次電子の到達可能な範囲まで同じ物質が一様連続に存在していることを前提にした解釈です．物質中で**荷電粒子平衡**

34）ただし，一次放射線の**直接の相互作用で発生した**二次荷電粒子線に限る．直接の相互作用とは，たとえば光電効果に引き続くオージェ電子の放出や中性子捕獲に引き続く β 線の放出など，一次放射線の作用で励起された原子や原子核から放出される荷電粒子までを意味し，一次放射線の作用で励起された原子や原子核から放出された特性 X 線や γ 線が再吸収されて，放出される荷電粒子を含まない．

が成立している場合，衝突カーマは，後述する吸収線量に等しい値をもちます．なお，**放射カーマ**と呼ばれる $K_{\mathrm{rad.}}$ は，一次放射線のエネルギーが低い場合，二次荷電粒子の初期運動エネルギーが小さくなって放射過程が起こりにくいため[35]，全カーマに対する寄与を無視できるようになります．

カーマは，放射線が作用をする物質の種類に依存します．そのため，“空気カーマ：K_{air}”や“組織カーマ：$K_{\mathrm{tis.}}$”などのように，物質名を冠して表現する習慣をもつことが望まれます．カーマのSI単位は $\mathrm{J \cdot kg^{-1}}$ で，その特別の単位名グレイ（gray）と単位記号Gyが定められています．Gyという単位は後述のシーマや吸収線量にも用いられますが，三つの異なる量に同じGyという単位名を用いることで混乱を起こす可能性があり，量の表現方法に注意が必要です[36]．

（2）シーマ（cema : *C*）

荷電粒子線の物質に与える影響は，主に物質中の電子との散乱を介して起こると考えられます．**シーマは**，質量 $\mathrm{d}m$ の物質に入射した**二次電子以外の荷電粒子線が**，物質中の**電子との散乱で失った**運動エネルギーの期待値 $\mathrm{d}\langle T_{\mathrm{el.}}\rangle$ の，荷電粒子が作用した物質の質量に対する割合として定義される計測線量です[37]．

$$C = \frac{\mathrm{d}\langle T_{\mathrm{el.}}\rangle}{\mathrm{d}m}.$$

上記の定義に，“二次電子以外の”という制限があるのは，質量 $\mathrm{d}m$ に入射する二次電子のエネルギーは，荷電粒子が別の場所で物質と相互作用して発生させたものなので，その二次電子が発生した場所のシーマにすでに織り込まれているためです[38]．また，カーマの定義に現れる $\mathrm{d}\langle\sum T_{\mathrm{2nd}}\rangle$ と異なり，シーマの定義に現れる $\mathrm{d}\langle T_{\mathrm{el.}}\rangle$ には，発生した二次電子の初期運動エネルギー以外に，荷電粒子が軌道電子の励起で消費したエネルギーも含まれます．シーマは，連続減速近似が成り立つ条件で荷電粒子の輸送計算（シミュレーション）をする際，荷電粒子から物質に移行したエネルギーの密度を表す量に対応しています．シーマのSI

35）*Cf.*，表12·1および図8·5

36）カーマであることを強調する必要がある場合，“カーマ・グレイ”という呼称を習慣的に用いることがある．しかし，単位名には副単位以外の修飾語を付さないというSI単位の規約があるので，“カーマ・グレイ”はあくまでも俗称に過ぎず，“空気カーマ○○ Gy”のように表記するのが正式な方法である．

37）しかし，入射する荷電粒子の中から二次電子を分離するのは困難なので，計測線量でありながら，シーマは実測可能な量ではない．

38）原理的には，二次電子以外の二次荷電粒子も，同じ理由から除外の対象に含まれ得るが，それらの荷電粒子の飛程は二次電子にくらべかなり短かく $\mathrm{d}\langle T_{\mathrm{el.}}\rangle$ への寄与は無視できるだろう．

単位は $J\cdot kg^{-1}$ で，特別の単位名グレイと単位記号 Gy が定められています．

シーマを放射線場の量と物質の相互作用の係数を用いて表現すれば，質量 dm の物質が占める領域内の二次電子を除く荷電粒子線の粒子フルエンス $\Phi'_{ch.}$ と，この領域内の物質の質量電子阻止能 $S_{el.}/\rho$ との直積になります．

$$C = \Phi'_{ch.} \otimes \frac{S_{el.}}{\rho} = \int dT \Phi'_{ch.}(T) \cdot \frac{S_{el.}(T)}{\rho}.$$

シーマは，荷電粒子平衡が成り立ち，核散乱の寄与が無視できる場合には，吸収線量に等しい値をもちます．シーマも放射線の作用する物質の種類に依存する量なので，物質名を明示する習慣が必要です．

（3）照射線量（exposure : *X*）

照射線量は，光子（X 線や γ 線）が空気中に生成する電離電荷密度に着目した計測線量です．**照射線量**は，光子が乾燥空気に作用して生成させた二次電子が，乾燥空気中で運動エネルギーを完全に消費するまでに[27]つくり出した電離の，一方符号の電荷すべてを合計した電荷量の期待値 $d\langle q\rangle$ の絶対値の，光子の相互作用を受けた乾燥空気の質量 dm に対する比；

$$X = \frac{|d\langle q\rangle|}{dm},$$

として定義されます[39]（図 12・8）．ただし，二次電子が乾燥空気と相互作用するとき放射過程で放出された光子[40]が，乾燥空気に再吸収されたときに生じる電離の電荷は，$d\langle q\rangle$ に含めません[41]．照射線量の SI 単位系における単位は $C\cdot kg^{-1}$ です．

光子の作用を受けた質量 dm の乾燥空気から生成する二次電子の運動エネルギーの総和の期待値は，光子の空気衝突カーマと作用を受けた乾燥空気の質量の積 $K_{col., air}dm$ に一致します．一つの電離で素電荷量 e に等しい電荷が生じますから，その二次電子が乾燥空気中で運動エネルギーを消費するまでにつくり出す電

39）二次電子が電離をつくり出す場所は，光子の作用で二次電子を生成した質量 dm の空気が占める領域の内部に限定されない．照射線量の定義にある二次電子がつくり出す電離は，むしろ，発生した二次電子を，最大飛程より十分広い空間を占める乾燥空気の中に**仮想的**に放ち，すべての電子や陽電子の運動エネルギーの期待値が熱運動のエネルギーになるまでにつくり出すであろう電離という**抽象的な概念**だと理解したほうがよい．なお，"乾燥"空気と指定するのは，空気の W 値が湿度依存性をもつためである．

40）制動放射はエネルギーの高い光子の場合に問題となるが，空気中の微量元素である Ar の特性 X 線は，低エネルギーの光子の場合でも $d\langle q\rangle$ に影響し得る．

41）この付帯条件は，照射線量が自由空気電離箱によって絶対測定される線量に起源をもつ線量であるため（*Cf.* Appendix 12-C），電離箱の電荷収集領域から遠方に生じる電離を除外するために生まれたと考えられる．

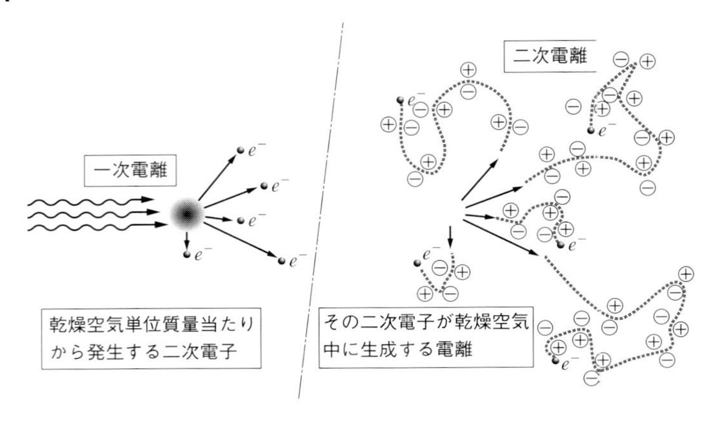

図 12·8 照射線量

□照射線量は，線量を評価しようとする場所で，光子線が仮想的に乾燥空気と相互作用したとき，乾燥空気の単位質量当たりから放出されるであろうさまざまな初期運動エネルギーをもつ二次電子の群れを，仮想的に乾燥空気で満たされた広い空間に放ち，二次電子の作用で生成する電離電荷量を用いて定義される．ただし，一次電離で発生した二次電子の電荷は，照射線量を評価する電離電荷量には含めない．

離電荷量の期待値は，乾燥空気の W 値を用いて；

$$\mathrm{d}\langle q'\rangle = \frac{K_{\mathrm{col.,air}}\mathrm{d}m}{W_{\mathrm{air}}}\cdot e,$$

と表せます[42]．したがって，照射線量は，空気衝突カーマの電荷密度による近似表現であることがわかります．

$$X \approx \frac{e}{W_{\mathrm{air}}}\cdot K_{\mathrm{col.,air}} = \frac{e}{W_{\mathrm{air}}}\cdot\left(\frac{\mu_{\mathrm{en}}}{\rho}\right)_{\mathrm{air}}\otimes\Psi.$$

空気の質量エネルギー吸収係数 $(\mu_{\mathrm{en}}/\rho)_{\mathrm{air}}$ の値は，光子のエネルギーがおよそ 60 keV から 3 MeV の領域であまり大きく変化しません（±15% 程度）から，この範囲にエネルギーをもつ光子の照射線量は，光子のエネルギーフルエンスに大まかに比例しているとみなすことができます．

42) 空気衝突カーマと W 値から算出される電荷量 $\mathrm{d}\langle q'\rangle$ は，照射線量を定義する電荷量 $\mathrm{d}\langle q\rangle$ と厳密には等しくない．W 値が，放射過程で放出された光子の再吸収で生じる電離電荷を含み，光電効果やコンプトン散乱などで起きる一次電離の電荷を含まない量として定義されていることと，W 値が定数ではなく，電子の運動エネルギーに依存する関数であるためである．ただし，この数値的な相違は，二次電子の放射損失が大きくなる高エネルギー領域と，W 値のエネルギー依存性（*Cf.*, 図 12·7）や電離電荷量に対する一次電離の割合が無視できなくなる低エネルギー領域を除き小さい．

照射線量は，放射線の種類も，相互作用する物質の種類も限定された量です．しかしながら，カーマと同様に，評価点の周囲の状況とは無関係に線量を定義できるという性質から，空気以外の物質の内部に**仮想的に**"空気"という作用物質を考え，そこで発生したであろう二次電子が，乾燥空気中に放たれたならばつくり出すであろう電離電荷量を評価することによって，**任意の媒質中**の照射線量（たとえば水中や真空中の照射線量）を定義することもできます[43]．

12・4・2 エネルギーの付与に関する計測線量

「物質の状態変化にはエネルギーが必要である」または，「物質に変化をもたらす最も根源的な原因はエネルギーである」という素朴な考え方に立てば，放射線の物質に対する影響を議論するためには，着目している物質がどれだけのエネルギーを放射線から受け取ったかを評価すればよいだろうと考えられます．放射線が物質との相互作用で二次荷電粒子に受け渡したエネルギーは，その後，二次荷電粒子と物質の相互作用を通じて急速に物質中を散逸していき，最終的にはほとんどが熱エネルギーになります．その過程で，一部のエネルギーが，物質の化学的状態を変化させ，それが放射線の生物学的な効果の引き金ともなります．放射線のエネルギーが物質に付与されたとは，放射線から物質中の電子系に受け渡されたエネルギーが，もはや電離性放射線という形では伝播できなくなった状態を意味すると解してよいでしょう．エネルギーの付与に関する計測線量は，このエネルギーの受け取りを記述するための物理量です．

（1）付与エネルギー（energy imparted : ε）

付与エネルギー ε は，任意の閉局面で囲まれた領域の物質に関するエネルギーの収支に基づいて以下のように定義されます．

$$\varepsilon = \left(\sum T_{\mathrm{in}} - \sum T_{\mathrm{out}}\right) + \sum Q.$$

43）今日でも「照射線量は空気中でしか定義できない」とか，「照射線量はエネルギーが数 keV から数 MeV の範囲の X 線や γ 線に対して定義されている」という誤った説明を見かけることがある．前者が誤りである理由は本文に示した．後者の誤解は，空気中で二次電子平衡が近似的に実現しているとみなされ，自由空気電離箱による照射線量の絶対測定が可能な光子が，このエネルギー範囲のものであるという計測技術上の制約を，量の定義にかかわる制約と混同したものと考えられる．照射線量に関しては，さらに，「照射線量は，X 線や γ 線がどれだけきているかを表す量だ」とか「X 線や γ 線の強さを表す量だ」といった説明を見かけることもある．しかし，それらは，X 線や γ 線のフルエンスやフルエンス率に対する説明で，照射線量に対するものではない．これらの誤りは，（エネルギー分布が同じならば）照射線量が一次放射線のフルエンスに比例していることと，照射線量の概念が形成される過程で，"X 線の強さ＝放射線場の量"とみなす考え方と"X 線の作用の強さ＝計測線量"とみなす考え方とがあった影響だろうと考えられる（*Cf.* Appendix 12-C）．

ただし，$\sum T_{\mathrm{in}}$ と $\sum T_{\mathrm{out}}$ は，その閉局面を通じて領域に入射する放射線粒子の運動エネルギーの総和と，その領域から放出される放射線粒子の運動エネルギーの総和とを意味し，$\sum Q$ は，その領域内で生じた核反応や素粒子反応の Q 値，すなわち，領域内の相互作用で放射線粒子の運動エネルギーに転換された静止エネルギーの総和を意味します（図12·9）．言い換えるならば，括弧でくくった二つの項は，着目した領域を出入りする放射線粒子が領域内に置いていくエネルギーを表し，最後の項は，領域内で生み出される放射線のエネルギーを表します[44)]．ここで，放射線粒子とは，電離性の荷電粒子または非荷電粒子を意味し，電離性のない粒子を含みません．

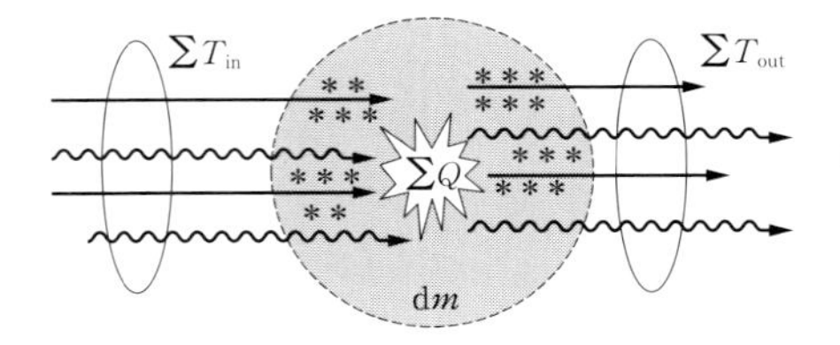

図12·9 付与エネルギー

□付与エネルギーは，放射線が着目した微小質量 dm の物質が占める領域の中に電離や励起の形で置いていく，もはや放射線の形で移動できないエネルギーである（図中に＊で表した）．

もし，着目している領域内の相互作用で，物質と放射線粒子の間だけでエネルギーがやり取りされていたならば，この領域に流れ込み，この領域内で発生した放射線粒子のエネルギーは，すべて放射線粒子として流れ出してしまうでしょうから，付与エネルギーの値は0になります．逆に言えば，放射線粒子のエネルギーから，電離性をもたない粒子のエネルギーや，緩和過程の際に放射線粒子を放出しない物質の励起などに使われるエネルギーがあれば，付与エネルギーの値は0でなくなります．つまり，付与エネルギーは，この項の最初に述べた，放射線から物質が受け取って，もはや電離性放射線という形では伝播できなくなったエネルギーに相当します．

（2）吸収線量（absorbed dose : *D*）

吸収線量 D は，電離性放射線から物質に付与されたエネルギーの密度で[45)]，質

44) 放射線と物質の相互作用には，途中に準安定な中間状態が生じ，反応が完了するまで長い時間を要するものがある．放射性同位体が生じる中性子捕獲反応（*e.g.*, $^{59}\mathrm{Co}(\mathrm{n},\gamma)^{60}\mathrm{Co}\rightarrow{}^{60}\mathrm{Ni}^{*}\rightarrow{}^{60}\mathrm{Ni}+\gamma$）は，その典型である．こうした中間状態があれば，付与エネルギー ε は，放射線の照射が終わった後も，値が時間的に変化し続けることになる．中間状態の緩和に起因する時間依存性は，すべての計測線量に共通する性質である．

量 dm の物質に受け渡される付与エネルギーの期待値が ⟨dε⟩ であるとき次のように定義されます.

$$D = \frac{\langle \mathrm{d}\varepsilon \rangle}{\mathrm{d}m}.$$

吸収線量の SI 単位は $\mathrm{J \cdot kg^{-1}}$ で，特別の単位名グレイと単位記号 Gy が定められています．吸収線量の定義で，付与エネルギー dε の期待値 ⟨dε⟩ を用いるのは，放射線と物質との相互作用が確率的な事象であるために，質量 dm の物質に付与されるエネルギー dε の値が統計的にゆらぎをもつからです（図 12・10）.

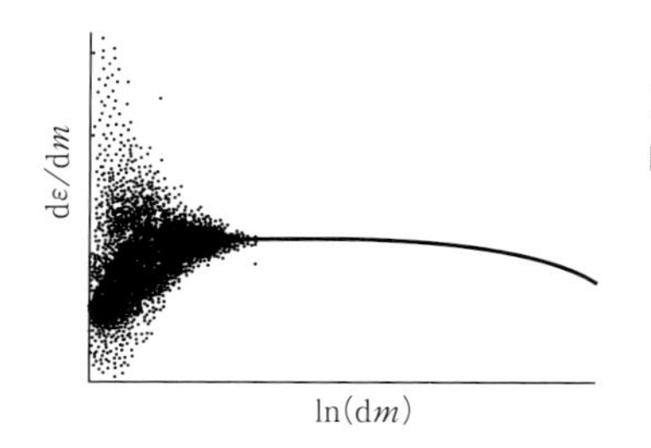

図 12・10　付与エネルギー密度のゆらぎ

□ 質量 dm の物質が占める領域の大きさが小さくなるにつれ，その中に放射線が付与するエネルギーの変動が大きくなり，比 dε/dm の値が定まらなくなる
［出典］H. H. Rossi："Microscopic energy distribution in irradiated matter.", *in* Radiation Dosimetry Ⅰ, Academic Press (1965) の図を基に作図

吸収線量の定義を考えるとき，それが場の量[1)]として定義できる必要はありますが，質量 dm の物質が占める空間の大きさを無制限に（たとえば 1 個の原子の質量にまで）小さくすることは，物理的に意味がありません．質量 dm の物質が占める領域の大きさは，その内部の粒子フルエンスを一様とみなせるほど小さいけれど，dε のゆらぎが発散しないほど多数の相互作用を起こせる程度の標的物質を含む必要があります．この考え方は，流体の運動を考えるとき，流体を連続媒質として取り扱うため，その微分体積要素 dV として数学的な無限小体積を考えるのではなく，十分多数の流体分子を含む微小体積（取り扱う流体の全体積にくらべれば十分小さいけれど，流体分子の分子間距離にくらべ

45）物質が単位質量当たり "吸収した" エネルギーでない点に，注意する必要がある　放射線から物質に "付与された" エネルギーのすべてが，物質に吸収されるわけではなく，大部分は電離性のない放射線として放出されたり，熱エネルギーとして散逸してしまう．たとえば，溶液中で第一鉄イオンから第二鉄イオンが生成する酸化ポテンシャルは約 0.77 mV だが，この反応の放射線化学収率は，付与エネルギー 1 J に対して約 0.6 μmol なので，物質（溶液）に付与されたエネルギーのごく一部（0.005% 足らず）しか化学反応に寄与しないことがわかる．それでも，吸収線量が現在の線量体系の中で最も基本的な計測線量なのは，物質に付与されたエネルギーと，そのごく一部である物質の変化に費やされるエネルギーとが比例している，と考えられるからにほかならない．

れば十分大きい）を考える，というやり方と類似しています．

放射線が物質にエネルギーを付与する過程は，放射線による物質の電離や励起（物質の電子系へのエネルギーの移行）にほかなりません．物質の電離や励起は，一次および二次荷電粒子線が軌道電子にクーロン力を及ぼすことで起きますから，吸収線量に直接寄与する相互作用は，着目した**領域内で起こる荷電粒子による軌道電子の散乱**であることになります．そこで，質量 $\mathrm{d}m$ の物質が占める領域に入射した荷電粒子線のうち，運動エネルギーが T から $T+\mathrm{d}T$ の範囲にあるものの粒子フルエンスを $\mathrm{d}\Phi_{\mathrm{ch.}}(T)$ と表し，そのエネルギーの荷電粒子線に対する領域内の物質の制限質量電子阻止能[46]を $S_{\mathrm{el.}\Delta}(T)/\rho$ と表せば，その荷電粒子線成分の吸収線量への寄与 $\mathrm{d}D(T)$ は；

$$\mathrm{d}D(T)=\frac{S_{\mathrm{el.}\Delta}(T)}{\rho}\cdot\mathrm{d}\Phi_{\mathrm{ch.}}(T),$$

と表せます．そして，質量 $\mathrm{d}m$ の物質が占める領域内のすべてのエネルギーの荷電粒子からの寄与を合計すれば，吸収線量 D が得られます．

$$\begin{aligned}D&=\int\mathrm{d}D(T),\\&=\int\frac{S_{\mathrm{el.}\Delta}(T)}{\rho}\cdot\mathrm{d}\Phi_{\mathrm{ch.}}(T),\\&=\int\mathrm{d}T\,\frac{S_{\mathrm{el.}\Delta}(T)}{\rho}\cdot\frac{\mathrm{d}\Phi_{\mathrm{ch.}}(T)}{\mathrm{d}T}\equiv\frac{S_{\mathrm{el.}\Delta}}{\rho}\otimes\Phi_{\mathrm{ch.}}.\end{aligned}$$

図 12·11 は，吸収線量が放射線と物質の相互作用とどのように関連づけられるかを，模式的に描いたものです．図で実線と破線の矢印は，それぞれ荷電粒子線と非荷電粒子線の飛跡を表しています．また，円は質量 $\mathrm{d}m$ の物質が占める領域を表し，円内の実線に沿って付された斑点は，この領域内の物質へのエネルギーの付与を象徴しています．

注意すべきことは，質量 $\mathrm{d}m$ の物質にエネルギーを付与する**荷電粒子**は，一次放射線を構成するものであろうと，二次（あるいはそれ以上）の放射線成分であろうと，吸収線量への寄与という点で区別がないことです．言い換えるならば，**吸収線量は，荷電粒子による物質へのエネルギーの付与が質量 $\mathbf{d}m$ の物質が占める領域内でありさえすれば，その荷電粒子がどこから来たかには無関係な**量で

46）飛程の長い δ 線は，着目した微小領域内の物質へのエネルギー付与には寄与しないので，δ 線の発生は，新たな荷電粒子放射線の発生とみなし，物質の電離は含めない．そのため，δ 線発生の寄与を除外した質量電子阻止能である制限質量電子阻止能 $S_{\mathrm{el.},\Delta}/\rho$ を用いる．

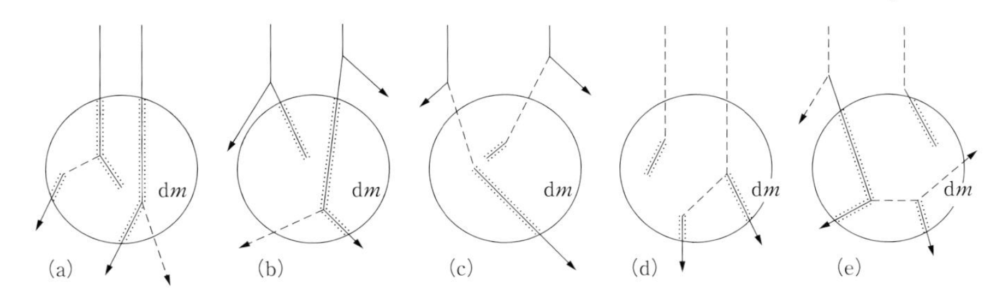

図 12・11 吸収線量

□ 吸収線量に寄与する過程を模式的に示す．実線と破線の矢印は，それぞれ荷電粒子と非荷電粒子の飛跡を表し，円は付与エネルギーを評価する質量 dm の物質が占める空間，実線に付された斑点は，吸収線量に寄与する物質へのエネルギーの付与（電離や励起）を表す．
一次放射線が荷電粒子線である場合には，(a) 一次放射線自身が質量 dm の物質が占める領域の内部で直接引き起こす過程，(b) 一次放射線が質量 dm の物質が占める領域の外部の媒質と相互作用して発生させた二次荷電粒子（たとえば δ 線）が，この領域に侵入し引き起こす過程，および (c) 一次放射線が質量 dm の物質が占める領域の外部の媒質と相互作用して発生させた二次非荷電粒子（たとえば制動 X 線や (p, n) 反応で発生する中性子線）が，この領域内部の物質に作用して荷電粒子を発生させ，その荷電粒子がこの領域の物質にエネルギーを付与する間接的な過程がある．
一方，**一次放射線が非荷電粒子線**である場合には，(d) 一次放射線自身が質量 dm の物質が占める領域の内部の物質に作用して発生させた二次荷電粒子が，この領域の物質に引き起こす過程，(e) 一次放射線が質量 dm の物質が占める領域の外部の媒質と相互作用して発生させた二次電子などの二次荷電粒子が，この領域に飛び込んで引き起こす過程，および (f) 一次放射線が質量 dm の物質が占める領域の外部の媒質と相互作用して発生させた二次非荷電粒子（たとえばコンプトン散乱線）が，この領域内外の物質に作用して荷電粒子を発生させ，その荷電粒子がこの領域の物質にエネルギーを付与する間接的な過程がある．

す．そのため吸収線量は，質量 dm の物質が占める領域内の一次放射線の粒子フルエンス分布だけでなく，領域外であっても，相互作用で発生した荷電粒子が質量 dm の物質が占める領域内に到達し得る場所の一次放射線と物質の状況や，発生した荷電粒子の伝播に影響する物質の配置状況にも依存します．したがって，(特に一次放射線が非荷電粒子線である場合には) 一次放射線の強さや線質が変化する場所だけでなく，物質の密度や種類が変化する場所（たとえば，物体の表面や異種の物質どうしの界面付近）でも，吸収線量の値は複雑に変化します．

図 12・12 は，スズ・水・スズの 3 層からなる体系に，エネルギー 1 MeV の単色の光子が，図の左側から垂直に入射したとき，各層の内部で水（およびスズ）吸収線量がどのように変化するかを，シミュレーションしたものです．物質の境界付近で吸収線量がこのように複雑に変化する理由を理解するには，それぞれの物質からどのように二次電子が発生し，それがどのように伝播して物質を電離し励起するかなど，関係する放射線と物質の相互作用全体を考慮しなければなりません（章末問題［3］）．

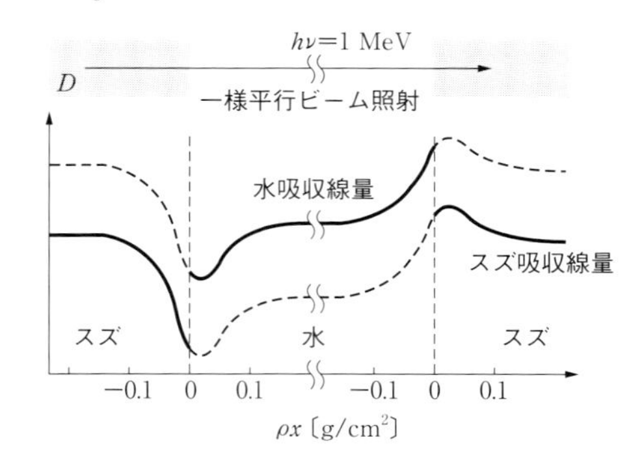

図 12·12 物質境界付近の吸収線量

□異なる物質の境界付近では，境界を越える二次電子の流れの影響で，吸収線量は複雑な変化をみせる．とくに，スズと水の境界面では，スズと水の制限付き質量電子阻止能の値が異なるため，スズと水の吸収線量の値に食い違いが生じる．

着目した微小領域のエネルギー収支である付与エネルギー dε は，領域に入射する電離性放射線の種類にもその領域を占める物質の種類にも制限がありません．そのため，吸収線量は，どんな種類の放射線にも，また，どんな種類の物質にも適用できます．その意味で，吸収線量は，既存の計測線量のなかで最も適用範囲が広いと言えます．ただし，二次荷電粒子に対する質量電子阻止能の値は物質の種類によって異なりますから，同一の二次荷電粒子（分布）がもたらす吸収線量でも，図 12·12 に水吸収線量とスズ吸収線量のように，物質の種類ごとに異なった値をもちます．したがって，吸収線量の値を議論するときにも，それがどんな物質の吸収線量であるかを明示する必要があり，“水吸収線量：$D_{w.}$”や“組織吸収線量：$D_{tis.}$”などのように，物質名を冠する習慣を身に着けることが望まれます．

吸収線量を“放射線場”と物質の“相互作用の係数”の直積として議論するとき強調しておきたいことは，吸収線量を生成する放射線の場が**質量 d*m* の物質が占める領域内の荷電粒子線の場**だという点です[47]．そのため，一次放射線が非荷電粒子線である場合，放射線場の量と吸収線量の関係には，特に注意が必要になります．なぜならば，そのような場合，質量 d*m* の物質が占める領域の物質に付与エネルギー dε をもたらす荷電粒子のほとんどが，一次放射線が**質量 d*m* の物質が占める領域の周囲の物質**と相互作用して発生させたものだからです．

しかしながら，**二次電子平衡**（*Cf.*，12·4·4 項）**が成立している特別の場合，**

47) したがって，俗に“^{60}Co の γ 線の組織吸収線量”と呼ぶものは，実は，“^{60}Co の γ 線が周囲の物質から発生させた**二次電子**の組織吸収線量”であることに注意しなくてはならない．

X 線や γ 線の吸収線量は，線量を評価する場所の X 線や γ 線のエネルギーフルエンス Ψ_γ と物質の質量エネルギー吸収係数 $(\mu_{\mathrm{en}}/\rho)_m$ との直積で表される，その物質の衝突カーマ $K_{\mathrm{col.},m}$ に等しい値をもちます．

$$D_m\big|_{@2^{\mathrm{nd}}\mathrm{eq.}} = K_{\mathrm{col.},m} = \left(\frac{\mu_{\mathrm{en}}}{\rho}\right)_m \otimes \Psi_\gamma = \int \mathrm{d}T \left\{\frac{\mu_{\mathrm{en}}(T)}{\rho}\right\}_m T\cdot\Phi(T).$$

12·4·3 X 線・γ 線に関する空気吸収線量・空気カーマ・照射線量の関係

“空気”という共通の物質について，X 線や γ 線の空気カーマ，照射線量，および空気吸収線量が，互いにどのような関係にあるかを見ておくことには意味があると思います．三者の関係は，空気カーマ K_{air} を起点に考えると理解しやすいでしょう（図 12·13）．

空気カーマのうち空気衝突カーマ $K_{\mathrm{col.,air}}$ は，空気の（電子に対する）W 値 W_{air} によって照射線量 X と対応づけられ[48]，二次電子平衡が成立したときの空気の吸収線量 D_{air} と同じ値をもちます．

放射線の“線量”と“放射線場の量”との関係でみれば，エネルギーの転移に関する線量である空気衝突カーマ $K_{\mathrm{col.,air}}$ と照射線量 X とは，共に（線量を考える点の）X 線や γ 線の粒子フルエンススペクトル $\Phi_\gamma(T)$ で決まる量（同一のスペクトルをもつ X 線や γ 線の間では，エネルギーフルエンス $\Psi_\gamma = \int \mathrm{d}T\, T\Phi_\gamma(T)$ に比例する）であり，エネルギーの付与に関する計測線量である空気の吸収線量 D_{air} は，（線量を考える点の）二次電子の粒子フルエンススペクトル $\Phi_{\mathrm{el.}}(T)$ で決まる量です．前者は **X 線や γ 線に関する**相互作用の係数（空気の質量エネルギー転移係数：$(\mu_{\mathrm{tr}}/\rho)_{\mathrm{air}}$）で，後者は**二次電子に関する**相互作用の係数（空気の質量電子阻止能：$(S_{\mathrm{el.}}/\rho)_{\mathrm{air}}$）で関係づけられます．

X 線や γ 線の吸収線量は，二次電子の相互作用に関する量ですから，線量を考える点（質量 $\mathrm{d}m$ の物質が占める領域）に到達する二次電子の粒子フルエンススペクトル $\Phi_{\mathrm{el.}}(T)$ が確定しなければ，値が決まりません．そのためには，質量 $\mathrm{d}m$ の物質が占める領域から二次電子の最大飛程程度の範囲内にどのような種類の物質がどのような形で分布しているかと，それらの物質に作用する一次放射線（X 線や γ 線）の粒子フルエンススペクトル $\Phi_\gamma(T)$ とを知る必要があります[49]．

48) ただし，放射過程で放出される光子の再吸収による電離の寄与を除く．*Cf.*，本章脚注 39)

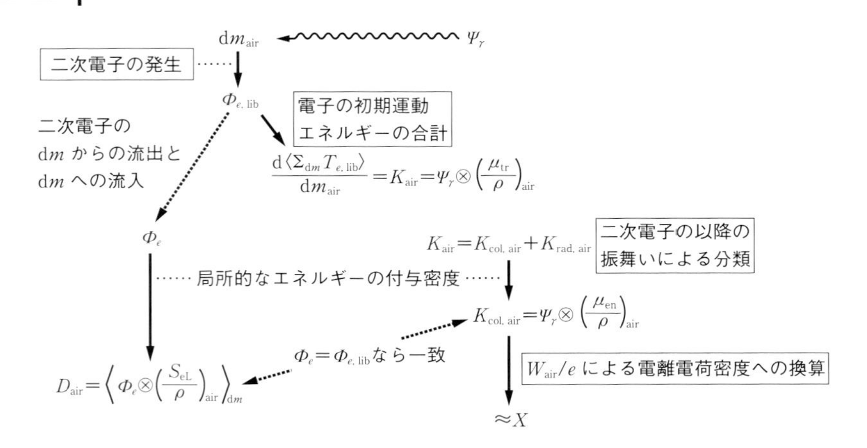

図12·13　単色光子の“空気”に関する線量の体系

□この図では，放射過程で放出された光子を再吸収する過程は考慮されていない．空気の質量エネルギー転移係数は，二次電子の発生量を特徴づけ，一次放射線（光子）のエネルギーフルエンス Ψ_γ との直積が空気カーマを与える．発生した二次電子の移動により質量 dm の物質が占める領域内の二次電子フルエンス $\Phi_{e,\,lib.}$ は変化するが，空気の吸収線量は，その変化した二次電子の粒子フルエンス Φ_e と空気の質量電子衝突阻止能との直積で表される．空気カーマのうち質量 dm の物質への局所的なエネルギー付与を表す空気衝突カーマは，質量 dm の物質が占める領域からの二次電子の流出と流入が釣り合うとき（$\Phi_e = \Phi_{e,\,lib.}$：二次電子平衡のとき），空気吸収線量と等しくなる．

もし，これら“線量を考える点の周囲の条件”が変化すれば，線量を考える点のX線や γ 線の粒子フルエンススペクトルと物質の種類とが確定していても，吸収線量はさまざまな値をとり得ることになります．

12·4·4　荷電粒子平衡

照射線量やカーマを測定する場合，検出器の外で発生した二次荷電粒子の作用を除外し，検出器内で発生した二次荷電粒子の作用は，検出器の外まですべて収集しなくてはなりません．もちろん，現実の検出器は，外部から入射する二次荷電粒子にも反応し，外へ飛び出してしまった二次荷電粒子は無視しますので，そうした測定は不可能です．したがって，検出器で照射線量やカーマを正しく測定するためには，外から検出器に入射した二次荷電粒子が引き起こす“過剰の”相互作用と，外へ飛び出した二次荷電粒子が引き起こすはずだった“不足した”相

49）吸収線量が影響を受ける領域の大きさは，およそ二次電子の最大飛程程度の領域であると考えてよい．しかし，制動輻射などの再吸収による間接的相互作用の寄与まで考えれば，寄与の大きさはともかく，吸収線量が影響を受ける領域は，原理的に二次電子の最大飛程より遠い部分にも広がる．

互作用とが，ちょうど相殺しなくてはなりません．その様子を図 12・14 に模式的に示しました．物体中のある領域でこのような条件が成立しているとき，そこでは**荷電粒子平衡**（通常，二次荷電粒子は電子なので，**二次電子平衡**と呼ばれる）が成り立っていると言います．これまで述べてきたように，荷電粒子平衡が成立するとき，吸収線量と衝突カーマは値が一致します．

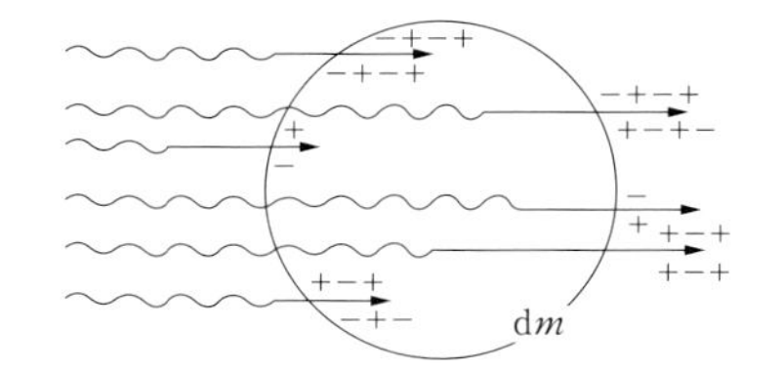

図 12・14　荷電粒子平衡

□ 質量 dm の物質が占める領域内から発生した荷電粒子がこの領域の外の物質につくり出す電離が，この領域に入射する荷電粒子によって領域内につくり出される電離に等しいとき，荷電粒子平衡が成り立っているという．

しかし，荷電粒子平衡は，一様均質で無限に大きな媒質中に放射性同位体が均等な濃度で分布している，という特別の例を除いて，厳密な意味では成立しません．なぜならば，二次荷電粒子を生み出す相互作用を起こせば，一次放射線の粒子フルエンスが徐々に変化（減弱）していくからです．荷電粒子平衡が近似的に成立しているとみなせるのは，二次荷電粒子の最大飛程程度の距離を半径とする領域内で，一次放射線のフルエンスが変化せず，かつ，物質の組成や密度も変化しない，とみなせる場合です．

この様子を，高エネルギーの γ 線が真空中から水面に垂直入射する場合を例にみてみましょう．真空中では二次電子が発生しませんから，水面には γ 線のみが入射します．一方，水中では γ 線と水の相互作用で二次電子が発生しますが，単位質量の水から発生する二次電子の数は，その場所の γ 線の粒子フルエンスに比例しています．発生した二次電子は，運動量を保存するため γ 線の進行方向に偏って放出され，発生点から“下流”方向に移動していきます．そのため，水面近くでは，単位体積当たりに含まれる二次電子の数が少なく，水吸収線量も小さくなります．そして，水面からの深さを増すに連れ，“上流”側から押し寄せてくる二次電子の数が徐々に積み重なるため（**ビルドアップ**，電子ビルドアップとも呼ばれる）二次電子の密度が増え，水吸収線量も増加していきます（図 12・15）．

もし二次電子を生成する γ 線（一次放射線）の減弱が無視できるならば，この二次電子の密度は“上流”側から流れ込む二次電子の数と，“下流”側に流れ去る二次電子の数とが等しくなるまで増加します[50]．**真の二次電子平衡状態**におけ

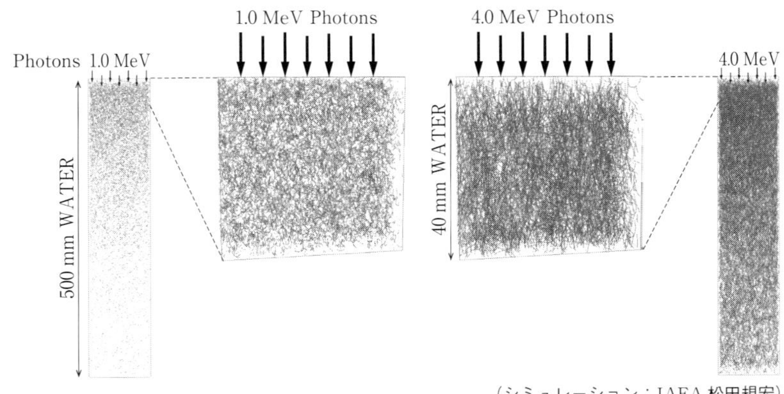

図 12·15 電子ビルドアップ

□真空中から一様な単色光子が水面に垂直に入射したとき，水中に生じる二次電子の飛跡のPHITSによるシミュレーション．二次電子は光子と水の相互作用で生じるため，水面近くでは，水深とともに二次電子密度が増加する（二次電子ビルドアップ）．その様子は，二次電子の平均飛程が長い，エネルギーの高い光子ほど顕著である．入射した光子は，水との相互作用により減弱するので，ビルドアップが飽和に達した後，二次電子密度は水深とともに減少していく．（JAEA 松田規宏氏提供）

る二次電子密度は，単位質量の水から発生する二次電子の数に一致し，その場所の水吸収線量 $D_{\mathrm{w.}}$ と水衝突カーマ $K_{\mathrm{col.,w.}}$ の値は等しくなります．

これに対して一次放射線の水中での減弱が無視できない場合には，“下流”側にいくほど単位質量当たりに発生する二次電子の数が少なくなるため，（真の二次電子平衡状態ではなく）“下流”側へ流れていく二次電子の数が，“上流”側から流れ込む二次電子の数より二次電子の水中平均飛程程度の距離で一次放射線が減弱する割合だけ少ない，という定常状態が実現します．このような状態を**過渡平衡**（**相対二次電子平衡**）といいます．過渡平衡状態での二次電子密度は，“上流”側で発生する二次電子の密度によって決まりますから，過渡平衡状態の水吸収線量は，常に水衝突カーマより大きな値をもちます（図 12·16）．

なお，図 12·15 に示した例では，水面の“上流”側の真空口では二次電子の発生がありませんから，水吸収線量の値は無条件に0になります[51]．一方，水衝突

50）実際のビルドアップ領域の厚さ（平衡厚）は，二次電子の最大飛程だけでなく，コンプトン散乱などで生じる散乱線の吸収による二次（高次）電子の発生の寄与も考慮しなければならない．
51）たとえば，“空気中の空気吸収線量”のように，電子平衡の状態を確定し難い状況の吸収線量を論ずることは，原理的に困難である．

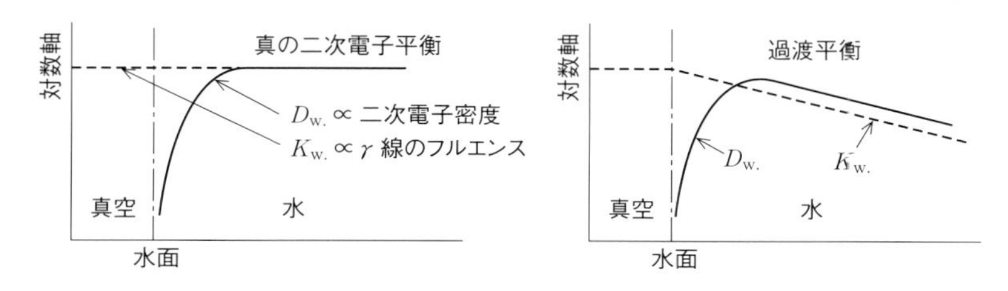

図 12·16　真の荷電粒子平衡と過渡平衡

□真空中から水中に入射した光子が，真の二次電子平衡をつくり出す場合と，過渡的な二次電子平衡をつくり出す場合について，水吸収線量が水面からの深さとともにどのように変化するかを示した．

カーマ $K_{\mathrm{col.,w.}}$ は，その場所の γ 線の粒子フルエンススペクトル $\Phi_\gamma(T)$ が確定しさえすれば，これに水の質量エネルギー転移係数 $\{\mu_{\mathrm{tr}}(T)/\rho\}_{\mathrm{w.}}$ を乗じることにより値が定まりますので，真空中でも 0 になることはありません．

章末問題

［1］　照射線量が 1 C/kg である水中の点の水カーマは何 Gy か．

ヒント☞ 空気に対する水の質量エネルギー吸収係数の比；

$$\frac{\{\mu_{\mathrm{en}}(T)/\rho\}_{\mathrm{w.}}}{\{\mu_{\mathrm{en}}(T)/\rho\}_{\mathrm{air}}},$$

の値は，光子のエネルギーが 5 keV～20 MeV の範囲では光子のエネルギーにはあまり依存せず，1.0～1.1 の範囲にある．

［2］　^{60}Co の γ 線に対する鉛の質量減弱係数は，約 $4.1\times10^{-3}\,\mathrm{m^2\cdot kg^{-1}}$ である．鉛の線減弱係数と相互作用の全断面積（原子 1 個当たりの断面積）を求めよ．ただし，鉛（^{82}Pb）の密度を約 $1.1\times10^4\,\mathrm{kg\cdot m^{-3}}$ とする．

［3］　図 12·11 に示した吸収線量の物質境界での変化の理由を説明せよ．

ヒント☞ 第 8 章と第 9 章で解説した二次電子の発生量とその伝播（図 8·8 および図 9·10 参照）に着目する．

［4］　^{60}Co の γ 線に対する空気の質量エネルギー吸収係数は，約 $2.7\times10^{-3}\,\mathrm{m^2\cdot kg^{-1}}$ である．放射能量 4 MBq の ^{60}Co の点線源から 3 m 離れた場所の照射線量率，空気カーマ率，および完全な二次電子ビルドアップがある状態での水吸収線量率を求めよ．ただし，空気の W 値を 34 eV とし，^{60}Co の γ 線に対する水の質量エネルギー吸収係数の値を約 $3.0\times10^{-3}\,\mathrm{m^2\cdot kg^{-1}}$ として計算せよ．なお，^{60}Co の γ 線の空気中での減弱や，空気中で発生する散乱線の寄与は考えないでよい．

ヒント☞ まず，線量を評価する点における γ 線の粒子フルエンス率を求める．

［5］ 照射線量の単位として，かつては，“標準状態の乾燥空気1 cm^3 中に，1 esu（～3.3×10^{-10} C）の電離を生成するX線またはγ線の線量”を単位とするレントゲン（R）単位が用いられていた．標準状態における空気の密度を1.3×10^{-3} $g\cdot cm^{-3}$として，レントゲン単位とSI単位との関係を求めよ．
ヒント☞ 1 R＝1 $esu\cdot cm^{-3}$ **〔標準状態〕を** $C\cdot kg^{-1}$ **単位に変換する．**

Appendix 12-A 空洞理論

12-A-1 吸収線量の測定

吸収線量は，放射線の種類にも放射線が作用する物質の種類にも制限なく適用できる，と定義されている計測線量（dosimetric quantity）です．しかし，測定という側面から吸収線量を考えてみると，“物質の単位質量当たりに放射線が付与した平均エネルギー”は，必ずしも容易な測定対象ではありません．物質に付与されたエネルギーの大部分は，結局熱エネルギーに変わりますから，物質が吸収した熱量を精密に測定すれば，かなり定義に近い吸収線量を定量することができます．しかし，そのような測定（カロリメトリー）には，精密な機器と高度な技術が必要で，容易に利用できる方法ではありません[52)]．

そこで通常は，放射線の作用で気体中に生成する電離電荷量を測定し，気体のW値を介して付与されたエネルギー量を間接的に求めるという方法が用いられます．このような測定方法は，当然，荷電粒子平衡の成立を前提としていますので，高エネルギーのX線やγ線のように荷電粒子平衡が成立しない場合の吸収線量測定には，W値による換算に加えて種々の補正が必要になります[53)]．

ところで，物質の電離を利用して吸収線量を測定するには，なんらかの“検出器”を媒質中にもち込まざるを得ません．この検出器を構成する物質の元素組成や密度は，一般に吸収線量を測定したい物質とは異なっています．したがって，そのような“異質の検出器”を用いて吸収線量を測定するには，検出器と測定の対象となる物質との各々が放射線からエネルギーを付与される割合の関係が明らかでないと，物質の吸収線量を求めることができません．また，物質内に異質の検出器を挿入すると，検出器周囲の放射

---

52) 水が1 Gyの吸収線量を受けたときの温度上昇は約0.00024°に過ぎないので，カロリメトリーは，感度の限界から，低い線量（率）の測定には利用できない．なお，物質に付与されたエネルギーのごく一部は，化学変化などに使われ熱にならないため，厳密な意味では吸収線量そのものの絶対測定とならない．

53) *Cf.*,（1）日本医学物理学会（編）：“外部放射線治療における吸収線量の標準測定法—標準計測法12”，通商産業研究社（2012），ISBN：9784860451202
（2）H.E. Johns & J.R. Cunningham：“The Physics of Radiology 4th *ed.*”，Thomas（1968），ISBN：0398046697

線場が乱されて，たとえ上述の関係が明らかであっても，測定された吸収線量は，物質中に検出器が存在しない場合の“真の”吸収線量とは異なった値になる可能性があります．そこで以下では，この二つの問題点をどのようにすれば解決できるかについて，二次電子のふるまいに着目して議論します．

● 12-A-2　媒質境界付近における吸収線量の変化

以下では特に断らない限り，一次放射線として，着目している領域内での減弱がほとんど無視できるような，**高エネルギーの単色光子**を考えます．スペクトル分布をもつ光子の場合には，以下で光子のエネルギーと粒子フルエンスと質量エネルギー吸収係数の積（・）を，スペクトルの各エネルギー成分の積の総和（⊗）に置き換えさえすれば，同じ議論を展開することができます．

一次放射線の減弱が無視できることを仮定すると，媒質内での散乱線の発生も無視できますので，着目した領域は強度が一定の一次放射線のみで照射されているとみなせます．そこで，媒質の組成や密度が一様ならば，減弱を無視できる一次放射線（光子）で照射されているという仮定は，着目している領域で二次電子平衡が成立していることを意味します．その場合，媒質の吸収線量 D_m は，媒質の衝突カーマ $K_{\mathrm{col.},m}$ と値が等しくなり，一次放射線のエネルギー $h\nu$ と粒子フルエンス Φ_γ と媒質の質量エネルギー吸収係数 $(\mu_{\mathrm{en}}/\rho)_m$ の積で表されます（添字 m は“媒質”を意味する）．

$$D_m = K_{\mathrm{col.},m} = h\nu \cdot \Phi_\gamma \cdot \left(\frac{\mu_{\mathrm{en}}}{\rho}\right)_m.$$

この領域内に，そこを満たしている媒質とは組成も密度も異なった小さな領域を考えます．その小さな領域を構成する物質の質量エネルギー吸収係数を $(\mu_{\mathrm{en}}/\rho)_c$ と表すことにしましょう．この小さな領域を空洞（cavity：添字 c は“空洞物質”を意味する）と呼びますが，これは，吸収線量が，通常，放射線により生成する電荷量を介して測定され，その電荷量の測定は，気体中に発生する電離電荷量を測定するのが最も容易で信頼性も高い，という技術史的な事情からきています．しかし，空洞は必ずしも気体の詰まった小領域を意味しません．空洞を構成する物質は，液体でも固体でもよく，また，媒質より密度の低い物質である必要もありません．したがって，半導体検出器や TLD（熱蛍光線量計）などを用いて水（または組織）吸収線量を測定する場合などにも，以下の議論を当てはめることができます．

それでは，図 12･A･1 のように，媒質中に媒質とは異なる物質で構成された空洞が存在するとき，一次放射線の照射方向に垂直な直線に沿って，吸収線量の値がどのように変化するかを考えてみましょう．仮に PMMA（アクリル）樹脂中の乾燥空気を満たした空洞の場合のように，空洞物質よりも媒質のほうが，実効原子番号も質量エネルギー吸収係数も小さい場合（$(\mu_{\mathrm{en}}/\rho)_m > (\mu_{\mathrm{en}}/\rho)_c$）を考えましょう．この例では，媒質の密

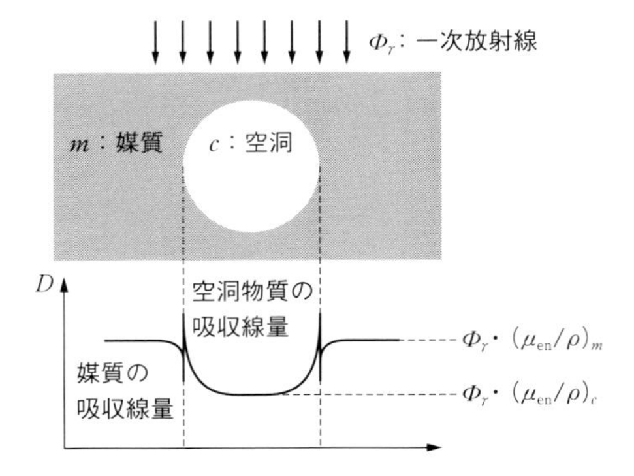

図 12·A·1 媒質と空洞の吸収線量

□二次電子の最大飛程にくらべて十分大きな空洞の場合，媒質および空洞物質の吸収線量が，空洞の表面近くでどのように変化するかを示した．

度が空洞物質の密度よりはるかに大きいので，単位体積当たり発生する二次電子の数は，媒質のほうが空洞物質より格段に多くなります．

まず，空洞から（媒質中の二次電子の最大飛程にくらべて）十分に離れた場所の媒質の吸収線量を考えましょう．そのような場所には，空洞の中で発生した二次電子や，いったん媒質から空洞に飛び込んだ二次電子は到達することができません．言い換えれば，そのような場所の吸収線量には，媒質のどこかに空洞のあることが全く影響せず，その吸収線量は，媒質のみが存在する場合の媒質の吸収線量 $D_m = h\nu \cdot \Phi_\gamma \cdot (\mu_{en}/\rho)_m$ に等しくなります（二次電子平衡が成立していることを仮定したので，媒質の吸収線量は媒質の衝突カーマ $K_{col., m}$ に等しい値をもつ）．

次に，空洞の壁から（空洞物質中の二次電子の最大飛程にくらべて）十分に離れた空洞内の，空洞物質の吸収線量を考えます．空洞をとり囲む媒質中で発生した二次電子は，そのような場所に到達することができません．言い換えれば，そのような場所の吸収線量には，空洞の周りに別の媒質があることが全く影響しません．したがって，その場合の空同物質の吸収線量は，空洞物質のみが存在する場合の空洞物質の吸収線量 $D_c = h\nu \cdot \Phi_\gamma \cdot (\mu_{en}/\rho)_c$ に等しくなります（仮定により，空洞内の空洞壁から十分離れた場所でも二次電子平衡が成立する）．

それでは，媒質と空洞物質との境界付近ではどうでしょうか．単位体積当たりに発生する二次電子の数は，空洞物質より媒質のほうが圧倒的に多いため，媒質と空洞物質との境界では，媒質から空洞物質に向って二次電子が流れ込みます．この二次電子の移動によって，媒質側の境界付近では，二次電子の密度が低くなり吸収線量が低下します．一方，空洞物質側の境界付近では，二次電子の密度が高くなり，吸収線量の増加をもたらします．この吸収線量の増加や減少は，二つの物質の境界に近づくほど大きくなります．

最後に，ちょうど境界上ではどうなるでしょうか．二次電子の運動エネルギーが物質に付与される割合，つまり二次電子に対する物質の質量電子阻止能の値は物質によって異なるため，たとえ二次電子の密度とスペクトルとが同じでも，物質が異なれば異なった吸収線量を与えます．したがって，空洞物質の吸収線量 $\Phi_{el.}\otimes(S_{el.}/\rho)_c$ と媒質の吸収線量 $\Phi_{el.}\otimes(S_{el.}/\rho)_m$ とは，物質の種類が変化する境界上で異なった値になります[54]．なお，図はPMMA樹脂と乾燥空気という物質の組合せに応じて，空洞物質の質量電子阻止能が媒質のそれより大きい場合（$(S_{el.}/\rho)_m<(S_{el.}/\rho)_c$）について描いています[55]．

以上のように吸収線量が空間的に変化するありさまは，媒質と空洞物質中に発生する二次電子の，それぞれの物質中での最大飛程と，空洞の幾何学的大きさとの関係により，さまざまに変化します．そのようすを模式的に示した図12･A･2は，右側の図ほど拡大して描いてあり，図に付された両頭矢印が，それぞれの図に対応する空洞物質中の二次電子の最大飛程を示しています．

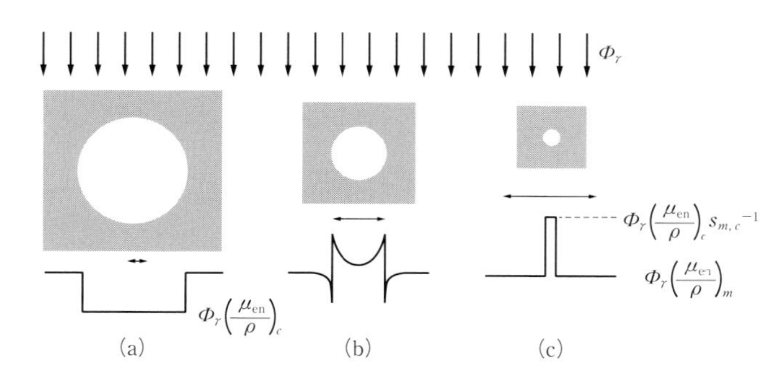

図12･A･2　空洞の大きさによる空洞物質の吸収線量の評価

□空洞物質の吸収線量は，空洞の大きさと空洞物質中の二次電子の飛程の長さとの関係によって変化する．

空洞の大きさが空洞物質中の二次電子の最大飛程にくらべて十分に大きい場合，媒質から流入する二次電子の影響は相対的に小さくなり，空洞物質へのエネルギーの付与は，ほとんど空洞内で発生した二次電子がもたらします（図12･A･2(a)）．

逆に，空洞の大きさが空洞物質中の二次電子の最大飛程にくらべ十分に小さい場合，空洞内で発生する二次電子は，媒質から流入する二次電子に対してほとんど無視できます．したがって，空洞物質にエネルギーを付与する二次電子は，ほとんどすべてが空洞周囲の媒質中で発生したものだとみなせますので，次項で説明する空洞理論を用いて，

54）この直積は，二次電子のスペクトル全体にわたる積の総和をとるものである．
55）空気は水素を多く含むPMMA樹脂にくらべて実効原子番号が大きく，より大きな質量電子衝突阻止能をもつ（*Cf.*，第8章）．

媒質の吸収線量を空洞物質中に生成する電離電荷量から算出できます（図 12·A·2(c)).

空洞の大きさと二次電子の最大飛程とが同程度の大きさである場合，空洞物質の吸収線量に対する物質の境界の影響は，空洞の大きさに強く依存し，図 12·A·2(a)と図 12·A·2(c)の中間のさまざまな状況を呈します（図 12·A·2(b)).

明らかに，一般的な議論が可能なのは，図 12·A·2(a)と図 12·A·2(c)の場合です．逆に言えば，二次電子の最大飛程と同程度の大きさの空洞は，（絶対測定のための）線量計として使用できないことがわかります．

12-A-3 空洞理論

図 12·A·2(c)に相当する“空洞の大きさが，空洞物質中の二次電子の最大飛程にくらべて十分に小さい”という条件は，次のような意味を（結果的に）含んでいます．まず，二次電子が空洞まで到達できる範囲内の媒質中では，一次放射線の粒子フルエンスが変化しません．また，空洞内から発生する二次電子が無視できるので，空洞周辺の二次電子のエネルギー分布や方向分布は，空洞が存在することに影響されません．なお，空洞を通過する二次電子の大部分は，空洞壁の表面近くで（媒質中の二次電子の最大飛程にくらべて十分浅い部分で）発生したものです．

空洞理論が成り立つためには，空洞の大きさが小さいということに加えて，さらに，次のような前提が必要です．

第一に，媒質と空洞物質との質量電子阻止能比 $s_{m,c} \equiv (S_{\text{el.}}/\rho)_m/(S_{\text{el.}}/\rho)_c$ の値が，電子の運動エネルギーに依存しないとみなせる必要があります．実際，数 MeV 以下の光子から発生する二次電子に対する低原子番号物質の質量電子阻止能比 $s_{m,c}$ は，図 12·A·3 に示すように，電子の運動エネルギーの緩やかな関数になっていますので，この条件は近似的に満たされています．

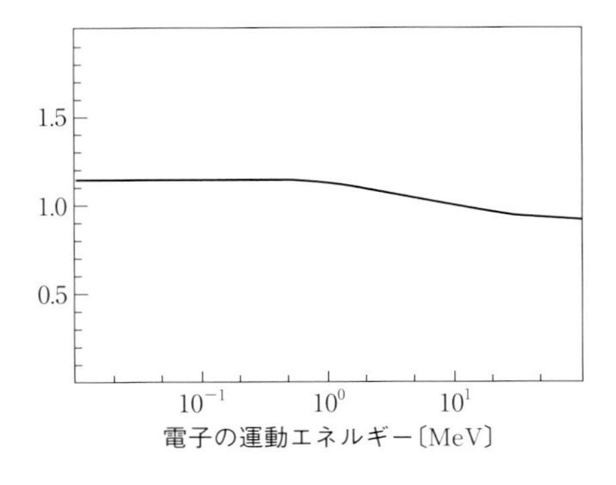

図 12·A·3 水に対する空気の質量電子衝突阻止能比

□空気は水よりも平均原子番号が大きいため，若干大きな質量電子阻止能をもつ．
［出典］ICRU Report 37 (1984)

第二に，空洞物質と電子との相互作用は連続減速近似（CSDA）で記述できる，つまり，二次電子は，空洞物質中で非常に小さなエネルギー損失を多数回繰り返すとみなせねばなりません．言い換えれば，これは，空洞内でδ線の発生が無視できることを意味します．もっともこの条件は，二次電子が1回の散乱で失うネルギーに上限を設けた質量電子阻止能（制限質量電子阻止能）の比を用いれば取り除くことができます．

以上のような前提のもとに，媒質中に図12·A·4に示すような幾何学的に相似な二つの微小領域を考えます．一方の領域は媒質と同じ物質で満たされ，他方は空洞物質で満たされています．両者の幾何学的相似比を，ちょうど1：s（$s \equiv S_{\mathrm{el.},m}/S_{\mathrm{el.},c}$は媒質の空洞物質に対する線電子阻止能の比）に等しくなるようにとり，この二つの領域の中に，相似的に対応する電子の軌跡（点線）を考えます．このように設定すれば，二つの軌跡に沿って電子が失うエネルギーの総和は互いに等しくなります．

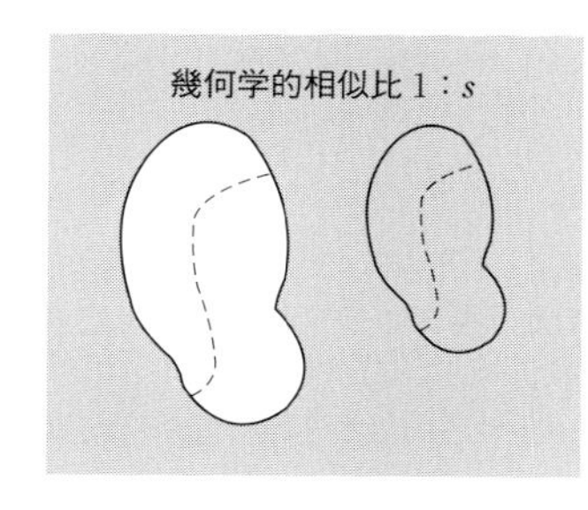

図12·A·4　空洞理論

□空洞に対して，相似比が媒質と空洞物質の線電子阻止能比に等しい媒質の領域を考える．それぞれの領域の互いに相似な経路に沿って荷電粒子が付与していくエネルギーは，等しい値をもつ．

領域の幾何学比が1：sであることから，それぞれの領域の二次電子に対する幾何学的断面積比は，1：s^2になります．そして，空洞の存在が二次電子の伝播に影響を与えないほど小さいことから，各領域を通過する二次電子の個数の比は，この断面積比に等しくなります．したがって，それぞれの領域全体で二次電子が失うエネルギーの比は，1：s^2であることがわかります．

一方，二つの領域の体積比は1：s^3ですから，それぞれの領域の単位体積当たりに二次電子が失うエネルギーの比は，1：s^{-1}になります．そこで，それぞれの領域の物質の密度をρ_mとρ_cで表せば，それぞれの領域の単位質量当たり二次電子が失うエネルギーの比が，質量電子阻止能比に等しくなることがわかります．

$$\frac{[\text{単位質量の媒質中で二次電子が失うエネルギー}]}{[\text{単位質量の空洞物質中で二次電子が失うエネルギー}]} = \frac{(\rho_m)^{-1}}{s^{-1}(\rho_c)^{-1}} = \frac{1}{s_{m,c}^{-1}}.$$

したがって，媒質の吸収線量D_mは，空洞物質の吸収線量D_cの$s_{m,c}$倍になります．なお，空洞の周囲では一次放射線のフルエンスが変化しませんので，空洞が存在しない場合には真の二次電子平衡が成立し，媒質の吸収線量D_mは媒質の衝突カーマ$K_{\mathrm{col.},m}$に等しくなります.

$$D_m = K_{\text{col.},\,m} = h\nu \cdot \Phi_\gamma \cdot \left(\frac{\mu_{\text{en}}}{\rho}\right)_m = s_{m,c} \cdot D_c \sim s_{m,c} \cdot \frac{q}{m_c} \cdot \frac{W_c}{e}.$$

ただし，q/m_c は単位質量の空洞物質中に二次電子がつくり出す電離電荷密度，W_c は空洞物質の W 値，e は素電荷を表します．最後の式で等号を用いていないのは，W_c の値が厳密には電子の運動エネルギーに依存するためです[42]．

● 12-A-4 二次電子の最大飛程にくらべて十分大きな空洞の場合

空洞の大きさが空洞物質中での二次電子の最大飛程にくらべて十分大きな場合には，媒質で発生した二次電子が到達できる空洞内の体積は，空洞の全体積にくらべて無視できます．こうした空洞では，空洞内でエネルギーを失う二次電子のほとんどは，光子と空洞物質とが相互作用をして発生したものでする．したがって，媒質および空洞物質それぞれの吸収線量 D_m と D_c は，次のように表すことができます．

$$D_m = h\nu \cdot \Phi_\gamma \left(\frac{\mu_{\text{en}}}{\rho}\right)_m,$$

$$D_c \sim h\nu \cdot \Phi_\gamma \left(\frac{\mu_{\text{en}}}{\rho}\right)_c.$$

ここで，第二式に等号が用いられていないのは，大きな空洞が媒質内に存在するために，一次放射線のフルエンスが乱されるためです．

● 12-A-5 Fano の原理

媒質と空洞物質の元素組成が等しいとき，空洞の周囲の二次電子フルエンスは，特別な条件を満足します．

一様な光子（一次放射線）によって照射されている媒質中に，小さな領域を考えます．この着目した領域内に，単位時間当たりに停止する二次電子が描く軌跡の長さの総和は，“媒質単位体積当たりから単位時間に生成する二次電子の個数の期待値”と“二次電子の飛程の期待値”とに比例します．

密度効果による質量電子阻止能の値のわずかな相違を別にすれば，前者は媒質の密度に比例し，後者は媒質の密度に反比例します．したがって，単位時間当たり，ある体積要素に入ってくる二次電子の数（二次電子フルエンス）は，媒質の密度にほとんど影響されない量になります．言い換えれば，元素組成一定の媒質が，一様な一次放射線（光子）に曝されているとき，二次電子のフルエンスは，(1) 空間的に一様で，(2) 媒質の密度によらず，また，(3) 媒質の密度の空間的な変化にも依存しません．このことは，ある媒質中の吸収線量を測定したい場合には，その媒質と同じ元素組成の物質[56]で満たされた空洞を検出器に用いれば，放射線の場をほとんど乱すことなく測定ができることを意味しています．

Appendix 12-B ◎ 放射線防護のための線量

● 12-B-1 放射線防護の考え方と放射線防護の基本線量

線量の用途の一つに，放射線防護があります．放射線防護では，放射線がヒトの健康に及ぼす影響を，放射線組織反応と確率的影響とに大別しています[57]．放射線を受けてから比較的短い期間に生じることの多い前者には，影響を引き起こす放射線の量に下限（閾値）のあることが経験的に知られていて，放射線への曝露をそれ以下に制限することで防止が図られてきました．放射線組織反応の閾値より少ない放射線の量でも[58]，放射線防護ではがんや白血病が誘発され得ると慎重に配慮しています．しかし，そうした低線量の領域で放射線によるがんや白血病の増加があるか否かは，広島や長崎で原爆の放射線を受けて生き延びた人々[59]に対する生涯健康追跡調査（LSS : life span study of A-bomb survivors）でも，統計学的に確認できません．そこで，放射線防護では，低線量放射線によるがんや白血病の誘発を放射線の確率的影響と呼び，"閾値なし線形モデル（LNT model）"[60]の線量＝効果関係に基づいて，誘発確率を合理的に抑制しようとします．そこで放射線防護のために，確率的影響の"原因の大きさ"を記述する線量が必要になりました．

放射線の健康影響に関する放射線防護の考え方を大胆に要約すれば：放射線の作用で損傷したDNAを誤修復された幹細胞が，幹細胞の活動に不可欠な"ニッチェ"を占有するための競合を勝ち抜き，アポトーシスなど変異細胞を排除するの働きでも免疫の働きでも除去できずに，がん関連遺伝子の変異した幹細胞として生き残り，さらにさまざまな発がん因子の作用で引き起こされる突然変異が積み重なって悪性化しがん細胞になる，というものです[61]．そして，LNTモデルは，DNAの損傷から突然変異細胞の悪性化に至る多段階の過程が，どれもほぼ比例して進行する，つまり，DNAに損傷を受け

---

56) 実効原子番号が等しい物質は，近似的にこの条件を満たしている．

57) *Cf.*, ICRP Publication 103 : "The 2007 Recommendations of the International Commission on Radiological Protection," Annals of the ICRP, **37 2-4** (2015), ISBN : 9780702030482

58) 一般に低線量・低線量率放射線曝露と呼ばれ，実効線量が200 mGy以下で，低LET放射線であれば0.1 mGy/min以下の曝露をいう（UNSCEAR, 2010）．

59) 本書では，かつてヒバクシャという言葉が差別的に使われていた歴史を鑑み，原爆の放射線を受け生き延びた人々（A-bomb survivors）という表現を用いている．

60) 以前"LNT仮説"といわれていたものを，ICRPが"LNTモデル"と言い換えたのは，放射線防護の方策を立てるための"方便"が，あたかも一つの"学説"であるかのように誤解されないための配慮であったと考えられる．なお，**LNTモデルを用いて評価される低線量放射線の確率的影響は，影響が臨床的に把握でき，放射線曝露との因果関係も概ね明らかな確定的影響と異なり，あくまでも放射線防護の最適化のために考慮するnominal（virtual）な放射線影響であって，現実の健康影響を意味するものではない．**

た幹細胞の数と，誤修復されたDNAをもつ幹細胞の数と，生き残ったがん関連遺伝子の突然変異した幹細胞の数と，がん細胞に変わった幹細胞の数が互いにほぼ比例し，しかも，放射線はがんの発症に必要な複数の突然変異のうちの一つだけに関係する，と仮定していることになります．

放射線がある幹細胞のDNAに損傷を与える確率は，その幹細胞が放射線から受け取るエネルギーに比例するだろうと考えられます．したがって，放射線防護のために用いられる線量が，一個の細胞が放射線から受け取るエネルギーに比例する組織や器官の平均吸収線量に基づいていることは，上述のようながん誘発の描像と（結果的に）整合しています．しかし，1個の細胞が放射線から受け取るエネルギーが同じ場合でも，幹細胞のDNAが受ける損傷は，DNAの近傍にどのくらい付与エネルギー（のつくり出す電離や励起）が集中するかによって変化します．そこで放射線防護では，放射線の種類やエネルギーの違いによる微視的な付与エネルギーの集中度合いを勘案した，組織吸収線量の修飾因子（**放射線加重係数**）を採用しています（表12·B·1）．

表12·B·1　線質係数の近似値と放射線加重係数

使われた年代 / 放射線の種類	1977～1990	1990～2007	2007～
光子	1	1	1
電子とミューオン	1 *1	1	1
陽子と正負のパイオン	10 *2	5 *4	2
α粒子・核分裂片・重い原子核	20 *3	20	20
中性子	10 熱中性子 2.3	＜10 keV 5 10～100 keV 10 0.1～2 MeV 20 2 ～20 MeV 10 20 MeV＜ 5	$T_n < 1$ MeV　$2.5 + 18.2 \exp\{-(\ln T_n)^2/6\}$ $1 \leq T_n \leq 50$ MeV　$5.0 + 17.0 \exp\{-(\ln 2T_n)^2/6\}$ 50 MeV $< T_n$　$2.5 + 3.25 \exp\{-(\ln 0.04T_n)^2/6\}$

*1　ミューオンは含まない　*2　パイオンは含まず，陽子より重い電荷1の粒子
*3　電荷2以上の粒子　*4　パイオンは含まない

さらに，放射線防護の対象は，単なる1個の幹細胞ではなく，複雑な構造と機能をもつさまざまな組織や器官から構成されたヒトという個体です．そして，放射線によるがんの起こりやすさも誘発されるがんの性質の悪さ（進行の早さや転移のしやすさや治療の困難さなど）も，組織や器官によってまちまちです．そこで，放射線防護では，主に

61）*Cf.*, ICRP Publication 131 : "Stem Cell Biology with Respect to Carcinogenesis Aspects of Radiological Protection," Annals of the ICRP, **44-3/4**（2015）, ISBN : 9781473952065

表 12･B･2 組織加重係数

使われた年代 / 組織または器官	1977～1990	1990～2007	2007～
赤色骨髄	0.12	0.12	0.12
結腸	—	0.12	0.12
肺	0.12	0.12	0.12
胃	—	0.12	0.12
乳房	0.15	0.05	0.12
生殖腺	0.25	0.20	0.08
膀胱	—	0.05	0.04
食道	—	0.05	0.04
肝	—	0.05	0.04
甲状腺	0.03	0.05	0.04
骨表面	0.03	0.01	0.01
脳	—	—	0.01
唾液腺	—	—	0.01
皮膚	—	0.01	0.01
残りの組織	0.30	0.05	0.12
	最も線量の高い五つの組織に 0.06 ずつ	副腎，脳，大腸上部，小腸，腎，筋肉，膵，脾，胸腺，および子宮	副腎，外胸郭，胆嚢，心臓，腎，リンパ節，筋肉，口腔粘膜，膵，前立腺♂，小腸，脾，胸腺，子宮および子宮頚部♀）

LSS の知見に基づいて，さまざまな組織や器官の相対的な放射線感受性[62]を表す**組織加重係数**を導入しています（表 12･B･2）．

注意すべき点は，これら二つの加重係数が科学的な知見を背景にしてはいるものの，放射線防護という目的のための“約束事”であり，その数値に科学的な厳密さを追求できるものではない，ということです．これは，放射線加重係数が，実際に組織や器官に吸収線量を与えた放射線の種類とエネルギーではなく，人体に入射する放射線（体内に取り込まれた放射性物質が放出する放射線の場合は，放出された時点の放射線）の種類とエネルギーに対して定められていることや，放射線によるがんの誘発が組織や器官ごとにさまざまな年齢依存性と男女差をもつにも関わらず，組織加重係数の値には年齢や性別に関わらずたった 4 種類の定数しかないことからも明らかでしょう．

放射線防護の基本線量である**実効線量**は，これら 2 種類の修飾因子を用いて，体内の組織や器官の平均吸収線量を（二重に）加重平均した量です．ただし，同じ放射線場に曝されても，体内の組織や器官に到達する放射線は，体格や姿勢によって変化しますか

62）放射線感受性とは，発生するがんの治りにくさなどを勘案したがんの誘発されやすさを意味する．

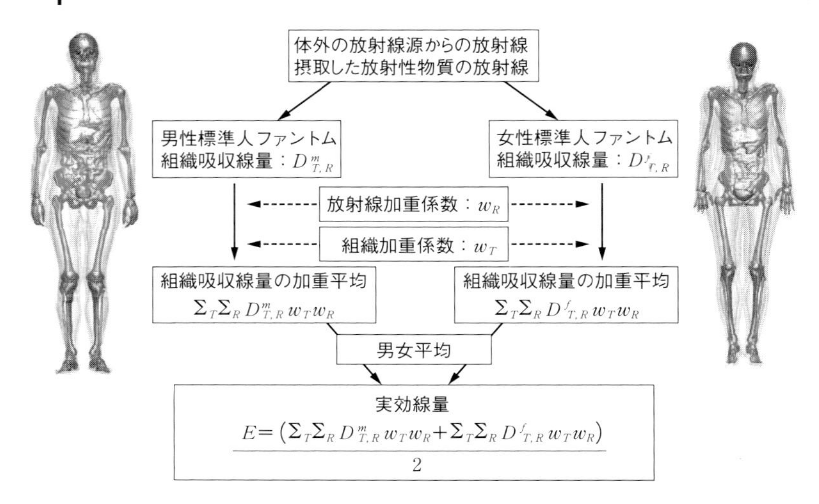

図 12·B·1 実効線量

ら，成人男女の標準人（reference person）というデジタルファントムを定め[63]，その標準人の組織や器官が受ける平均吸収線量を加重平均し，さらに男女間で算術平均したものとして実効線量が定義されています（図 12·B·1）[64].

$$E=\frac{1}{2}(\Sigma_T w_T \Sigma_R w_R D^m_{T,R}+\Sigma_T w_T \Sigma_R w_R D^f_{T,R}).$$

ただし，w_R と w_T は，それぞれ R 種の放射線に対する放射線加亘係数と T 種の組織ま

63) *Cf.*, (1) ICRP Publication 110 : "Adult Reference Computational Phantoms," Annals of the ICRP, **39-2** (2009), ISBN : 9780702041860. (2) ICRP Publication 145 : "Adult Mesh-type Reference Computational Phantoms," Annals of the ICRP, **49-3** (2020)

64) このような実効線量の定義（ICRP Publication 103（2007））に対して，「それでは，必要に応じて個人の実効線量を詳細に評価できなくなる」という批判がある．しかし，個人の受けた放射線の量を詳細に評価する必要があるのは，事故などで大量の放射線を受けた場合であり，そうした状況での健康影響（放射線組織反応）の評価は，実効線量ではなく組織や器官の吸収線量に基づかねばならない．また，「体格の小さなこどもは，同じ放射線に曝されても組織や器官により多くの放射線を受けるので，こどもの実効線量を評価すべきだ」という意見や，さまざまな年齢の標準人ファントムを導入して（ICRP Publication 143（2020））年齢に依存した実効線量を定義しようという考え方がある（ICRP Publication 144（2020））．しかし，人の組織や器官の放射線発がんリスクはそれぞれ異なった年齢依存性をもつのに，それを反映した年齢に依存する組織加重係数は存在しないので，ファントムの体格のみにリアルさを追求しても，より現実的な線量評価ができるわけではない．また，仮に年齢に依存する組織加重係数が得られたとしても，組織加重係数は組織や器官の間の相対的な放射線感受性しか与えないので，同じ値の実効線量が年齢によって異なったリスクに対応するため，違う年齢の間で実効線量を比較することも加算することもできない，という困難を生じる．そして何よりも，二つの加重係数に内在する科学的不確かさを越えて，実効線量の値を詳細に議論することには合理性がない．極言すれば，実効線量の値を 2 桁以上の有効数字で議論することには意味がない．実効線量に関する評価や測定が，俗に「有効数字 1 桁半」と言われるように，そのあいまいさの許容範囲は ±3 dB，すなわち "2 倍から半分の間" と考えるべきである．

たは器官の組織加重係数を表し，$D^{m}_{T,R}$ と $D^{f}_{T,R}$ は，それぞれ成人男女の標準人の T 種の組織または器官が R 種の放射線から受けた平均吸収線量を表します．二つの加重係数はいずれも次元をもちませんから，実効線量の SI 単位は $J \cdot kg^{-1}$ であり，特別の単位名シーベルト（sievert）[65]と単位記号 Sv が定められています．実効線量の対象は，放射線組織反応の閾値よりも少ない線量を低線量率で受ける場合の確率的影響ですから，実効線量は，値が 1 Sv を大きく越えない範囲でしか意味をもちません．

12-B-2　放射線防護のための線量の性質と用途

人体は複雑な外形と不均一な内部構造をもちますから，実効線量の値は，体が放射線を受ける方向や，放射線を受けるときの姿勢によって変化します．図 12·B·2 は，直立した姿勢で単色の光子線の一様平行ビームで全身照射を受けたとき，実効線量の値が放射線を受ける方向でどのように変わるかを示しています．

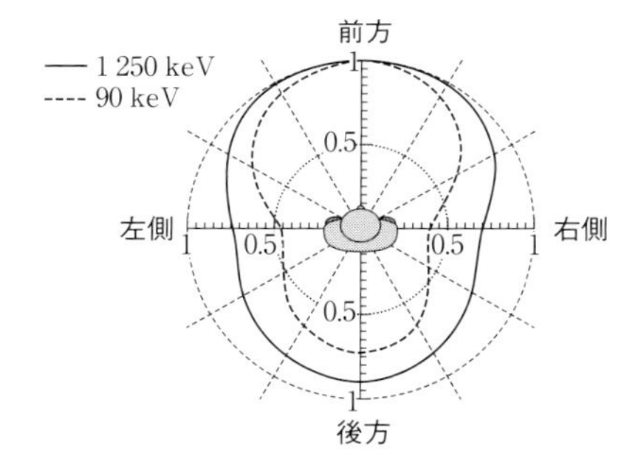

図 12·B·2　単色光子線に対する実効線量の照射方向依存性

□人の体は前後に扁平で，重要な組織や器官は比較的前え寄りに位置するため，直立した人が受ける光子の実効線量の値は，放射線の照射を受ける方向により変化する．実効線量の方向依存性は，光子のエネルギーが低いほど大きい．
［出典］ICRP Publication 74（1996）を基に作図

人の体は前後方向に扁平で，体の前側に重要な組織や器官が比較的多いため，実効線量の値は，正面から放射線を受けたとき最大となり，背後から受けた場合がそれに次ぎます．そして，体の側面から放射線を受けた場合には，放射線が重要な組織や器官に届くまでに受ける減弱が大きくなるため，実効線量の値は最も小さくなります．実効線量の方向依存性は，人体での吸収の大きい低エネルギー光子の場合に，より顕著になります．実効線量にこのような性質があるため，比較的透過性の高い ^{60}Co や ^{137}Cs の γ 線などを四方八方から均等に受ける場合には，同じ量の放射線を前方のみから受ける場合にくらべて，実効線量の値がほぼ 3 割小さくなります．ただし，低線量の放射線曝露で，その 3 割の違いが放射線安全上の実質的な違いをもたらすことはあり得ません．

ところで，「実効線量は，放射線の健康影響の指標となる線量である」とか「シーベ

65）この特別の単位の名称は，ICRP の前身である IXRPC（*Cf.*, Appendix 12-C）の初代委員長を務め，第二次世界大戦後にも ICRP の委員長を 2 期務めた物理学者のロルフ·シーベルト（Rolf Sievert, 1896～1966）にちなむ．

ルトは，受けた放射線の影響の度合いを表す単位である[66]」といった説明をよく見かけることがあります．また，測定・評価された個人や集団の実効線量に，ICRPが採用している“1 Svでがんが5%増える”というリスク係数を適用し，将来がんになる確率がどのくらい増えたかとか，その集団で放射線のために何人がんで死ぬかいう予測を目にすることも稀ではありません．

しかし，そうした認識や議論には，本質的な誤りがあります．なぜならば，がんは，いわば遺伝子の病気ですから，その起こりやすさは個人の遺伝形質に影響され，免疫など個人が成長過程で獲得した後天的形質の影響も受け，さらに，生活習慣，とくに食習慣の違いからは，より大きな影響を受ける場合がありますので，受けた実効線量が同じだとしても，がんや白血病が誘発される確率は一人ひとり異なるからです．したがって，遺伝形質も後天的形質も生活習慣もまちまちな人々の遠い将来に，がんや白血病が起きる確率を，受けた放射線の実効線量だけで一律に評価できる道理がありません．

実効線量の用途は，(1) 放射線防護のための規制や基準の値を示したり，(2) 放射線防護のための選択肢を比較したり，(3) 講じられている放射線防護のための方策が規制や基準に適合していることを確認したりする際の“共通の尺度”です．たとえば，新たな放射線施設を建設する際，事業所境界の線量を3か月間で250 μSv以下に定めている法令は(1)の，この基準に適合させるため，十分に厚い遮蔽壁を設けて何の制約もなしに放射線源を稼働させる方法と，遮蔽壁を設けず放射線源の規模や稼働時間を厳しく制限する方法との両極端の間のさまざまな選択肢から，コストや使い勝手などを考えて，最も都合のよいやり方を選ぶのが(2)の，そして，施設の稼働後に敷地境界の線量を継続的にモニタリングし，法令が遵守されていること（したがって，採用した放射線防護措置が適切であったこと）を確認するのが(3)の用途に当たります．なお，上記(2)の例のように，異なった防護措置の間でトレードオフが可能なのは，放射線防護がLNTモデルを採用しているお陰です[67]．

今日でも，放射線診療で患者が受ける放射線の量を，「CT検査は1回で約20 μSv」などと実効線量で表した資料を目にすることがあります．しかし，放射線診療を適用する可否は，患者の病態をはじめとする診療上の必要性（あるいは，放射線診療の不作為がもたらす不利益や，代替手段との優位性の比較）に基づいて判断すべきものです．患者が受ける診療放射線を実効線量で表し，仮想的な確率的影響の不利益のみに焦点を当てるのは，健全な考え方ではありません．患者が不必要に大きな放射線を受けることを防ぐためには，標準的な診療放射線の使い方を示した“診断参考レベル”があります．

66) たとえば，*Cf. e.g.*,「小学生のための放射線副読本」および「中学生・高校生のための放射線副読本」文部科学省（2018年9月）
67) 実効線量が組織や器官の“平均”線量に基づいて定義されていることも，異なった組織や器官の線量を加重平均していることも，LNTモデルが可能にしていると言える．

診断参考レベルには，実効線量ではなく，入射表面線量（照射野中心の皮膚面位置における後方散乱を含まない空気カーマ），面積空気カーマ積算値，平均乳腺線量，CT 装置の $CTDI_{vol}$（PMMA 製円筒ファントム内で測定されたスライス厚さ当たりの吸収線量），DLP（CTDI とスキャン長さの積）などが ICRP Publication 135（2017）を参考に，国民の体格などを勘案した「日本の診断参考レベル（2020 年版）」が，ガイドラインとして公開され，放射線診断装置などの性能や使用方法を管理するよう，医療法で指導されています．

12-B-3 放射線防護の“実用線量”

実効線量を定義通りに測定することはできませんから，ICRP が実効線量の前身である実効線量当量を導入した当初から，実効線量（実効線量当量）を，過小評価せずあまり過大評価もしないよう，近似的に測定したり評価したりする手段が考えられてきました．そのために用いられる量を実用線量（operational quantities）と総称しています．ICRU は，放射線を受けた人体による散乱線の発生を模擬するため，直径 30 cm で密度 $1\ g\cdot cm^{-3}$ の軟組織等価物質の球（ICRU 球）を標準散乱体とする実用線量（ambient dose equivalent $H^*(10)$）を提案し，それが比較的広く受け入れられて，わが国の法令にも“1 センチメートル線量当量”の名称で取り入れられました．

ただし，固体の ICRU 球は実在しませんので，ICRU の実用線量も実は測定可能な量ではなく，シミュレーションによって求められた空気衝突カーマや粒子フルエンスからの“換算係数”の表として存在するに過ぎません．つまり，実用線量の本質は，実効線量を近似的に評価したり，測定器を実効線量に対して近似的に較正したりするための，共通の“手順”を規定したもので，放射線防護の測定のために定義された特別の線量ではなかったのです．それゆえ，実用線量への換算係数を用いて評価された値や，実用線量に対して較正された線量計で測定された値は，“実用線量の値（たとえば ambient dose equivalent の値）”ではなく，“実効線量の近似値”だと言うべきです[68]．

同じ放射線の場でも，異なった種類の実用線量で較正された線量計（たとえば ambient dose equivalent に対して較正されたサーベイメータと，individual dose equivalent に対して較正された個人線量計）は，異なった測定値を示します．しかし，その異なった値は，いずれも実効線量の近似値であって，違う近似法を用いているために値が異なっている（しかし，許容範囲内にある）に過ぎません．

実効線量は，2007 年に 12-B-1 節に示した標準人ファントムに基づくものに再定義さ

68）サーベイメータなどの較正に用いられる $H^*(10)$ は，体が正面から放射線を受けたときの実効線量を近似している．これは，そのような場合に実効線量が最も大きな値をもつためで，どのような放射線があるかわからない場所に立ち入る際に用いるサーベイメータなどが，実効線量の最大値を近似していれば，最も安全側の判断ができるからである．

れましたので，実効線量そのものに対する換算係数を求められるようになりました．そこで，標準人をさまざまな条件（前方照射，後方照射，左右の側方照射，体軸に対する回転対称照射，等方照射など）で一様全身照射したときの換算係数の最大値（$E_{max.}$）が，新たな実用線量として勧告されました[69]．

Appendix 12-C ◎ 線量と線量制限の歴史

放射線の人体への作用に関わる放射線治療や放射線防護は，常に線量の重要な用途でした．そのため，放射線の健康影響に関する考え方を象徴する線量制限は，その時々の線量概念の意味をより深く理解するための手がかりを与えてくれます．

本節では，線量と線量制限の歴史を，**皮膚の時代**，**骨髄の時代**，**遺伝の時代**および**がんの時代**の4期に分けてたどります[70]．各時代の間に劃然（かくぜん）とした境界線は引けませんが，象徴的な出来事で時代を分かつならば，皮膚の時代と骨髄の時代の境界は，深部線量を意識して米国が許容線量を改定した1936年，骨髄の時代と遺伝の時代の境界は，米国科学アカデミーが原子放射線の遺伝的影響に関する報告書を公表した1956年，そして遺伝の時代とがんの時代の境界は，ICRPが実効線量の前身に当たる放射線防護のための線量を勧告した1977年に置くのが妥当でしょう．

● 12-C-1　皮膚の時代

X線の発見からほぼ40年間を皮膚の時代と名付けたのは，この時代の放射線防護の主な目標が皮膚傷害の防止にあったためです．なぜならば，当初のX線装置は管電圧が低く，軟線除去フィルタの使用が一般化しはじめたのが第一次世界大戦（1914～1918）前後のことだったので，放射線による障礙[71]は，いわゆるX線火傷や脱毛などの急性皮膚傷害とその慢性化した症状だったからです．X線発見の翌年にはじまったX線撮影や皮膚疾患などのX線治療は，たちまちさまざまな皮膚傷害を引き起こしましたから，X線の処方量（＝dose）を客観的に定める手段が必要になりました．

X線の量を物理学的な方法で測定しようとした最も初期の報告は，1896年の充電した箔検電器の放電に関するものだったと思われます．ラザフォードは，今日の W 値に相当する気体の電離電荷量と吸収されたX線のエネルギーとに関わる理論を，1899年に論じていました．また，1897年にはX線に照射された空気の温度上昇を気体温度計で測定した，今日のカロリメトリー（熱量計で吸収線量を測定する方法）のさきがけと

69）ICRU Report 95 : “Operational Quantities for External Radiation Exposure,” Journal of the ICRU, **20-1** (2020)
70）舘野之男：“放射線治療―倹約と豊穣の100年―，” 放射線医学物理，**15**(3), pp. 181-209（1995）
71）障害は，“礙（碍は俗字）” が常用漢字にないため同音の害をあてたものである．しかし，“害” という文字のnuanceを厭う人々に配慮し，本書では旧来の表記を用いることにした．

なる試みも行われました．しかし，それらの基本的な物理量に基づくＸ線の量の測定は，装置が大掛かりで，臨床家が求める簡便な測定には不向きでした．

放射線化学的なＸ線の測定は，化学反応が飽和に近づくまで，照射されたＸ線の量と反応生成物の量が比例しますから，生成物が比較的安定で定量しやすければ，臨床家の要求にかなう可能性がありました．そのため，さまざまな放射線化学反応を利用した“実用線量計”が考案されました．たとえば，Radiomètre X（図 12·C·1）は，Ｘ線の照射前（A）と“人の皮膚に急性症状を起こさないＸ線の最大量を照射後”（B）の色見本が，素子（円形）とともにセットされたもので，Ｘ線管の陽極と皮膚のちょうど中間の位置でＸ線を照射した素子を色見本と比較して，皮膚に傷害を与えないＸ線管の出力を簡便に判定するために利用されていたようです．

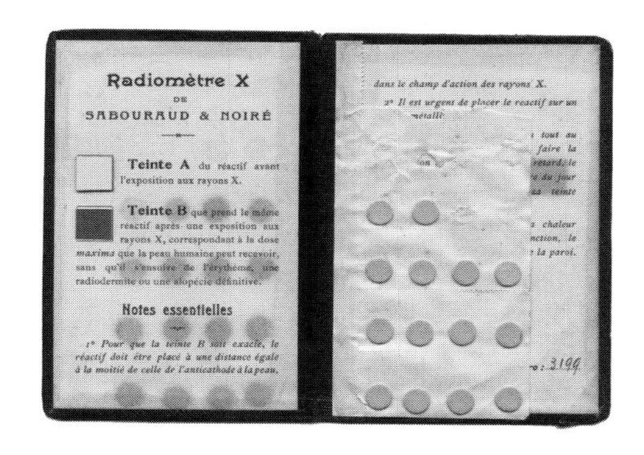

図 12·C·1　放射化学反応を利用した線量計

□Sabouraud & Noiré の Radiomètre X：百年の年月を経て，素子も色見本も変色している．（Prof. A. Thomas 提供）

こうした実用線量計で測定される値に対して，考案者たちはそれぞれ独自に線量と単位を定義していました．その意味で，この時代の線量は，測定法に従属するものだったと言えます．なお，放射線化学反応を利用した線量計は，決して黎明期（アンティーク）の遺物ではなく，写真乳剤中の潜像形成（銀塩の還元反応）を利用するフィルムバッジは 20 世紀末まで主要な個人線量計として広く利用されましたし，1927 年に考案されたフリッケ線量計[72]は，比較的大線量領域（40～400 Gy）の水吸収線量を測定するため今日でも用いられています．

当時の人々がＸ線から受けた害は主に皮膚の傷害でしたので，皮膚紅斑線量[73]が放射線防護の目安になっていました．やがて「1 月当たりの曝露が皮膚紅斑線量の 1/100 を越えないＸ線の取扱い者には皮膚傷害が認められない」という経験則に基づいて，

72）硫酸第一鉄の酸性溶液で，放射線の作用による非可逆的な酸化反応で第二鉄イオンが生成する量を，光の吸収で測定する線量計．ほぼ水等価の線量計であるため，水（軟組織）吸収線量の測定に利用される（H. Fricke and S. Morse, 1927）．

73）皮膚紅斑線量（Hauterythemdosis）は，健康な成人の顔面の皮膚に紅斑を生じさせる線量をいう．急性曝露の場合，皮膚の吸収線量で 5～6 Gy に相当する．

これをX線の耐用線量（tolerance dose）にしようという初めての放射線防護基準が，米国の医師マッチェラーによって1925年に提案されました．しかし，放射線化学反応に基づく測定法には，皮膚紅斑線量の1/100よりさらに1桁以上少ない線量の日常的な管理に使えるほど，十分な感度がありませんでした．

X線が空気中に生成する電離電荷は，今日も当時も精密なX線の量の測定に適しています．そこで，今日の照射線量の濫觴（らんしょう）となった“空気中に生成するイオンの電荷密度”に基づいたX線の量が提案されました．そして，そうした量を定義に即して測定するため，自由空気電離箱が考案されるとともに，二次電子平衡の概念が生まれました．

しかし，こうした装置で測定される量には，それを「照射されているX線の量だ」とする解釈と，「空気に対するX線の作用の大きさだ」とする解釈とがあり，それぞれをフランス科学アカデミーとドイツ・レントゲン協会が，同じレントゲンという単位名と単位記号Rを用いて1924年に公認してしまいました．ところが，後者の1Rが前者の1Rのほぼ2倍半だったことから，混乱が生じてしまいました．そこで，1925年にロンドンで開かれた第1回国際放射線医学会議は，X線の統一単位を定めるための国際委員会（International X-ray Unit Committee : IXUC）を組織しました．

医学や物理学の研究者などからなるIXUCは，1928年にストックホルムで開かれた第2回国際放射線学会議で，**壁の影響のない状態で二次電子による電離がすべて取り入れられたとき，標準状態の乾燥空気1 cm^3中に1静電単位**[74]**のイオンをつくり出すX線の量を1レントゲンとし単位記号“r”とする**，というドイツ・レントゲン協会の定義に近い統一単位を導入しました．放射線の単位に関する国際委員会（International Committee for Radiological Unit : ICRU）と名称を改めたIXUCは，1937年に，空気に対してX線と同じような作用をするγ線にも，レントゲン単位の適用範囲を拡大しました．そのときICRUは，空気中で長い飛程をもつγ線の二次電子に対応するため，着目する電離を**ある領域内で起きる電離**から**ある領域内で発生した二次電子が引き起こす電離**に変更し，今日の空間の一点で定義される線量への礎をつくりました．つまり，1928年の国際統一X線単位の導入は，それまで特定の放射線化学反応に依存していた放射線の量を，空気の電離という物理現象によって定義した点で，科学史上の重要な転換点でしたが，定義された量を自由空気電離箱という特定の測定装置の頸木（くびき）からも解き放ち，純粋に物理現象（放射線と物質の相互作用）だけに依存する形に抽象化したのは，1937年の再定義だったと言えます[75]．

74）1静電単位とは，1 cmの距離に置かれたとき1 dyne（$=10^{-5}$ N）の力を及ぼし合う点電荷の電荷量で，約3.3×10^{-10} Cに相当する．

75）ただし，1937年の再定義が可能にした“空気以外の物質中（あるいは真空中）での照射線量”という概念が明示され，照射線量の概念の抽象化が一段と進んだのは，1962年になってからのことであった．

しかし，IXUC は，統一単位で表現される X 線の量（the quantity cf X-radiation）そのものをあらわに定義せず，量の概念としてフランスとドイツのいずれの解釈を適用するかを示しませんでした．そして，IXUC の後身である ICRU がこの量に対して 1956 年に exposure dose[76]という名称を与え，その後 a measure of radiat_on であると説明したため，量の解釈の混乱は長く後を引く結果となりました[77]．ICRU は，1962 年にこの線量の名称を exposure に変更し，単位記号も大文字の R を復活させましたが，1980 年になると SI 単位が導入されて無味乾燥な $C \cdot kg^{-1}$ という単位を使用することになり，X 線の発見者にちなむ歴史的な単位名は，とうとう科学の表舞台から姿を消してしまいました[78]．

X 線の統一単位の制定を受け，**1 日当たり 0.2 r** という世界で初めての許容線量（permissible dose）が，米国で 1931 年に勧告されました．この許容線量は，皮膚紅斑線量を 600 r とみなし，マッチェラーの経験則に基づいて定められたものですから，皮膚傷害を防止するための基準にほかなりません[79]．

放射線診断に使われる X 線の 1 r は，皮膚の吸収線量がほぼ 10 mGy に相当しますから，1931 年の許容線量と現在の皮膚の線量限度（1 年間に 500 mSv）とは，ほとんど同じ線量制限です[80]．つまり，同じ基準がすでに 1 世紀近く使われ，その間，限度を守っていた人たちが皮膚傷害を受けなかった実績から，マッチェラーの経験則を起源とする皮膚の線量限度が，十分安全側の基準だったことがわかります．なお，1928 年の第 2 回国際放射線学会議の際設置された ICRP の前身（国際 X 線ラジウム防護委員会：IXRPC）も，1934 年の勧告で，1 日 0.2 r という米国の許容線量を踏襲しています．

● 12-C-2　骨髄の時代

X 線を長期間継続的に受けた医療関係者に血液像の変化が生じることは，1910 年代

76）照射線量という和名はこの名称の直訳である．

77）照射線量が X 線の作用量（dose）なのか照射された X 線の量（amount of exposed X-rays）なのかという混乱は，用語の紛らわしさも相俟って，未だに「照射線量と吸収線量は，光源の明るさと照度の関係だ」などという誤った説明を目にするほど，根深いものになっている．

78）SI 単位系の導入によって公式には使えなくなった R や Ci という単位は，たまたま人が放射線から受ける影響のレベルに対応した――つまり，単位量より大きな場合には安全に関わる――ものであった．安全上のメッセージのわかりやすさという点で，これらの単位は，明らかに SI 単位に勝っていた．

79）$600\,r \div 30\,d \times 1/100 = 0.2\,rd^{-1}$：なお，診断用 X 線をほぼ 200 r 以上で急性曝露したとき，2～24 時間後に出現する紅斑は一過性のもので，“早期一過性紅斑”と呼ばれる．300 r 以上の急性曝露では，照射から 3 週間程度で一過性の脱毛が起こり，600 r を越えると，照射から 10 日程度で皮膚紅斑（主紅斑）が出現し，治癒後しばしば色素沈着や脱色として瘢痕化する（*Cf.*, ICRP Publication **118**, 2012）．

80）$0.2\,r/d \times 5\,d/w \times 50\,w/a \times 10\,mSv/r = 500\,mSv/a$：なお，1954 年から 1977 年の間は，年に約 300 mSv に相当するより小さな皮膚の線量限度（ICRP 1954 : 600 mrem/w, ICRP 1958～1962 : 8 rem/13 W）が使われていた（関係年表）．

から知られていました．また1920年代には，放射線防護に熱心でない医療関係者が再生不良性貧血[81]で死亡した症例も報告されました．しかし，そのことが放射線防護の問題として強く意識されるようになったのは，造血組織に達する透過性の強いX線の利用が広まってからだったと思われます．米国が1936年に許容線量を1日0.1 rに引き下げたのは，放射線防護の主な対象が，皮膚傷害から骨髄（造血組織）障礙に移行したことを象徴しています[82]．そして，1940年代の末，広島や長崎で原爆の放射線を受け生き延びた人々に[59]，慢性骨髄性白血病（CML）の増加が統計的に認められるようになると，放射線による白血病誘発への懸念はさらに高まりました．なぜならば，大部分の原爆線量は，初期のレントゲン技師や放射線科医が慢性的受けていたX線の積算線量より少なかったからです．

1930年代は，利用される放射線の種類が急速に拡大していった時代でした[83]．X線とγ線の生物作用の違いは，すでに1920年代の後半から注目されていて，1930年代になると，生物学的効果比[84]（RBE）が議論されるようになりました．そして，1945年の米国の報告書では，中性子線やβ線を含む放射線によって組織（原文通り）1 gに83 ergのエネルギーが吸収されたり，1 g当たり1.61×10^{12}個の電離が生じたりする量[85]に，rep（roentgen equivalent physical）という単位を用いることや，空気等価壁空洞電離箱で測定したエネルギー吸収密度を，その放射線がつくり出す電離の空間密度に基づく係数で重み付けし，同等の生物学的効果を与える放射線の量（単位rem：roentgen equivalent man, mouse, or mammal）と定義することが提案されました．ICRUは1954年になり，rep単位の定義を丸め，放射線から物質に1 g当たり100 ergのエネルギーが受け渡されたときを1 radとする吸収線量（absorbed dose）を定義しました．吸収線量の単位は，1980年にSI単位が導入されると$\mathrm{J\cdot kg^{-1}}$に切り替えられ，グレイ[86]とい

81）赤色骨髄の造血幹細胞が減少して造血機能が低下したことにより，抹消血液中で，すべての種類の血球が減少する症状．

82）低エネルギーのX線では，皮膚の線量が深部臓器の線量より大きいので，皮膚線量さえ制限すれば傷害を防止できるが，高エネルギーのX線では，electron build-upによって皮膚線量より深部線量のほうが大きくなることを考慮したものと推定される．

83）E. Lawrenceがサイクロトロンを開発したのは1931年であり，J. Chadwickが中性子を発見したのは1932年であった．

84）異なった種類の放射線が及ぼす生物学的影響の強さの違いを定量的に表す指標．同じ生物学的影響を及ぼすために，基準となる放射線を何倍照射しなければならないかという倍数（現在では吸収線量の比）で表現する．生物学的効果比は，生物の種類やどのような生物学的end-pointに着目するか（たとえば，細胞死なのか染色体異常なのか）にも依存する．

85）1.61×10^{12} ion/gという値は，1 Rで生じる空気の電離密度を単位質量当たりに換算した値なので，組織中の値ではないと思われる．また，83 $\mathrm{erg\cdot g^{-1}}$という値は，1 Rに相当する二次電子平衡状態にある空気の吸収線量の値（8.7×10^{-3} Gy）より小さいが，当時使われていた空気のW値が現在より4%あまり小さかったためではないかと思われる．

86）この特別の単位の名称は，放射線生物学の創始者で，ブラッグとともに空洞電離箱による吸収線量の測定理論を確立したLouis Gray（1905～1965）の名にちなむ．

う特別の単位名と，特別の単位記号 Gy が定められました．

一方，戦後 ICRP の名前で活動を再開した IXRPC は，1950 年に「週に 1 r という以前勧告した許容線量が有害な影響の見込みの高い閾値に近すぎるかも知れない」として，最大許容線量の値を 1 週間当たり皮膚線量で 0.5 r（深さ 5 cm にある臓器線量で 0.3 r）に引下げました．そして ICRP は，吸収線量の導入に合わせ，米国基準局が 1953 年に取りまとめた RBE に関する報告書に基づいて，吸収線量から rem 単位で表される線量への換算係数の値を勧告しました[87]．同じ年の 12 月，ICRP は米国が導入した**決定臓器**（critical organ）いう放射線防護の考え方を受け入れ，皮膚（皮膚傷害の防止），造血器官（白血病の防止），生殖腺（遺伝的影響の抑制）および水晶体（白内障の防止）に，それぞれ 1 週間当たりの許容線量を勧告しました．

12-C-3　遺伝の時代

核兵器の登場は，人類と放射線との関わりに大きな変化をもたらしました．それまで，人が人工の放射線に曝されるのは，放射線診療を受ける場合など比較的限られた機会で，人工放射線に曝露する人の全人口に占める割合も，あまり大きくありませんでした．ところが，1950 年代に入り規模も回数も増加の一途をたどった米ソの大気圏内核実験は（図 12·C·2），北半球全体に ^{137}Cs や ^{90}Sr を降下させ（図 12·C·3）[88]，いわば人類全体への広汎な放射線曝露を与えはじめました[89]．

その結果，放射性降下物から一人ひとりが受ける放射線は僅かでも，その放射線が一人ひとりの遺伝子に引き起こす僅かな突然変異が世代を重ねるにつれて人々の中に蓄積すれば，遂には人類の“生物種”としての遺伝子プールが損なわれるのではないか[90]という懸念が広まりました．なぜなら，マラー（Hermann Muller, 1890～1967）が X 線に

87) ICRU は，1956 年の報告書の中で，ICRP が 1954 年に導入した RBE を recognised symbol として収録し，水中の（二次電子の）線エネルギー付与が 3 keV·μm^{-1} である X 線や γ 線をおよそ 10 rad·min^{-1} の線量率で照射した場合を，基準放射線と定義した．そして，rem を単位とする量の評価に用いる RBE には持ち前の不正確さがあり，必ずしも測定に基づかない習慣的な値が用いられているので，rem を単位とする RBE dose の用途を，放射線防護に関連する事項を記述する場合に限定するよう勧告した．

88) 気象研究所の月間降下物観測データによれば，1967 年～1969 年末までに東京に降下した ^{90}Sr の総量は約 2.4 kBq·m^{-2}（2014 年に減衰補正した値で約 700 Bq·m^{-2}），^{137}Cs は約 6.4 kBq·m^{-2}（同 1.9 kBq·m^{-2}）であった．

89) 当時の農業は，ほとんどすべて露地栽培だったので，市場に出荷され消費された野菜の多くは降下物で汚染されていた．日本国内で市販されていた乳児用の粉ミルクにさえ，30～300 Bq·kg^{-1} 程度の放射性セシウムが含まれていたことが報告されている．

90) 当時，人類の遺伝子は進化の過程で万物の霊長として完成されたものであり，いかなる突然変異も人類の遺伝子の“完全性”を損なう，と考えられていたことも，放射線の遺伝的影響を過大に恐れる原因となったようだ．しかし，ヒトゲノムが解析された現在，人間の遺伝子は，さまざまな突然変異が繰り返され，多数のジャンク遺伝子などが混在する“完全”とは程遠いものであることがわかっている．

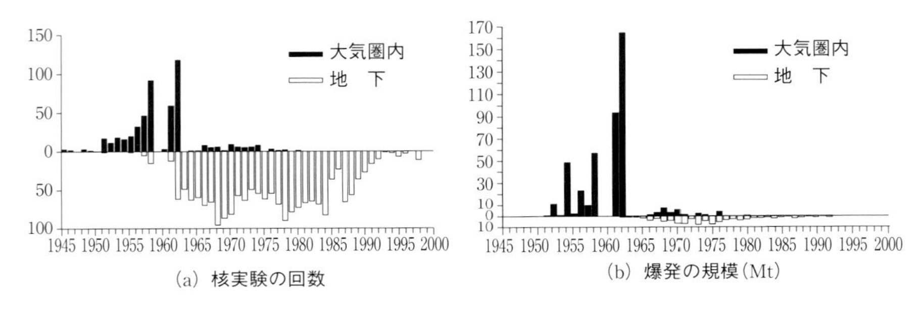

図12·C·2 核実験の頻度と規模の推移

[出典] UNSCEAR Repor 2000, Annex C

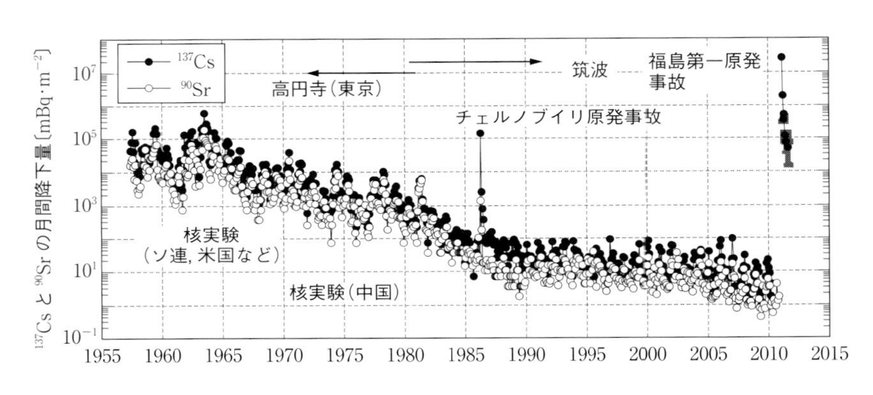

図12·C·3 日本で観測された放射性降下物

□気象研究所は1950年代の後半から毎月の放射性降下物を観測し続けてきたが，その記録は，1960年代に，毎月1 m^2 当たり数十～数百Bqの ^{137}Cs と ^{90}Sr が降下し続けていたことを示している．

[出典] 気象研究所のご厚意により転載

よるショウジョウバエ(*Drosophila*)の人工突然変異に成功した1927年以来，"突然変異と線量との間に閾値のない比例関係がある"とする考え方が定着していたからです[91]．ICRPが1954年に「大きな人口が継続して放射線を受ける場合の最大許容線量は，放射線作業者の1/10以下にすべきだ」と勧告した背景には，こうした時代の流れがありました．

91) ただし，今日では，マラーの実験は(卵に直接X線を照射することを避けて)オスのショウジョウバエにX線を照射し交尾で生まれた仔バエに生じる変異を観察したため，成熟した精子にDNAの損傷を修復する機能がないことにより，突然変異の出現率と線量の間に閾値のない直線関係(LNT modelの線量＝効果関係)が生じたと解釈されている．

1954年には，米国科学アカデミーに原爆放射線の生物学的影響に関する委員会（BEAR委員会）が設置され，翌1955年には，国連に原子放射線の影響に関する科学委員会（UNSCEAR）が設置されました．BEAR委員会は，「どんなに僅かの放射線であっても遺伝子の突然変異を起こし得る」として，30歳までに受ける国民の平均生殖腺集積線量を10 r以下にし，同じ期間に個人が受ける生殖腺集積線量も50 r以下にするよう1956年に勧告しました[92]．

放射線防護の主な対象が皮膚傷害や白血病から，閾値のない直線モデル（LNT-model）を適用する遺伝的影響の誘発に移行したため，放射線防護のパラダイムは一変し，放射線がもたらす障礙は，もはや“防止”することができず，どこまで抑制すれば“許容”できるかを議論せざるを得なくなりました．その結果，放射線防護の枠組みは，“How safe is safe enough?”という個人の価値観に依存する要素を抱え込み，饒舌で歯切れの悪いものに変貌せざるを得ませんでした．

そのような段階を経て世に出たICRPの1959年基本勧告（ICRP Publication 1）は，決定臓器の考え方を引き継いで，生殖腺，造血組織および水晶体に対し，Nを年齢として$5\times(N-18)$ remという最大許容集積線量（ただし，いかなる3か月間でも3 remを越えない）を規定しました．ICRPは，大きな人口の集団が放射線を受ける際の最大の懸念事項が，遺伝的な影響であるとして，“集団の遺伝子構成の劣化を最小限にすること”を放射線防護の目的に据えました[93]．基本勧告に記載された「遺伝子損傷は，放射線を受けた人の子孫に現れ，何世代も顕在化しないこともある．遺伝子損傷の有害な影響は，放射線を受けた人が受けていない人と夫婦になることで，集団全体に広がり得る」という記述は，当時の人々の不安を色濃く反映しています．ICRPの1959年勧告の考え方は，1965年の基本勧告に引き継がれ[94]，わが国の法令にも反映されました．

92）ただし，自然放射線寄与分は除き，医療行為で受ける放射線の寄与は含める．

93）そこでICRPは，放射線作業者の集団と，それよりはるかに人数の多い放射線施設周辺に居住する人々の集団の受ける遺伝線量（集団に属する両親が平均出産年齢までに受ける生殖腺線量の平均値に，その集団の一組の夫婦がもうける子供の期待数を乗じた値で，親の世代の遺伝子に放射線がもたらす変異が，その集団の子供の世代にどのくらい伝わるかの目安とされた）を均衡させる目的で，1954年に勧告した1/10の値を意味づけた．

94）なお，1965年の基本勧告では，はじめて“公衆の構成員：members of the public”という用語が使われるようになったが，放射線作業者の1/10に当たる限度は，放射線施設の周辺に暮らすspecial groupの“平均線量”がその値を越えないようにするという，施設の設計に対する基準を提供すること（providing standard for planning）を意図して“集団の平均線量”に対して適用するよう導入されたもので，「公衆のただ一人も制限を越えないよう目指すことはほとんど不可能である」と述べていた．こうした考え方は，ICRPの1977年基本勧告や1990年基本勧告にも継承されていたのだが，1977年勧告以降ICRPが採用した“リスクの受容性”に関する議論が，“公衆の線量限度（dose limit for members of the public）”という言葉の語感と相俟って，あたかも公衆の構成員一人ひとりが“それ以上受けてはならない”放射線の量（dose limit for each member of the public）を意味するものであるかのように誤解される原因を生んだ．

この間，ICRUは，1959年に線エネルギー付与（LET）や阻止能の定義を取り入れ，1962にはじめて“放射線の量と単位”と題する報告書を刊行して，放射線に関連する諸量の定義を集大成しました．第12章の本文で説明した現在の線量体系は，この報告書で骨格が出来上がったと言えます．1962年の報告書では，今日も使われている放射線に関われる主な量概念——粒子フルエンス，エネルギーフルエンス，質量減弱係数，質量エネルギー転移係数，質量エネルギー吸収係数，W値，カーマなど——が新たに定義されました．線量概念として特筆すべき進展は，真空中や水中など空気のない場所での照射線量という概念が明確に定義されたことです．1928年の自由空気電離箱で測定される物理量から出発し，1937年にX線やγ線と乾燥空気の相互作用だけで定義される量へと進んだ照射線量の概念は，1962年の段階で，その抽象化がほぼ完成の域に達したと言えます．

カーマは，照射線量のエネルギー表現（X線やγ線のrep）と，中性子の線量として考えられた反跳陽子に受け渡されるエネルギーの密度とを，非荷電粒子放射線の線量としてICRUが統一したものです．カーマは，測定と無関係に，放射線と物質の相互作用のみに基づいて思弁的に定義されたという点で特異な線量で，概念の明確さという点で優れた線量ですが，定義通りの絶対測定が困難だという難点が，当初から指摘されていました．定義されてから9年も経った1971に，ようやくカーマに吸収線量と同じ単位記号radを使うことが定められたのも，そうしたことが影響していたのではないかと思われます．

ICRUは，1962年の報告書で，RBEを放射線生物学のみで使う用語に定め，放射線防護の目的で使う重み付けには線質係数（quality factor）という別の用語を当てて，線質係数で重み付けした吸収線量に線量当量（dose equivalent）という名称と特別の単位記号remを定めました[87]．ただし，remがradと同じ次元をもつことをICRUが規定したのは，驚くべきことに1973年になってからのことでした．

● 12-C-4 がんの時代

原爆の投下からおよそ20年を経過したころ，原爆の放射線を受けて生きのびた方々の間に，固形がんの増加が統計学的に認められるようになりました（図12·C·4）．

そこで，ICRPは，1977年に再び放射線防護のパラダイムを転換し，決定臓器の考え方を棄却して，すべての種類のがんの誘発にLNTモデルを適用し，“放射線防護のための線量”として，今日の実効線量の前身である実効線量当量を導入しました[95]．実効線量当量の定義に使われる組織加重係数の値は，その後，ICRPの基本勧告が改訂され

95) ただし，“実効線量当量”という名称は，1978年にストックホルムで開かれたICRPの会議で採択され，声明の形で発表されたものなので（ICRP, 1978），1977年勧告の本文には記載されていない．

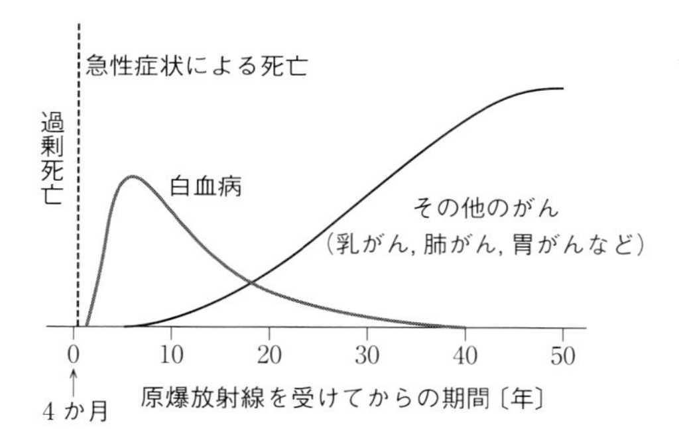

図 12·C·4 A-bomb survivors の過剰白血病死と過剰がん死の推移の概念図

る際に，直近の UNSCEAR Report のデータに基づいて改訂され，線量の名称も 1990 年には実効線量と改められました．しかし，組織や器官の吸収線量を，(1) 放射線の種類による生物作用の強さの違いを勘案した重み付け（表 12·B·1）と，(2) それぞれの組織や器官の放射線によるがんになりやすさと誘発されるがんの性質の悪さを勘案した相対的な重み付け（表 12·B·2）で，全身の組織や器官にわたって二重に加重平均するという枠組みは，今日も受け継がれています．

放射線の種類に応じた重み付けである線質係数の値は，1963 年に ICRP と ICRU の合同作業部会が勧告した荷電粒子の水中における平均 LET の関数が 1990 年まで使い続けられましたが，ICRP が 1990 年に基本勧告を改定した際，LET が非常に大きな荷電粒子では，粒子の飛跡に沿って密に生じた電離や励起が同じ幹細胞の DNA に重複して損傷を与えるため，単位吸収線量当たりの影響が弱まる効果（over-kill）を反映し，その領域での値を引き下げた関数形に変更され，現在に至っています（図 12·C·5）．しかし，体内でどのような LET をもつ荷電粒子が，どんな割合で吸収線量に寄与するかを把握するのは困難ですから，ファントム内での平均値を参考にし，1990 年勧告以前は放射線の種類ごとの線質係数の近似値が定義され，1990 年勧告以降は放射線加重係数が定められました（表 12·B·1）．

“遺伝からがんへ”という第二のパラダイムの転換は，第一の転換ほど目立ったものではありませんでしたが，放射線防護の枠組みのうえでは大きな違いをもたらしました．なぜならば，遺伝的影響は，誰が放射線に曝露しようとも人類全体の遺伝子プールに対する共通のリスクであるのに対し，がんの誘発は，放射線を受けた当人のみがこうむる個人のリスクだからです．その結果，第二のパラダイム転換の後は，放射線を受けた人々の集団線量を議論することが，非常に限定された意味しかもたなくなりました．ICRP は，1990 年と 2007 年に基本勧告を改訂した際，組織加重係数の値を見直しまし

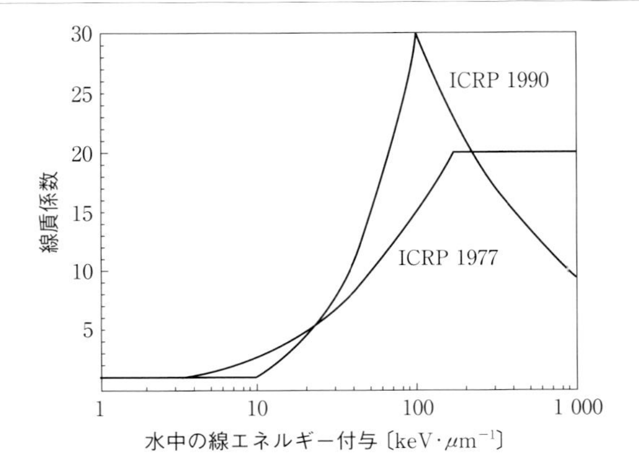

図 12·C·5　線質係数

□ICRP が 1977 年に荷電粒子の水中における制限のない線エネルギー付与の関数として定義した線質係数と，1990 年に再定義したものとを示す．これらの関数は，“放射線防護”という目的のために使用する“約束事”であって，数値的な厳密さを議論すべきものではない．

たが，遺伝的影響と生殖腺のがんの誘発の双方に関わる生殖腺の組織加重係数の値は，LSS で遺伝的影響[96]の増加が観測されないことなどを反映し，変更の度に小さくなっていきました（表 12·B·2）．

“遺伝からがんへ”という第二のパラダイムの転換は，実はもう一つの重要な変革をはらんでいるはずでした．防護の指標が集団の平均値である遺伝線量から個人の実効線量当量へと変化したとき，1954 年に，大きな人口が継続して放射線を受ける場合の最大許容線量を，放射線作業者の 1/10 に引き下げたときの理由[93]が消失していたからです．なぜならば，がんの誘発抑制を目的とする個人の放射線防護の場合には，同じ生身の人間である放射線作業者の集団と公衆の集団との間に，遺伝線量を均衡させるために導入された防護基準の違いを継続する合理性がないからです．しかし，ICRP は，公衆と放射線作業者の“受け入れることのできる”リスクの大きさが（後者は自らの意思で放射線を受ける職業を選んだのだから）1 桁違う，という論拠に基づいて，公衆の構成員に対する線量限度を，従来通り，放射線作業者の 1/10 である 1 年間に 5 mSv（0.5 rem）のまま据え置きました．以降，ICRP は，リスク受容性論に基づいて，公衆と放射線作業者とに対して異なった線量限度を設け続けていますが，「なぜ放射線作業者は，同じ人間でありながら，公衆より大きなリスクを受け入れねばならないのか」という根

96）なお，現在 ICRP は，“遺伝的影響”ではなく，“遺伝病の誘発（induction of genetic disease）”という用語を用いている．

本的な問いに対して，倫理的に筋の通った説明はできていないように思われます[97]．

なお，ICRP が 1977 年に勧告した放射線作業者と公衆の線量限度は，遺伝の時代と同じ 1 年間に 50 mSv と 5 mSv という値でしたが，のちに原爆線量の再評価[98]に伴って，放射線曝露のリスクが増加したことを受け，1985 年に“公衆の構成員に対する限度”が 1 年間に 5 mSv から 1 mSv に引き下げられ，放射線作業者に対する限度にも，5 年間に 100 mSv という付帯条件が 1990 年に追加されて今日に至っています．

ICRU は，1971 年以降にも 3 回，放射線に関わる量の定義を改訂してきました．これら一連の改訂では，1998 年にシーマを導入したことと，2011 年に気体中のイオン生成率（Y 値）[99]を導入し，吸収線量などの線量が本質的に時間依存性をもつ量であること[44]に言及したのが目新しいことで，他の変更は，従来の定義や解説に含まれていた不正確な事項や誤りを修正したものでした．ほぼ 10 年ごとという頻度で ICRU が放射線に関する量の定義を見直しているのは，放射線に関する量が，必ずしも科学の第一原理から導けるものばかりではないため，放射線の作用に対する理解や計測技術の進歩に応じて量の定義も進化し得るからで，そうした見直し作業は今後も継続されていくはずです．なお，ICRU は放射線の量に関する新しい報告書を公表するたびに，それ以前の報告書に記載された定義を置き換える（supersede）と宣言してきました．しかし ICRU の思惑に反して，定義の切り替えは必ずしも徹底してこなかったように思われます．

ICRP は，2007 年勧告で，被ばくをもたらす状況（計画的に放射線を受ける計画被ばく状況，既に存在する放射線源から放射線を受けている現存被ばく状況，および緊急事態で放射線を受ける緊急被ばく状況）に着目した放射線防護の枠組みを導入しました．そして，個人が一つの放射線源から 1 年間または一つの事象で受ける線量のレベル（band）を 3 分類――1 mSv 以下，1～20 mSv，および 20～100 mSv――して，状況に応じた合理的な防護の方策を講じるため，それぞれの band の範囲で柔軟な管理目標[100]（reference level）を設定する，という能動的な管理の考え方を導入しました．この考え方は，福島第一原子力発電所の事故の際にも援用されたのですが，ICRP の意図に反して線量制限と同じ硬直した運用をしてしまったため，年間“1 mSv の呪縛”と呼ばれる膠着した状況をつくり出してしまいました．

97）これらのリスク論は，さまざまなデータに基づいているが，先行する ICRP 勧告で採用した線量制限の値を引き継げるよう，恣意的に組み立てられた感を否めない．

98）原爆線量は，1960 年代にネバダ砂漠に建てられた高さ 460 m の鉄塔の上に設置した裸の原子炉から放出される放射線の測定値を基に，原爆放射線を受けた人々の遮蔽状況や姿勢などを勘案して求められた T65D に基づいてきたが，湿度の高い日本の夏では，乾燥した砂漠の空気とは異なり，空気中の水蒸気が中性子の伝搬を妨げることが指摘され，線量の再評価が行われた（DS86）．その結果，人々の中性子線量が下がり，単位線量当たりの影響が大きく評価されるようになった．

99）Y 値は，W 値の逆数に対応する量で，数学的合理性のために導入された．

100）“reference level”に対しては，従来“参考レベル”という訳語があてられてきた．しかし，この機械的な直訳は用語の意味を伝えられないので，本書では“管理目標”と意訳することにした．

関係年表

時期	行為者	事　項
1895	W. C. Röntgen	X 線の発見
1896	J. Daniel	X 線照射後の脱毛の報告
	A. H. Becquerell	放射能の発見
1898	M. & P. Curie	ラジウムやポロニウムの発見と単離
1912	V. F. Hess	宇宙線の発見
1919	E. Rutherford	原子核反応の発見
1920	American Roentgen Ray Soc.	X 線防護委員会の設置
1924	Académie des Sciences	ラジウムの γ 線を基準とした X 線の量（単位 R）を採用
	Die Deutsche Röntgengesellschaft e. V	空気の電離電荷量密度に基づく今日の照射線量の基となる X 線の量（単位 R）を採用
1925	International Congress of Radiology	ICRU の前身である IXUC の創設
	A. Matscheller	耐用線量の概念を提案（1 か月に皮膚紅斑線量の 1%）
1927	H. J. Muller	X 線による人工突然変異の誘発の発見
1928	International X-ray Unit Committee: IXUC（forerunner of ICRU）	統一放射線量単位 roentgen を定義
	International X-ray and Radium Protection Committee: IXRPC（forerunner of ICRP）	ICRP の前身である IXRPC の創設
	P. A. M. Dirac	陽電子の存在を予言
1929	U. S. Advisory Committee on X-Ray and Radium Protection（forerunner of NCRP）	NCRP の前身である X 線およびラジウム防護諮問委員会の創設
1930	W. Pauli	ニュートリノ（命名は 1934 年に E. Fermi）仮説
1931	U. S. Advisory Committee on X-Ray and Radium Protection	最初の耐用線量 0.2 r/d を勧告（皮膚紅斑線量を 600 r とみなした）
	G. Failla	RBE の概念を提唱
	E. O. Lawrence	最初のサイクロトロンの建設
1932	J. Chadwick	中性子の発見
	C. D. Anderson	陽電子の発見
1934	International X-ray and Radium Protection Committee	許容線量 0.2 r/d を勧告
1935	湯川秀樹	中間子の存在を予言
1936	U. S. Advisory Committee on X-Ray and Radium Protection	許容線量 0.1 r/d を勧告
	L. H. Gray	空洞理論
1937	International Committee for Radiological Units: ICRU	roentgen 単位の定義で，寄与する電離を“着目した領域内で発生した二次電子が引き起こす電離”に変更
1938	O. Hahn, L. Meitner	核分裂の発見
1941	L. S. Taylor	最大許容線量 0.02 r/d を提案
1942	E. Fermi	Cicago 大学に世界初の原子炉を建設し臨界を達成
1945	H. M. Parker	rep（＝83 erg/g），rem の概念を提唱
	US Army	広島・長崎への原爆投下
1947	C. F. Powell	π 中間子を発見

時期	行為者	事　項
1950	International Commision on Radiological Protection : ICRP	最大許容線量 0.3 r/w（深さ 5 cm の組織）
1953	D. D. Eisenhower	国連総会で Atoms for Peace（原子力の平和利用）を提唱
	J. W. Boag	さまざまな放射線の放射線生物学的な効果の違いにを関する研究成果を取りまとめたデータを刊行
1954	International Commission on Radiological Units : ICRU	吸収線量を定義（単位 rad）
	National Committee on Radiation Protection : NCRP	決定臓器の考え方を導入．全身・頭部・体幹部・造血組織・生殖腺．水晶体の最大集積線量：(年齢−18)×5 rem かつ 3 か月で 3 rem．皮膚はその 2 倍まで．
	National Academy of Science	BEAR 委員会を設置
	ICRP	決定臓器の考え方を取り入れ，1 週間の許容線量を，造血組織，生殖腺，水晶体は 300 mrem，皮膚は 600 mrem．Boag のデータに基づき，LET の領域ごとの RBE の値の範囲を規定．Prolonged exposure for a large population に対して作業者の最大線量の 1/10 以下を提唱．
	United Nations	UNSCEAR : United Nations Scientific Committee on the Effects of Atomic Radiation を設置
1956	Committees on Biological Effects of Atomic Radiation : BEAR	大気圏内核実験の放射性降下物で人類が薄く広く放射線に曝露する影響として，遺伝的影響に着目．遺伝線量の限度 10 R を提案．
	International Commission on Radiological Units and Measurements : ICRU	RBE dose を定義（単位 rem）
1957	NCRP	基本的に 1954 の基準を引き継ぎ，緊急時の限度 25 rem（生涯に一度だけ）を追加
	NCRP（subcommittee 4）	中性子の線量に反跳陽子のエネルギーに基づく first collision dose を規定
1958	Atomic Bomb Casualty Commission : ABCC（放射線影響研究所 RERF の前身）	原爆放射線影響調査のための生涯健康追跡調査（LSS）に関するコホートの設定
	UNSCEAR	自然放射線と核実験（および核実験を継続した場合）の遺伝有意線量と 1 人当たりの骨髄線量（白血病有意線量）を提示
	ICRP	自然放射線と医療放射線以外から全人類が受ける遺伝線量を 5 rem 以下にすべきだと勧告．遺伝線量（集団の集積生殖腺量）を均衡させるという考えに基づき，職業人の 5 rem/a，公衆の 0.5 rem/a という最大許容線量を導いた．職業人と公衆の中間に特殊グループを導入．
	W. C. Roesch	中性子の線量に照射線量のエネルギー表現である KERM を提案
1959	ICRU	放射能の単位 curie，LET，質量阻止能を規定
1962	ICRU	はじめて Radiation Quantities and Units のタイトルを用い，フルエンス，エネルギーフルエンス，質量エネルギー減弱係数，質量エネルギー転移係数，質量エネルギー吸収係数，*W* 値，カーマなどを定義．また，RBE を放射線生物学の用語と規定し，放射線防護のみに用いる線質係数と区別．従来の RBE dose を線量当量と命名．

時期	行為者	事　項
1963	ICRP/ICRU（RBE Committee）	ICRP が 1954 年に勧告した RBE を線質係数という名称に改め再定義
	US, UK and USSR	部分的核実験禁止条約（PTBT）調印
1965	ICRP	放射線施設の周辺に居住する公衆（特殊グループ）の平均線量に対する最大許容線量を，放射線源の設計や計画の基準として，放射線作業者の最大許容線量の 1/10 になるように定める
	Oak Ridge National Laboratory : ORNL	原爆線量評価（T65D）
1970	ICRP	線質係数を制限のない線エネルギー付与の連続関数として再定義（1965 年に離散的な値として定めたものを補間するよう規定）
1973	ICRU/ICRP	線量当量が吸収線量と同じ次元をもつと規定
1975	W. Jacobi	組織加重係数と実効線量当量の基になった概念を提案
1977	ICRP	実効線量当量を定義（命名は 1978 年）．決定臓器の考え方を破棄して，実効線量当量限度 50 mSv/a を勧告．公衆の実効線量当量限度に対しては，受容可能なリスクという議論に基づいて，従来と同じ作業者の 1/10 を適用．
1980	ICRU	放射線に関する量を，基本的な量と放射線防護で使われる量に大別し，前者を，放射線場の量，相互作用の係数，計測線量に分けて記述する現在の線量体系が完成
1985	ICRP	原爆線量の再評価に応じて，公衆の限度を 1 mSv/a に引き下げ
	ICRU	拡張場と整列拡張場を定義．ICRU 球に基づく ambient dose equivalent など 4 種類の実用線量を導入．
	M. Zaider & D. J. Brenner	マイクロドシメトリーの理論に基づき線質係数を導く
1986	ICRP/ICRU	Zaider らの手法に基づき，lineal energy（ミクロな線エネルギー付与）の函数としての線質係数を提示
	US-Japan Joint Reassessment	原爆線量の再評価（DS86）
	USSR	Chernobyl 原子力発電所事故
1990	G. R. Drexler *et al.*	ICRU が 1986 年に導いた線質係数から導かれた種々の関数の中から，ICRP が 1990 年勧告で採用する L_∞ の関数としての線質係数を提案
	ICRP	作業者の限度に付帯条件 100 mSv/5a を導入．妊婦の腹部表面 2 mSv/pregnancy を導入．線量当量と実効線量当量に変えて放射線加重係数と（改訂した）組織加重係数に基づく等価線量と実効線量を定義．免除レベルを導入．
1996	ICRP	実用線量などへの換算係数を提供
1998	ICRU	基本線量の体系を再定義．放射線場の量を系統的に定義．シーマ，付与エネルギーを導入．
2007	ICRP	放射線加重係数と組織加重係数を改訂し，実効線量を reference person という voxel ファントームに基づく量として再定義し，適用対象を限定．放射線曝露の状況（Planned, existing and emergency situation）に対して防護の方策を決める枠組みと，線量制限や管理目標を決めるための三つの線量範囲（band）を規定．

時期	行為者	事　項
2011	ICRU	Radiation Quantities and Units に関する 1998 年の定義の不備を修正
		Y 値を新たに定義
	Japan	福島第一原子力発電所の事故
	ICRP	水晶体の等価線量限度を 100 mSv/5a に引き下げ

索　引

ア　行

カ　行

サ　行

タ　行

ナ 行

ハ 行

●マ　行

●ヤ　行

●ラ　行

●英数字，他

〈著者略歴〉

多田順一郎（ただ　じゅんいちろう）

1974年　東京教育大学理学部物理学科卒業
1980年　理学博士
　　　　聖マリアンナ医科大学，筑波大学，高輝度光科学研究センター，理化学研究所横浜研究所を経て，
現　在　NPO法人放射線安全フォーラム理事
【執筆箇所：第1章〜第10章，第12章】

中島　宏（なかしま　ひろし）

1984年　東北大学大学院工学研究系原子核工学専攻修士課程修了
1992年　東北大学博士（工学）
　　　　日本原子力研究所，CERN（欧州原子核研究機構）研究所客員研究員，高エネルギー加速器研究機構客員教授，理化学研究所客員研究員，NPO法人放射線安全フォーラム理事，日本原子力研究開発機構原子力科学研究所副所長を経て，
現　在　北海道大学工学研究院特任教授
【執筆箇所：第6章，第7章，第10章】

早野　龍五（はやの　りゅうご）

1979年　東京大学大学院理学系研究科博士課程修了
1979年　理学博士
　　　　高エネルギー物理学研究所助教授，CERN（欧州原子核研究機構）研究所客員教授，東京大学教授を経て，
現　在　東京大学名誉教授，公益財団法人放射線影響研究所評議員
【執筆箇所：序章】

小林　仁（こばやし　ひとし）

1970年　新潟大学理学部物理学科卒業
1986年　工学博士
　　　　三菱電機株式会社，東京大学，高エネルギー加速器研究機構を経て，
現　在　高エネルギー加速器研究機構名誉教授
【執筆箇所：第11章】

浅野　芳裕（あさの　よしひろ）

1975年　名古屋大学工学部原子核工学科卒業
　　　　東京大学論文博士（工学）
　　　　日本原子力研究所，理化学研究所，兵庫県立大学客員教授を経て，
現　在　高エネルギー加速器研究機構客員教授兼大阪大学核物理研究センター共同研究員
　　　　技術士（原子力・放射線，総合技術監理），APECエンジニア（工業・環境），IPEA国際エンジニア
【執筆箇所：第5章5・4，第9章9・4】

わかりやすい放射線物理学（改訂３版）

1997 年 12 月 20 日　第 1 版第 1 刷発行
2008 年 2 月 25 日　改訂 2 版第 1 刷発行
2018 年 3 月 25 日　改訂 3 版第 1 刷発行
2022 年 5 月 10 日　改訂 3 版第 4 刷発行

著　者　多田順一郎
　　　　中島　宏
　　　　早野龍五
　　　　小林　仁
　　　　浅野芳裕
発行者　村上和夫
発行所　株式会社 オーム社
　　　　郵便番号　101-8460
　　　　東京都千代田区神田錦町 3-1
　　　　電話　03(3233)0641(代表)
　　　　URL　https://www.ohmsha.co.jp/

印刷・製本　三美印刷
ISBN978-4-274-22193-4　Printed in Japan